전쟁과 문명[1]
WAR & CIVILIZATION

KODEF
안보총서
80

전쟁과 문명
WAR & CIVILIZATION

허남성 지음

신군사사 이해

이 책은 기본적으로 군사사軍事史, military history를 다룬 책입니다. 그것도
굳이 분류하자면 '신군사사新軍事史, New Military History'에 속하는 책이라고
할 수 있습니다. 우리는 보통 전쟁사라는 용어는 비교적 친숙하게 알고
있으나, 군사사라는 용어는 다소 덜 친숙하고, 신군사사는 더더욱 생경
한 용어로 느낄 것입니다. 그러나 엄밀히 말하자면 전쟁사는 말 그대로
'war history' 또는 'history of war'로서, 전쟁의 역사와 그보다 하위의 실
천 단위인 '전역사戰役史, campaign history' 및 '전투사戰鬪史, battle history'를 포함
하는 개념입니다. 반면에 군사사는 그보다 더 광의의 범주로서, 전쟁뿐
만 아니라 군사문제military affairs와 관련된 전반적인 분야를 포괄하는 역
사를 다루는 학문 체계입니다. 따라서 전쟁사는 군사사의 한 분야라고
할 수 있습니다.

　사실 역사의 서술은 군사사에서부터 시작되었습니다. '역사의 아버
지'로 불리는 헤로도토스Herodotos, BC 480?~420?의 저서 『역사Historiae』도 그
주제와 내용의 중심은 그리스와 페르시아 사이의 전쟁입니다. 그래서

『페르시아 전쟁사*History of the Persian Wars*』로 번역되기도 합니다. 물론 전쟁 자체뿐만 아니라 지리, 사회, 문화, 종교 등에 관한 내용도 다양하게 서술되어 있어서 그 전쟁의 배경과 성격을 더 잘 이해할 수 있습니다. 투키디데스Thucydides, BC 460?~395?가 쓴 『펠로폰네소스 전쟁사*History of the Peloponnesian War*』 역시 아테네와 스파르타를 각각 맹주盟主로 하는 그리스 도시국가 연맹들 사이의 전쟁을 다루고 있습니다. 특히 정치제도, 경제, 외교, 사상 등이 전쟁의 기원과 경과에 어떻게 얽혀 있는가를 매우 객관적이고도 과학적으로 서술하여 오늘날까지도 군사사 서술의 훌륭한 전범典範이 되고 있습니다. 그 외에 카이사르Gaius Julius Caesar, 폴리비우스Polybius, 플루타르코스Plutarchos, 리비우스Titus Livius Patavinus 등이 남긴 기록물들도 군사사의 범주에 포함되는 역사서들입니다.

그러나 르네상스를 거치면서 역사를 보는 관점에 변화가 일어나기 시작했습니다. 전사戰士들을 이끌고 전장에서 명성을 날렸던 군주나 영웅들 중심의 역사에서 보통 사람들의 삶의 모습, 즉 전쟁 이외에 그들의 삶과 연관된 사회·문화·경제·철학 등의 일반 분야에 더 관심의 초점이 맞춰지게 되었습니다. 우리는 이러한 현상을 '역사의 보편화' 현상이라고 부르기도 합니다. 이러한 변화의 흐름에는 유럽에서 끊임없이 치러졌던 전쟁들의 폐해가 너무나도 극심하여 일종의 '전쟁 혐오증'이 발동되었던 것도 일정 부분 영향을 미쳤다고 여겨집니다. 오죽 전쟁이 많았으면 '100년 전쟁', '30년 전쟁', '7년 전쟁' 같은 이름들이 붙었겠습니까?

여하튼 이러한 변화의 흐름으로 역사에서 군사사는 점차 외면당하게 되었고, 군인들이 일반사회에서 소외되어 병영 안으로 침잠되었듯이 군사사도 차츰 병영 안에서만 그 명맥이 부지되는 신세가 되어갔습니다. 그리고 군사사의 주제와 내용도 넓은 범주의 군사문제 전반보다는 전역, 전투, 전술 등 군인들에게 흥미를 제공하고 특정한 정신교육 목적에 이용할 수 있는 '전쟁사'의 범위로 좁혀지게 되었습니다. 이러한 군사사에는 때로는 '진군 나팔소리'와 영광스럽고 영웅적으로 치장된 이야기만 가득했습니다. 심지어는 '어떻게 행동이 일어났는가?'가 아니라 '어떻게 행동할 것인가?'에 초점이 맞춰지는 경우도 생겨났습니다. 이러한 경향의 군사사 학풍을 일컬어 '나팔학파Drum & Trumpet School, 또는 Drum & Bugle School'라는 다소 풍자 섞인 명칭으로 부르기도 합니다.

한편, 수많은 군사이론가들이 그들의 이론을 뒷받침하기 위해서 군사사를 유용한 도구로 활용해왔습니다. 예컨대 저 유명한 조미니Antoine Henri Jomini 의 『전쟁술Précis de l'art de la guerre 』과 클라우제비츠의 『전쟁론Vom Kriege 』은 방대한 군사사 사례를 동원했고, 20세기 영국의 리델 하트B. H. Liddell Hart 도 『전략론Strategy 』에서 자신의 간접접근전략 이론을 뒷받침하기 위해 수많은 군사사 사례를 인용했습니다. 또한 거의 모든 국가의 군사 교육기관에서는 군 간부들의 군사 전문성 제고를 위한 교육 목적 하에 교리, 전투 수칙, 승패 원인 분석 등에 군사사 사례를 비중 있게 활용하고 있습니다. 이러한 부류를 우리는 '실용학파Utilitarian School'라고 호칭하곤 합니다.

일반적으로 군사이론가들이나 군사교육자들은 그들이 관심을 두는 문제를 '근거 있게' 설명하기 위해서 군사사에 접근합니다. 이 경우 그들은 이미 알고 있는 사항을 확인하거나 뒷받침하기 위해 그에 알맞은 역사적 사실을 찾아내어 끼워 맞추거나 '짜깁기'하기도 합니다. 이것이 꼭 그르다고 할 수는 없지만, 그렇다고 역사가 반드시 이론가의 의도대로 전개되지만은 않는다는 점 역시 부정할 수 없는 사실입니다. 따라서 여기에 조심해야 할 함정이 있습니다. 영국의 저명한 군사이론가이자 군사사학자인 마이클 하워드Michael Howard 는 이에 대해 이렇게 경고하고 있습니다.

"사회와 기술의 변화로 말미암아 전쟁들 사이의 차이점은 엄청나게 커졌다. …… 이러한 변화들을 충분히 반영하지 못한 연구는 연구 자체를 안 한 것보다도 더 위험할 수 있다. …… (우리는) 무지 때문에 과거의 과오를 반복하거나, 상황의 변화로 폐기된 과거의 이론을 그대로 답습하는 위험을 피해야만 한다."[1]

물론 군사사는 직업군인의 전문성 배양과 향상을 위해 필수적으로 중요한 기반적 수단입니다. 이는 마치 자연과학이라는 학문 분야에서 차지하는 수학의 지위에 비견할 만합니다. 클라우제비츠는 전쟁의 이해를 위해 가장 중요한 것은 '실전 경험'이지만, 실전을 아무 때나 체험할 수 없기 때문에 '간접 경험'의 수단으로서 군사사가 필요하다고 주장했습니다. 또한 프로이센-프랑스 전쟁Franco-Prussian War, 1870~1871 당시 프랑스의 전사이자 군사이론가였던 뒤 피크Ardant du Picq도 타인의 경험 없이는 각자의 경험도 완성될 수 없다고 말했습니다. 이들 견해의 핵심은 군사사라고 하는 타인의 경험으로 '직접 경험'의 빈자리를 메워야 한다는 것입니다. 이처럼 모든 군사이론의 바탕에는 군사사가 자리 잡고 있습니다. 이것이 군사사의 존재 이유이고, 진정한 실용적 가치라고 할 수 있습니다.

그렇지만 군사사가 이처럼 군인의 세계에서만 쓸모가 있는 것일까요? 전쟁이란 어차피 '종합적인 사회현상'이기 때문에 그 수행 주체인 군인뿐만 아니라 그 전쟁에 얽힌 국가들의 모든 국민들과 모든 분야가 망라되기 마련입니다. 전쟁은 실로 그 누구의 삶과도 깊숙이 연결되어 있다고 할 수 있습니다. 따라서 일반 국민들도 전쟁에 대한 일정한 수준의 이해가 필요하듯이, 군사사 또한 일반사회에 쓸모가 없을 수 없습니다. 여기에서 소위 '사회적 요구societal imperatives' 또는 학문적 대상으로서

---

1 Michael Howard, "The Use and Abuse of Military History," in *Journal of the Royal United Service Institution*, Vol. 107(1962), p. 7.

의 군사사라는 입지가 생겨납니다. 그리고 그것이 결국은 '신군사사학파New Military History School'의 대두로 이어집니다.

그런데 군사사가 역사학의 한 분야로서 학문적 지위가 확립되기까지에는 적지 않은 우여곡절이 있었습니다. 미국에서 군사사를 역사학의 한 학구 대상으로 삼아야 한다고 처음으로 주창한 사람도 역사학자가 아니라 언론인이었습니다. 1912년, 언론인이었던 빌라드Oswald G. Villard는 미국 역사학회 연례 보고대회에서 군사사를 군인만의 전유물에서 해방시켜 순수한 역사 연구의 장場으로 끌어들이자고 역설했지만, 큰 반향을 불러일으키지는 못했습니다.

1926년에는 시카고 대학의 정치학 교수였던 퀸시 라이트Quincy Wright가 제1차 세계대전의 원인을 구명究明하기 위해 정치학, 경제학, 사회학, 심리학 등 사회과학 분야의 여러 학자들을 규합하여 대규모 학제적 연구를 주도했습니다. 그 결과물이 1942년 2권으로 출간된 유명한 전쟁 연구서 『전쟁의 연구A Study of War』였습니다. 그들은 군사제도 역시 인간 사회가 출산시킨 합리적인 사회 분야의 하나이고, 따라서 전쟁 또한 비정상적이거나 인간 생활과 동떨어진 것이 아니라고 간주했으며, 전쟁의 생태는 전 사회적인 관점에서 연구할 때에 제대로 이해될 수 있다고 믿었습니다. 그래서 이들을 '생태학파Ecological School'라고 부르기도 합니다.

퀸시 라이트가 주도한 이러한 시도는 군사문제의 학문화에 선구적 역할을 한 것으로 오늘날까지도 높이 평가받고 있습니다. 그렇지만 그것은 역사학 또는 역사 연구와는 거리가 먼 것이었습니다. 다만 그들의 연구가 역사학자들로 하여금 전쟁을 비롯한 군사문제에 대해 점차 관심을 갖도록 만든 계기는 열어주었다고 여겨집니다. 그럼에도 불구하고, 제2차 세계대전 이전 시기까지 미국에서는 군사사 분야의 주목할 만한 연구 성과나 학문적 움직임은 눈에 띄지 않았습니다. 미국에는 독일의 한스 델브뤼크Hans Delbrück나 영국의 찰스 오만Sir Charles Oman 같은 탁월한 민간 군사사학자가 아직은 출현하지 못했던 것입니다. 한스 델브뤼크야말로 근대 '실증사학實證史學'의 대부였던 랑케Leopold von Ranke의 계보를 확실하게 이어받은 '실증 군사사'의 대명사 같은 인물입니다.

그러나 마침내 제2차 세계대전이 종결된 1945년 이후부터 미국에서는 선구적인 민간 군사사학자들이 등장하기 시작합니다. 윌리엄 브레이스테드William R. Braisted, 아서 마더Arthur Marder, 피터 파렛Peter Paret, 시어도어 롭Theodore Ropp, 존 샤이John Shy, 러셀 웨이글리Russell Weigley 등이 그들입니다. 이들은 군사사를 역사학의 한 분과로 발전시키기 위해 군사문제의 다양한 분야들을 역사학 방법론의 틀 안으로 끌어들였습니다. 전쟁사뿐만 아니라 군사사상, 군사제도 및 행정, 민군관계, 군사 인물에 대한 전기傳記 등이 그들의 관심사에 포함되었습니다.

한편, 미국 정부와 군사기관들은 제2차 세계대전에 참전하여 승리를 쟁취한 미국 육·해·공 각 군의 공간사公刊史, official history 출간 작업에 착수했으며, 이에 따라 수많은 민간 역사학자들이 각 군에 기용되었습니다. 공간사 출간은 이미 대전 기간 중에 루스벨트Franklin D. Roosevelt 대통령의 지침에 의해 계획 착수에 들어갔으며, 특히 유럽 전선의 총사령관이었던 아이젠하워Dwight D. Eisenhower가 대통령에 취임한 직후인 1953년부터는 더욱 탄력을 받았습니다. 그리하여 미 육군은 1970년대 후반까지 총 79권에 달하는 방대한 공간사 *The U. S. Army in World War II*를 존스홉킨스 대학의 켄트 그린필드Kent R. Greenfield 교수의 총 편집 하에 간행했습니다. 미 해군도 하버드 대학의 새뮤얼 모리슨Samuel E. Morison 교수 총 편집으로 15권 분량의 공간사 *History of United States Naval Operations in World War II*를, 1947년 육군항공대에서 공군으로 독립한 미 공군 역시 뉴욕 대학의 웨슬리 크레이븐Wesley F. Craven 교수와 시카고 대학의 제임스 케이트James L. Cate 교수 공동 편집 하에 7권 분량의 미 육군항공대 공간사 *The U. S. Army Air Forces in World War II*를 1960년대에 출간했습니다.

마침내 1960년대에 이르자 각 군의 공간사 출간 작업에 기용되었던 수많은 민간 역사학자들이 학계로 진출하기 시작했습니다. 1960~1970년대에 걸쳐 여러 대학에 교수로 채용된 그들은 다양한 군사사 과목들을 개설하여 가르치기 시작했으며, '학문적 군사사academic military history'로서 자리 잡은 신군사사는 이제 그 꽃망울을 터트리게 되었습니다. 이 시기의 저명한 신군사사학자들은 로빈 하이엄Robin Higham, 해리 콜스Harry S. Coles, 루이스 모튼Louis Morton, 잭 바우어K. Jack Bauer, 마틴 블루멘슨Martin Blumenson, 앨런 밀렛Allan R. Millett 등이 있습니다. 앞에서 열거한 종전 직후의 선구자들과 이들을 한데 뭉뚱그려 '신군사사학파의 제1세대'라고 일컬을 수도 있을 것입니다.

그러나 민간 학계에서 이처럼 신군사사가 붐을 타고 있었던 정황과는 상반되게, 미국 군부에서는 아직도 전통적 전쟁사와 전술, 교리 등 실용적 군사사의 틀을 깨트리지 못하고 있었습니다. 더구나 케네디 대통령과 존슨 대통령 행정부에서 무려 7년간(1961~1968)이나 국방장관을 지냈던 맥나마라Robert S. McNamara의 소위 '체계분석systems analysis'에 의한 정책 집행체제가 압도적 세를 이루었던 1960년대에, 미국 군부 내에서는 과학적 분석과 집행이 대세를 이루어 군사사 따위는 뒷전으로 밀려 숨소리조차 크게 낼 형편이 아니었습니다.

그러다가 1971년, 미 육군에 '군사사 연구 필요성에 관한 특별위원회The Ad Hoc Committee on the Army Need for the Study of Military History'라는 정책 검토 임시기구가 설치되었습니다. 이 특별위원회는 우선 미국군 안에서 군사사가 침체된 원인을 규명하고, 과연 직업군인의 전문성 배양과 제고를 위해 어떠한 형태의 군사사가 필요하며, 그 필요를 충족시키기 위해서는 어떠한 조치를 취해야 하는지 검토하여 정책 건의를 했습니다. 그 결과, 미국군은 전통적인 실용적 군사사뿐만 아니라 보다 포괄적 차원의 신군사사를 과감하게 끌어들이기로 결정하고, 마침내 1972년부터 각 군의 사관학교와 전쟁대학War College 같은 여러 교육기관에 유능한 민간 군사사학자들을 교수로 초빙하기 시작했습니다. 주로 민간 대학에 근무 중인 교수들에 대해 급여와 주거 및 연구비 지원 등 파격적인 대우로 1~2년간 근무 후 복귀하는 프로그램이 민군 학술교류협정에 의해 시행되었으며, 아예 종신근무를 자청하는 학자들도 늘어났습니다. 또한 각 군의 초급장교들이 군사사 석·박사 학위가 개설된 민간 대학에서 학위 공부를 하는 사례도 급격히 증가했습니다.

그리하여 1970년대는 미국에서 군사사의 민군 교류와 협력이 확고하게 기반을 구축한 시기라고 할 수 있습니다. 오늘날 미국 내에서 군사사 과목이 개설된 대학은 수백 개가 넘고, 역사학 박사 학위 논문의 약 10% 정도가 군사사 관련 연구물인 것으로 추정됩니다. 이제 미국에서는 '보다 학문적이고, 보다 독자적이며, 보다 포괄적인 역사적 관점으로 접근하는 군사사', 즉 신군사사야말로 군인이나 민간인을 막론하고 전쟁을 연구하고 이해하려는 사람들에게 가장 유용한 도구로 인식되고 있습니다.

이러한 신군사사가 다루는 학문 범주는 대략 네 가지 분야로 대별될 수 있으며, 다음과 같이 구분하여 열거할 수 있습니다. 첫째, 전쟁 관련 분야입니다. 여기에는 전쟁을 준비하고 지도하는 통수적 차원의 정책과 국가전략, 군사전략과 전술, 각급 단위의 지휘통솔 및 리더십, 분쟁관리와 처리, 특정 전쟁 및 전투의 연구, 그리고 군사사상과 이론 등이 해당됩니다. 둘째는 제도와 기술 관련 분야입니다. 교리, 편제, 군사제도, 모병과 동원, 교육훈련, 무기체계와 장비, 군수 및 보급, 군사위생, 군법, 군종, 군사지리 등이 여기에 포함됩니다. 셋째는 군대와 사회 관련 분야입니다. 민군관계, 평화시책(재해·재난구호, 국토개발, 환경보호,

국민교육 등), 군사문화와 이념 등이 이에 연관됩니다. 넷째는 군사적 사료의 정리·보존·편찬 관련 분야입니다. 각종 공공 군사기록물과 실록 및 개인기록물personal papers, 부대 역사 및 전투 초록, 전기 및 회고록, 구술사口述史, oral history 및 증언록, 논문 및 연설문, 예술작품(문학, 미술, 음악, 공연자료 등)이 그 대상이 되겠습니다. 결국 신군사사는 종합적 사회현상으로서의 전쟁을 다루는 만큼 군사문제뿐만 아니라 정치, 외교, 경제, 사회·문화, 과학·기술, 정보 등 인간 사회 여러 분야의 융합과 상호작용까지도 취급한다고 할 수 있습니다.

참고로 미국 육군에서는 군사사를 다음과 같이 공식적으로 정의하고 있습니다.

> 군사사는 평시와 전시에 걸친 군대의 모든 활동에 관한 객관적objective이고, 정확하고accurate, 기술적記述的, descriptive이고, 해석적interpretive인 기록이다. …… 군사사는 국가들이 어떻게 전쟁을 준비(대비)했고, 어떻게 전쟁을 수행하고 종결시켰으며, 전쟁을 준비하고 싸웠던 것이 사회에 어떤 영향을 어떻게 미쳤는지, 그리고 국가들은 군대의 평화 시 기능을 어떻게 부여하고 어떻게 통제했는지 등을 다룬다.[2]

오늘날 우리나라에서는 군사사가 아직 학계나 출판계의 별다른 주목을 받고 있지 못하지만, 서양 사회에서는 가장 '뜨거운' 관심 분야의 하나입니다. 그들이 군사사에 관심을 가지게 된 동기와 수요층 사이의 관계를 살펴보면, 대략 다음과 같은 세 가지 부류로 나뉩니다. 첫째는 직업군인 및 안보 관련 공직자들이 자신들의 직무 수행과 전문성 제고를

---

2 Thomas E. Griess, "A Perspective on Military History," in *A Guide to the Study and Use of Military History*, ed. by John E. Jessup, Jr. & Robert W. Coakley(Center of Military History, U. S. Army, USGPO, 1979), p. 31.

위해서 군사사에 관심을 기울입니다. 그들은 주로 미래전이나 군사혁신, 그리고 군사이론이나 교리의 기능 및 효용 등에 관심을 가지고 있습니다. 둘째는 학계의 학자들과 학부 및 대학원 과정의 학생들이 학문 연구나 저술 등을 위해 군사사에 관심을 기울입니다. 이들의 관심 분야는 대체로 매우 넓어서 신군사사가 다루는 분야들이 모두 망라됩니다. 끝으로 셋째는 일반 대중이 교양이나 여가 활용 및 흥미 차원에서 군사사에 접근합니다. 그런데 사실은 이들이 숫자상으로 압도적 다수를 차지하고 있으며, 따라서 시장을 좌우한다고 해도 과언이 아닙니다. 서양 출판계에서 군사사가 가장 뜨거운 이유도 주로 이들 때문입니다. 심지어는 군사사 저술로 명성과 부를 획득하기 위해 아예 교직을 접고 전업 저술가로 나서는 학자들도 생겨나고 있을 정도입니다. 영국의 존 키건John Keegan 같은 사람이 이에 해당됩니다. 서양의 일반 대중은 상대적으로 가벼운 읽을거리뿐만 아니라 매우 전문적인 주제들에 관해서도 놀라우리만큼 높은 식견과 지적 호기심을 가지고 진지하게 군사사에 접근한다는 특징을 보이고 있어서 실로 흥미롭기 그지없습니다.

하지만 이 세 가지 부류의 수요층을 동시에 끌어들이고 만족시킬 수 있는 내용을 단 한 권의 책에 담기는 거의 불가능할 정도로 어려울 것입니다. 다만 저는 이 책에서 아직은 우리 학계나 사회에서 생소한 신군사사의 다양한 주제들을 소개하고 싶다는 소망을 가지고 독자들에게 다가가려고 시도했습니다. 이 학문 분야를 평생 공부하고 강의해온 제가 더 늦기 전에 부족하나마 이렇게라도 해야겠다는 의무감도 어느 정도는 작용했습니다. 이 책은 2부로 구성되어 있는데, 제1부는 전쟁과 문명 간의 불가분적 관계를 통해서 전쟁을 이해하는 데 초점을 맞추었습니다. 도대체 전쟁은 무엇이고, 왜 생기며, 사람들은 전쟁을 어떻게 바라보았는지를 설명하고자 했습니다. 제2부에서는 신군사사의 다양한 주제들 가운데서 우선 군사제도와 군사혁신 문제를 제가 비교적 많이 공부했던 미국 군사사의 예를 통해서 설명하고자 했습니다. 그 다음 북한 핵 문제는 우리의 당면한 안보과제이며, 신군사사의 통합적 사고와 접근이 필요한 주제여서 당연히 포함시켰습니다. 맨 끝의 클라우제비츠 전쟁이론은 오랜 동안 국방대학교에서 그의『전쟁론』을 강의한 경험에 비추어, 그 책에서 클라우제비츠가 진정으로 의도했던 것이 무엇인가를 제 나름으로 가려내어 핵심 주제를 설명하고 교훈을 찾아보려 한 것입니다. 클라우제비츠의『전쟁론』을 읽고자 하시는 독자께서 이 해제解題 성격의 논문을 먼저 읽고, 조금이나마 도움이 된다면 매우 큰 보람이 될 것입니다. 마지막 순간까지 6·25전쟁과 관련된 한 장章을 넣을 것인지를 놓고 고민했으나, 다음 번 책을 그 주제로 삼자는 생각으로 아쉽지만 미루어놓았습니다.

돌이켜보면, 저를 군사사 세계로 이끌어주신 분이 지금은 고인이 되신 황종대(육사 16기) 교수님이었습니다. 저의 생도 시절 육사에서 군사사(당시는 전쟁사로 호칭)는 4학년 때 학기당 4학점씩 총 8학점을 필수로 배웠고, 아직 문·이과 분리 없이 모두가 이학사로 졸업하던 당시에 다행히도 새로 도입된 '전공 심화과정'에서 '전사학戰史學 전공'을 선택하여 추가로 12학점을 더 배웠습니다. 임관 후 2년간의 최전방 근무를 마칠 즈음 전사학과 위탁교육생으로 선발된 저에게 서울대 문리대 사회학과로 가서 공산주의 전쟁이론의 바탕인 계급갈등론을 공부하도록 지침을 주신 분도 황 교수님이었습니다. 당시 전사학과 교수님들의 전공 분야는 역사학, 정치학, 외교학, 경제학, 심지어 법학까지 매우 다양했습니다. 종합적 사회현상으로서의 전쟁을 올바로 이해하고 가르치기 위해 이미 학제적 접근 노력이 이루어졌다는 점은 오늘날의 시점에서 볼 때에도 가히 경탄할 만한 선견지명이었다고 생각됩니다.

전사학과 교수로 근무하던 중 미국 유학 기회를 얻게 된 저는 이번에는 선진 군사사를 제대로 공부할 욕심으로 오하이오 주립대The Ohio State University 역사학과를 택했습니다. 신군사사 1세대 개척자 가운데 한 사람이었던 해리 콜스Harry S. Coles 교수와 1세대의 막내이자 당시 신군사사의 새로운 선두주자로 떠오르던 앨런 밀렛Allan R. Millett 교수가 있던 오하이오 주립대는 영국의 킹스 칼리지King's College와 더불어 세계 군사사학계의 양대 산맥으로 평가되고 있었는데, 과목 설계course work와 교수진의 구성이 저를 킹스 칼리지보다 오하이오 주립대로 이끌었습니다. 저는 세계적 석학인 밀렛 교수님 지도로 석사 2년, 박사 4년 기간 동안 미국 군사사American Military History를 전공했고, 부전공으로 지금은 역시 석학의 반열에 오른 윌리엄슨 머레이Williamson Murray 교수와 유럽 군사사European Military History를, 제임스 바솔로뮤James R. Bartholomew 교수와 근대 일본 군사사Modern Japanese Military History를 공부했습니다. 그리고 별도의 추가 부전공으로, 정치학과와 머숀 센터Mershon Center 합작 하에 개설된 국가안보정책과정National Security Policy Studies, NSPS을 선택하여 핵 정책 및 전략Nuclear Policy & Strategy을 조지프 크루젤Joseph J. Kruzel 교수 지도로 공부했습니다. 크루젤 교수는 일찍이 미·소 간 제1차 전략무기제한회담Strategic Arms Limitation Talks Ⅰ, SALT Ⅰ, 1969~1972 대표단의 최연소 대표로 참석한 바 있으며, 훗날 국무부 유럽담당 차관보로 발탁되었으나 보스니아 헤르체고비나 전쟁(1992~1995) 당시 현장 시찰 도중 애석하게도 탑승 차량 전복사고로 순직했습니다. 당시 미국 언론과 조야에서는 장차 대통령 안보보좌관과 국무장관 재목을 잃었다며 애도의 물결이 넘쳤습니다.

저의 책임 지도교수인 밀렛 교수님은 제 리포트의 서툰 영문 표기나 내용에 관한 세세한 논평 등 그야말로 '도제식徒弟式, guild system'의 개인지도를 마다하지 않았으며, 저의 가족이 미국 생활에 잘 적응할 수 있도록 온갖 배려도 베풀어주었습니다. 특히 학위논문 지도과정에서 "Your English grammar is good. However, your sentences are not elegant!"라는 논평을 덧붙였는데, 역사학 학술논문의 글쓰기가 '기품 있는elegant' 경지에 도달하도록 노력하라던 가르침은 지금까지도 생생히 기억하고 있습니다. 그분 문하에서 공부한 6년은 석공이 돌을 쪼는 것과 같은 세월이었으나, 참으로 복되고 보람찬 시간이었습니다.

이처럼 대단한 스승님들 문하에서 공부했음에도 불구하고 저의 재주가 부족하고 또한 게으른 탓으로 이렇다 할 학문적 성과를 이루지 못한 것은 매우 부끄러운 일입니다. 이 땅에 신군사사의 씨를 뿌리고 가꾸어서 국방의 간성干城들을 제대로 교육하고, 후학들에게 남겨줄 유산을 만들겠다던 젊은 날의 포부에 비추어보니 더욱 초라할 따름입니다. 따라서 이 책에 얼룩진 단견과 오류는 오로지 저의 부족함 때문입니다.

그럼에도 등 뒤에서 말없이 지켜봐주는 가족이 있었기에 이 책을 쓸 용기를 냈습니다. 가족은 늘 저의 힘입니다. 어느 날 하느님께서 저희 가족의 일원으로 저희에게 보내주신 손자 성윤, 그리고 그 또래들이 전쟁의 위협 없는 세상에서 살게 되기를 염원하며, 이 작은 책을 그들에게 바칩니다.

이 책이 햇빛을 보기까지는 한미안보연구회의 출판 지원이 큰 힘이 되었습니다. 물심양면으로 성원을 아끼지 않으신 연구회 회장 김재창 예비역 대장님과 관계자 여러분께 깊이 감사드립니다. 끝으로, 불모의 출판시장을 딛고 꿋꿋이 군사 관련 서적을 출간하시는 도서출판 플래닛미디어 김세영 사장님의 결단, 그리고 이보라 편집부장님의 노고에 대해 찬사와 감사의 말씀을 드립니다.

2015년 초여름, 사락재史樂齋에서

| 차례 |

PART 2 • 전쟁의 이론과 실제

WAR & CIVILIZATION

戰爭斗文明

PART 1
전쟁과 문명

CHAPTER 1

전쟁과 문명의 짝짓기

전쟁은 인간이 하는 것이다. 인간은 그 누구를 막론하고 그 안에 악마와 천사를 동시에 가지고 있다. 그래서 전쟁에도 인간 마음속의 악마와 천사가 동시에 도사리고 있다. 전쟁은 살육과 파괴의 악신(惡神)인 동시에, 갈등과 반목의 해결사이자, 새로운 창조와 건설의 제공자, 그리고 문명 교류의 매개자로서 인류를 한 단계 더 높은 문명의 계단으로 오르게 해준 동인(動因)으로 작용해왔다. 전쟁이 살육과 파괴의 상징인 만큼 전쟁은 문명의 파괴자임에 틀림없다. 다만 이러한 파괴조차도 새로운 창조와 건설의 계기가 된다는 점은 전쟁의 아이러니가 아닐 수 없다.

I. 서론

전쟁과 문명은 '샴쌍둥이' 같다. 같이 붙어 다닌다. 떼어서 생각하기란 어렵다.

전쟁은 인간이 하는 것이다. 인간은 그 누구를 막론하고 그 안에 악마와 천사를 동시에 가지고 있다. 그래서 전쟁에도 인간 마음속의 악마와 천사가 동시에 도사리고 있다. 전쟁은 살육과 파괴의 악신惡神인 동시에, 갈등과 반목의 해결사이자, 새로운 창조와 건설의 제공자, 그리고 문명 교류의 매개자로서 인류를 한 단계 더 높은 문명의 계단으로 오르게 해준 동인動因으로 작용해왔다. 이처럼 전쟁은 문명을 파괴하기도 하고 돕기도 한다.

인간은 전쟁에서 이기기 위해 자기 당대에 동원 가능한 최첨단 과학·기술과, 최고도의 각종 지식과 지혜 등 당대 문명의 정수를 힘닿는 데까지 끌어들인다. 뿐만 아니라 이기기 위해서라면 아직 현실화되지 않은 개념뿐인 과학·기술적 자산까지도 과감하게 실험하고 적용을 시도한다. 이러한 노력들이 문명 영역으로 역류되어 문명의 발달을 촉진시킨다. 고대의 청동기나 철기들은 원래 싸움 도구로 도입되었던 것이 생활 영역으로 전용되어 획기적인 문명 발달을 빚어냈으며, 오늘날 전기·전자 및 정보통신 분야의 최첨단 기술이나 소재공학 지식들도 군수용 기술로부터 비롯된 것들이다. 서양 토목공학의 바탕은 도로·다리·진지 구축 등 로마군의 전쟁 기술이었으며, 예방의학·외과술 등 의학 분야의 발전과 도약도 전쟁에 힘입은 바 크다. 그런가 하면 문학·음악·미술·연극·영화 등 예술의 모든 분야도 전쟁이 빚어낸 인간 행위의 가장 극적인 주제들이 없었다면 그 진수를 모두 성취하지는 못했을 것이다.

또한 전쟁은 문명 교류와 교배의 매개자로서 인류 문명의 발달에 촉

진제가 되기도 했다. 알렉산드로스의 정복 전쟁, 카이사르의 갈리아 원
정, 훈족·돌궐족·게르만족·바이킹의 민족이동과 원정들, 십자군 전쟁,
칭기즈칸의 정복 전쟁, 오스만 투르크의 제국 확장 전쟁 등 이루 헤아릴
수 없이 수많은 전쟁들이 문명 교류의 매개 역할을 했다.

　그럼에도 불구하고 전쟁이 살육과 파괴의 상징인 만큼 전쟁은 문명
의 파괴자임에 틀림없다. 이에 대해서는 첨언이 필요치 않다. 다만 이러

마케도니아의 알렉산드로스 대왕은 정복 전쟁으로 그리스, 페르시아, 인도에 이르는 대제국을 건설하여 그리스 문화와 오리엔트 문화를 융합시킨 새로운 헬레니즘 문화를 이룩했다. 이처럼 전쟁은 살육과 파괴의 악신(惡神)인 동시에, 문명 교류와 교배의 매개자로서 인류 문명의 발달에 촉진제가 되기도 했다.

한 파괴조차도 새로운 창조와 건설의 계기가 된다는 점은 바로 전쟁의 아이러니라고 할 수 있다.

한편, 문명이 전쟁에 걸쳐놓은 인연도 수월치 않다. 우선 문명은 그 자체의 속성 때문에 전쟁을 초래하는 측면이 없지 않다. 클라우제비츠 Carl von Clausewitz는 '군사적 천재'가 문명화된 국민(국가) 가운데서만 발견될 수 있으며, 이는 군사적 천재의 덕목인 지성이 문명에 의해 배태되기 때문이라고 했다. 그는 따라서 "문명화된 국민들은 그렇지 않은 국민들에 비해서 더 호전적인 경향이 있다"고까지 주장했다.[1] 문명이 전쟁을 불러오는 측면에 대한 추가적인 논의는 이 책의 "제2장 문명이란 무엇인가?"의 소결론 부분인 '문명의 덫'을 참조하기 바란다.

그러나 다른 한편, 문명이 전쟁 빈도를 완화시킨다는 논리도 가능하다. "제3장 전쟁이란 무엇인가?"에서 논의한 계몽주의자들의 전쟁관에 의하면, 인간의 이성이 발전하여 문명 사회가 되면 전쟁은 결국 시대착오적인 존재가 된다고 한다. 이것은 계몽주의자들이 이성에 대한 과도한 신봉으로 지나치게 이상주의적 주장을 펼친 측면이 강하지만, 여하튼 문명이 발달하고 이성과 지혜가 발전되면 갈등을 폭력(전쟁)에 의존하여 해결하려는 빈도가 낮아지고, 그만큼 협상과 타협으로 갈등을 조정하려는 추세가 높아지게 마련이다.

이 책의 제1부에서는 "전쟁과 문명"이라는 주제에 천착함에 있어서 다음과 같은 전개를 시도하고자 한다. 우선 제2장에서 문명의 정의와 개념들을 살펴보고, 제3장에서는 전쟁의 정의와 본질, 전쟁관과 전쟁의 윤리들을 고찰하겠다. 제4장에서는 문명과 전쟁에 관한 개념들을 바탕으로, 역사상 군사과학·기술의 진보와 전쟁 양상의 변천 내용을 개관적槪觀的으로 분석하겠다. 특히 여기서는 군사과학·기술상의 몇몇 획기적인 진보들을 계기로 전쟁이 어떻게 점점 더 대량파괴·대량살육의 길로 치달아왔는지를 전쟁사적 접근을 통해 밝힘으로써 전쟁과 문명 간의 불가분의 관계를 실증적으로 제시하고자 한다. 그리고 제5장에서는 여러 군사사상가들의 전쟁에 관한 관점을 핵심적으로 분석함으로써 전쟁의 여러 가지 성격과 양상을 살펴보겠다.

---

1 Carl von Clausewitz, *On War*. ed. & tr. by Michael Howard & Peter Paret(Princeton, N. J.: Princeton Univ. Press, 1976), pp. 100-101. 이후 Clausewitz, *On War*로 표기.

CHAPTER 2

문명이란 무엇인가?

우선 문명의 정의와 관련된 사전적 의미들을 살펴보고, 그런 다음 문명에 대한 나름대로의 분석과 독특한 해석을 제시한 윌 듀런트, 미하일 일리인, 아놀드 토인비, 마티이스 반 복셀의 견해들을 고찰하면서 '어리석음의 덫'과 '중독성의 덫'으로 특징되어지는 '문명의 덫'에 대해 필자 나름의 관점을 곁들여 설명하고자 한다.

I. 서론

"전쟁과 문명"을 논함에 있어서 가장 먼저 해야 되는 작업은 개념 규정일 것이다. 그중에서도 문명이란 과연 무엇인가 하는 내용이다.

그러나 "문명은 무엇인가?"라는 질문은 그 자체로서 엄청나게 방대하고, 복잡하고, 미묘한 질문이다. 마치 "인간은 무엇인가?"라는 질문처럼 난해하고 답하기 어려운 질문이다. 이와 유사한 질문들은 이를테면 "도덕이란 무엇인가?", "종교란 무엇인가?", "삶이란 무엇인가?" 등 선뜻 답을 내기가 쉽지 않은 것들이다. 그리고 보면 일견 단순하고 간단해 보이는 것이 사실은 복잡하고 미묘한 것일 수가 있다.

예컨대 "인간은 무엇인가?"라는 물음에 대한 답을 찾기 위해 인간은 문학文學, 역사歷史, 철학哲學 등 이른바 "문사철文史哲"이라고 일컬어지는 인문학의 정수들을 총동원하여 캐고 또 캐고 해왔다. 그럼에도 불구하고 그러한 작업과 노력은 결코 끝나지 않았으며, 앞으로도 인류가 존재하는 한 지속되어갈 것이다.

"문명이란 무엇인가?"라는 물음에 대한 답도 이에 못지않게 방대하고 복잡하고 미묘한 것이다. 그 답에는 어쩌면 인류의 온갖 삶의 모습과 발전과 '비틀거림'(문명 발전의 온갖 시행착오)에 관한 모든 역사, 그 결과물에 대한 탐구, 그리고 그 원인과 전망에 관한 모든 것을 담아야 할 것이다. 이 모든 것들을 하나의 그릇에 담아 내보이는 것 자체가 사실은 불가능한 일일 것이다.

따라서 여기서는 우선 문명의 정의와 관련된 사전적 의미들을 살펴보고, 그런 다음 문명에 대한 나름대로의 분석과 독특한 해석을 제시한 몇몇 학자들의 견해들을 고찰하면서 필자 나름의 관점을 곁들여 설명하고자 한다.

Ⅱ. 문명의 정의

문명에 대한 사전적 개념 정의들은 다음과 같다. 우선 민중서관의 이희승 편 『국어대사전』은 문명을 "사람의 지혜가 깨서 자연을 정복하여 물질적으로 생활이 편리하여지고 또는 정신적으로도 발달하여 세상이 열리어 진보한 상태. 문화와 같은 뜻으로 쓰는 학자와, 구별하여 쓰는 학자도 있으며 일반적으로도 혼용하는 경우가 많으나, 대체로 문화는 종교·학문·학술·도덕 등 정신적인 움직임인 데 대하여 문명은 보다 더 실용적인 식산殖産·공예·기술 등 물질적인 방면의 움직임이라 하여 편의상 전자를 정신문명, 후자를 물질문명이라 함"이라고 정의하고 있다.[1]

문명을 문화와 구분하기 위하여 참고로 문화의 정의를 살펴보면 다음과 같다.

"인간이 자연 상태에서 벗어나 일정한 목적 또는 생활·이상理想을 실현하려는 활동의 과정 및 서서히 형성되는 생활방식과 내용. 곧 의식주를 비롯하여 학문·예술·종교·법률·경제 등 외적外的 물질적인 문명에 대하여 특히 인간의 내적內的 정신활동의 소산所産을 말함."[2]

그렇다면 문화가 정신적 측면을 강조한 반면에, 문명은 물질적 측면을 돋우어 설명한 개념이라고 할 수 있겠다. 그러나 보다 포괄적인 차원에서 보자면 문명은 물질문명과 더불어 정신문명까지도 포함하는 개념으로 이해해야 하며, 여기서는 포괄적인 차원의 문명이라는 개념을 사용하고자 한다. 19세기 말엽에 문화의 개념을 최초로 정의한 E. B. 타일러E. B. Tylor 역시 문명과 문화를 동일시했으며, 거슬러 올라가자면 프

---

1 이희승 편, 『국어대사전』(서울: 민중서관, 1980), p. 959.

2 앞의 책, p. 965.

랑스 백과전서파의 계몽주의적 진보의 관념에 바탕을 둔 문명의 개념 또한 정신적이고 인간적인 자각을 포함하는 내용으로 되어 있다.

한편 웹스터Webster 사전의 정의를 살펴보면 다음과 같다. 문명이라는 영어 명사 'civilization'은 형용사 'civil'과 동사 'civilize'와 직접 연계되어 있다. civil은 ① 시민의, ② 문명의, ③ 정중한, 예의바른, ④ 민간의 등의 뜻을 나타내는데[3], 본래는 '시민'의 뜻을 가진 라틴어 'civis'와 '도시'의 뜻을 지닌 'civitas'로부터 유래되었다. 이 의미는 도시라는 공동체 안에 사는 시민은 공동체의 규범에 따라 타인과의 관계에서 정중하고 예의바른 태도를 견지해야 하는데, 이것이 곧 '문명스러운' 행위라는 것이다.

civilize는 구체적으로 예의 바른 시민이 되는 과정, 또는 그 행위를 나타낸다. 즉, ① 사람이 사회제도나 정치조직의 정립을 통해 야만 상태를 벗어나는 것, ② 시민사회의 규범이나 표준을 가르치는 것, ③ 사람을 기술적으로 진보되고 이성적으로 질서 잡힌 단계로 발전시키는 것 등의 의미를 띤다.[4] 그러니까 civilize란 말은 결국 "야만으로부터 교육을 통해 높은 수준으로 정제refine됨", 즉 "교화教化 또는 문명화文明化"를 뜻한다.

civilize의 명사형 단어가 '문명'이라고 번역되는 'civilization'이며, 그 사전적 의미는 "야만스러움이나 비이성적 행위가 일절 없고, 물리적·문화적·정신적·인적 자원의 적정한 활용이 이루어지며, 개인들이 사회의 틀 속에서 완벽하게 순응되는 등 인간 문화의 이상적 특성이 정립된 상태", 또는 "예술·과학·정치적 기술·인성 및 정신 등이 단계적으로 발전되는 과정"을 나타낸다.[5]

---

3 *Webster's Third New International Dictionary*(Chicago: Encyclopedia Britannica, Inc., 1986), Vol. I, pp. 412-413.

4 앞의 책, p. 413.

5 앞의 책, p. 413.

그런데 한편 라틴어에는 'civilitas'라는 단어가 있다. 이는 "시민다운 삶", 즉 "사람다운 생활"을 의미한다. 이처럼 영어·프랑스어·독일어·스페인어 등 서양 언어의 조상인 라틴어에는 직접적으로 문명을 뜻하는 단어가 없고, 그 대신 civis(시민), civitas(도시), civilitas(시민다운 삶) 등의 단어가 있다. 이 가운데 'civilitas'는 영어 'civility'의 모체이고, 이 영어 단어의 고어적古語的 의미는 바로 문명 또는 문화를 나타낸다.

그러니까 용어적 해석을 하자면, 문명이란 결국 "시민다운 삶" 또는 "사람이 사람다운 생활을 하는 것"으로 풀이할 수 있다. 사람이 사람다운 생활을 하자면 물질적·정신적으로 그에 상응하는 준비와 발전을 이룩해야 한다. 로마 사람들은 "사람이 사람다운 생활을 하기 위해 필요한 대사업大工役"을 'moles necessarie'라고 불렀는데, 이는 오늘날 우리가 사용하고 있는 '사회간접자본', 즉 'infra-structure'를 의미한다.[6] 토목공학을 영어로 'civil engineering'(말뜻 그대로는 '시민의 공학')이라고 하는 것도 따지고 보면 집을 짓고, 길을 닦고, 다리를 놓고, 보洑를 쌓고 하는 것들이 결국은 '사람이 사람다운 생활을 하기 위해' 필요한 대공역 가운데 하나라는 뜻을 품고 있다.

이러한 대사업, 곧 'infra-structure'에는 하드웨어hardware적인 것들과 소프트웨어software적인 것들이 있다. 전자는 도로, 교량, 항만, 신전, 공회당, 광장, 성벽, 극장, 원형투기장, 경기장, 공중목욕탕, 수도水道 등이고, 후자는 국방, 치안, 조세, 교육, 의료, 우편제도, 통화제도, 사회보장제도, 법, 달력, 예술 등이다. "모든 길은 로마로 통한다"는 말이 있듯이 실로 로마인들은 '인프라의 아버지'라 불릴 만하며, 인프라야말로 로마 문명의 위대한 기념비이자 오늘날 서양 문명의 모체인 것이다.

6　시오노 나나미 지음, 김석희 옮김, 『로마인 이야기 10: 모든 길은 로마로 통한다』(서울: 한길사, 2002), pp. 5-9.

Ⅲ. 문명의 개념에 관한 해석들

문명이 무엇인가에 대해 수많은 사람들이 수많은 해석과 설명을 시도
해왔다. 그 가운데서도 매우 독특한 시각과 접근방법을 보여준 4개의
사례를 중심으로 살펴보겠다.

1. 윌 듀런트의 해석

학술 분야에서 세계적 베스트셀러로 기록된 『철학이야기*The Story of
Philosophy*』의 저자인 윌 듀런트Will Durant는 마지막 저서로 『역사 속의 영
웅들*Heroes of History*』을 남겼는데, 여기에서 그는 문명의 기원과 정의에
대해 매우 흥미로운 설명을 하고 있다.

　듀런트에 의하면, 인류의 역사는 생물학(학문으로서의 생물학이 아니
라, 여기서는 '생존을 위한 경쟁'이라는 의미로 쓰였음)의 한 단편斷片이며, 인
간은 기본적으로 싸움질하는 동물이다.[7] 즉, 인간은 자신의 목숨을 부지
하기 위해, 음식을 얻기 위해, 때로는 여자를 탈취하려고 싸움질을 한다
는 것이다. 이러한 그의 견해는 전쟁의 시원始原이 식량과 여자 쟁탈을
위한 약탈전의 형태로 비롯되었다는 통설과 닿아 있다.

　그런데 듀런트는 이러한 인간의 싸움질의 원인을 인류에게 내재되
어 있는 '사냥꾼 본능' 때문이라고 본다. 인류의 흔적은 100만 년쯤 전인
데 농업을 한 흔적은 기껏해야 2만 5,000년밖에 안 되니까, 인류는 97만
5,000년 동안 수렵 동물이었다는 것이다. 따라서 인류의 핏속에는 사냥
꾼 본능이 주류를 이루고 있고, 이 사냥꾼 본능은 '야만'과 '전쟁'으로 상
징된다.

7　윌 듀런트 지음, 안인희 옮김, 『역사 속의 영웅들』(서울: 황금가지, 2002), p. 15.

그렇다면 인류는 어떻게 하여 정착생활을 하게 되고 문명을 시작하게 되었을까? 듀런트는 문명을 시작한 것은 여자이고, 남자는 여자가 길들인 '마지막 동물'이라고 주장한다.[8] 남자가 사냥터를 헤매는 동안 집에 남아 있던 여자는 먹다 버린 씨앗에서 싹이 트고 큰 수확이 가능하다는, 소위 '씨앗 심는 실험'(농업)에 성공한다. 그리고 이윽고는 개·양·돼지 등의 짐승을 가축으로 길들이는 데 성공한다. 끝으로 여자는 성공 확률이 그다지 높지 않은 수렵을 청산하고 정착생활로 전향하도록 남자를 설득하는 데 성공한다. 그리하여 남자는 여자에게 공물供物을 바치는 존재로 길들여진 마지막 동물이 되었고, 가슴속에 사냥에 대한 꺼지지 않는 불씨를 간직한 채 마지못해 정착의 길로 들어섰다. 듀런트는 이 정착생활이 바로 문명의 시작이라고 설명했다.[9]

듀런트는 문명에 대해 정의하기를, "문명이란 공동체의 구성원이 된다는 의미"라고 했다.[10] 즉, 인류가 정착하여 공동체를 형성하면서 그들은 가족에 대한 사랑, 친족 의식, 절제, 협동, 공동체 활동 등 공동체 생존을 위한 자질과 미덕을 갖추도록 교화教化되는 과정을 밟게 되는데, 이것이 바로 문명의 길로 나아가는 것이다.

그러나 인류의 뿌리 깊은 사냥꾼 본능, 즉 야만성은 가슴속에 늘 잠재되어 있다.[11] 그렇기 때문에 이 사냥꾼 본능은 문명을 유지하고 발전시키기 위해서 법(경찰)과 도덕에 의해 항시 통제되어야만 한다. 그에 의

8　윌 듀런트 지음, 안인희 옮김, 『역사 속의 영웅들』, p. 17.

9　반면에 자크 아탈리(Jacque Attali)는 『호모 노마드: 유목하는 인간(L'homme Nomad)』이라는 책에서 인류의 진화나 문명의 토대가 된 창조물(불, 언어, 농경, 예술, 유일신, 시장민주주의 등)을 고안한 것은 노마드(Nomad: 유목민, 유랑민의 뜻)였다고 주장한다.

10　윌 듀런트 지음, 안인희 옮김, 『역사 속의 영웅들』, p. 17.

11　듀런트는 이 사냥꾼 본능이 워낙 장기간에 걸쳐서 뿌리내린 것이기 때문에 인류는 결국 '부분적으로만 문명화'되었을 뿐이라고 한다. 아마도 그는 이 부분적 문명화(문명의 미숙성?)와 잠재적 야만성이라는 속성 때문에 인류가 전쟁의 숙명에서 헤어나지 못하는 것이라고 암시하는 듯하다.

월 듀런트는 문명을 시작한 것은 여자이고, 남자는 여자가 길들인 '마지막 동물'이라고 주장한다. 남자가 사냥터를 헤매는 동안 집에 남아 있던 여자는 먹다 버린 씨앗에서 싹이 트고 큰 수확이 가능하다는, 소위 '씨앗 심는 실험'(농업)에 성공한다. 그리고 성공 확률이 그다지 높지 않은 수렵을 청산하고 정착생활로 전향하도록 남자를 설득하는 데 성공한다. 그리하여 남자는 가슴속에 사냥에 대한 꺼지지 않는 불씨를 간직한 채 마지못해 정착의 길로 들어섰다. 듀런트는 이 정착생활이 바로 문명의 시작이라고 설명했다. 그리고 인간의 싸움질의 원인을 인류에게 내재되어 있는 '사냥꾼 본능' 때문이라고 보았다.

하면 도덕적 규범은 가족, 교회(종교), 학교, 법, 대중의 의견(여론, 평판) 등 다섯 가지 제도에 의해 형성되고 유지된다.

이처럼 공동체 생활은 이를 보호해주는 사회질서의 우산 아래에서 확장된다. 정착이 뿌리내리면서 잉여가 생기고, 삶의 여유가 생겨나고, 이윽고 문학·예술·과학·철학·역사가 번성하게 된다. 그래서 듀런트의 해석에 의하면, 문명이란 결국 "문화적 창조를 격려하는 사회질서"이다.[12]

2. 미하일 일리인의 해석

러시아의 아동문학가이자 과학소설가인 미하일 일리인Mikhail Iliin은 1936년부터 연작 시리즈 『인간은 어떻게 거인巨人이 되었나』를 쓰기 시작했다. 그러나 제1권 『인간의 탄생과 원시사회』, 제2권 『고대사회의 발전과 붕괴』, 제3권 『중세와 과학의 여명』 등 3권을 마친 1953년에 그가 사망함으로써 그 뒤의 연작들은 나오지 못했다. 이 책의 소제목들이 암시하듯이 이 방대한 저작은 인류의 문명(문화)이 어떻게 생겨나서 어떻게 발전되어왔는가를 역사적으로 추적한 일종의 문명사적 작품이다. 즉, 인간은 어떤 모습으로 이 세상에 나타났는가, 인간은 일하는 방법과 생각하는 방법을 어떻게 배웠는가, 어떻게 자연에 맞서 싸워왔는가, 그리고 어떻게 세계라는 것을 알고 그것을 바꿔왔는가 등등 원시시대로부터 인류가 엄청난 문명적 발전과 업적을 쌓아온 발자취를 역사적 큰 흐름 속에서 살펴보고자 한 것이다.

일리인이 이 책에서 일컫는 '거인巨人'이란 단순히 몸집이 큰 인간을 말하는 것이 아니라, 인간을 만물의 영장으로서 이 세상을 지배하는 우월

---

12 윌 듀런트 지음, 안인희 옮김, 『역사 속의 영웅들』, p. 20.

적 존재로 표현한 용어이다.[13] 즉, 인간이 야만 상태를 벗어나 성숙하고 계몽된 상태가 됨으로써 이 세상 만물 위에 군림하는 존재로 되었음을 의미한다. '성숙하고 계몽된 존재'로서의 인간은 곧 '문명인'을 뜻한다.

그렇다면 인간은 어떻게 해서 거인, 곧 문명인이 되었을까? 먼 옛날 인간은 '난쟁이'로서 자연의 지배자가 아니라 자연의 연약하고 순한 노예였을 뿐이었다. 차츰 두 발로 걷게 된 인간은 자유로워진 손에 돌이나 막대기를 들게 되었고, 불을 사용하게 되었으며, 마침내 여러 가지 도구들을 만들어 다른 동물들을 정복하고 자연을 자신들의 필요에 따라 개조할 수 있게 되었다. 인간은 또한 무리를 지어 살면서 동료들과 함께 적이나 자연이라는 상대와 맞서 이를 극복해왔으며, 필요한 도구와 기술과 지식을 축적하고 전수함으로써 더 나은 것들을 시간의 흐름과 더불어 창안해왔다. 이리하여 인류는 채집생활에서 수렵생활로, 수렵생활에서 농경생활로 발전해왔으며, 기술과 과학, 예술과 여러 학문체계의 발전을 거듭하여 점차 거인으로 변모되어왔다는 것이다.

그런데 일리인은 이 책에서 인간이 야만으로부터 문명 상태로 도달하게 되는 계기 내지 이유를 매우 독특한 시각으로 설명하고 있다. 이점이 문명을 논함에 있어서 일리인이라는 저자를 특별히 거론하게 만든다. 그는 인간이 거인(문명인)이 되는 가장 중요한 계기가 '상대성의 발견', 즉 타자他者의 존재를 인정하는 것이었다고 주장한다. 인류는 타자를 인정하고 나서 비로소 문명 단계로 진입하게 되었다는 것이다.

이를 설명하기 위해서 일리인은 매우 흥미로운 이야기 하나를 끄집어냈다. 먼 옛날 이집트인들은 자기 땅의 강을 그냥 '나일'이라 불렀다. '나일'이란 이집트 말로 그냥 강이라는 단어였다. 이 세상에 다른 강은

---

13 M. 일리인·E. 세갈 지음, 민영 옮김, 『인간은 어떻게 거인이 되었나 1』(서울: 일빛, 1999), pp. 3, 15.

없다고 여겼기 때문이다. 또한 강물은 나일 강처럼 당연히 남쪽에서 북쪽을 향해 흐른다고 믿었다. 그러다가 어느 때인가 메소포타미아 지방에 가게 되었는데, 그곳에도 강이 있었으며 더 놀라운 것은 그 강물이 북쪽에서 남쪽으로 흐른다는 사실이었다. 이집트인들은 이 놀라운 발견을 기억하기 위해 그곳에 기념비를 세웠다. 일리인에 의하면, 이는 타자를 인정한 것이다. 타자를 인정함으로써 인간은 문명 단계로 들어서게 되었다는 것이다.[14]

일리인이 거론한 '상대성의 발견', 즉 타자를 인정한다는 것이 어째서 문명의 계기일까? 일리인이 이 점에 관해 구체적인 설명을 덧붙이지는 않았으나 두 가지 차원에서 해석을 펼쳐보겠다.

첫째, 앞의 제2절에서 문명의 정의를 논하면서 문명의 뜻 가운데 하나가 "인간이 공동체의 규범들에 따라 타인과의 관계에서 정중하고 예의 바르며 이성적으로 질서화됨"을 의미한다고 제시한 바 있다. 타자를 인정하지 않고서는 이러한 질서는 수립될 수 없다. 일리인의 '상대성의 발견'은 바로 문명의 이러한 측면을 지적한 것이 아닐까?

둘째, 더 중요하다고 여겨지는 해석은 이것인데, 타자를 인정한다는 것은 곧 남으로부터 배운다는 것을 의미한다. 이집트인들이 메소포타미아의 강들이 나일 강과 다르다는 것을 발견하고 인정했듯이, 타자를 발견하고 인정할 때에만 우리는 타자로부터 배울 수 있다. 타자의 지식과 지혜, 타자의 기술과 과학, 타자의 예술과 학문체계를 배우지 않고 어떻게 문명이 발전될 수 있었겠는가? 사회학에서 문화를 '모든 학습된 것의 축적'이라고 정의하는 것은, 바로 이 문명의 습득과 발전 과정에 있어서 '상대성의 발견'과 일맥상통하는 것이라고 할 수 있다. 문명

---

14 M. 일리인·E. 세갈 지음, 민영 옮김, 『인간은 어떻게 거인이 되었나 2』(서울: 일빛, 1999), pp. 29-32.

은 학습에 의해 축적되고 전승되는 것이다. 그리고 이는 타자의 인정으로부터 비롯된다.

3. 아놀드 토인비의 해석

세계적인 역사가이자 문명비평가인 아놀드 토인비Arnold J. Toynbee는 기념비적인 그의 대작 『역사의 연구A Study of History』로 유명하다.[15] 이 방대하고 심오한 인류문명사의 내용과 그 속에 흐르고 있는 역사철학의 실체를 짧은 소견으로 뭉뚱그리기란 거의 불가능하다. 다만 그의 역사 서술 속에서 '문명'이 어떻게 이해되고 그려지고 있느냐 하는 점을 중심으로 살펴보도록 하겠다.

토인비는 그의 저술을 단순한 편년사적 방식으로 구성하거나, 또는 어떤 특정 국가·특정 사회의 제한된 역사로 접근한 것이 아니었다. 그는 인류의 역사 전체를 통틀어 명멸했던 문명의 종류를 21개 내지 26개(발생은 했으나 성장하지 못한 문명이 적어도 5개 정도라고 파악)로 보고, 이 문명들의 성쇠를 비교사적比較史的 관점에서 접근했다. 그리고 그 문명들의 역사 과정을 발생–성장–쇠퇴–해체로 이어지는 네 단계로 일반화하고, 그러한 각각의 단계적 유형에 작용한 역사적 원리와 법칙성을 도출하고자 했다.

서양의 역사학은 18세기 합리주의적 역사 서술과, 그에 대한 비판 내지 수정(또는 발전)으로서 성립한 19세기적 역사관 이후, 20세기의 다양한 역사철학historiography적 접근 양식으로 분화되었다. 역사학이 처음으

---

15 『역사의 연구』는 원래 1933년에 3권, 1939년에 3권, 1954년에 4권이 출판되어 총 10권으로 구성되었다. 그 후 1959년에 역사 지도책이 추가되고, 1961년에는 이 저술에 대한 비판에 답하는 「재고찰」편이 첨가되어 도합 12권이 되었다. 실로 28년에 걸친 엄청난 노작이다. 이 방대하고 경이로운 저술은 소머벨(D. C. Somervell)에 의해 1946년 1~6권의 축약본이 출간되고, 1957년에는 7~10권의 축약본이 출간되어 보다 많은 사람들에게 읽히게 되었다.

로 과학의 위치를 확립한 것은 19세기의 낭만주의적 사조와 민족주의적 정치이념에 힘입은 바 크다. 그러나 민족주의 내지 국민국가적 단위에 초점을 맞추었던 19세기 역사학은 당대의 서구 사회가 세계를 지배했던 현실에만 집착하여 서구 중심의 역사관 내지 서양 우월주의적 세계관에 도취되었다. 그러다가 유럽은 20세기에 들어선 초엽에 인류 역사상 미증유의 대량파괴·대량살육전인 제1차 세계대전(1914~1918)을 겪었다. 서구 사회는 갑자기 서양 문명 자체가 와해되거나 붕괴되는 것은 아닌지 깊은 좌절과 회의에 빠지게 되었다. 이 시점에서 바로 토인비의 『역사의 연구』는 전혀 새로운 접근방법을 가지고 위기에 빠진 서구 문명과 서구 사회를 진단하고, 미래를 전망하기 위한 시도로서 등장하게 된 것이다.

토인비는 '문명'을 역사 연구의 단위로 설정하고, 문명들의 성쇠 원인과 유형들에 천착했다. 한마디로 토인비는 인류 문명의 발생과 소멸을 '도전challenge'과 '응전response'의 관계로 설명하고 있다. 즉, 자연이나 다른 문명, 다른 인간 집단, 혹은 내부적 도전에 어떻게 대응하고 해결책을 찾아내는가의 여부가 한 문명의 발생, 성장, 쇠퇴, 해체를 좌우하게 된다는 것이다. 그의 논리를 따라가보겠다.

우선 문명은 어떻게 발생하는가?[16] 원시사회에서 문명 상태로 질적 변화를 이룬 제1대 문명들은 모두 '자연적 도전'에 대한 '응전의 소산'이라는 공통점을 지니고 있다. 물론 도전을 받는다고 모두 응전에 성공하는 것은 아니다. 특이하게도 문명을 발생하도록 만든 도전은 안이한 환경이라기보다는 살기 힘든 환경이었다. 이 '살기 힘든 자연환경'이라는 도전을 극복하고 이겨낼 때 문명이 발생하게 되는데, 이는 그 상황에

---

16 Arnold J. Toynbee, *A Study of History*, Abridgement of Vols. I-IV by D. C. Somervell (London: Oxford Univ. Press, 1946), pp. 48-163.

유럽은 20세기에 들어선 초엽에 인류 역사상 미증유의 대량파괴·대량살육전인 제1차 세계대전을 겪었다. 서구 사회는 갑자기 서양 문명 자체가 와해되거나 붕괴되는 것은 아닌지 깊은 좌절과 회의에 빠지게 되었다. 이 시점에서 바로 **아놀드 토인비(사진)**의 『역사의 연구』는 전혀 새로운 접근방법을 가지고 위기에 빠진 서구 문명과 서구 사회를 진단하고, 미래를 전망하기 위한 시도로서 등장했다. 토인비는 '문명'을 역사 연구의 단위로 설정하고, 문명들의 성쇠 원인과 유형들에 천착했다. 한마디로 인류 문명의 발생과 소멸을 '도전'과 '응전'의 관계로 설명하고 있다. 즉, 자연이나 다른 문명, 다른 인간 집단, 혹은 내부적 도전에 어떻게 대응하고 해결책을 찾아내는가의 여부가 한 문명의 발생, 성장, 쇠퇴, 해체를 좌우하게 된다는 것이다.

처한 인간들의 의지와 능력에 달려 있다. 그런데 이 '도전'은 너무 안이하거나, 너무 가혹해서도 안 된다. 도전이 너무 안이하면 응전을 불러일으키기 위한 자극이 되지 못하고, 반대로 너무 가혹하면 문명이 배태되더라도 유산流産되고 말기 때문이다. 그래서 문명을 낳기에 알맞은 정도의 도전을 토인비는 '황금의 중용golden mean'[17]이라고 불렀다.

다음은 문명의 성장에 관한 토인비의 설명이다.[18] 일단 발생에 성공한 문명이 성장을 계속하려면 새롭게 등장하는 도전들에 효과적으로 응전해야만 한다. 성장 단계에서 봉착하는 도전들로는 자연, 다른 문명, 다른 인간 집단 등 외적外的인 것들과 그 문명권 내부에서 끊임없이 돌출되는 내적內的인 것들이 있다. 이러한 내외의 여러 도전들에 대한 응전의 성공적 반복이 있을 때 문명은 성장하며, 그렇지 못할 때 성장은 정지되고 쇠퇴의 단계로 접어들게 된다.

그런데 한 문명이 성장을 거듭하려면 응전을 주도할 '창조적 소수creative minorities'의 창조적 역량이 계속적으로 발휘되어야 한다.[19] 그리고 그 창조적 전진(업적)을 비창조적 다수(대중)가 뒤따라 수용해야 한다. 대중이 창조적 소수가 이룩한 지식과 사상과 관습과 정서 등 사회적 재산을 뒤따라 잡아 수용하는 것을 '모방mimesis(또는 학습)'이라고 하는데, 모방(학습)은 문명의 습득과 정착 그리고 발전에 있어서 필수적인 사회적 훈련 방식이다.[20] '창조적 소수'가 아무리 빛나는 창조적 업적을 이루어내더라도 다수인 대중이 이를 모방하여 수용하지 않으면 문명의 성장은 멈추고 말 것이다.

---

17 Arnold J. Toynbee, *A Study of History*, Abridgement of Vols. I-IV by D. C. Somervell, p. 140.

18 앞의 책, pp. 187-243.

19 앞의 책, pp. 230-240.

20 사실 창조는 모방으로부터 출발하는 것이다.

토인비는 이러한 창조적 소수에 의한 창안과 대중에 의한 모방을 통틀어 '자기결정self-determination'이라고 불렀으며, 한 문명의 성장은 '자기결정' 능력에 의해 좌우된다고 보았다.[21] 이를 재해석하자면 '자기결정'이란 한 문명이 응전을 함에 있어서 자신의 정체성을 지켜가면서 도전에 대해 '조화調和'해나가는 것을 의미하며, 이것은 이를테면 '주체성에 의한 창조력'의 발휘라고 할 수 있다. 한 문명이 응전(또는 조화)의 과정에서 자신의 정체성을 잃어버린다면 그 문명은 이미 없어진 것이나 다를 바 없다.[22]

그러면 문명의 쇠퇴breakdown는 어떻게 오는가? 토인비는 문명 쇠퇴의 근본적 원인을 내적인 요인에서 찾고 있다. 즉, 한 문명이 '자기결정' 능력을 잃어버림으로써 쇠퇴의 길로 접어든다는 것이다. '자기결정' 능력의 상실 내지 실패는 우선 '창조적 소수'의 창조성의 상실과 그들에 대한 대중의 모방 철회로부터 빚어진다. 무릇 창조성의 상실은 만족과 교만으로부터 비롯된다. 즉, 일시적일 수밖에 없는 자아self와 제도institution와 기술technique을 마치 그것들이 항구적이기라도 한 것처럼 '우상화' idolization함으로써 새로운 문제의식과 창조적 해결책의 발견을 방해하고, 기존의 성취에 도취되게 만든다.[23] 창조적 소수가 창안의 능력을 상실하게 되면, 대중은 당연히 등을 돌리게 된다.

그러나 창조성을 상실하여 대중의 모방 철회에 직면한 '창조적 소수'는 종래의 리더십을 유지하기 위해 강제의 힘에 의존하려 들게 되는

---

21 Arnold J. Toynbee, *A Study of History*, Abridgement of Vols. I–IV by D. C. Somervell, pp. 198–208.

22 '주체성에 의한 창조력 발휘'의 과정을 담는 '그릇'(곧 기억장치)을 '역사'라고 할 수 있다. 따라서 역사는, 토인비의 용어를 빌리자면, '응전의 기록'인 셈이다.

23 Arnold J. Toynbee, *A Study of History*, Abridgement of Vols. I–IV by D. C. Somervell, pp. 307–325.

데, 토인비는 이들을 '지배적 소수dominant minorities'라고 명명했다.[24] '지배적 소수'는 강제의 힘, 곧 무력에 호소하게 되고, 마침내는 군국주의 militarism로 빠져들게 된다. 토인비가 제1차 세계대전 직후의 대혼란기에 파시즘이나 나치즘 같은 군국주의의 대두를 내다본 탁견이 돋보인다. 그런데 지배적 소수가 더 이상 강제적 힘이나 무력에 의해 대중을 지배할 수 없게 되는 상황에서는 어떤 일이 벌어질까? 토인비는 여기까지 논의하지는 않았지만, 필자가 보기에 그것은 바로 '대중영합주의 populism'이다. 강제의 힘이 아니라 간교한 꾀로 대중을 현혹하여 대중의 '눈이 먼 욕심'에 기댄 인기 위주의 술책으로 지배권을 지탱하려는 것이다. 여하튼, 이처럼 '소수자'와 '대중' 사이에 조화가 깨지고 '자기결정' 능력이 내부로부터 상실되는 것이 문명의 쇠퇴 과정이다.

마지막으로, 문명의 해체disintegration는 어떻게 설명되고 있는가? 해체기로 들어간 문명은 크게 보아 두 가지의 분열schism을 나타내는데, 하나는 사회구성체body social의 분열이고, 다른 하나는 정신 내지 혼soul의 분열이다.

우선 사회구성체의 분열부터 살펴보자.[25] 해체기로 접어든 문명에서는 사회구성체의 분열부터 일어나는데, 여기에는 수직적 분열과 수평적 분열이 있다. 수직적 분열은 국가 간의 전쟁이고, 수평적 분열은 계급 간의 전쟁이다. 문명의 해체와 관련해서 토인비가 특히 주목한 것은 수평적 분열이다. 이미 문명의 쇠퇴기에 '창조적 소수'가 '지배적 소수'로 변신함에 따라 그들에 대한 '모방'(또는 자발적 추종)을 철회한 대중은 '지배적 소수'의 억압과 무력에 표면적으로 추종하는 듯 보이지만, 정신적·도덕적으로는 이탈하게 되고, 결국 양자 사이에 분열이 생긴다.

---

24 Arnold J. Toynbee, *A Study of History*, Abridgement of Vols. I–IV by D. C. Somervell, p. 371.

25 앞의 책, chapter XVIII.

토인비는 이처럼 내부적으로 이탈한 자들을 '내적 프롤레타리아internal proletariats'라고 불렀는데, 이들은 이미 자신들이 그 문명에 더 이상 속해 있지 않다고 여긴다. 한편, 그 문명권 밖에 있던 '야만족'들도 더 이상 그 문명으로부터 방출되어오던 정치적·경제적·문화적 혜택이나 영향을 기대할 수 없게 됨에 따라, 스스로의 힘을 규합하여 '지배적 소수'에게 대항하게 된다. 이들을 '외적 프롤레타리아external proletariats'라고 부른다. 이처럼 해체기의 문명은 내외로부터의 저항과 지배층의 고립화 등 사회구성체 분열에 봉착하게 된다.

그러나 토인비가 더욱 심각하게 여긴 분열은 정신적 분열이다.[26] 토인비는 원래 문명의 발생 및 성장과 관련하여 '응전'을 설명함에 있어서, 응전의 수단 내지 방법으로 정신력의 중요성과 우월성을 특별히 강조했다. 정신력이야말로 기술력이나 군사력 같은 요소들보다도 훨씬 더 우위의 응전 수단이라고 보았다. 그렇기 때문에 문명의 해체에 있어서도 정신(혼)의 분열을 가장 심각한 분열현상으로 여긴 것이다.

정신적 분열은 여러 차원에서 상반되는 형태로 일어난다. 행동behavior 차원에서는 방종과 자제, 타락과 순교로 나타나고, 감정feeling 차원에서는 표류의식과 죄의식, 난잡성과 통일성으로 나타나며, 생활life 차원에서는 복고주의와 미래주의, 혹은 초탈과 변모로 나타난다. 요컨대 해체기의 문명은 사회구성체의 분열과 정신적 분열에 봉착하여, 사회적 측면에서나 구성원 개개인의 개별적 측면에서 구조적·정신적으로 와해되어 마침내는 한 문명의 소멸로 이어진다.

그러나 토인비는 이것으로 끝은 아니라고 본다. 인간 문명에는 '재생' 또는 '윤회palingenesia'의 희망이 있기 때문이다.[27] 해체의 끝에서 새로운

---

26 앞의 책, chapter XIX.
27 앞의 책, pp. 530-532.

문명을 향한 창조의 씨앗을 발견하게 된다는 것이다. 토인비는 특히 기독교, 회교, 힌두교, 대승불교 등 4대 고등종교들에서 희망의 싹을 찾고 있는 것으로 보인다.

토인비의 문명성장론은 우리나라 현대사 해석에도 적지 않은 시사점을 던져주고 있다. 산업화와 민주화가 함께 달성된 상태를 근대화라고 부르는데, 유럽, 미국, 일본, 대한민국 등 근대화에 성공한 나라들은 한결같이 산업화에 뒤이어 민주화를 성취함으로써 근대화를 달성했다. 이 과정에서 정치, 경제, 사회, 과학·기술 등 각 분야에서 명망 있는 선구자들과 이름 없는 창조적 소수들이 근대화의 견인차 역할을 수행했다. 물론 근대화의 과정에는 찬란한 빛의 한 켠에 소외와 부조리의 그늘도 있었다. 인류의 근대화 역사를 보면, 선진국들도 모두 80년에서 200년 가까운 정치적·경제적·사회적 투쟁과 시행착오를 겪었으며, 노사갈등과 사회정의의 문제들도 공통적으로 겪었다. 실로 인류 문명 발전의 과정에 '건너뛰기'란 없었다.

4. 마티이스 반 복셀의 해석

마티이스 반 복셀Matthijs van Boxel은 소위 '바보학'이라고 알려진 독특한 학문체계를 연구하는 네덜란드의 문명철학자이다. 그의 저서 『어리석음에 대한 백과사전The Encyclopaedia of Stupidity』은 유머와 해학, 그리고 그 웃음 뒤에 인간을 사유하도록 만드는 특이한 이야기들로 구성되어 있다.

이 책에서 반 복셀은 문명에 관한 두 가지 중요한 주제를 제시하고 있다. 하나는 "어리석음이 인류 문명의 원동력이자 그 근원"이라는 주장이고, 다른 하나는 "인간이 고안한 문명과 제도는 어리석음의 역설에서 결코 자유로울 수 없다"는 암시이다.

우선 반 복셀은 인간이 어리석은 존재임을 인정하지만, 기본적으로는 어리석음을 비웃기보다 그 속에 내재된 가치를 찬양하는 입장을 취한다. 그는 "어리석음은 인류의 위대한 덕목"이라고까지 주장한다.[28] 그에 의하면, 바보 같은 실수들이 인류의 진보를 가능하게 했고, 실패를 통해 인류는 성공의 길을 찾아냈다고 한다. 즉, 인간은 역경을 거치면서 현명해져왔고, 이것이 바로 지성知性의 발전 과정이라는 것이다. 결국 인류 문명은 인간의 어리석음이 빚어낸 결과물일 따름이고, 따라서 어리석음이야말로 인류 문명의 원동력이자 근원이라는 것이다.

이처럼 인류 문명에 있어서 어리석음의 역할을 찬양하면서도, 반 복셀은 또 하나의 주제, 즉 인류 문명의 불완전성 내지는 허점을 지적한다. 어찌 보면 인류 문명이 어리석음의 결과물인 이상 그러한 문명의 불완전성, 또는 그 문명에 내재되어 있는 어리석음 그 자체는 불가피한 것인지도 모른다. 그래서 반 복셀은 인간이 창안해낸 문명과 제도는 어리석음의 역설에서 결코 자유스러울 수 없다고 단언했을 것이다. 그는 심지어 "인류를 멸망시키지 않는 한 인류의 삶을 위협하는 어리석음을 제거할 수는 없다"고까지 극언하고 있다.[29] 그것은 바로 인류가 어리석음 그 자체이기 때문이라는 것이다. 그는 또 말한다. "문명은 이기주의가 쌓인 것"이라고.[30]

이와 같이 반 복셀은 인간이 쌓아 올린 문명의 탑은 '어리석음의 시행착오'로 빚어진 결과물이지만, 바로 그러하기 때문에 인류 문명은 숙명적으로 어리석음 덩어리이고, 완전성으로부터 거리가 멀다고 주장한다.

---

28 마티이스 반 복셀 지음, 이경석 옮김, 『어리석음에 대한 백과사전』(서울: Human & Books, 2005), pp. 69-71, 173-177, 272.

29 앞의 책, pp. 44-46, 62, 125-126, 182-183.

30 앞의 책, p. 192.

Ⅳ. 소결론: 문명의 덫

지금까지 문명의 정의를 살펴보고, 문명의 개념에 관한 몇몇 학자들의 독특한 해석들을 개관해보았다. 문명이란 사실 인류의 삶의 궤적이자 그 축적이다. 인간이 자연 속에 살면서 때로는 자연에 순응하기도 하고 때로는 저항하기도 하면서 쌓아온 삶의 지식과 지혜가 문명의 형태로 정착되어왔으며, 또한 다른 인간 집단과의 관계에서 때로는 경쟁하고 때로는 협력하면서 터득한 지혜와 지식도 이에 첨가되었다.

그러나 문명에는 피할 수 없는 자기모순의 덫이 있다. 첫 번째 덫은 '어리석음의 덫'이다. 반 복셀이 인류 문명의 속성과 참모습이 어리석음이라고 갈파한 것은 참으로 적실하다. '어리석음의 덫'이란 어떤 문명의 이기利器도 순기능과 함께 역기능을 내포하고 있음을 뜻한다. 과학·기술이 아무리 발전해도, 아니 발전하면 할수록 인간은 그 덫에서 더 허덕이게 된다.

몇 가지 예를 들어보자. 차량은 인간을 시간과 공간 차원에서 엄청나게 효율화시켜준 이로운 도구이지만, 그 이로움과 더불어 불행과 불편함도 함께 초래한다. 전 세계적으로 매년 자동차 사고에 의한 사망자가 130만 명이나 된다는 통계가 있다. 또한 명절 때 경험하는 것처럼 차량이 너무 넘쳐서 길이 막히면 옴짝달싹할 수조차 없게 만든다. 거대 공장과 거대 영농은 생산성과 효율성을 증대시킨 반면, 공기와 물 오염의 가속화를 불가피하게 만든다. 컴퓨터는 사무자동화 혁명을 가져다주었지만 일단 고장으로 멈추게 되면 사람들을 속수무책에 빠뜨린다. 그런가 하면, 종이 없는 사무자동화 때문에 사무실에서 출력하는 종이의 양이 훨씬 늘어났다는 역설도 경험한다. 무기 차원에서 보더라도, 인류는 결정적으로 이겨보겠다고 핵무기를 만들었으나 결국은 자타공멸의 위험에 빠지고 말았다. 과연 인류가 지성을 쌓고 더 지혜로워지고 더욱 고도화된 문명을 이룩한 만큼 더 행복해지고 완전해졌는가? 결국 문명이 아무리 발달해도, 인간의 지성과 지혜가 아무리 발전해도, 인류 문명은 '어리석음의 덫'에서 결코 자유로울 수 없다. 그것은 인간의 원초적·숙명적 불완전성, 또는 어리석음 때문이다. 이 인류 문명의 불완전한 속성이야말로 전쟁의 진짜 원인일 수 있다.

문명의 두 번째 자기모순적 덫은 '중독성의 덫'이다. 인간은 천성적으로 편리함과 용이함, 안이함을 좇는 존재이다. 수양을 통해서 어느 정도 이를 극복하기도 하지만 그것이 일반적인 추세는 아니다. 문명은 마약만큼이나 중독성이 강해서 한번 맛들이면 끊거나 역류시키기가 곤란하다. 차를 옆에 놓아두고 백 리 길을 걸어갈 사람이 몇이나 되겠는가? 구두를 내던지고 미투리를 신을 사람이 몇이나 되겠는가? 세탁기를 놓아두고 한겨울 개울에 가서 손빨래를 할 사람은 또 몇이나 될까?

이처럼 문명의 중독성은 사람들로 하여금 문명에 대한 '허기'와 '갈증'을 더욱 부추기도록 만들어, 결국은 파국으로 끌고 간다. 즉, 인간 집단들은 문명의 발달과 그 과실을 남들보다 더 향유하기 위해 더 많은 자원을 '배타적으로' 필요하게 되었다. 그런데 자원은 제한적일 수밖에 없다. 그럼에도 불구하고, 더 많은 자원을 남보다 더 차지하려는 자원에 대한 배타적 독점욕이 결국은 전쟁을 불러왔다고 할 수 있다. 고대의 전쟁들이나 제1·2차 세계대전이나, 또는 당대의 걸프전과 이라크전조차도 그와 같은 문명의 '중독성의 덫'과 무관하지 않다. 어쩌면 이 '중독성의 덫'은 서양 문명의 '자해성自害性의 비극'과도 맞닿아 있다고 할 수 있다.

서양 문명의 자해성의 비극이라는 주제를 단정적 일반화로 설명하기는 쉽지 않으나, 단순한 비유로 이렇게 설명해보겠다. 사람이 행복을 추구하려는 접근방법에는 두 가지가 있을 수 있다. 하나는 욕구라는 '그릇'을 최대한 키우고 그득하게 채워서 만족과 행복을 성취하고자 하는 접근법이고, 다른 하나는 욕구라는 그릇을 가능한 한 작게 만들고 채워서 작은 만족으로도 행복에 도달하려는 접근법이다. 전자의 경우, 욕심은 끝이 없어서 그 그릇이 어지간히 채워진다 싶으면 그릇의 크기를 더 키워서 더 많이 채우려는 욕망에 사로잡히게 된다. 사실 욕심은 스스로 커지는 속성을 지니고 있기 때문이다. 그래서 욕구의 그릇을 가득 채우기도 전에 그 그릇은 어느새 또 커져서 채워지지 않은 공간이 더 생긴다. 그러니 결코 만족에 도달할 수가 없고, 따라서 욕구의 최대화와 만족의 극대화를 통한 행복의 성취는 끝내 이룰 수가 없다. 반면에 욕심의 그릇을 최소화하려는 전제가 있다면, 그 그릇을 채워서 만족과 행복에 도달하기는 상대적으로 용이할 것이다. 스스로 커지려는 욕심의 속성을 제어하려는 노력이 선행되었기 때문이다. 이것이 후자의 접근법이다.

칼로 자르듯 구분할 수는 없으나, 대체로 서양 문명은 전자의 속성을 더 많이 지니고 있는 반면, 동양 문명은 후자의 속성에 더 친근한 것 같다. 이러한 서양 문명의 보다 적극적이고 외향적이고 역동적인 속성 덕분에 서양 문명은 근세 이후 소위 '서세동점西勢東占'으로 일컬어지는 대양의 지배, 과학·기술 발전에 의한 산업혁명, 그리고 이것들에 기반한 제국주의 정책에 의해 동양을 압도할 수 있었다. 그러나 서양 국가들 사이의 제국주의적 팽창정책(즉, 욕구의 극대화)은 인류 역사상 비견할 수 없는 대량파괴·대량살육의 양차 세계대전으로 번지고 말았다. '탈아입구脫亞入歐'를 표방하며 뒤늦게 서양식 제국주의 팽창 경쟁에 끼어들었던 일본 또한 서양 문명의 자해성의 비극을 태평양 전쟁에서 맛볼 수밖에 없었다. 그것은 일본뿐만 아니라 그 주변 국가들의 비극이기도 했다. 일본의 어설픈 서양 흉내가 빚어낸 참극이자 소극笑劇이었다.

이처럼 '어리석음의 덫'과 '중독성의 덫'으로 특징되어지는 '문명의 덫'이 인류 전쟁의 근본 원인이며, 이것이 앞으로 전개될 이 책의 핵심적 논의 주제이다.

CHAPTER 3

전쟁이란 무엇인가?

전쟁은 과연 무엇이고, 왜 생기며, 어떻게 준비하고, 어떻게 싸우고, 어떻게 마무리해야 하는 가? 이러한 주제들은 더 이상 정책수립가나 전략가 또는 군인들만의 전유물이 아니고, 일반 시민들도 깊이 이해하고 성찰해야 할 문제들이다. 왜냐하면 전쟁은 그 누구의 삶과도 깊숙이 연관되어 있기 때문이다. 이 장에서는 주로 "전쟁이란 무엇인가?"라는 전쟁철학적 차원에 중점을 두고 전쟁현상의 이해에 접근하고자 한다.

Ⅰ. 서론

인류의 역사는 전쟁의 역사였다. 역사 전반에 걸쳐서 전쟁은 평화보다도 훨씬 더 일반적인 현상이었으며, 문명 탄생 이전부터 인류가 끊임없이 겪어온 뼈아픈 경험의 일부였다. 전쟁은 실로 인간의 삶의 한 부분처럼 늘 곁에 있었던 것이다. 그리고 점점 더 치열해지고 조직화되고 대규모로 발전해왔다. 이러한 발전은 인간의 지식과 지혜, 특히 과학·기술의 발달과 비례하여 진행되어왔으나, 그 종착점은 대체로 대량파괴와 대량살상의 방향으로 귀결되어졌다. 전쟁은 사회적 존재로서의 인간이 생존경쟁과 보다 더 나은 삶을 위한 수단으로 삼아왔기에 이처럼 끊임없이 이어져왔지만, 다른 한편 그것은 잔혹한 파괴와 살상으로 특징지워지는 폭력적 현상이기에 피하고 싶고 없어지기를 바랐던 대상이었다. 더구나 핵무기와 같은 대량살상무기Weapons of Mass Destruction, WMD가 등장한 이래 전쟁은 인류 존망까지도 위협할 수 있는 악마적 존재가 되었다. 그럼에도 불구하고 전쟁은 여전히 우리 주변을 맴돌고 있다.

전쟁은 과연 무엇이고, 왜 생기며, 어떻게 준비(대비)하고, 어떻게 싸우고, 어떻게 마무리해야 하는가? 이러한 주제들은 더 이상 정책수립가나 전략가 또는 군인들만의 전유물이 아니고, 일반 시민들도 깊이 이해하고 성찰해야 할 문제들이다. 왜냐하면 전쟁은 그 누구의 삶과도 깊숙이 연관되어 있기 때문이다.

그러나 이 장章에서 전쟁과 관련된 모든 주제들을 다룰 수는 없다. 따라서 여기서는 주로 "전쟁이란 무엇인가?"라는 전쟁철학적 차원에 중점을 두고 전쟁현상의 이해에 접근하고자 한다. 제2절에서는 우선 전쟁의 정의定義에 대해서 살펴보겠다. 정의에 포함될 내용, 즉 전쟁의 주체, 목적, 수단, 성격 등을 종합적으로 고려한 정의 도출을 시도할 것이며, 그 과정에서 다양한 학자들의 견해나 사전적 의미들도 고찰할 것이다.

제3절에서는 전쟁의 본질을 다루겠다. 전쟁의 본질은 전쟁의 존재 근거, 즉 원인과 밀접히 연계되어 있다. 여기에서는 2개의 대비되는 관점, 즉 전쟁은 자연현상 또는 문명현상으로서 그 자체의 논리와 숙명적 섭리에 의해 존재한다는 결정론적 관점과, 전쟁은 인간의 자유의지에 따라 인간이 어떤 특정 목적을 달성하기 위해 자의적으로 선택한 산물이라는 자유의지론적 관점을 살펴보겠다. 그리고 자유의지론과 관련된 소우주이론(개인 의지)과 대우주이론(국가 의지)을 여러 학자들의 논의와 함께 고찰할 것이다.

제4절에서는 전쟁관戰爭觀, 즉 사람들이 전쟁을 어떻게 인식해왔는가를 다루겠다. 전쟁관 역시 전쟁원인론 내지 전쟁본질론과 깊이 연관되어 있는 전쟁철학의 주요 주제 가운데 하나이다. 사람들의 관점에 따라 전쟁은 '질병'일 수도 있고, 저지르지 말아야 할 '실수'일 수도 있고, 응징되지 않으면 안 될 '범죄'일 수도 있고, 무의미한 피 흘림에 지나지 않는 '시대착오적 존재'인가 하면, 다른 한편 어떤 목적 달성을 위한 적절하고도 정당한 '수단(도구)'일 수도 있다. 여기서는 전쟁관을 크게 3개의 범주, 즉 기독교 윤리관적 시각, 현실주의적 시각, 신평화주의적 시각으로 나누어 여러 학자들의 주장과 더불어 살펴보겠다.

제5절에서는 전쟁의 윤리倫理에 관해서 다룰 것이다. 여기서는 전쟁은 과연 윤리적으로 정당화될 수 있는가, 만일 그렇다면 어떤 조건과 상황 하에서 정당화될 수 있는가 하는 점들을 주로 고찰하겠다. 전쟁의 윤리 문제를 철학적 차원에서 논의할 때에도 세 가지 범주, 즉 정의의 전쟁론, 현실론, 평화론 등이 있는데, 각각의 주장과 문제점들을 살펴보겠다.

끝으로, 소결론에서는 제2절부터 제5절까지 다룬 주제들을 바탕으로 우리가 어떤 관점과 접근방식을 가지고 전쟁 문제를 다루어야 하는가를 논의하겠다. 이 논의는 현실론적 차원에서, 그리고 실천전략가적 관점에서 접근하려고 한다. 즉, 전쟁의 불가피성(전쟁의 완전 폐지가 불가능하다는 전제 하에서)을 감안하되 인간의 이성과 지성의 힘도 신뢰하여, 상대편과 더불어 '안정적 균형'을 추구해나감으로써 전쟁의 가능성을 줄이고, 보다 안정적인 평화를 구축하자는 것이다.

사실 전쟁은 인간이 육체적·정신적으로 완전한 존재가 아니기 때문에 생기는 어쩔 수 없는 현상일는지도 모른다. 인간은 생존과 건강 유지를 위해서 음식물을 먹지만, 그것의 소화와 순환 과정에서 나오는 노폐물을 몸 밖으로 걸러내지 못하면 건강을 잃고 결국은 죽고 만다. 인간 사회(민족이든 국가이든) 역시 하나의 '집단적 생물체'로서 생존에 필요한 자원을 획득하고 유통시키고 소비하는 과정에서 발생하는 스스로의 내부적 갈등과 모순, 혹은 다른 집단과의 외부적 갈등과 모순을 일종의 '노폐물'로서 배출하지 않으면 그 사회의 역동성과 건강성을 잃게 되고 말 것이다. 이 노폐물의 배출운동을 전쟁이라는 현상으로 볼 때, 여기에서 인간의 숙명을 읽을 수도 있다. 그러나 이 숙명을 피할 수 없는 것이라 할지라도, 그것을 순화시키고 그 폐해를 경감시킬 수 있는 지혜가 인간에게 있다고 하는 희망을 인간은 결코 저버릴 수가 없다. 이 희망을 현실화시키는 첫걸음은 바로 전쟁현상에 대한 정확하고도 올바른 이해로부터 시작될 것이다.

Ⅱ. 전쟁의 정의

어떠한 사회현상 또는 개념을 이해하기 위해서 그 정의를 살펴보는 것은 가장 기초적 접근 가운데 하나이다. 그러나 인간 사회에서 가장 격렬하고 복잡한 현상인 '전쟁'이 과연 무엇인가를 간명하게 규정한다는 것은 그리 간단한 일이 아니다. 실로 다양한 개념 규정과 연구들이 전쟁과 연관하여 전개되어왔기 때문에, 때때로 정의 자체가 전쟁현상을 더욱 이해하기 어려운 대상으로 만들고 있는 것은 아닌지 하는 우려도 없지 않다.

'전쟁'을 뜻하는 영어 단어 'war'는 그 어원語源이 'werra'인데, 이것은 프랑크-게르만Frankish-German 언어로부터 온 것으로 그 원래 뜻은 "혼란, 불협화, 다툼"이다. 그리스어로 전쟁은 'polemos'인데, 그 뜻은 "공격적인 논쟁"이며, 여기에는 폭력, 갈등 등의 의미가 내포되어 있다. 한편 전쟁을 뜻하는 라틴어는 'bellum'인데, 여기서 파생된 영어 단어 'belligerent'가 교전 당사자라는 의미를 가지고 있는 것처럼 'bellum'에는 "서로 싸우고 있는 양쪽 편"이라는 뜻을 함축함으로써 전쟁이 쌍방 간에 '조직적'으로 이루어지고 있음도 암시한다.

이처럼 어원 자체가 다양하고 그 의미 또한 전쟁현상의 어느 부분만을 부각해서 나타내고 있는 것처럼, 사전적 개념이나 학자들의 개념 정의 역시 특정한 정치적·철학적 관점에 따라 협의의 정의부터 광의의 정의까지 다양하게 나타난다. 대표적인 영어사전인 웹스터Webster 사전과 옥스퍼드Oxford 사전의 해석을 보면 확연한 대조를 엿볼 수 있다. 전자는 다소 협의의 의미를 담고 있는 반면에, 후자는 광의의 뜻을 담고 있다.

웹스터 사전은 전쟁을 "국가들 사이에 벌어지는 명시적으로 선언된 (즉, 공개적으로 선전포고된) 적대적 무장투쟁 상태, 또는 그러한 투쟁의 기간"이라고 정의한다. 이 정의에 따르면, 전쟁은 공개적 선전포고로 시작되어야 하고, 국가들 사이에서만 벌어지는 것이다. 그러나 역사적으로 보면 명시적 선전포고 없이 시작된 전쟁이 수없이 많았다. 또한 국가들 사이에서만 벌어지는 것이 전쟁이라고 한다면 게릴라전, 테러전, 또는 특정 국가 안에서의 내전(소위 인민해방전쟁 등)을 어떻게 규정할 것인가? 그것들을 단순히 저강도 분쟁low-intensity conflict으로만 볼 것인가?

이와 반면에 광의의 뜻을 담은 옥스퍼드 사전은 전쟁을 "살아 있는 실체들 사이에 벌어지는 모든 적극적 적대 혹은 투쟁"이라고 해석하는가 하면, "적대적인 힘 또는 원칙들 사이의 갈등"이라고 풀이하고 있다. 그러나 이 해석은 너무 포괄적이고 광범위하다. 예컨대 무역경쟁, 판매경쟁, 종교 교리 간의 비폭력적 대립, 개인 대 개인 또는 소규모 이해집단 간의 갈등 등 인간 사회의 모든 대립관계나 상태가 전쟁일 수는 없는 것이다.

한편 전쟁을 실질적 무력충돌 '상태state'로 볼 것인지, 아니면 형식적·법적 또는 조건condition의 틀로 볼 것인지 하는 점에 따라서도 정의 해석에 차이가 날 수 있다. 전자의 경우, 전쟁현상은 실질적이고도 대규모적인 무력충돌과 투쟁이 현존하는가의 여부, 즉 그 상태에 따라서 규정되며, 이 점에 있어서 외교, 무력위협 혹은 간섭, 선전, 경제적 압력 또는 봉쇄 등과 구별된다. 후자의 경우 전쟁은 법적·형식적 해석상 선전포고로 시작되어 어느 일방에 의한 정복 혹은 쌍방 간 협상에 의해 전쟁이 공식적으로 종결될 때까지 지속되는 '조건적 틀' 속에 있는 현상이다. 6·25전쟁을 예로 들어보자면, 현재 한반도에는 실질적이고도 대규모적인 무력충돌 내지 투쟁이 현존하지 않는다는 점에서 전자의 논리에 비추어 "전쟁은 없다"고 규정할 수 있다. 반면에 6·25전쟁은 1950년 6월 25일 북한의 남침으로 시작된 이래 1953년 7월 27일 공산군과 유엔군 사이에 정전협정이 체결되어 무력충돌·투쟁(즉, 교전)은 종식되었으나, 법적으로 전쟁이 종결된 것이 아니기 때문에 후자의 논리에 따라 "전쟁은 계속 중이다"라고 말할 수 있다.

학자들의 설명을 보아도 전쟁의 개념이나 정의에 무수히 많은 편차가 협의의 차원부터 광의의 차원에 이르기까지 펼쳐져 있음을 알 수 있다. 루소Jean-Jacques Rousseau는 전쟁이 개인 대 개인의 관계가 아니라 "국가 대 국가의 관계"라고 좁혀서 못 박았다. 그로티우스Hugo Grotius는 좀 더

범위를 넓혀서 전쟁은 "대립되는 집단 간에 벌어지는 상태"로 보았으며, 키케로Cicero는 더 광범위하게 "힘의 대결"로 규정했다. 철학자들의 경우는 보다 더 현학적이고 광범위한 개념틀을 보여준다. 헤라클레이토스Heracleitos는 전쟁을 "만물의 아버지"라고 불렀는데, 이 말의 숨은 뜻은 전쟁이 모든 악과 비극의 씨앗임과 동시에 인간 사회의 변화와 발전을 가져오는 역동성의 모태임을 강조한 것이다. 헤겔Georg Wilhelm Friedrich Hegel은 모든 사회적·정치적·경제적 변화는 오로지 전쟁 혹은 폭력적 갈등에 의해서만 빚어질 수 있다고 보았다. 그의 이러한 관점은 훗날 혁명에 있어서 폭력의 불가피성을 논한 공산주의 이론가들에게 고스란히 전수되었다.

이쯤에서 손자孫子와 클라우제비츠Carl von Clausewitz의 논의를 살펴보자. 이 두 군사사상가는 각각 동·서양을 대표하는 이론가로서 역사상 가장 정점에 도달한 그들의 저술을 통해 시대를 초월한 통찰력을 과시하고 있다. 흥미롭게도 이 두 사상가는 시대적·지리적 이격에도 불구하고 상당히 유사한 관점을 공유하고 있다. 두 사람 모두 전쟁을 고도의 철학적 논리의 틀 속에서 논의하면서도 현실 정치적 관점에 굳건히 바탕을 두고 있다.

손자는 이렇게 시작한다. "전쟁은 국가에게 있어서 운명을 건 문제이다. (국민들이) 죽고 사는 경지이며, (국가가) 생존 또는 멸망하는 기로(즉, 분수령)이다. 반드시 깊이깊이 고찰해야만 될 사안이다."[1] 전쟁이 국가 대 국가의 사활을 건 투쟁임을 분명히 하고 있다.

클라우제비츠는 전쟁을 "우리의 의지를 상대방에게 강요하여 관철시키는 행위", 즉 우리에게 보다 유리한 평화를 창출하기 위해 "폭력을

---

1 『孫子』 제1편: 兵者, 國之大事, 死生之地, 存亡之道, 不可不察也.

손자는 "전쟁은 국가에게 있어서 운명을 건 문제이다. (국민들이) 죽고 사는 경지이며, (국가가) 생존 또는 멸망하는 기로(즉, 분수령)이다. 반드시 깊이깊이 고찰해야만 될 사안이다"라고 말했다. 전쟁이 국가 대 국가의 사활을 건 투쟁임을 분명히 한 것이다.

클라우제비츠는 전쟁을 "우리의 의지를 상대방에게 강요하여 관철시키는 행위", 즉 우리에게 보다 유리한 평화를 창출하기 위해 "폭력을 행사하는 행위"로 보았다. 그래서 그에 의하면 전쟁은 정치(또는 정책)의 도구이자 "다른 수단에 의한 정치의 연속"이다.

행사하는 행위"로 보았다.[2] 그래서 그에 의하면 전쟁은 정치(또는 정책)의 도구이자 "다른 수단에 의한 정치의 연속"인 것이다.[3] 여기서 전쟁이 정치적 목적을 띤 행위라고 할 때, '정치적'이라 함은 단순히 정치 그 자체라기보다는 정치, 사회, 경제, 심리, 외교 등 제 분야가 망라된 보다 포괄적 의미로 해석해야 된다. 이를 다른 말로 대치시키자면 아마도 국가이익national interest이 가장 근접한 용어가 아닐까 한다. 이러한 정치행위는 평시에도 물론 지속되는 것이지만, 어떤 특정한 환경 변화와 압력 때문에 평시의 정치행위인 외교나 협상이 통하지 않을 때 이에 불만을 품은 어느 한편 또는 쌍방은 자기의 이익을 관철하기 위해 상대방을 굴복시키는 방편으로 '폭력'을 동원한 정치행위에 임하는 것이다. 이것이 전쟁이다. 따라서 전쟁은 정치의 일부로서 평시부터 있어왔던 정치적 거래political transactions의 연장선상에 있으며, 다만 그 정치 행위의 도구가 펜pen이나 말 대신 폭력으로 바뀌었을 따름이다.

이제 이상에서 논의한 여러 관점들을 뭉뚱그려서 종합적이고 보다 보편적으로 통할 수 있는 전쟁의 정의를 도출해보자. 정의를 내리기 위해 우선 이에 포함될 요소들을 꼽아보자면 주체는 누구인가, 목적은 무엇인가, 수단은 무엇인가, 그 성격은 무엇인가 등이다. 첫째, 전쟁을 하는 주체를 보면 그 대부분은 국가state이다. 다만 내전 같은 경우에 한편은 합법적 정부이고, 상대편은 그 정부를 타도하고 합법적 정부가 되고자 하는 집단a group intend to become state일 수 있다. 이 집단은 공인된 국가는 아니지만 일정한 정치·사회적 힘을 지니고 국가를 상대로 상당한 규모의 무장투쟁을 상당 기간 수행한다는 점에서 전쟁의 주체 범위에서 제외할 수는 없다. 따라서 주체는 "국가 또는 사회집단"이라고 할 수 있다.

---

2 Clausewitz, *On War*, p. 75.

3 앞의 책, pp. 80~81, 87.

둘째, 전쟁의 목적은 실로 다양할 수 있다. 상대방 영토의 전부 혹은 일부 점령, 배상금, 우월적 무역권, 식량과 노동력, 지배적 영향력, 천연 자원, 물, 종교적 자유, 이데올로기의 강요, 군주 또는 지도자의 신념이나 개인적 욕망, 명예와 영광 등등 이루 다 헤아릴 수조차 없다. 어쨌든 전쟁의 행위 주체들은 "현재보다 자기에게 더 나은 상태"를 만들어내기 위해 전쟁을 한다. 그래서 역설적으로 보자면 전쟁은 평화를 창출하기 위해서, 즉 지금의 평화보다 자기에게 더 유리한 평화를 쟁취하기 위해서 벌이는 것이라고 할 수 있다. 여하튼 클라우제비츠가 갈파한 바와 같이, 이처럼 다양한 전쟁의 목적들은 한마디로 보다 포괄적 의미의 "정치적 목적"이라고 요약할 수 있다.

셋째, 전쟁의 수단은 무장폭력이다. 그러나 무장폭력이라 해도 그 규모와 조직화의 정도가 쟁점이 될 수 있다. 몇몇 또는 소수의 무장 그룹이 개개로 산발적인 형태로 벌이는 투쟁을 전쟁이라고 할 수는 없다. 따라서 전쟁의 수단으로서의 무력은 상당한 규모와 조직력을 갖춘 집단적 무력을 의미한다.

넷째, 전쟁의 성격은 무엇인가? 이 문제는 뒤에 전쟁의 본질 문제를 다룰 때 보다 자세히 거론하겠지만, 여기서 정의 도출상 간략히 논의하자면 전쟁의 성격은 일정한 정치적 목적을 추구하기 위한 '사회적 상호작용 행위'라고 할 수 있다. 그리고 전쟁은 하나의 '상태state'이자 '현상phenomena'이다. 그러나 이 상호작용 행위 또는 현상은 인간 사회의 어느 외딴 곳에서 사회의 어느 일부분만이 동원되어 고립된 상태로 일어나는 것이 아니다. 이 행위나 현상은 아주 실질적이고actual, 정치·경제·외교·사회·과학·심리 등 사회의 모든 분야가 총망라되어widespread and collective, 지극히 의도적intentional이고 조직화된 형태로 벌어지는 '종합적 사회현상'이다.

따라서 전쟁은 이렇게 정의할 수 있다. "전쟁은 어떠한 정치적 목적을 달성하기 위해, 국가 또는 사회집단에 의해 수행되는, 의도적이고 집단적이고 광범위하게 벌어지는 조직화된 무력투쟁이며, 인간 사회의 가장 종합적인 사회현상의 하나이다."

Ⅲ. 전쟁의 본질

본질은 겉으로 드러난 어떤 현상 혹은 형상의 내적內的 속성이다. 즉, 그 현상의 내적인 존재 기반이다. 그 현상이 어떻게 해서 생겨났고, 그 성격·성질이 무엇이며, 그 현상의 존재 이유(목적)는 무엇인가 하는 점 등이다. 역으로, 현상은 본질의 표출 양상이다. 즉, 어떤 내적 속성이 겉으로 나타난 모습이 현상이다. 따라서 현상과 본질은 동전의 양면과 같은 것이고, 불가분의 관계이다. 동양의 철학에서는 종종 본질은 '이理'로, 현상은 '기氣'로 설명하기도 한다.

그러나 현상과 본질이 항상 일치되게 드러나지는 않는다. 예컨대 다이아몬드와 숯의 본질은 탄소(C)로서 같되, 겉모습(현상)은 판이하게 다르다. 또 다이아몬드와 유리의 겉모습은 비슷해 보이지만 그 속성(본질)은 아주 다른 것이다.

전쟁이라는 하나의 사회현상을 보다 더 잘 이해하기 위해 그 본질, 즉 전쟁의 성격, 전쟁의 원인과 존재 이유 등을 논하는 문제는 고도의 철학적 탐구, 곧 전쟁철학의 범주에 속하는 일이다. 철학적 관점에서 전쟁의 본질, 즉 내적 존재 기반을 논할 때 2개의 뚜렷하게 대비되는 주장들이 있다. 다시 말해서 전쟁은 어떻게 해서 존재하는가 하는 논의이다. 하나는 결정론적 접근deterministic approach이고, 다른 하나는 자유의지론적 접근free will approach이다.

1. 결정론적 접근

결정론determinism은 한마디로 자연적 현상(지진, 홍수, 가뭄 등)이나 역사적 사건(혁명, 전쟁 등)은 물론이고, 인간의 행위조차도 그것이 발생되도록 하는 어떤 '필연적 원인(힘)'에 의해 생긴다는 것이다. 그리고 그 힘은 인간의 힘이나 의지도 초월하는 것이어서, 인간은 이에 대해 불가항력적이라고 주장한다. 가장 극단적 결정론에 속하는 것이 숙명론과 예정설인데, 숙명론은 눈에 보이지 않는 어떤 불가항력적(즉, 운명적) 힘에 의해 현상이 발생한다는 것이고, 예정설은 절대적 권능을 지닌 신의 의지와 힘에 의해 어떤 현상도 이미 일어나도록 규정되어 있다는 설명이다. 결정론에 따르면, 전쟁은 인간이 선택해서 일어난다기보다 이미 이 우주의 한 섭리로서 운명적으로 정해진 현상이며, 인간은 이에 대해서 무력하다. 따라서 인간은 자기 행위에 대한 선택권이 없는 만큼 그 행위에 대한 책임도 없으며, 결국 전쟁에 대한 책임도 없다.

결정론의 한 부류라고 분류되기도 하는 또 다른 설명에 목적론teleology이 있다. 이 논리는 이러하다. 만물의 존재에는 그 '필연적인 목적'이 있다. 어떤 목적이 있기에 사물이나 현상이 존재한다. 사회적인 사건들도 어떤 목적을 향해 움직인다. 우리가 지금 보고 있는 현상은 그러한 목적을 향해 움직여가는 변화의 한 과정을 보고 있는 것이다. 즉, 우리는 어떤 본질적 대상, 곧 질료質料의 탄생-성장-성숙-쇠퇴-재탄생이라는 변화 내지 순환의 한 과정을 현상이라는 모습으로 파악해 보고 있을 따름이다. 전쟁 또한 '갈등과 경쟁을 통해' 인류를 보다 높은 단계로 발전시키는 '역할'을 하며, 그러한 '변화의 과정'이자 '자연적 현상'이다. 이 설명에 따르면, 전쟁은 인류 발전의 동력적動力的 요인으로서의 '문명현상'이 되는 셈이다.

이러한 만물 존재의 목적에는 역시 어떤 '힘'이 작용하고 있다는 것인데, 이 점에서 목적론은 결정론과 통하는 점이 있다. 다만 인간은 이 힘

각각 고대와 중세의 대표적 기독교 신학자이며 철학자인 아우구스티누스(왼쪽)와 토마스 아퀴나스(오른쪽)는 목적론적 결정론으로써 신의 존재를 증명하고자 했으며, 인간이 선행과 악행을 선택할 수 있다고 주장하여 인간의 부분적인 자유의지를 인정했다. 이 점에서 그들은 숙명론이나 예정설과 같은 극단적 결정론과 대비된다. 이처럼 약한(온건한) 결정론은 인간이 비록 환경의 산물로서 환경의 지배(결정)에 의해 행위를 결정하지만, 또한 그 환경을 바꿀 수 있는 힘과 의지도 보유하고 있다는 점을 인정한다. 비록 전반적 차원에서 인류는 냉혹한 힘(운명적 힘)의 포로로서 전쟁을 일으키는 충동을 불가항력적으로 받는 존재이지만, 그 가운데 일부는 인간의 폭력성을 어떻게 하면 제어할 수 있는지를 알 만한 지적 능력을 보유하고 있다는 것이다.

에 대해서 동참하기도 하고 저항하기도 한다는 점을 부연함으로써, 목적론은 극단적 결정론과 차별된다. 각각 고대와 중세의 대표적 기독교 신학자이며 철학자인 아우구스티누스St. Aurelius Augustinus와 토마스 아퀴나스Thomas Aquinas는 이 목적론적 결정론으로써 신의 존재를 증명하고자 했으며, 인간이 선행과 악행을 선택할 수 있다고 주장하여 인간의 부분적인 자유의지를 인정했다. 이 점에서 그들은 숙명론이나 예정설과 같은 극단적 결정론과 대비된다.

이처럼 약한(온건한) 결정론은 인간이 비록 환경의 산물로서 환경의 지배(결정)에 의해 행위를 결정하지만, 또한 그 환경을 바꿀 수 있는 힘과 의지도 보유하고 있다는 점을 인정한다. 비록 전반적 차원에서 인류는 냉혹한 힘(운명적 힘)의 포로로서 전쟁을 일으키는 충동을 불가항력적으로 받는 존재이지만, 그 가운데 일부는 인간의 폭력성을 어떻게 하면 제어할 수 있는지를 알 만한 지적 능력을 보유하고 있다는 것이다. 그리고 문명이 발전하고 이성이 고양되면 이러한 부류의 인간들은 그 비중을 높여갈 수가 있다는 것이다. 이 문제는 다음 절에서 전쟁관과 전쟁의 원인론을 논할 때 좀 더 자세하게 설명하겠지만, 이러한 온건한 결정론적 논리는 계몽주의로 통한다.

2. 자유의지론적 접근

한편, 결정론과 대비되는 철학적 관점이 이른바 자유의지론적 접근free will approach 논리이다. 자유의지론이란 한마디로 어떤 사회현상이나 인간의 특정 행위는 인간이 가지고 있는 선택의 자유, 즉 자유의지free will에 의해서 좌우된다는 설명이다. 이 논리에 따르면, 전쟁이란 인간이 그들을 둘러싸고 있는 '상황'에 대한 그들의 '인식'에 따라서 '자의적'으로 행하는 의도적 행위라는 것이다. 인간은 선택의 자유를 갖고 있고 전쟁도 그의 선택의 산물이므로 그 책임도 온전히 인간 자신에게 있다.

그런데 선택(따라서 책임까지)의 성격에 대해서는 또한 대비되는 두 가지 견해가 있다. 전쟁을 의도적으로 결정하는 선택의 주체와 기원을 인간 개개인(지도자)에게 맞출 것인가, 아니면 집단(정부 또는 사회집단)에 맞출 것인가 하는 점이다. 전자를 소우주이론microcosmic theory 또는 원초적 단계라 하고, 후자를 대우주이론macrocosmic theory 또는 사회적 단계라 한다.

소우주이론은 전쟁 선택의 주체로서 인간 개개인에게 초점을 맞추기 때문에, 전쟁의 기원을 인간 본성에서 찾는다. 인간은 본능적으로 공격적이고 영토 지향적이기 때문에 이것이 전쟁을 하도록 만든다는 것인데, 이는 때때로 생태학적인 주장이나 기독교의 원죄론과도 일맥상통한다.

소우주론적 주장을 편 몇몇 학자들의 주장을 살펴보자. 가장 널리 알려진 인물이 홉스Thomas Hobbes이다. 그는 인간의 본성이 원래 종잡을 수 없이 무질서한 것이며, 따라서 외부로부터 이를 규제하는 힘이 작용하지 않는 한 무질서와 혼돈은 불가피하다고 보았다. 인간은 공공선公共善, 즉 강제적 법이나 규범common power 없이 살게 될 경우 일종의 전쟁warre 상태에 빠지게 되는데, 이는 만인이 만인에 대하여 서로 반목하게 되는, 이른바 "만인의 만인에 대한 늑대"의 상황을 일컫는다.[4] 로크John Locke는 홉스가 주장한 것과 같은 온전한 혼돈anarchy이나 전쟁 상태 자체는 받아들이지 않았으나, 법 제도나 강제력이 없는 상황에서는 언제나 그 혼란의 이득을 취하려는 사람들이 있게 마련이라고 인정함으로써 다소 온건한 입장을 취했다. 칸트E. Kant는 전쟁은 인간 본성에 깊이 내재되어 있다고 주장함으로써 인간 본성에 대한 비관론을 견지했다. 그러나 그는 인간들 사이의 타고난 갈등, 그리고 그로 인한 국가 간의 불가피한 갈등

4　Thomas Hobbes, *Leviathan*, 1:13.

은 결국 인간성을 자극하여 평화와 협력으로 나아가도록 만들 것이라고 주장했다. 즉, 전쟁의 참화를 일단 겪게 되면 그 교훈으로 인해 인간은 이성을 되찾게 되고, 그로부터 평화를 도모하기 위한 초법적·초국가적 장치를 찾게 된다는 것이다. 이러한 칸트의 견해는 제1차 세계대전 후의 국제연맹League of Nations이나 제2차 세계대전 후의 국제연합United Nations, UN으로 실천된 셈이다.

이들 외에도 프로이트Sigmund Freud는 그의 짧은 논문 "Why War"에서 전쟁의 근원이 인간 내면의 '죽음의 본능death instinct' 때문이라고 주장했으며, 러시아의 대문호 도스토옙스키Fyodor Mikhailovich Dostoyevsky는 그의 소설 『카라마조프가※의 형제들』에서 인간 내면에는 야수beast가 있다고 씀으로써 인간에게 타고난 야만성이 있음을 지적한 바 있다. 그러나 마키아벨리Niccolò Machiavelli만큼 인간 본성과 전쟁 간의 관계를 현실적이고도 냉정하게 꿰뚫은 사상가도 드물다. 그는 인간을 물질에 대한 끝없는 욕망과 자기 이익 추구에 몰두하는 이기적 존재로 보았다. 이처럼 결코 채워지지 않는 인간의 욕심과 달리 재화와 물질에는 한계가 있다. 따라서 이 끝없는 욕망과 자원의 제한성 사이에는 메울 수 없는 간극이 있게 마련이고, 이것이 정치적 갈등 곧 전쟁을 선택하게 만드는 것이다.[5]

한편, 인간의 본성이 아니라 인간의 이성 또는 계산reasoning에 더욱 초점을 맞춘 논리가 있는데, 이것도 넓은 의미에서 소우주이론에 속한다고 할 수 있다. 이 주장은 전쟁이 인간 이성에 의한 계산(자유의지에 의한 선택)의 산물이거나, 아니면 이성의 결핍(오산, 오지, 오판 등)의 산물이라는 것이다. 이성의 결핍 내지 포기를 전쟁의 원인으로 보는 학자들은 대체로 플라톤Platon의 견해에 동조하는데, 플라톤은 전쟁이나 혁명 등은 순전히 육체body와 그 육체의 욕망 때문이라고 주장했다. 여기서 육

---

5 Niccolò Machiavelli, *The Prince* (New York: Mentor Books, 1952), 17:90.

PLATO

RAPH. SANCT. Vrb. pinxit in aed. Vatic.

플라톤은 전쟁이나 혁명 등은 순전히 육체와 그 육체의 욕망 때문이라고 주장했다. 여기서 육체는 이성이 깃들어 있는 머리와 대비되는 개념으로 사용되고 있으며, 이성이 아니라 비이성 혹은 감정을 의미하는 상징어이다. 즉, 인간의 육체적 욕망은 인간의 이성적 능력을 압도하는 경향이 강하며, 이로 말미암아 윤리적·정치적 퇴화(타락)를 초래하고 이것이 곧 전쟁의 근원이라는 논리이다. 소우주이론은 전쟁 선택의 주체를 개개인으로 보기 때문에 전쟁을 방지하기 위한 처방으로 나쁜 지도자는 제거하고, 보다 완전하고 균형 잡힌 인간을 지도자로 삼아야 한다고 주장한다. 플라톤의 철인정치는 바로 이를 의미한다.

체body는 이성이 깃들어 있는 머리head, brain와 대비되는 개념으로 사용되고 있으며, 이성이 아니라 비이성 혹은 감정을 의미하는 상징어이다. 즉, 인간의 육체적 욕망은 인간의 이성적 능력을 압도하는 경향이 강하며, 이로 말미암아 윤리적·정치적 퇴화(타락)를 초래하고 이것이 곧 전쟁의 근원이라는 논리이다. 로크 역시 이성을 문화적 차이나 마찰의 원천을 극복하는 수단으로 보았고, 따라서 이성을 포기하는 것 자체를 전쟁의 가장 주된 원인으로 꼽았다.[6] 이처럼 이성론을 거슬러 올라가면 스토아 학파Stoics나 중세의 자연법 철학Natural Law Philosophy과도 닿는다.

소우주이론은 전쟁 선택의 주체를 개개인으로 보기 때문에 전쟁을 방지하기 위한 처방으로 나쁜 지도자는 제거하고, 보다 완전하고 균형 잡힌 인간을 지도자로 삼아야 한다고 주장한다. 플라톤의 철인정치哲人政治는 바로 이를 의미한다.

다음은 대우주이론이다. 대우주이론은 전쟁을 자의적으로 선택하는 주체를 인간 개개인이 아니라 집단, 즉 정부나 사회집단으로 보는 이론이다. 어떤 국가나 사회는 특정한 문화체계나 정치·사회적 특성 때문에 다른 국가나 사회보다 더 전쟁을 선호하는 경향이 있다는 것이다. 지나치게 민족주의가 강하게 표출되거나, 성전문화聖戰文化, Jihad가 있거나, 정치체제가 민주적이지 못하고 독재·전제체제이거나, 국내적으로 빈부 격차 등 경제적 불평등이 심화되어 있거나, 또는 인구 증가가 폭발적이어서 그 압력을 소화시키지 못하는 국가는 전쟁을 선택할 가능성이 그만큼 높다는 것이다. 대우주이론은 결국 전쟁을 특정 문화체계 또는 사회의 산물로 본다.

그렇기 때문에 대우주이론가들은 전쟁을 방지하려면 사회구조를 바꾸어야 한다고 말한다. 보다 더 강한 민주주의, 보다 평등한 부富의 재분

---

6 John Locke, *Second Treatise*, sect. 172.

배, 지나친 민족주의나 성전문화의 타파 등이 그것이다. 칸트가 평화적 문화교류의 증대는 전쟁의 위험을 줄일 수 있다고 주장한 것은 이 논리와 통한다.

한편, 선택의 집단성을 논함에 있어서 일부 학자들은 관심의 초점을 일개 특정 국가나 사회집단에 맞추기보다 국제 사회international society의 장場까지 넓혀서 보기도 한다. 이것도 넓은 의미에서 대우주이론의 연장이라고 볼 수 있다. 월츠Kenneth Waltz는 그의 유명한 저서『인간, 국가, 그리고 전쟁Man, the State, and War』에서 인간 본성이 의심의 여지 없이 전쟁을 초래하는 한 원인자이지만, 그것만으로 전쟁과 평화를 모두 설명할 수는 없다고 주장한다. 그는 오히려 전쟁이 국가들 사이의 경제적 불균형이나 이데올로기의 차이 등 국제 사회의 무질서와 불균형의 결과라고 본다.

루소는 인간의 본성에 대해서는 낙관적이면서도 국제 사회의 성격에 대해서는 오히려 비관적 견해를 보이고 있다. 루소는 자연 상태의 인간은 원래 평화롭고 서로 적대하지 않는 속성을 가지고 있다고 주장한다. 그러나 그는 국제정치의 장에서는 홉스의 논리, 즉 "만국의 만국에 대한 늑대(?)"의 논리를 수용한다. 루소는 국제 사회에서 전쟁은 불가피하며, 국가들 간의 평화적 협력체제란 다만 일시적일 뿐 궁극적으로는 헛되고 불가능한 꿈이라고 본다. 그래서 그는 한 국가가 자위의 차원에서 능동적이고 공세적이지 못하면 그 국가는 결국 쇠잔해져서 멸망하게 될 것이라고 주장했다. 이것이 역사가 우리에게 주는 교훈이라는 것이다.

미국 존스홉킨스 대학Johns Hopkins University의 찰스 도란Charles Doran은 '힘의 주기 이론power cycle theory'을 제시하여 동태적動態的 차원의 국제관계를 논했다. 그에 의하면 한 국가가 가지고 있는 힘power과 국제 사회에서의 역할role 사이에는 간극gap, lag이 있게 마련이다. 역할의 변화는 힘의 변화 속도를 따라갈 수가 없기 때문이다. 예컨대 전후 일본은 급속한 경제발전으로 국력은 크게 신장되었지만, 국제 사회에서의 정치적·군사적 역할은 이에 미치지 못한다. 여기서 역할role은 사회학적 용어로 지위status라고도 볼 수 있는데, 이처럼 힘과 지위 간의 간극은 소위 '지위 불일치status inconsistency'를 초래하고, 이 불만이 국제 갈등과 전쟁의 근원이 될 수 있다. 현상 유지status quo에 불만족한 국가가 이 '현상 유지'를 타파하기 위해 전쟁을 벌인 예는 전쟁사에서 수도 없이 많다. 이 힘과 역할 사이의 간극에 더하여, 어떤 대적하고 있는 국가들 사이에 힘의 전이轉移 혹은 힘의 전도轉倒 현상이 임박했을 때 자유선택의 주체로서의 국가는 전쟁을 선택할 수 있는 것이다.

이상에서 전쟁의 본질에 대한 자유의지론자들의 주장, 즉 전쟁은 인간 의지의 산물(소우주이론)이거나 국가 의지의 산물(대우주이론)이라는 논리를 살펴보았는데, 이 문제는 곧바로 전쟁철학의 또 하나의 기본 주제인 전쟁의 정치적·윤리적 성격 논의와 연결된다. 이 문제는 뒤의 전쟁의 윤리 부분에서 보다 자세히 다루겠다.

전쟁의 본질을 논함에 있어서 여러 가지 대비되는 관점들을 고찰하는 과정에서 반드시 유념해야 할 사항이 있다. 여기서 논의된 어떤 이론이나 관점들은 전쟁의 본질을 보다 더 잘 이해하기 위한 하나의 준거틀frame of reference로서 제시된 것일 뿐, 어느 한 측면만을 부각시킨 단순화 논리에 일방적으로 경도되어서는 안 된다는 것이다. 결정론과 자유의지론의 대비, 그리고 소우주이론과 대우주이론의 대비 등 여러 논리와 관점들은 서로 영향을 주고받으며 상호 대립적 차원이 아니라 상호 보완적 차원에서 종합적으로 이해되어야 한다.

끝으로 전쟁의 본질을 현실 정치적 차원에서 가장 심오한 경지까지 끌어올려 논의한 클라우제비츠의 관점을 소결론으로 대신하여 제시하고자 한다. 클라우제비츠가 저술한 불후의 명저『전쟁론Vom Kriege』가운데서도 가장 백미에 속하는 부분도 전쟁의 본질을 다룬 제1편이다. 그

가운데서도 '절대전absolute war' 개념이야말로 핵심이다.

클라우제비츠는 전쟁을 바라봄에 있어서, 중세의 기사도나 18세기 구체제舊體制, ancient regime 하에서 '왕王들의 스포츠' 형태로 진행되었던 제한전적制限戰的이고 인간적이고 낭만적인 전쟁관을 단호히 배격한다. 그에게 전쟁은 지극히 냉혹한 생사존망의 장이다. 그는 전쟁을 한마디로 "우리의 적대자로 하여금 우리의 뜻을 따르도록 강요하기 위한 폭력적 행위"로 정의한다.[7] 결국 전쟁의 가장 핵심적 본질은 '폭력violence'인 셈이다. 그렇다면 전쟁은 살아 움직이는 폭력 대 폭력의 충돌인 것이다. 클라우제비츠는 이를 설명하기 위해 전쟁의 가장 원초적 최소 단위인 사투私鬪, duel를 예로 들었다. 즉, 두 사람의 레슬러가 규칙 없이 맞대결을 벌였을 때, 상대를 제압하지 못하면 자신이 제압당하는 상황이 되므로 두 사람은 자신이 지닌 모든 힘과 기술(곧, 폭력)을 남김없이 쏟아 붓는다. 여기에는 온건이나 박애 따위는 없다.[8]

전쟁의 성격은 또한 그 목표aim에 의해서 좌우된다. 목표가 크면 클수록 전쟁은 그 폭력성을 더해가기 마련이다. 클라우제비츠에게 있어서 전투의 목표는 적의 군사력을 분쇄하는 것인데, 양편이 똑같은 목표를 추구할 것이기 때문에 상호 간의 전투 행위는 극한을 향해간다는 것이다. 따라서 이론상으로 볼 때 전쟁에서 폭력의 사용은 극한으로 치달을 수밖에 없고, 이처럼 무제한적인 폭력을 동원한 전쟁이 그의 '절대전' 개념이다.

그러나 클라우제비츠의 절대전 개념은 어디까지나 하나의 이상형idealtypus, 즉 예술 세계에서의 '절대미絶對美, perfect beauty'에 비유할 수 있는 것으로서 현실 세계에서는 결코 가능하지가 않은 것이다.[40] 절대전은 일

---

7 Clausewitz, *War, Politics and Power*, tr. & ed. by E. M. Collins(South Bend, Ind.: Regnery/Gateway, Inc., 1962), p. 63.

8 Clausewitz, *On War*, p. 75.

종의 준거틀frame of reference로서 실제의 전쟁이 본질 면에서 얼마나 그 이론적 원형原型(즉, 절대전)에 근접한 것인가를 따져볼 수 있는 가늠자 역할을 한다. 절대전은 또한 전쟁현상을 보다 더 잘 이해하기 위해 그 본질의 문제를 이론화한 이론으로서의 전쟁, 곧 클라우제비츠 자신의 용어를 빌리자면 "종이 위의 전쟁war on paper"이다.[10]

이 절대전은 현실의 세계에서는 여러 가지 제약 요소들, 즉 마찰friction의 존재와 그 개입으로 인해 극한적 성격이 완화됨으로써 여러 가지 형태의 '현실전real war'으로 현상화된다. 현실의 전쟁에서는 이론의 전쟁(절대전)에서 가능했던 무제한적인 폭력 추구나 극단화의 경향이 정치, 경제, 외교, 사회, 심리 등 제반 요소들에 의해 제어되고 제한되므로, 전쟁의 본질로서의 폭력 수준이 제약된 상태에서 드러난다는 것이다.

이처럼 극단화의 경향이 현실전에서 누그러지는 것은 특히 전쟁과 정치 사이의 관계를 조망해볼 때 분명해진다. 클라우제비츠의 너무나도 유명한 명제, 즉 전쟁이 정치의 도구이자 다른 수단에 의한 정치의 연속이라는 설명을 상기해보자. 전쟁에 대한 클라우제비츠의 정치적 해석에 있어서 '수단means'과 '목적ends' 간의 관계는 가장 기본이 되는 이론적·철학적 논리 구도이다. 그는 정치적 목표가 목적이고, 전쟁이 수단임을 분명히 하고 있다.

따라서 그는 전쟁이 정치적 목적에 의해 이성적으로 지도되어야 함을 강조함으로써 전쟁과 정치의 관계에서 정치우위론을 강조했다. 이는 역으로 전쟁의 본질인 폭력 때문에(폭력은 본질적으로 확대 재생산되는 속성을 지녔으므로), 전쟁이 자칫 정치의 지배를 벗어나 굴레 벗은 말처럼 내달려서 오히려 정치를 지배할 수 있음을 경계한 그의 탁월한 통

---

9 적어도 핵무기의 등장 이전에 절대전은 이론상으로만 가능했다. 그러나 핵무기라는 절대무기(absolute weapon)의 등장으로 인류공멸의 절대전은 현실적 공포로 다가왔다.

10 Clausewitz, *War, Politics and Power*, p. 132.

찰이기도 하다. 일본 군국주의가 가져왔던 태평양 전쟁의 참화를 되돌아보면 그의 혜안이 얼마나 뛰어난가를 잘 알 수 있다. 전쟁에 대한 정치우위론을 강조했다는 점에서 그는 일부의 비판처럼 '절대전쟁의 신봉자'가 결코 아니고, '피의 사도'는 더더욱 아니다.

전쟁의 본질은 폭력이다. 그러나 그 폭력의 배후에는 정치적 본질이 도사리고 있다.

IV. 전쟁원인론과 연관한 전쟁관

제3절에서 논의한 전쟁의 본질에서는 전쟁이 어떠한 내재적 요인들에 의해 존재하게 되었는가를 살펴보았는데, 그러한 점에서 전쟁본질론은 전쟁원인론etiology과 밀접한 관계에 있다. 제4절에서는 사람들이 전쟁을 어떤 관점으로 바라보고 이해하려 했는지를 다양한 사례와 함께 살펴보고자 한다. 이 전쟁관 역시 전쟁원인론과 불가분의 관계에 있으며, 따라서 전쟁본질론과도 깊이 닿아 있다.

전쟁이란 그것을 바라보는 사람들의 입장에 따라서 매우 다른 의미를 띠고 있다. 사람들에 따라서 전쟁은 없어졌으면 하는 '질병'과 같은 것일 수도 있고, 저지르지 말아야 할 '실수'일 수도 있으며, 응징되지 않으면 안 될 '범죄'일 수 있는가 하면, 이제는 더 이상 아무 목적에도 쓰일수 없는 '시대착오적 존재'일 수도 있다. 이러한 사람들에게 전쟁은 단지 무의미한 피 흘림에 지나지 않으며, 따라서 이들은 전쟁에 대해 부정적 관점을 견지한다.

그러나 다른 한편에서 어떤 사람들은 전쟁에 대해 보다 긍정적 차원, 또는 적어도 소극적 차원에서 피할 수 없는 대상으로 보기도 한다. 즉, 전쟁을 어떤 목적 달성을 위한 적절하고도 정당한 수단 내지 과업으로 보기도 하고, 그것이 늘 존재하는 한 마땅히 준비하고 대처해야 할 상대로 인식하기도 한다.

이처럼 다양한 전쟁관은 분류하는 학자들에 따라 여러 가지 다른 범주로 구분될 수 있으나, 여기서는 크게 세 가지 범주로 나누어 설명하고자 한다.[11] 기독교 윤리관적 시각Christian ethical views, 현실주의적 시각realistic views, 그리고 신평화주의적 시각neo-pacifistic views이 바로 그것이다.

1. 기독교 윤리관적 시각

우선 기독교 윤리관적 시각Christian ethical views은 전쟁을 윤리·도덕 또는 종교적 잣대로 보는 관점이다. 이것은 한마디로 원죄론적 입장이기도 하고, 동양의 성악설性惡說과도 통한다. 기독교 윤리관, 특히 고대의 아우구스티누스St. Augustinus나 현대 미국의 저명한 개신교 신학자인 니버 Reinhold Niebuhr 등 소위 '기독교 비관주의자들Christian Pessimists'에 의하면 인간은 애당초 죄에 물들어 있는 채 태어나는 원죄론적 존재이다. 그래서 인간은 선善을 추구하기보다는 개인적인 이해관계(욕심)를 추구하게 마련이다. 사도 바울St. Paul조차도 자기 마음속에 또 하나의 자기가 있어서, 올바르게 가려는 자기에 거역하면서 죄의 굴레로 향하게 만든다고 고백할 정도로 인간의 원죄는 숙명적으로 타고난다는 것이다.[12]

전쟁은 바로 이러한 인간의 원죄론적 본성에서 유래되기 때문에 인간 사회에서 피할 수 없는 숙명적 현상이라고 기독교 윤리주의자들은 주장한다. 기독교 윤리주의의 범주에 속하지는 않지만, 홉스, 칸트, 마

---

11 퀸시 라이트(Quincy Wright)와 알라스테어 버컨(Alastair Buchan)의 논의를 중심으로 필자가 재구성했음. A. Buchan, *War in Modern Society*(New York, N. Y.: Harper & Row, 1968), ch. 1-3 참조.

12 『신약성서』 로마서, 7:18-23.

제2차 세계대전 당시 유럽 전역의 연합군 총사령관이었던 아이젠하워 장군은 종전 후 『유럽의 십자군』 이라는 책을 저술했는데, 히틀러와 나치 독일이라는 악의 세력을 응징하기 위해 참전한 미국의 군대는 십자군적 정의의 전쟁을 벌인 것이라는 관점이 주제이다. 이처럼 기독교 윤리관에 따르면, 모든 전쟁은 정의라는 잣대에 의해 정의로운 전쟁과 정의롭지 못한 전쟁으로 나뉜다.

키아벨리 등도 인간 본성이 원래 욕심과 이기심에 젖어 있으며 그로 인해 전쟁이 불가피하다고 보았다.

기독교 윤리주의자들은 전쟁의 숙명론에서 한 발 더 나아가, 전쟁은 질병이나 자연적 재앙(지진, 홍수 등)과 마찬가지로 인간의 죄악을 단죄하고 징벌하기 위해 하느님이 내려 보낸 '채찍whip of God'이라고 생각했다. 바로 여기에서부터 소위 기독교 윤리관적 '정의의 전쟁just war' 개념이 비롯되었다. 즉 죄악을 예방하기 위해서, 그리고 죄악을 징벌하기 위해서 벌이는 전쟁은 정의롭다는 것이다. 왜냐하면 '하느님의 채찍'을 하느님을 대신해서 휘두르는 것이기 때문이다. 이것이 십자군 전쟁의 배경이다. 이러한 십자군적 정의의 전쟁 개념이야말로 서양과 미국의 전쟁사상의 밑바탕이라 할 수 있다. 예를 들어, 제2차 세계대전 당시 유럽 전역의 연합군 총사령관이었던 아이젠하워Dwight Eisenhower 장군은 종전 후 『유럽의 십자군The Crusaders in the Europe』이라는 책을 저술했는데, 히틀러Adolf Hitler와 나치 독일이라는 악의 세력을 응징하기 위해 참전한 미국의 군대는 십자군적 정의의 전쟁을 벌인 것이라는 관점이 주제이다.

이처럼 기독교 윤리관에 따르면, 모든 전쟁은 정의justice라는 잣대에 의해 정의로운 전쟁과 정의롭지 못한 전쟁으로 나뉜다.

2. 현실주의적 시각

두 번째 관점은 현실주의적 시각realistic views이다. 이것은 전쟁을 윤리적 시각이 아니라 과학적 현실로 받아들이는 관점이라고 할 수 있다. 사회과학자들, 사회학자들, 또는 사회심리학자들이 주로 이 범주에 속하는데, 그들은 전쟁을 현실 그 자체로 파악할 뿐이며 정의나 부정의 또는 명분의 문제는 도외시한다. 현실주의적 시각은 다시 2개의 대조되는 관점으로 나뉘는데, 주로 19세기 전반기에 나온 것으로서 사회와 문명의 발전에 있어서 전쟁은 어떤 역할과 기능을 갖고 있고 어떤 의미를 띠는가 하는 논의를 두고 서로 엇갈린 주장을 펼쳤다. 하나는 '운명론적 비관주의pessimism 또는 fatalism'이고, 다른 하나는 '자유주의적 낙관주의liberal optimism'이다.

운명론 또는 비관론 학파는 전쟁이 인간 사회에서 피할 수 없는 운명적 현상이라고 보는 점에서 비관주의라는 뜻이다. 그리고 이 관점은 대체로 소위 '사회진화론Social Darwinism'적 논리를 따른다고 할 수 있다. 원래 자연생태계의 운행과 변화의 법칙을 설명하기 위해서 다윈Charles Darwin이 도입한 진화론의 핵심 화두는 '약육강식'과 '적자생존survival of the fittest'인데, 사회진화론이란 이러한 자연생태계의 적자생존 논리를 인간 사회 또는 국가 간의 관계에 투영시킨 주장이다. 이 주장에 따르면, 전쟁은 국가 간의 적자생존 법칙의 표출이며, 자연생태계에서 적자생존·약육강식이 당연한 법칙인 것처럼 인간 사회에서도 강한 종족이나 강한 국가가 우위를 차지하고 열등한 종족·국가를 지배하는 것은 당연하다는 것이다. 이 점에서 사회진화론은 서양의 제국주의를 합리화시키는 논리적 도구로 사용되기도 했다.

여하튼 이 운명론적 비관주의에도 비교적 온건한 관점에서부터 지극히 급진적이고 극단적인 관점까지 다양한 스펙트럼이 존재한다. 우선 온건한 운명론 내지 비관론자들의 부류에 속하는 사람으로 헤겔Georg Wilhelm Friedrich Hegel이나 니체Friedrich Wilhelm Nietzsche를 들 수 있다. 이들은 한마디로 전쟁을 '필요악必要惡'이라고 보았다. 전쟁이 분명 좋은 것은 아니지만 나름대로 존재할 명분과 필요성은 지니고 있다는 것이다. 이들의 주장에 의하면 전쟁은 한 종족·한 국가 또는 국제 사회의 윤리적 건강성을 회복시키고 유지시키는 역할을 하는데, 이는 전쟁이 사회적 모순이나 국제적 갈등을 정제하는 수단이 되기 때문이라는 것이다. 이는 예컨대 홍수가 개천의 더러운 퇴적물을 쓸어 가버린다거나, 외과수술을 통해 병든 인체의 건강이 회복되는 것에 비유하면 쉽게 이해할 수 있을 것이다.

다음으로는 매우 급진적 운명론으로서, 사회진화론에 크게 경도되어 있는 하우스호퍼Karl Haushofer 등과 같은 나치 철학자들이나 히틀러 및 그의 추종자들을 꼽을 수 있다. 이들은 전쟁을 아리안 인종의 우수성을 고양시키고 또한 이를 입증하는 방편으로 보았다.

원래 지정학geopolitics의 한 부류로 대륙중심설Heartland Theory이 있는데, 유라시아에 걸친 대륙의 중심부를 장악하는 세력이 세계의 패권을 쥔다는 주장이다. 매킨더Halford Mackinder 등이 주장한 이론이다. 그런데 나치 철학자들과 정치지도자들은 대륙중심설을 나름대로 각색하여 소위 '생활권Lebensraum'이라는 아리안 인종만의 자급자족autarky적 이상향을 설정하고, 이를 달성하기 위해 침략전쟁을 합리화하려 했다. 제1차 세계대전에서 참패한 이후 연합국의 가혹한 베르사유 조약Treaty of Versailles 강제로 말미암아 무장해제당하고, 영토의 상실과 자존심의 짓밟힘, 그리고 바이마르 공화체제의 극심한 정치적 혼란과 경제적 질곡에 시달렸던 독일 국민들은 손쉽게 나치 지도자들이 제시한 생활권이라는 신기루에 매혹되어 또 하나의 세계대전을 향해 달음박질쳤던 것이다. 사실 히틀러가 소련을 침공했던 것은 곡창지대인 우크라이나와 석유 및 천연광물이 풍부한 캅카스Kavkaz 지방을 탈취하여 독일 본토로부터 이들 지역까지를 아우르는 아리안 인종만의 유토피아(생활권)를 건설하겠다는 망상 때문이었다. 그리고 이 헛된 망상의 배경에 약육강식·적자생존의 논리를 품은 사회진화론적 전쟁관이 도사리고 있었던 것이다.

그러나 가장 급진적이고 극단적인 사회진화론적 전쟁관은 바로 운명론적 비관주의의 세 번째 부류인 마르크시즘Marxism이다. 마르크스Karl Heinrich Marx는 사회진화론에서 국가 간 갈등이 아니라 '가진 자(부르주아)'와 '못 가진 자(프롤레타리아)' 사이의 계급 갈등class conflict을 추출했

마르크스는 사회진화론에서 국가 간 갈등이 아니라 '가진 자(부르주아)'와 '못 가진 자(프롤레타리아)' 사이의 계급 갈등을 추출했다. 한마디로 공산주의자들은 계급투쟁이 전쟁의 본질이자 근원이라고 주장한다. 그들의 논리에 따르자면, "계급이 있는 한 전쟁은 피할 수 없다"이다. 이것이 이른바 '공산주의식 전쟁불가피론'이자, '공산주의식 정의의 전쟁' 관념이다. 인간 사회를 계급이라는 기준으로 양분하고, 세계 또한 그 계급을 기준으로 자본주의와 사회주의로 구분하여, 계급이 없어질 때까지 전쟁은 피할 수 없다고 주장하는 마르크시즘이야말로 가장 극단적인 전쟁비관론이다.

다. 한마디로 공산주의자들은 계급투쟁이 전쟁의 본질이자 근원이라고 주장한다. 그들의 논리는 이러하다. 본래 인간은 평등하게 태어났고, 재화의 소유도 애당초에는 평등했다. 그러나 점차 영악한 자들이 그렇지 못한 사람들을 착취하여 불평등이 초래되었고, 마침내 '가진 자들'과 '못 가진 자들'이라는 계급적 집단으로 나뉘었다. 못 가진 자들(마르크스의 논리대로라면 '빼앗긴 자')이 잃어버린 자기 권리와 재화를 되찾으려 하는 것은 당연하고 옳다. 결국 못 가진 자들이 빼앗겼던 권리를 되찾기 위해 가진 자들을 상대로 해서 벌이는 투쟁(전쟁)은 지극히 당연하고 정의로운 것이다. 그래서 이 논리에 따르자면, "계급이 있는 한 전쟁은 피할 수 없다"이다.

이것이 이른바 '공산주의식 전쟁불가피론'이자, '공산주의식 정의의 전쟁' 관념이다. 인간 사회를 계급이라는 기준으로 양분하고, 세계 또한 그 계급을 기준으로 자본주의와 사회주의로 구분하여, 계급이 없어질 때까지 전쟁은 피할 수 없다고 주장하는 마르크시즘이야말로 가장 극단적인 전쟁비관론이다. 왜냐하면 계급 없는 사회란 사실상 불가능하고, 따라서 전쟁 없는 세상이란 불가능하기 때문이다.

한편, 현실주의적 시각에는 위에서 설명한 운명론적 비관주의와 대비되는 자유주의적 낙관주의liberal optimism도 있다. 자유주의적 낙관주의는 이성을 신봉하는 계몽주의 철학의 전통을 이어받은 관점으로서, 그 대표적 인물은 사회학의 비조鼻祖로 일컬어지는 콩트Auguste Comte와 스펜서Herbert Spencer 등이다. 이들은 비관주의자들과는 달리, 인간은 본성적으로 평화적이며 전쟁은 일시적 '탈선 현상'일 뿐이라고 주장한다. 따라서 전쟁이 비록 한때 사회적 필요성에 의해 현실적으로 존재해왔지만, 문명이 발달하고 이성이 고양됨에 따라 점차 시대착오적인 존재로 전락하고 마침내는 소멸될 것이라고 보았다.

콩트는 특히 산업화된 문명국가들인 유럽 국가들 사이의 전쟁은 해

자유주의적 낙관주의는 이성을 신봉하는 계몽주의 철학의 전통을 이어받은 관점으로서, 그 대표적 인물은 사회학의 비조로 일컬어지는 콩트(왼쪽)와 스펜서(오른쪽) 등이다. 이들은 비관주의자들과는 달리, 인간은 본성적으로 평화적이며 전쟁은 일시적 '탈선 현상'일 뿐이라고 주장한다. 따라서 전쟁이 비록 한때 사회적 필요성에 의해 현실적으로 존재해왔지만, 문명이 발달하고 이성이 고양됨에 따라 점차 시대착오적인 존재로 전락하고 마침내는 소멸될 것이라고 보았다.

로운 것으로서, 피해야만 하고, 이성의 발휘로 피할 수 있다고 주장했다. 다만 문명국가와 비문명국가 사이의 전쟁, 즉 식민전쟁은 한쪽이 이성적으로 덜 성숙되어 있기 때문에 논리적으로 상정할 수 있다고 강변했다. 콩트가 이처럼 식민전쟁을 옹호한 논리를 편 것은 어느 면에서 당시 문명적 우월주의에 젖어 있던 유럽 지성계의 일반적 현상의 발로라고 할 수 있을 것이다. 또한 자유주의적 낙관주의자로 분류될 수 있는 계몽 사상가인 스펜서가 창안했던 사회진화론이 나치즘이나 마르크시즘과 같은 극단적 비관주의에 의해 도용되었다는 점도 아이러니라고 할 수 있다.

여하튼 전쟁이 어떤 필요에 의해서든 없어지지 않을 것이라고 본 비관주의자들이나, 또는 이성의 발달에 따라서 전쟁이 결국 소멸할 것이라고 본 낙관주의자들은 모두 전쟁현상을 과학적 논리로 접근하여 설명하려 했다는 점에서 현실주의적 관점의 소유자들이라고 할 수 있다. 그들에게 있어서 윤리의 잣대는 엄존하는 전쟁현상을 이해하고 설명하는 데 별다른 의미가 없었다.

3. 신평화주의적 시각

끝으로 살펴볼 전쟁관의 한 부류는 소위 신평화주의적 시각neo-pacifistic views이다. 이 관점은 제2차 세계대전의 종결과 더불어 개막된, 핵무기 등장이라는 시대적 상황에서 대두되었다. 이 관점은 윤리적 시각의 재현이라고 할 수도 있으나 전통적 기독교 윤리관과는 확연히 그 궤를 달리한다. 또한 이 관점은 양차 대전의 중간 기간인 1920~1930년대에 유행했던 '낭만적(또는 공상적) 평화주의romantic pacifism'와도 다르다. 낭만적 평화주의는 어떤 뚜렷한 대안의 제시 없이, 다만 전쟁 폐기의 당위론만 강조했다는 점에서 낭만적 또는 공상적이라는 수식어가 붙었다.

신평화주의는 일종의 '상식common sense'에 바탕을 둔 윤리관이라고 부를 수도 있다. 그 상식이란 핵무기가 등장해서 지구 종말을 가져올 수도 있으니 인류 절멸을 가져올 가능성이 있는 전쟁을 막아야 한다는 인식이다. 실로 핵무기는 전쟁의 본질을 새로운 차원으로 재해석해야 할 만큼의 혁명을 가져왔다. 핵무기는 단순히 그저 화약무기를 크게 뭉쳐 놓은 형태의 폭발물이 아니다. 그것은 인류의 존망을 좌우할 수도 있는 '절대무기absolute weapon'이다. 클라우제비츠가 '종이 위의 전쟁'이라고 불렀던 '절대전쟁', 즉 무제한의 폭력이 동원되는 전쟁이 이론상으로가 아니라 현실로서 눈앞에 다가온 것이다.

신평화주의는 한편으로는 낭만적 평화주의와 맥이 닿아 있는 반전 평화운동으로 뻗어가고 있다. 전쟁의 비도덕성을 강조하고, 특히 평화적 핵활동조차도 극력 반대하는 '그린피스Green Peace' 운동이 그 한 예이다.

그러나 신평화주의자들의 주류는 보다 실용적 캠페인을 통해서 더욱 평화로운 세계를 지향하려고 한다. 이들은 전쟁이 더 이상 정치의 도구로서 유용성이 없음을 강조하고, 정치적 분쟁이나 위기를 평화적 수단과 방법으로 해결하여 전쟁을 방지하자고 주장한다. 이처럼 다양한 비정부적 민간 활동과 학자들의 이론적 성취들이 정부의 정책결정자들이나 국제 사회의 공감을 획득해감에 따라, 분쟁 조정 또는 분쟁 해결을 위한 다양한 협약들과 레짐regime들이 등장했다. 핵무기비확산체제NPT, 미사일기술통제체제MTCR, 화학무기금지협약CWC, 생물무기금지협약BWC 등은 물론이고, 세계무역기구WTO 같은 국제적 협약이나 기구들도 사실은 분쟁이나 갈등을 비폭력적 방법과 장치로 해결하자는 신평화주의적 관점과 철학에서 비롯된 것이라고 할 수 있다. 최근에는 '협력안보'·'공동안보'라는 개념까지도 현실화되고 있는 실정이다.

V. 전쟁의 윤리

5절에서는 전쟁의 윤리성 문제를 다루고자 한다. 전쟁의 윤리성을 논할때 가장 먼저 떠오르는 질문은 "과연 전쟁은 윤리적으로 정당화될 수있는가?" 하는 것이다. 이 문제는 4절에서 논의한 전쟁의 본질과 전쟁관, 특히 전쟁관 논의와 깊숙이 연관되어 있다. 다만 5절에서는 전쟁이정당화될 수 있는가, 정당화될 수 있다면 어떠한 조건과 상황 하에서 그렇게 될 수 있는가 하는 점들에 중점을 두고 논의하겠다.[13]

전쟁의 윤리 문제를 철학적 차원에서 논할 때, 전통적으로 세 가지의사상적 부류들이 있다. 첫째는 정의 혹은 정당한 전쟁론just war theory(이후로는 정전론正戰論으로 호칭함), 둘째는 현실론realism, 그리고 셋째는 평화론pacifism이다. 정전론은 언제나 그런 것은 아니지만, 때로는 어떤 국가가 전쟁에 나서는 것이 윤리적으로 정당하고 합리화될 수 있다고 본다. 그러나 현실론은 이와 대조적으로 외교정책 문제(특히 전쟁)에 정의라든가 도덕적 잣대를 들이대는 것에 강한 의구심을 나타낸다.

즉, 전쟁 시기에 국가행위의 동기는 힘power과 국가안보national security일뿐, 강하고 영악한 자만이 살아남는 비정한 국제정치 사회에서 도덕이나 윤리를 거론하는 것은 순전히 허풍이고 한낱 허구에 지나지 않는다는 것이다. 이와 반면에 평화론은 현실론자들의 도덕에 대한 의구심에동조하지 않는다. 평화론자들은 오히려 도덕·윤리를 국제관계에 적용하는 것이 보다 평화로운 세계를 만드는 데 효과적이라고 주장한다. 어떤 전쟁이 정당한가 아닌가를 따지는 것이 옳다고 보는 점에서 평화론은 정전론과 관점을 같이한다. 그러나 정전론이 때때로 전쟁을 용납하

---

13 이하의 논의는 주로 Stanford Encyclopedia of Philosophy를 참조했음, http://plato. standford. deu/entries/war/.

기도 하는 반면에, 평화론은 언제나 전쟁 금지를 주장한다. 평화론자들에게 전쟁은 '언제나 옳지 않은always wrong' 것이다.

1. 정전론

전쟁과 평화의 윤리를 논할 때 가장 전통 깊고 영향력이 큰 이론이 정전론just war theory이다. 정전론은 거슬러 올라가면 스콜라 철학자들인 아우구스티누스, 토마스 아퀴나스 등에 이르고, 18세기 국제법 전성 시기의 그로티우스, 비토리아F. Vitoria, 수아레즈F. Suarez, 바텔Emerich de Vattel 등으로 이어지며, 현대에는 존슨James T. Johnson이나 왈처Michael Waltzer 등을 꼽을 수 있다.

중세에 토마스 아퀴나스에 의해 정립된 '신학적 정전론'에 의하면, 정당한 전쟁이란 군주의 명령에 따라 이루어져야 하고, 정당한 원인에 근거해야 하며, 정당한 의도로 수행되어야 한다. 때로 비판자들은 군주의 명령에 의한 전쟁만이 정당한 전쟁이라고 규정한 신학적 정전론이 군주에게만 전쟁의 정당성을 부여함으로써, 왕권 보호와 군주의 전쟁범죄조차도 비호하는 근거를 제공했다고 비판한다. 그러나 이 조항의 배경에는 아무나 함부로 전쟁을 일으키지 못하도록 하여 무분별한 전쟁의 남발이나 그로 인한 폐해를 줄여보겠다는 교부敎父들의 소망이 담겨 있다. 오늘날 대통령이나 의회에 선전포고 권한이 부여되어 있는 것도 실은 국가 권력의 상징으로서 군주가 행사했던 선전포고 권한과 개념상 다를 바 없는 것이다. 이 신학적 정전론이 이제부터 논의할 현대적 정전론의 내용에 큰 영향력을 미쳤음을 알게 될 것이다.

정전론은 3개의 부분으로 나누어 고찰해야 한다. 즉, 전쟁 개시開戰와 관련된 정당성jus ad bellum, 전쟁이 일단 시작된 후 전쟁 수행과 관련된 정당성jus in bello, 그리고 전쟁 종결 및 평화협약과 관련된 정당성jus post bellum 등이다.

(1) 개전의 정당성

개전과 관련된 정당성 문제는 신학적 정전론이 군주에게 초점을 맞추었던 것처럼, 정치지도자·국가지도자들에게 초점을 맞춘다. 그들이 개전, 군대의 동원·배치·운용 등을 관장하기 때문이다. 개전의 정당성^{jus} $^{ad\,bellum}$을 어긴 지도자들은 평화에 대한 범죄자 또는 전쟁범죄자로 낙인찍힌다.

현대의 정전론에서는 어떤 국가 내지 정치집단이 개전의 정당성을 인정받으려면 다음과 같은 여섯 가지 요건을 모두 갖추어야 된다고 본다.

첫째, 개전의 정당한 이유$^{just\,cause}$가 있어야 한다. 개전의 정당한 이유로 가장 많이 꼽히는 것들로는 외부 침략에 대한 자위, 무고한 사람들 보호, 잘못된 행위에 대한 응징 등이다. 어떤 경우에도 침략은 정의롭지 못하다. 침략에 대한 자위권은 한 국가의 정치 주권과 영토 보전의 권리로 인정된다. 따라서 다른 나라들도 피침략국을 편들 수 있다.

둘째, 정당한 의도$^{right\,intention}$가 있어야 한다. 앞의 첫 번째 요건인 정당한 이유만 있다고 해서 개전이 정당화되지는 않는다. 실질적인 개전 동기도 도덕적으로 정의로워야 한다. 힘의 과시나 영토 점령 같은 숨겨진 동기, 또는 복수나 인종차별 같은 비이성적·비윤리적 동기는 배척되어야 한다.

셋째, 적법한 권위와 공개적 개전 선언이 있어야 된다. 즉, 개전은 그 결정이 적법한 권위를 가진 기구들(의회, 국가원수 등)에 의해 적법한 절차를 거쳐 이루어져야 하고, 공개적이며 명시적으로 자기 국민들과 상대국가에게 선언되어야 한다.

넷째, 전쟁은 최후의 수단$^{last\,resort}$으로서만 시행해야 한다. 한 국가는 타국과의 갈등 요인들을 해결하기 위해 모든 가시적이고 평화적인 대안들, 특히 외교협상의 가능성이 모두 사라진 연후에만 최후 수단으로 전쟁에 호소할 수 있다. 즉, 외부의 침략을 효과적으로 응징하기 위해 오로지 그 대안밖에는 없다는 상황이 분명할 때만 개전할 수 있다.

다섯째, 성공 가능성을 따져보아야 한다. 개전하더라도 어떤 가시적인 상황 호전을 기약할 수 없다면 개전하지 말아야 한다. 즉, 아무런 실익 없이 대규모 폭력이 동원되는 것을 막기 위한 의도가 여기에 내포되어 있다. 그러나 침략을 당한 국가가 한가하게 성공 가능성이나 따지고 앉아 있을까? 이기고 지든 간에 우선은 침략에 맞대응하게 마련이다. 그런 점에서 이 조항은 앞의 다른 조항들보다는 타당성이 적어 보인다.

끝으로 여섯째, 비용 대對 효과macro-proportionality를 따져보아야 한다. 개전 전에 그 전쟁이 가져올 공공선과 공공악公共惡, 예컨대 정의의 보전 대對 전쟁 피해 등을 저울대에 달아보고, 치러야 할 대가가 그만한 가치와 이득을 가져올 수 있다는 계산이 섰을 때만 개전하라는 것이다.

(2) 전쟁 수행의 정당성

이 부분은 일단 전쟁이 개시된 후, 전쟁 수행 중의 정당성 여부를 논의하는 것이다. 따라서 주로 실제 전쟁을 수행하는 군사지도자들, 장교, 병사들의 행위에 초점이 맞추어진다. 비록 개전이 정당하게 이루어졌더라도, 전쟁 수행이 정당하게 진행되지 않으면 전쟁범죄의 범주에 빠진다. 이처럼 정전론은 목적ends의 정당성과 더불어 수단means의 정당성도 중시함으로써, 목적과 수단 사이에 엄격한 도덕적 일관성을 강조한다. 즉, 정당한 목적은 정당한 수단을 통해서만 추구되어야 한다는 뜻이다.

전쟁 수행에 있어서 또 하나 유의해야 할 점은 전투 행위를 가급적 제한함으로써 확전과 파괴의 증가를 막아야 한다는 것이다. 이를 위해 다음과 같은 세 가지 규칙이 거론된다.

첫째, 표적을 확실히 구별discrimination해야 한다. 전투와 사격의 표적은 상대편 군인에 한정해야 하고, 민간인은 대상에서 제외시켜야 한다.

둘째, 비용 대 효과를 가늠해야 한다. 군인들은 목표(예컨대 승리)를 달성함에 있어서 과도한 힘을 사용하면 안 된다. 필요 이상의 살상이나 파괴는 전쟁범죄이다.

셋째, 죄악적인 무기나 방법은 금지해야 한다. 예컨대 화학무기나 생물무기의 사용, 집단 강간, 종족 말살 또는 인종 청소, 포로 고문 등은 하지 말아야 한다.

(3) 종전(終戰)의 정당성

전쟁 종결과 평화협약 등 전쟁을 마무리하고 뒤처리하는 과정에도 정당성이 있어야 한다. 종전의 정당성jus post bellum을 확보하기 위해서도 다음과 같은 다섯 가지 사항들을 따져보아야 한다.

첫째, 종전의 정당한 사유가 충족되면 전쟁을 과도하게 지연시키지 말고 종전해야 한다. 즉, 침략에 의한 부당한 이득이 소멸되고, 피해자의 권리가 적절히 회복되고, 침략자가 소정의 항복 조건을 수용한다면 종전할 수 있다. 여기서 소정의 항복 조건에 일반적으로 포함되는 항목들은 다음과 같은 것들이다. 적대의 종식, 공식 사과, 침략으로 얻은 이득 반환, 배상금·복구·전범재판 등 적절한 응징의 감수 등이다.

둘째, 종전의 정당한 의도가 지켜져야 한다. 또한 정당한 절차를 밟아야 한다. 복수는 엄금되어야 하고, 상대편의 전쟁범죄 조사와 처벌에 걸맞은 정도로 자기편의 전쟁범죄도 따져야 한다. 그래야 정당한 종전 처리라 할 수 있다.

셋째, 적법한 기구에 의한 공개적 종전 선언이 있어야 한다. 종전과 평화 회복 선언은 주로 피침략국의 정부, 또는 UN과 같은 권위 있는 국제기구가 해야 한다.

넷째, 전쟁범죄 처리는 엄격한 구별discrimination이 이루어져야 한다. 침략국의 정치지도자와 군지도자, 그리고 군인과 민간인을 구별해서 처리하되, 민간인으로 하여금 부당한 고초를 겪게 하면 안 된다. 처벌은 침략에 책임이 있는 지도층에 국한해야 한다.

다섯째, 평화 조건은 적절한 권리 회복의 비례proportionality에 맞추어서 짜야 한다. 침략자라 하더라도 완전 박멸 등 지나치게 가혹한 처벌은 피해야 한다. 제1차 세계대전의 종전 처리 과정에서 연합국은 패전 독일에 대하여 역사상 가장 가혹한 조약인 베르사유 조약을 강요했는데, 이로 인한 독일 국민들의 원한과 복수심이 제2차 세계대전의 주요 원인 가운데 하나가 되었다는 사실은 역사적 교훈이다. 침략국 국민들의 인권이 훼손되어서는 안 되며, 국제 사회에서 완전히 따돌림 받아서도 된다. 따라서 무조건 항복의 강요 따위는 없어야 한다.

이상과 같은 정당한 종전 준칙들을 어길 때, 불만을 품은 쪽은 적대의 재개를 위한 정당한 사유를 갖게 되는 셈이다.

이처럼 정전론은 정책결정자들에게 일종의 가이드라인으로 작용하여, 보다 평화로운 세계로 나아가게 하는 촉진제 역할을 해왔다. 당대의 군사 분쟁을 다루는 국제법이나 국제기구들, 예컨대 헤이그 협약이나 제네바 협약 등도 정전론의 영향으로 성립되었다고 할 수 있다.

2. 현실주의

현실주의realism는 주로 정치학이나 국제관계학 분야의 학자들과 정책결정자들에게 영향이 큰 이론이다. 현실주의자의 범주에 속하는 사상가나 학자들을 거명하자면 거슬러 올라가서 투키디데스Thucydides, 마키아벨리, 홉스 등을 꼽을 수 있고, 현대에는 모겐소Hans Morgenthau, 케넌George Kennan, 키신저Henry Kissinger, 월츠Kenneth Waltz 등을 꼽을 수 있다.

현실주의는 국제관계에 정의justice와 같은 도덕적 개념을 적용하는 것에 동조하지 않는 입장이다. 현실주의자들은 국제 사회를 일종의 무정부 상태anarchy 또는 무질서 그 자체로 보며, 그곳에서는 힘power에 바탕을 둔 의지가 최우선이라고 믿는다. 따라서 그들은 국제관계에서 어떤 국가의 행위를 도덕적 기준으로 평가한다는 것은 허구에 지나지 않으며, 윤리보다는 국가이익을 최대화하는 데 필요한 힘이나 안보 같은 덕목들을 더 중요하게 평가한다.

현실주의자들은 무정부적 세계체제에서는 전쟁이 피할 수 없거나 또는 제어할 수 없는 현상이라고 믿는다. 그래서 그들은 전쟁을 국가이익 차원에서 의미 있을 경우에만 택할 수 있다고 인정하면서도, 일단 전쟁이 시작되면 국가는 이기기 위해서 무엇이라도 할 수 있다고 주장한다. 국가 존망이 걸린 전쟁이라는 냉엄한 상황에서 도덕적으로 무엇은 되고 무엇은 안 되고를 따지는 것이야말로 허장성세虛張聲勢일 뿐이라는 것이다.

현실주의는 그 주장하는 바의 뉘앙스에 따라 다시 두 가지의 범주로 분류될 수 있는데, 하나는 경험적 또는 기술적記述的 현실주의descriptive realism이고, 다른 하나는 규범적 또는 처방적 현실주의prescriptive realism이다. 경험적 현실주의의 입장에서 보면, 국가들은 동기적 이유 때문에 도덕적으로 행동하지 않으며, 또한 경쟁적 속성 때문에 도덕적 행위를 할 수가 없다. 즉, 국가들은 힘·안보·국가이익이라는 동기에 의해서 움직일 뿐 윤리·정의의 논리에 따라 움직이지는 않으며, 또한 국제 사회의 경쟁적 속성을 경험적으로 감안할 때 도덕이나 윤리를 따지다가는 자칫 뒤처지기 십상이라는 것이다. 따라서 국가 간의 갈등에서 도덕 논리는 알맹이가 없을 뿐만 아니라 잘못된 것이다. 결국 경험적 현실주의는, 만일 한 국가가 자기 국민들을 잘 보호하고 그들에게 효과적으로 봉사하고자 한다면, 이 폭력적 국제 사회의 장場에 뛰어들어 이기는 길밖에 없다고 주장한다.

한편, 규범적 현실주의는 경험적 현실주의의 동기론이나 경험적 논리와는 다소 다른 차원에서 현실에 접근한다. 규범적 현실주의에 의하면 한 국가는 국제 사회에서 초도덕적超道德, amoral으로 행동해야 한다. 여기서 '초도덕'이라 함은 비非도덕immoral과는 다르며, 선악의 판단을 뛰어넘거나 떠나 있는 입장을 의미한다. 즉, 한 국가는 국제관계에서 신중하고 현명한 자기애적自己愛的 관점에서 초도덕적 정책을 취해야 한다는 것인데, 이 점에서 비도덕적 행위도 가능하다고 보는 경험적 현실주의와 다른 뉘앙스를 띠고 있다.

여기서 우리가 눈여겨보아야 할 점은 규범적 현실주의는 궁극적으로 정전론에서 주장하는 것과 같은 '전쟁의 규칙'을 지지할 수도 있다는 것이다. 즉, 전쟁은 침략에 대응해서만 할 수 있다거나, 전쟁 중 비전투원을 직접 겨냥해서는 안 된다는 등의 논리와 규칙에 동의할 수 있다는 것이다. 이러한 규칙에 동조할 수 있다는 점에서 규범적 현실주의는 규범적 또는 처방적이라고 불리는 것이며, 경험적 현실주의와 차별된다. 그러나 우리는 규범적 현실주의가 이러한 규칙을 지지하는 배경이 정전론과는 아주 다름을 또한 유념해야 한다.

정전론은 도덕적·윤리적 가치 때문에 이들 규칙에 집착한다. 반면에 규범적 현실주의는 그 규칙들이 국제 사회에서 국가들 사이의 바람직한 행위체계를 정립하는 데 '유용'할 것이라는 실용적이고 현실적인 판단 때문에 이에 동조한다. 즉, 나와 마찬가지로 초도덕적으로 신중하고 자기애적인 협상 상대라면 이에 동조할 것이기에, 나도 그 규칙을 지지한다는 논리이다. 그리하여 규범적 현실주의자들은 모든 신중하고 분별 있는 국가들이 동의할 수 있는 '전쟁의 파괴성을 제약하는 협약' 같은 것에 동조하며, 이 점에서 정전론과도 협조할 수 있다.

3. 평화주의

평화주의pacifism는 한마디로 반전주의反戰主義, anti-war-ism이다.[14] 평화를 위해 전쟁에 반대한다. 일반적으로 평화주의자는 모든 형태의 폭력에 반대한다기보다는 전쟁과 관련된 특정 폭력에 반대한다. 즉, 살인, 그중에서도 정치적 이유에 따른 대량살인에 반대하는데, 대량살인은 주로 전쟁 때문에 발생한다고 보기 때문에 전쟁에 반대한다. 따라서 평화주의자들에 의하면, 전쟁을 정당화할 수 있는 도덕적 근거는 어디에도 없다. 그들에게 있어서 전쟁은 언제나 옳지 않은 것이다.

심지어 평화주의자들은 침략에 대항해서도 전쟁을 해서는 안 된다고 주장한다. 그들은 전쟁이 아닌 다른 방법으로 침략자를 응징할 수 있고 국민을 보호할 수 있다고 본다. 만일 어떤 침략이 발생했을 때 피침국의 국민은 대거 조직적인 비폭력 시민불복종 캠페인에 나서고, 또한 국제사회가 침략국에 대하여 외교적·경제적 제재 조치에 나선다면 전쟁보다 훨씬 더 파괴적이고 비살상적인 방법으로 침략자를 물리칠 수가 있다는 것이다. 어찌 보면 순진naive하다고까지 볼 수 있겠다.

평화주의도 굳이 분류하자면 두 가지로 나누어진다. 하나는 결과론적 평화주의consequential pacifism이고, 다른 하나는 도덕적 또는 의무적 평화주의deontological pacifism이다. 전자의 논리에 따르면, 전쟁에 의해 얻어진 이익이 전쟁 때문에 치러야 했던 대가(비용, 파괴, 살상, 심리적 황폐 등)를 능가했던 적이 한 번도 없었다는 것이다. 그러니까 결과론적으로 볼 때 평화가 유리하다는 것이다. 후자의 논리는 순수한 도덕론으로서, 전쟁은 본질적으로 부도덕하고 옳지 않다고 본다. 왜냐하면 인간이 인간을 죽이는 것, 그것도 대량으로 죽이는 것은 정의에 가장 반反하는 것이기 때문이다. 그러니까 전쟁에 반대하고 평화를 추구한다는 것이다.

---

14 Jenny Teichman, *Pacifism and the Just War*(Oxford: Basil Blackwell, 1986), p. 4.

한편 평화주의에 대한 비판도 만만치 않다. 크게 보아 세 가지로 구분해서 정리해보겠다.

첫째, 평화주의에 대한 가장 일반적인 비판은 소위 '무임승차free-ride' 론이다. 이 비판에 의하면 평화주의자들은 자기 자신과 자기 나라를 지키기 위한 필요 때문에 발생되는 폭력(즉, 방어전쟁)마저도 거부하는데, 자기방어를 위한 폭력이 사실은 자신의 도덕적 순수성(노예가 되면 이마저 지킬 수 없음)을 유지하기 위한 불가피한 행위라는 사실에 대해서마저 눈을 감는다는 것이다. 그러고는 팔짱 끼고 뒤로 물러서 있다는 것이다. 따라서 시민으로서의 모든 권리와 이득은 챙기면서 공동체 방위라는 부담을 나눠 짊어지려 하지 않는 평화주의자들은 일종의 '무임승차 승객free-rider'일 뿐이다. 결국 자기 손만 깨끗하면 된다(clean hands policy라 부름)는 이기적 발상에 지나지 않는다는 것이다.

나아가서 평화주의자 자신들은 자기 나라의 전반적 안보에 대해서 일종의 내부적 위협이 되고 있다. 왜냐하면 그들이 국민적 단합과 결속력에 저해 요소가 되기 때문이다. 이러한 비판은 종교적 양심을 이유로 집총거부를 해서 국방의 의무를 피하려는 소위 '양심범'들 때문에 대다수 병역 이행자들이 졸지에 '비양심자'가 되고 마는 현상을 떠올려보면 쉽게 이해가 될 것이다.

두 번째 비판은 주로 정전론자들에게서 나온다. 왈처Michael Waltzer 같은 정전론자는 평화주의가 과도하게 낙관적이고 이상론에 흐른 나머지 현실성이 결여되어 있다고 비판한다. 예컨대 평화주의자들이 내 세우는 '비폭력적 방위non-violent defense(무저항 시민불복종 따위)'는 오히려 히틀러 같은 폭압적 독재자나 정복자들의 야욕을 더 부추기는 동기로 작용할 뿐이라고 한다. 정전론자나 현실론자들에 의하면, 평화주의자들이 꿈꾸는 비폭력적 세계란 적어도 가까운 장래에는 얻어질 수 없다는 것이다.

셋째, 방어전쟁과 같은 효과적인 수단이 없어서 침략 저지에 실패한다면, 이는 곧 침략에 대한 응징체제가 붕괴되고 결국 무고한 국민만 무방비로 침략에 노출되는 악순환을 초래할 것이다. 이는 무조건적 반전을 외치는 평화주의가 오히려 평화를 더욱 멀어지게 만드는 자가당착적 모순이 아닐 수 없다.

VI. 소결론

전쟁을 연구한다는 것에 대해 자칫하면 오해가 생길 수 있다. 20세기에 들어와서까지도, 심지어 지성인의 세계에서조차 전쟁을 연구하는 사람 또는 그 연구 행위 자체를 호전성의 상징인 것처럼 혐오하는 경향이 있었다. 이것은 물론 전쟁의 파괴성과 잔혹성 때문에 전쟁에 대한 혐오와 증오가 전쟁을 연구하는 사람이나 연구 행위에 대한 혐오로 전이된 결과일 수 있다. 그러나 우리가 질병을 두려워하고 미워한다고 해서 의사나 병리학자 또는 그들의 진료나 연구 행위를 혐오하는 것이 타당한가? 그들이 질병을 사랑하고 질병을 퍼뜨리기 위해서 질병을 연구하는가? 의사나 병리학자가 질병 예방과 효과적인 치료를 위해서 질병을 연구하는 것처럼, 군인·학자·정책결정자들 역시 전쟁을 예방하기 위해서, 그리고 만일 전쟁이 벌어질 경우 전쟁을 보다 효율적으로 수행하고 마감함으로써 보다 나은 평화를 구축하기 위해서 전쟁을 연구하는 것이다.

4세기 로마의 군사저술가였던 베게티우스Flavius Vegetius Renatus는 "평화를 원하거든 전쟁을 준비하라Si Vis Pacem, Para Bellum"라고 했으며, 영국의 현대 군사이론가 리델 하트B. H. Liddell Hart는 "평화를 원하거든 전쟁을 이해하라If you wish for peace, understand war"라고 했다. 비교해서 음미할 필요가 있는 명언이다.

무릇 질병의 예방과 치료를 위한 첫걸음은 질병의 정체와 원인을 규명하는 것이다. 마찬가지로 전쟁의 예방과 관리를 위한 첫걸음도 전쟁 현상에 대한 올바른 이해로부터 시작된다. 사실 전쟁이라는 종합적 사회현상은 워낙 인간의 모든 활동 영역에 걸친 것이기에, 한정된 지면에 전쟁과 관련된 여러 분야를 모두 거론하기는 어렵다. 따라서 이 장章에서는 전쟁 연구의 첫걸음으로서 "전쟁이란 과연 무엇인가?"라는 주제에 초점을 맞추었다. 그래서 우선 전쟁의 정의定義와 전쟁의 본질에 관해 논의했고, 이어서 전쟁의 원인론과 밀접히 연관되어 있는 다양한 전쟁관에 대해서 살펴보았으며, 전쟁철학의 핵심 가운데 하나인 전쟁의 윤리 문제도 다루었다.

과연 전쟁은 없어질 수 있는가? 불행하게도 그렇게 되지는 않을 것 같다. 병원균의 완전한 박멸이 불가능한 것처럼, 전쟁 원인의 완전한 제거란 사실상 환상에 가까워 보인다. 질병이나 병원균과 마찬가지로 전쟁의 원인과 그 전개 양상 역시 해묵은 것들이 여전히 뿌리 깊게 도사리고 있는가 하면, 새로운 변형들이 끊임없이 나타난다. 질병이나 전쟁 모두 인간의 육체적·정신적 불완전성으로부터 비롯되는 만큼 어쩔 수 없을 것이다.

그렇다면 우리는 어떻게 해야 하는가? 여기서는 현실론적 차원에서, 그리고 실천 전략가적 관점에서 하나의 접근방식을 제시함으로써 소결론에 갈음하고자 한다.

무엇보다도 우선 현실주의적 전쟁관을 수용해야 할 것이다. 전쟁이 하나의 자연현상(즉, 인간 사회의 필연적 갈등)이든지 또는 하나의 자의적 역사현상(즉, 상황 논리에 따른 자의적·선택적 갈등)이든지 간에, 인간 본성에 대한 비관적 관점을 온전히 벗어나기는 어렵다. 즉, 인간은 잠재적인 폭력성과 탐욕을 지니고 있다. 따라서 인간은 전쟁을 하는 동물이며, 그것도 아주 작위적作爲的인 전쟁을 하는 존재임을 부인하기 어렵다. 결국 현실주의적 전쟁관을 수용한다는 뜻은, 전쟁이란 인간 사회의 불가피한 현실임을 인정해야 한다는 것이다. 이것이 문제 해결의 출발점이다.

두 번째로는 본질적 해결의 한계성을 수용해야 할 것이다. 현실주의적 전쟁관의 수용에서 출발했다면, 자연히 전쟁의 완전한 폐지, 즉 완벽하고도 항구적인 평화란 실현 불가능함도 인정해야 한다. 따라서 우리가 추구해야 할 목표도 영구적으로 전쟁이 없는 완전히 평화로운 세계가 아니라, 갈등과 전쟁의 원인을 조정하고 봉합하면서 '보다 나은 평화'를 선택하는 것이어야 한다.

세 번째, 인간 이성에 대한 신뢰를 버리지 말아야 한다. 아무리 인간 본성에 대한 비관론에 바탕을 둔 현실주의적 전쟁관을 수용한다 하더라도, 인간 본성의 한구석에는 역시 이성과 지성의 작용도 있게 마련이다. 이것이 인간과 동물의 차이점이다. 클라우제비츠는 전쟁이 "지성의 영역"이라고 했다. 이것은 물론 전쟁을 잘 수행(곧 승리)하기 위해서 지성적 능력이 필수적임을 강조한 말이지만, 확대해서 해석하자면 전쟁의 개전부터 전쟁 수행·전쟁 종결에 이르는 전쟁 전반에 걸친 통제와 관리는 물론이고, 전쟁의 예방 문제에 이르기까지 지성의 힘이 얼마나 중요한지를 일깨워준 탁월한 경구이다. 지성은 이성의 날을 벼르는 숫돌과 같은 것이므로 지성과 이성은 늘 함께한다. 결국 우리가 인간의 이성을 신뢰한다 함은, 인간이 전쟁을 만들기도 하지만 평화도 만든다는 사실을 잊지 말고 이에 대한 신뢰와 희망을 견지하자는 의미이다. 상호 간에 이성의 존재와 그 작용을 신뢰할 수 있는 최소한의 전제가 있기 때문에, 우리는 상대방과 더불어 비록 완벽한 평화는 아닐지라도 보다 나은 평화를 지향해나갈 수가 있는 것이다.

결론적으로 현대의 전략가들은 '힘'(단순한 군사력이 아니라 전반적 차원의 국력)을 어떻게 육성하고 어떻게 운용함으로써 전쟁 없이도 정치적 목적(국가이익)을 달성할 수 있는지를 모색해야 한다.[15] 이를 위해서 전쟁 원인(본질)에 대한 깊은 통찰과 연구, 통제·관리를 통한 '개선'(완전 해결이 난망하다는 전제 하에서)을 여러 차원에서 끊임없이 추구해야 한다. 인성교육(평화교육)도 중요하고, 한 국가·한 사회체제 안에서의 정의·평등·민주주의 발전 등도 중요하며, 나아가 국제 사회에서 국가 정책 수단으로서의 무력 사용을 절제할 수 있도록 더욱 신뢰성 있는 장치들을 고안해내야 한다. 이처럼 우리 앞에는 풀어나가야 할 실천적 차원의 정책 및 전략의 온갖 문제들이 가로놓여 있는 것이다. 분별지分別智, prudence 발휘의 중요성이 그 어느 때보다도 절실한 시대에 우리는 살고 있다.

---

15 예컨대『孫子』 제3편의 다음과 같은 부전사상(不戰思想)을 현대적으로 재현해야 함. 是故 百戰百勝, 非善之善者也. 不戰而 屈人之兵, 善之善者也.

CHAPTER 4

군사과학·기술의 진보와
전쟁 양상의 변천

인간은 끊임없이 전쟁을 해왔다. 전쟁은 인간의 삶의 한 부분처럼 늘 곁에 있었던 것이다. 그리고 점점 더 치열해지고 조직화되고 발전해왔다. 이 발전은 인간의 지식과 지혜, 특히 과학·기술의 발달과 더불어 진행되어왔다. 그러나 이러한 진화와 혁명의 종착점은 전반적으로 대량파괴와 대량살상의 방향으로 귀결되어졌다. 인간은 전쟁을 보다 더 나은 삶을 쟁취하기 위한 수단으로 보았지만, 몰가치적인 과학주의는 마침내 인간을 핵무기와 같은 덫에 가두어넣고 말았던 것이다. 그렇다면 우리가 추구해야 할 군사과학·기술의 본질은 무엇이어야 하겠는가? 그것은 인간의 요소이다. 과학의 한계를 인식하는 것이다. 과학 자신의 논리와 문법에만 몰입하는 과학만능주의에서 한 걸음 물러나, 인간을 위해서 과학은 과연 무엇을 할 수 있고, 무엇을 할 수 없고, 무엇을 하지 말고, 무엇을 해야 할 것인지를 생각해보아야 한다.

I. 문제의 제기

인간은 잠재적인 폭력성을 가지고 있다. 그래서 인간은 전쟁을 하는 동물이며, 그것도 아주 작위적作爲的인 전쟁을 하는 존재이다.

『구약성경』창세기편을 보면 최초의 '전쟁'은 인류의 제2대에서 이미 시작되었다. 아담과 이브의 두 아들 중 카인은 동생인 아벨을 죽였다. 그 동기는 동생이 자기보다 더 나은 평가를 야훼로부터 받고 있음을 시기한 것이다. 클라우제비츠는 전쟁의 본질이 '폭력'이며 가장 원초적인 전쟁의 형태가 규칙 없는 레슬링과 같은 사투私鬪, duel라고 했는데[1], 그 동기와 본질과 형태로 보아 형제간의 그 싸움은 인류 최초의 전쟁이었다.

그로부터 인간은 끊임없이 전쟁을 해왔다. 전쟁은 인간의 삶의 한 부분처럼 늘 곁에 있었던 것이다. 그리고 점점 더 치열해지고 조직화되고 발전해왔다. 이 발전은 인간의 지식과 지혜, 특히 과학·기술의 발달과 더불어 진행되어왔다. 그러나 이러한 진화와 혁명의 종착점은 전반적으로 대량파괴와 대량살상의 방향으로 귀결되어졌다. 인간은 전쟁을 보다 더 나은 삶을 쟁취하기 위한 수단으로 보았지만, 몰가치적인 과학주의는 마침내 인간을 핵무기와 같은 덫에 가두어놓고 말았던 것이다. 이것은 인간이 과학으로부터 받고자 했던 도움이 아니었다.

그렇다면 우리가 추구해야 할 군사과학·기술의 본질은 무엇이어야 하겠는가? 그것은 인간의 요소이다. 과학의 한계를 인식하는 것이다. 과학 자신의 논리와 문법에만 몰입하는 과학만능주의에서 한 걸음 물러나, 인간을 위해서 과학은 과연 무엇을 할 수 있고, 무엇을 할 수 없고, 무엇을 하지 말고, 무엇을 해야 할 것인지를 생각해보아야 한다. 군사과학·기술이 핵무기, 생물무기, 화학무기 등과 같은 '반인륜적 살상무기'

---

1 Clausewitz, *On War*, p. 75.

를 더 이상 추구해서는 안 된다.

인간 사회에서 전쟁이 어쩔 수 없는 사회현상이고, 그래서 어쩔 수 없이 전쟁에 필요한 무기와 장비를 군사과학·기술의 힘을 빌려 만들기는 하겠지만, 군사과학·기술이 할 수 있는 일이 과연 대량파괴·대량살상 뿐이겠는가? 이것이 제4장에서 논의하고자 하는 핵심 화두話頭이다.

이 화두를 풀기 위해서 우선 전쟁 행위에 내재되어 있는 두 가지 속성, 즉 문화적 속성과 문명적 속성을 살펴보겠다. 그 다음에는 전쟁의 역사를 통해서 볼 때, 군사과학·기술의 문명적 속성이 어떻게 점차 대량파괴·대량살상의 길로 치닫게 되었는가를 설명하고자 한다. 이를 위해 가장 두드러졌던 세 가지 과학·기술상의 혁명, 즉 화약혁명·산업혁명·핵혁명의 내용과 특성을 개관해보겠다. 그리고 끝으로 이러한 문명적 속성의 모순을 문화적 속성인 '술術, art', 곧 인간 요소의 도움으로 풀 수는 없을까 하는 문제 제기로 소결론을 갈음하고자 한다.

Ⅱ. 문화적 행위로서의 전쟁과 문명적 행위로서의 전쟁

전쟁은 '문화적 행위cultural activity'라고 저명한 전쟁역사가인 존 키건John Keegan은 말했다.[2] 그러나 전쟁은 또한 '문명적 행위'라고도 할 수 있다. 그렇다면 문화적 행위와 문명적 행위는 어떻게 다른가? 문화와 문명은 어떤 차이점이 있는가?

문화에는 우열의 차이가 없다고 한다. 어느 민족의 문화는 높은 문화

---

2 John Keegan, *A History of Warfare*(New York: Alfred A. Knopf, 1993), Acknowedgements, p. xii.

이고, 어느 나라의 문화는 열등하다는 등급 매김이 불가능할 뿐만 아니라 의미도 없다는 말이다. 거기에는 서로 다르다는 차이점만이 있을 뿐이다. 그러나 문명에는 높고 낮음과 앞서고 뒤처짐이 있다. 그래서 만일 문화를 '술術, art'의 영역, 문명을 '과학science'의 영역이라고 할 수 있다면, 문화적 행위로서의 전쟁은 술의 영역에 가깝고 문명적 행위로서의 전쟁은 과학의 영역에 속한다고 볼 수 있다.

과학은 인간을 이롭게 하기 위해서 그 존재 가치를 지닌다. 인류의 문명은 과학·기술이 인간 생활에 도입됨과 더불어 시작되었다. 그런데 문명은 과학·기술과 직접적으로 연결되어 있기 때문에 어딘지 모르게 '쇠(금속) 냄새'가 난다. 문화라는 낱말에서 어쩐지 '흙 냄새'나 '나무 냄새'가 나는 것과 대조적이다. 문명이라는 단어를 두드려볼 수 있다면 아마도 금속성의 소리가 날 것 같고, 문화에서는 어쩐지 나무 두드리는 소리가 날 것 같다. 문명에서는 차가운 냉기가 느껴질 것 같고, 문화에서는 흙의 훈기薰氣가 느껴질 것 같다. 문명에서는 썩지 않는 쇠나 비닐 조각이 연상되고, 문화에서는 된장이나 곰삭은 젓갈이나 치즈 같은 것이 연상된다. 그래서 문명은 어쩐지 문화보다 덜 인간적인 것 같고, 감정이 안 통할 것 같고, 몰가치적일 것 같다.

과학·기술이 발달하면서 인류 문명은 찬란히 꽃을 피웠고, 그 결과 인간의 생활은 참으로 풍요로워지고 편리해졌다. 그러나 과학·기술이 발달하면 할수록, 문명이 발달하면 할수록, 문득문득 인간은 그것들이 만들어놓은 덫에 갇혀 있음을 느끼기도 한다. 대도시의 교통난, 오염된 공기와 오염된 물에서 더욱 그러함을 느낀다. 인간을 이롭게 하기 위해서 시작된 과학·기술이 이제는 어쩌면 인간의 도덕과 윤리의 제어력을 벗어나 거대한 괴물로 변해서 도리어 인간을 옥죄고 드는 것은 아닌지?

전쟁에서 이기고 지는 것은 '우열'에 의해 판가름 난다. '우세'하면 이긴다. 전쟁의 역사를 보면 소수가 다수에 이긴 경우도 적지 않으나, 그래도 다수가 소수에 이긴 경우가 압도적으로 더 많다. 여기서 다수란 우선 머릿수의 많음, 즉 인원수의 많음을 뜻한다. 그런데 머릿수가 적은 소수 쪽이라고 해서 우세하지 말라는 법은 없다.

그러면 소수가 우세하려면 어떻게 해야 하는가? 두 가지 방법이 있다. 하나는 '꾀'를 내어 결정적인 시간에 결정적인 장소에서 다수가 되게 만드는 것이고, 다른 하나는 머릿수의 적음을 보충하고도 남을 만큼 싸움 도구(무기, 장비)의 양과 질을 향상시키는 것이다. 전자는 전쟁술art of war 의 영역이고, 후자는 군사과학 및 기술military science & technology 의 영역이다.

전쟁술적인 차원에서 볼 때, 결정적인 시간과 결정적인 장소에서 자기편의 군대가 다수가 되도록 만드는 술책을 가장 전형적으로 보여준 인물이 나폴레옹Napoléon Bonaparte이다. 그의 부하 장군 가운데 한 사람이 어떤 승전 기념 행사장에서 "황제 폐하께서는 언제나 소수로써 다수를 이기셨다"고 칭송하자, 나폴레옹은 정색을 하고 "아니 그렇지 않아, 나는 언제나 다수를 가지고 소수에 이겼다"라고 응답했다고 한다. 비록 전체 병력 수에서 열세일 때에도 나폴레옹은 자기가 결전을 벌이고자 한 장소와 시간에서는 다수가 되도록 만들었던 것이다. 이것이 그가 전투에 임할 때 가장 중요하게 고려했던 사항이다.

그 비결은 무엇이었던가? 그것은 절약과 집중이었다. 어느 곳에선가 병력을 절약하는 곳이 있어야 결전 장소에서 다수가 되도록 집중할 수 있다. 이를 위해 나폴레옹은 교묘한 기만과 기동으로 적을 분산시키거나, 적을 지엽적인 장소에 묶어두고 자신은 결전 장소에 집중하곤 했다. 집중을 보다 확실하게 하기 위해 나폴레옹은 휘하 부대의 행군 속도를 분당分當 120보로 하는 조치도 취했는데, 이는 18세기 당시 유럽의 군대들에 비해 2배의 행군 속도에 달하는 것이었다. 이처럼 결전 장소에서 다수를 점하기 위한 '꾀' 이외에도, 위대한 군사지도자들은 소수로써 우세를 차지하기 위해 훈련과 조직력 향상을 통한 전투력의 제고, 그리고 적의 취약한 측후방을 공격하거나 부단히 기습의 기회를 노리는 등의 조치에도 능했다. 이것들도 전쟁술의 영역, 곧 '문화적 행위'로서의 전쟁에 속하는 것이다.

한편 군사과학 및 기술의 영역에서 볼 때, 적보다 '우세'하기 위해 인류는 끊임없이 싸움 도구를 새로 만들어내고 개량하기도 했다. 그러나 가장 초기의 인간 싸움은 팔다리로 시작했을 것이다. 아마 무기라는 영어 단어가 'arms'라고 하는 것도 '맨손'으로 싸우기 시작했던 것에서 유래한 것은 아닐까?

그러나 인류는 곧 몽둥이나 돌을 사용했을 것이다. 그리고 신석기 시대 초기인 약 1만 년 전부터 무기 기술의 혁명이 일어나기 시작해서, 차츰 4종류의 놀랄 만큼 강력한 신무기가 나타나게 되었다. 그것들은 활, 투석기, 단검, 철퇴 등이었다. 이 가운데 활은 인류 최초의 기계라고 할 수 있다. 작동 부분들을 갖고 있었고, 근육의 힘muscle energy을 역학적인 힘mechanical energy으로 전환시켰기 때문이다.[3] 그로부터 싸움 도구의 진화 과정에는 수없는 '혁명들'이 거듭되어왔다. 이것이 '문명적 행위'로서의 전쟁, 즉 전쟁의 군사과학적 영역에 속하는 것이다. 군사과학·기술의 발달 과정을 한마디로 표현하면 '창과 방패의 변증법적 상호관계'의 과정이다. 공격적 도구와 방어적 도구가 교호적交互的으로 발전해왔다는 뜻이다.

그런데 어떤 새로운 싸움 도구가 등장했다고 해서 그것이 곧바로 전장에서 영향력을 발휘하는 것은 아니다. 그 싸움 도구는 채택되어야 하고, 그 다음에는 전술이나 교리 또는 군사조직 속에서 완전히 동화되어야 한다. 이처럼 새로운 싸움 도구가 등장하여 효과적으로 사용되기까

---

3 John Keegan, *A History of Warfare*, pp. 118-119.

지에는 일정한 시간 간격, 즉 '시간 지체' 현상이 작용한다.[4] 화약이 등장한 후 그것을 활용한 무기가 마침내 전장을 주도하는 데는 무려 300년의 시간 간격이 있었다. 이러한 간격의 존재 자체는 과학science의 영역이 술art의 영역에 의해 실용화 내지 효용화됨을 의미하며, 전쟁 수행에 있어서 문명적 요소보다는 문화적 요소가 더욱 지배적이라는 사실을 일깨워준다. 결국 전쟁은 '쇳덩어리'가 하는 것이 아니라, 그것을 부리는 '사람'이 하는 것이다.

III. 전쟁사로 살펴본 군사과학·기술의 혁명들

전쟁의 승패에 관한 군사과학·기술의 영향력에 대한 평가는 인류의 전쟁사에서 무기체계와 장비의 혁명적 개발이나 등장과 밀접하게 연계되어 있다. 그리고 새롭고 혁명적인 무기체계나 장비는 전장에서 충격적인 효과를 빚고, 그 결과 그 후의 인류 역사에도 심대한 영향을 미쳤다. 예컨대 청동무기 이후에 등장한 철제무기, 화약무기 등이 가장 대표적인 것이다.

한편, 무기뿐만 아니라 장비의 발전이 전장에서 획기적인 영향력을 발휘한 예도 적지 않다. 그 최초의 예는 아마도 등자鐙子, stirrup의 발명이었을 것이다. 등자란 말안장의 좌우 하단에 나무나 쇠로 만든 고리를 매달아 붙인 것으로서, 기수가 거기에 발을 끼워 자세를 안정시키기 위한 장치를 일컫는다. 등자가 언제, 어디에서 처음으로 발명되었는지는 정확하지 않지만 기원전 1세기 무렵 힌두의 기병대가 사용했다는 기록이

---

4 이 내용에 관한 분석은 T. N. 듀퓌이 원저, 박재하 편저, 『무기체계와 전쟁』(서울: 병학사, 1990), pp. 415-421, 459-466 참조.

있다. 이것이 유럽에서 보편화되기 시작한 것은 6~7세기 무렵이었다.[5] 등자의 발명으로 기병은 말 위에서 균형 잡힌 자세 유지가 가능하게 되었으며, 그 결과 두 손을 활용하여 활·창·칼 등의 무기를 자유자재로 사용할 수 있게 되었다. 몽골군이 천하에 무적의 명성을 떨쳤던 것도 등자의 사용에 힘입은 바 컸다.[6]

오늘날 군사과학·기술의 발달은 거의 상상을 초월할 정도로 눈부시다. 인류의 투쟁사에서 인간은 초기부터 과학적 사고의 결과로 수많은 무기체계를 개발해왔으며, 어떤 평가에 의하면 최근 반세기 동안의 무기체계 발달은 20세기 중반 이전까지의 인류 역사 전 기간 동안에 이루어진 발달에 비해서 수만 배의 성능 향상과 파괴력 증가를 가져왔다고 한다. 또한 무기체계의 치사도[lethality] 역시 고대에서부터 1973년 10월 전쟁 시까지 약 2,000배로 증가되었다는 통계도 있다.[7]

그런데 이처럼 엄청난 파괴력의 증가는 꼭 필요했던 것인가? 클라우제비츠는 전쟁의 본질이 '폭력'이며, 이론('절대전쟁' 개념)상으로는 폭력의 크기에 비례하여 전쟁의 목적(곧, 나의 의지를 상대방에게 강요하여 관철시키는 것)이 더 효과적으로 달성된다고 했다. 그러나 실제('현실전쟁' 개념)에 있어서는 무제한의 폭력 사용은 여러 가지 제한 요소들('마찰' 개념) 때문에 있을 수가 없다고 했다.[8] 그렇다면 지구를 수십 번이나 멸망시킬 수 있을 만큼의 핵무기는 왜 필요한가?

클라우제비츠는 또한 전쟁이 정치적 목적을 지닌 행위라고도 했다.[9] 여기서 '정치적 목적'이라 함은 포괄적으로 보자면 행위 주체가 달성

---

5 앞의 책, pp. 62, 406.

6 John Keegan, *A History of Warfare*, p. 205.

7 T. N. 듀퓌이 원저, 박재하 편저, 『무기체계와 전쟁』, p. 425.

8 Clausewitz, *On War*, pp. 77-80, 119-121.

9 앞의 책, pp. 80-81, 87.

하고자 하는 "보다 더 나은 상태"를 뜻한다. 핵무기를 동원한 전쟁이 그 가공할 파괴력으로 인해 상호 공멸의 가능성을 내포하고 있는 한, 전쟁의 정치적 목적, 즉 "보다 더 나은 상태"를 달성할 수는 없는 노릇이다.

결국 핵무기는 군사과학만능주의가 빚어낸 가장 큰 비극적 상징이라고 할 수 있다. 인간을 이롭게 한다던 과학이 하나뿐인 지구를 오염시킨 것처럼, 군사과학이 인간의 윤리·도덕적 통제를 벗어나 괴물로 변한 것이 핵무기가 아닐까 한다.

이제부터는 군사과학·기술의 혁명들이 거듭되면서 어떻게 점점 더 대량파괴·대량살상의 길로 치달아왔는가를 개관해보기 위해서, 전쟁의 역사상 가장 획기적이었던 화약혁명, 산업혁명, 그리고 핵무기의 등장 등을 살펴보고자 한다.

1. 화약혁명

화약의 등장은 전쟁 양상의 큰 변화를 의미한다. 대량파괴와 대량살상은 화약무기의 발명에서 비롯되었기 때문이다. 그러나 화약혁명이 단시일 내에 전장을 주도했으리라는 생각은 사실과 크게 어긋난 것이다. 화약이 무기체계에 도입된 이후 그 변혁은 점진적으로 이루어졌으며, 마침내 300년이 지난 후에서야 화약무기가 전장을 지배하게 되었다. 여기에는 물론 공학적 기술의 진보가 단시일에 이루어지지 않았다는 이유도 있으나, 아울러 사회문화적으로도 무기의 등장과 채택, 그리고 효용화의 과정에 어쩔 수 없는 '시간 지체 현상'이 있었기 때문이다.

화약은 7세기경 중국 후한後漢에서 발명되어 10세기 중엽에 유럽에 전파되었으며, 14세기에는 드디어 탄환의 추진체로 화약 에너지를 사용하기 시작했다.[10] 화약 제조술과 금속 주조술이 결합되어 화약무기가 만들어졌는데, 화약무기의 대명사라고 할 수 있는 총과 포는 15세기 중엽에 그 대강의 모습이 갖추어졌다.

화약무기의 등장은 근력muscle power의 시대가 차츰 물러가기 시작하고, '기계'가 인간과 맞서는 전쟁 양상이 도래함을 의미했다. 근력에 바탕을 둔 방진형方陣型의 밀집대형phalanx은 화약무기의 위력이 증대될수록 차츰 그 무모성이 드러나게 되었다. 근력의 시대에는 돌파로 적진을 분쇄하는 것이 접전의 요체였는데, 밀집대형의 종심이 클수록 돌파력도 컸었다. 그래서 20열, 심지어 100열의 종심을 가진 밀집대형들도 있었다. 그러나 적의 총포로부터 피해를 줄이고 아군 총포의 위력을 효용화하기 위해서는 종심이 얇고 화선火線을 길고 넓게 펼칠 수 있는 횡대대형을 점차 도입할 필요가 있었다. 그리고 마침내는 산개대형散開隊型으로까지 진전되었던 것이다. 이것이 화약무기가 가져온 전술상의 혁명이었다.

대포는 100년 전쟁(1339~1454) 말기인 15세기 중엽에 발명되었는데, 대포야말로 한 시대의 종말을 가져온 장본인이었다. 대포를 역사적 관점에서 볼 때 가장 극적으로 활용했던 인물은 프랑스의 샤를 8세Charles VIII였다. 그는 1494년 북부 이탈리아를 정복할 당시 대포를 끌고 와서는 견고한 성들을 일거에 손쉽게 함락했다.[11] 이로써 과거 수천 년 동안 공성攻城 전문가들을 괴롭혔던 고민이 해결되었으며, 이처럼 성의 함락이 손쉬워짐으로 해서 견고한 성곽으로 뒷받침되어오던 봉건제도가 몰락하게 되었던 것이다. 대포가 봉건시대의 종말을 가져왔던 셈이다.

대포는 배에 특히 잘 적응했다. 사실 험한 지형을 극복하면서 그 무거운 것을 끌고 전장 여기저기를 다닌다는 것이 아직은 그리 쉬운 일이 아

---

10 John Keegan, *A History of Warfare*, pp. 319-320; Bernard and Fawn M. Brodie, *From Crossbow to H-Bomb*(Bloomington, Ind.: Indiana Univ. Press, 1973), pp. 41-53.

11 Richard A. Preston & Sydney F. Wise, *Men in Arms*(New York: Frederick A. Praeger, 1970), pp. 98-99; John Keegan, *A History of Warfare*, pp. 310-311, 321-324.

니었으므로, 지상전에서 대포의 활용은 매우 느리게 진행되었다. 그러나 배는 쉽게 대포와 포탄을 수용하고, 기동도 용이했다. 다만 문제는 발사 시의 반동을 어떻게 처리하는가였다. 초기에, 특히 노를 젓는 갤리선galley의 경우에는 대포를 배의 좌·우현에 배치할 수가 없어서 이물(선수)이나 고물(선미)에 배치했다. 그러다가 16세기 초 갑판 밑에 좌·우현을 따라 대포를 장치하기 시작하여 17세기 중반에는 50문의 포를 장착한 함선 수십 척끼리의 대해전大海戰도 벌어지게 되었다. 자연히 파괴와 살상의 정도가 증대되었다.[12]

한편 소총도 15세기 중엽 화승총arquebus으로 시작하여 17세기에는 장약과 점화장치의 고안으로 머스킷musket 소총까지 등장했다. 소총의 등장으로 소총수들이 장애물 뒤에 숨어서 접근해오는 적에게 치명적 타격을 가할 수 있게 되었다.[13] 이렇게 전투 양상이 변모하면서 기사들의 시대도 저물어가기 시작했다.

화약무기, 특히 소총이 전장에 도입되면서 기사들의 입장에서 볼 때 싸움은 사실 "치사해졌다". 샤를마뉴Charlemagne 대제大帝 시대 이후 유럽의 전장에서 '꽃'과 같았던 기사들의 후예들에게 전투 행위는 정면에서 정정당당히 맞서는 결투 행위와 같았으므로, 장애물 뒤에 몸을 숨긴 채 소총을 쏘아대는 식의 전투는 당연히 품위에 훼손이 되는 일이었다. 그들은 자신들의 할아버지나 아버지가 그랬던 것처럼 말 잔등 위에 높이 앉아서 싸우기를 원했다. 그리고 적어도 창끝을 겨누고 대오를 지은 채 적의 기병이나 보병에 맞서서 죽음의 위험을 감수할 각오가 되어 있는

---

12 갤리선 시대의 레판토 해전(Battle of Lepanto)에 관한 탁월한 논의는 J. Guilmartin, *Gunpowder and Galleys*(Cambridge, 1974)를 참조.

13 Theodore Ropp, *War in the Modern World*(New York: Collier Books, 1962), pp. 19-40; Richard A. Preston & Sydney F. Wise, *Men in Arms*, pp. 102-103; John Keegan, *A History of Warfare*, pp. 331-333.

보병까지만 전사戰士의 지위를 인정했다. 사실 르네상스 시대까지도 궁수弓手들은 전사 취급을 받지 못했던 것이다.[14]

하물며 방어벽 뒤에 숨어서 총질을 해대는 싸움 방식이 자긍심 드높은 기사들의 '문화적 관행'에 맞을 리가 없었다. 그래서 그들이 말에서 내려와서 '화약술'을 배운다는 것은 상상도 할 수 없는 일이었다. 이처럼 말을 탄 귀족들이 화약혁명에 대해 강한 저항감을 가지고 있었기 때문에 르네상스 시대의 군대가 포병이나 소총부대를 전장에 대동하고 다니며 '동료'로서 함께 싸우기까지는 일종의 '문화적 태도의 변화'가 요구되었다. 그러나 16세기 중반이 되자 전투 방식은 어쩔 수 없이 차츰차츰 화약무기의 지배하에 들어가기 시작했다.

그러나 중세에서 현대로의 '군사적 전환'은 17세기에 이루어졌다. 화약이 무기에 이용되기 시작한 이래 화약무기가 전장에서 보편화되고, 종래의 근력무기들을 대체하는 데는 무려 300년 이상의 세월이 필요했던 것이다.[15] 무기가 발명되어도 그것이 전장에서 효능을 발휘하게끔 운용하고 조직화하는 것은 결국 인간(곧, 전쟁술)이며, 이 때문에 '발명'과 '활용' 사이에 시간의 간격이 있게 마련이다. 무기의 혁신이 일어나도 그것을 전술과 결합해줄 혜안慧眼을 지닌 인물이 나타나지 않으면 그 시간 간격은 더 길어질 수밖에 없다.

그리하여 진정한 의미에서 '화약의 시대'의 문을 연 사람은 17세기 초 스웨덴의 왕이었던 구스타부스 아돌푸스Gustavus Adolphus였으며, 그 때문에 그는 '현대전의 아버지'로 일컬어진다. 구스타부스 아돌푸스는 화약무기, 전술 그리고 군사조직을 성공적으로 결합하여 군사적 혁신을 일으킴으로써 신구 기독교 국가들 사이의 종교전쟁이었던 30년 전쟁

---

14 실제로 궁수들은 대개 하층민 또는 용병이었다.

15 석궁은 1566년에야 프랑스에서 사라지기 시작했고, 영국은 1596년에야 비로소 보병부대 소화기를 공식 채택했다. T. N. 듀퓌이 원저, 박재하 편저, 『무기체계와 전쟁』 p. 179.

진정한 의미에서 '화약의 시대'의 문을 연 사람은 17세기 초 스웨덴의 왕이었던 구스타부스 아돌푸스였다. 그 때문에 그는 '현대전의 아버지'로 일컬어진다. 구스타부스 아돌푸스는 화약무기, 전술 그리고 군사조직을 성공적으로 결합하여 군사적 혁신을 일으킴으로써 신구 기독교 국가들 사이의 종교전쟁이었던 30년 전쟁에서 맹위를 떨쳤던 것이다. 그는 대포를 경량화·규격화하고 기동성을 증대시켜 야전에 끌고 나가서는 보병 및 기병과 합동전술을 펴도록 함으로써 보병과 포병의 화력에다 기병의 충격력을 교묘히 조화시켰다.

(1618~1648)에서 맹위를 떨쳤던 것이다. 그는 대포를 경량화·규격화하고 기동성을 증대시켜 야전에 끌고 나가서는(이것이 최초의 야전포병) 보병 및 기병과 합동전술을 펴도록 함으로써 보병과 포병의 화력firepower에다 기병의 충격력shock power을 교묘히 조화시켰다.[16]

화약혁명은 이와 같은 긴 과정을 거쳐 프로이센의 프리드리히 대왕 Friedrich II과 나폴레옹의 전쟁술에 이어졌으며, 오늘날까지도 화약무기의 진화는 계속되고 있다.

2. 산업혁명

19세기는 과학·기술상의 오직 한 가지 혁신, 즉 산업혁명Industrial Revolution으로 말미암아 전쟁 양상에 화약혁명 버금가는 대변혁을 가져왔다. 산업혁명으로 무기와 장비 등이 대량생산되고,[17] 그 결과 대규모 군사력이 편성될 수 있었으며, 철도·증기선 등 대량수송체계가 전장에 도입됨으로써 마침내 화약혁명으로 그 시작의 문이 열린 대량파괴·대량살상의 전쟁 양상이 완성되었던 것이다.

전쟁사적으로 볼 때 미국의 남북전쟁(1861~1865)은 산업혁명의 여파가 최초로 승패에 영향을 미친 전쟁이었다. 제1차 세계대전의 대량파괴·대량살상이라는 참혹한 결과를 빚어낸 무기와 전술의 혁명이 이 전쟁에서 싹텄던 것이다. 신형 소총, 기관총, 철도, 철갑증기선 등이 이 시

---

16 구스타부스 아돌푸스의 전쟁에 관해서는 다음 자료들을 참조할 것. Richard A. Preston & Sydney F. Wise, *Men in Arms*, pp. 110-113; Theodore Ropp, *War in the Modern World*, pp. 39.

17 대량살상의 한 예로서 포탄의 경우를 보면, 나폴레옹이 워털루 전투(Battle of Waterloo, 1815)에서 246문의 대포로 각각 100발의 포탄을 쏜 것에 비해 프로이센-프랑스 전쟁(1870) 당시 스당(Sedan)에서 프로이센군은 3만 3,134발을 쏘았다. 제1차 세계대전 당시 솜 전투(Battle of the Somme)에서 영국군은 1주일에 100만 발을 쏘았으며, 1915년 당시 프랑스는 하루 20만 발의 포탄을 생산했다. John Keegan, *A History of Warfare*, p. 309.

대에 등장하기 시작하여 곧이어 비약적인 발전을 이루었다.

19세기 지상전에서의 혁명은 라이플rifle 소총과 원추형 소총탄cylindro-conoidal bullet의 도입으로 비롯되었다. 총신의 내부에 강선을 가진 라이플 소총과 원추형 탄환(미니에minie 탄환)의 결합으로 전장에서 살상을 일으키는 '주범'이 대포에서 소총으로 바뀔 만큼 전쟁 양상에 큰 영향을 미쳤다. 더구나 이것들이 대량생산되어 대부분의 보병 병사들이 장비할 수 있었다. 예를 들어 남북전쟁 시 사상자 수의 약86%는 소총, 9%가 대포, 5%가 도검류에 의해 피해를 입었다는 통계자료가 있다(〈표 1 참조〉).

〈표 1〉 남북전쟁 시 표본집단 중 사상 요인별 인원수

(총 표본 수 144,000명)

사상 요인	인원수(명)
원추형 라이플 소총탄	108,000
구형 소총탄	16,000
포탄 파편	12,500
산탄, 포도탄, 포탄알	359
폭발성 탄환	139
도검류(주로 군도)	7,002

출처 : T. N. 듀퓌이 원저, 박재하 편저, 『무기체계와 전쟁』, p. 231.

이는 나폴레옹 시대에 대포가 살상의 주요 요인이었던 것과 크게 대조적이다.[18]

---

18 나폴레옹이 이끄는 프랑스군과 싸운 적이 입은 전투 피해의 50%는 프랑스 포병에 의한 것이었다. T. N. 듀퓌이 원저, 박재하 편저, 『무기체계와 전쟁』, pp. 213-214.

산업혁명이 무기와 장비, 보급품 등의 대량생산으로 대규모 군대를 지원할 수 있게 되자 전쟁은 결국
총력전 양상으로 변모했으며, 총력전은 필연적으로 대량파괴·대량살상으로 연결되었다.

과학·기술의 발달이 무기체계와 결부되면서 추구되어온 필연적 결과는 살상율과 파괴력의 증대인데, 살상율 증대의 대표적 예의 하나가 기관총의 등장이다. 남북전쟁 당시 처음 나타난 기관총의 전신前身인 개틀링포砲,Gatling gun는 6~10개의 총신을 한 다발로 엮어 최대 1분당 350발의 총탄을 발사할 수 있었다. 그 후 1884년 하이럼 맥심Hiram Maxim이 오늘날과 같은 기관총을 발명했다.[19]

기관총은 러·일 전쟁(1904~1905) 당시 뤼순旅順 공방전에서 일본군에게 큰 피해를 입힘으로써 그 위력을 드러냈다. 일본군은 비록 그 전투에서 이겼으나 전투 참가자 13만 명 가운데 5만 9,000여 명의 사상자가 생겼으며, 피해의 대부분은 러시아군의 기관총에 의해 발생했다. 기관총은 또한 제1차 세계대전 당시 돌진하는 보병들에게 가장 큰 위협이었으며, 그 결과 몸을 은신하기 위한 참호전투trench warfare 양상이 나타났고, 그 어느 쪽도 상대방의 전선을 돌파하지 못하여 전선은 교착된 채 무모한 살육전만 계속되었다.

이러한 무기체계의 대량살상화 추세와 더불어 철도의 등장도 지상전에 큰 혁신을 가져왔다. 전쟁에 철도를 이용한 최초의 예로는 1859년 이탈리아와의 전쟁 시 프랑스군이 병력 수송에 철도를 일부 활용한 것을 들 수 있다. 당시 프랑스군은 3개월 동안에 약 60만 명의 병력과 12만 마리의 말을 수송했다.[20] 그 후 남북전쟁에서는 철도가 전쟁의 승패에 매우 큰 영향을 미쳤다. 당시 미국은 약 4만 8,000킬로미터의 철도를 보유하고 있었는데, 북군이 2.4 대 1의 비율로 철도망을 더 장악하고 있어서 적시에 대량의 병력과 물자를 수송할 수 있었으며, 이것은 북군 승리의

---

19 *Encyclopaedia Britannica*, Macropaedia vol. 29(1987), "The Technology of War," p. 559.

20 T. N. 듀퓌이 원저, 박재하 편저, 『무기체계와 전쟁』 p. 272.

결정적 요인 가운데 하나였다.[21] 철도는 그 뒤 프로이센-오스트리아 전 쟁Austro-Prussian War, 1866과 프로이센-프랑스 전쟁Franco-Prussian War, 1870, 그 리고 제1차 세계대전에서 병력과 장비의 대량수송 수단으로서 지상전 의 승패에 관건이 되는 요소가 되었으며, 전투와 전쟁의 대규모화에 큰 영향을 끼쳤다.[22]

한편, 산업혁명의 여파는 해전에도 미쳤다. 우선 증기선이 등장했다. 배의 동력이 사람(갤리선galley), 바람(범선)의 시대를 거쳐 마침내 기계 의 시대로 들어선 것이다. 넬슨Horatio Nelson 제독의 트라팔가르 해전Battle of Trafalgar이 있은 지 채 2년이 안 된 1807년 로버트 풀턴Robert Fulton이 증 기선을 선보였으며, 남북전쟁 시기가 되면 증기로 추진되는(물론 한동 안은 증기와 돛을 함께 사용했음) 철갑선끼리 해전을 벌이는 양상이 전개 되었다.

그러나 산업혁명이 해전에 미친 보다 더 큰 영향은 배의 건조 분야가 아니라 함포에 있었다. 양질의 값싼 강철이 보급되고 포 제작술이 발달 하면서 19세기 후반에 접어들어 후장식後裝式, breech-loading, 조립식組立式, built-up, 그리고 강선rifling을 가진 중포重砲들이 등장했다. 이 포들은 회전 포탑turret에 장치되어 방향 전환도 자유자재로 할 수 있었다.[23] 마침내 거 함거포주의의 시대가 도래한 것이다.

산업혁명이 무기와 장비, 보급품 등의 대량생산으로 대규모 군대를 지원할 수 있게 되자 전쟁은 결국 총력전total war 양상으로 변모했으며, 총력전은 필연적으로 대량파괴·대량살상으로 연결되었다. 산업혁명 으로 국가산업력이 팽창일로에 있던 제1차 세계대전 당시의 사상자 현

---

21 Theodore Ropp, *War in the Modern World*, pp. 185, 193.

22 예를 들어, 로마에서 쾰른(Köln)까지 1개 로마군단이 행군하는 데 67일이나 걸리던 거리를 1900년에는 24시간이 채 안 걸렸다. John Keegan, *A History of Warfare*, p. 306.

23 *Encyclopaedia Britannica*, vol. 29, pp. 601–604.

황을 보면, 그 누구라도 발달된 군사과학·기술의 가공할 살상력에 전율을 금치 못할 것이다. 아래의 〈표 2〉를 보면 연합국이나 추축국 모두 총동원병력의 50% 이상이 죽거나 다치거나 또는 실종 및 포로가 되었음을 알 수 있다.

〈표 2〉 제1차 세계대전 사상자 현황

구분		총동원병력	사망	부상	실종 및 포로	총피해	피해율(%)
연합국	러시아	12,000,000	1,700,000	4,950,000	2,500,000	9,150,000	76.3
	프랑스	8,410,000	1,357,800	4,266,000	537,000	6,160,800	73.3
	영국	8,904,467	908,371	2,090,212	191,652	3,190,235	35.8
	이탈리아	5,615,000	650,000	947,000	600,000	2,197,000	39.1
	미국	4,355,000	126,000	234,300	4,500	364,800	8.2
추축국	독일	11,000,000	1,773,700	4,216,038	1,152,800	7,142,558	64.0
	오스트리아-헝가리	7,800,000	1,200,000	3,620,000	2,200,000	7,020,000	90.0
	터키	2,850,000	325,000	400,000	250,000	975,000	34.2

출처 : Vincent J. Esposito, *A Concise History of World War*(New York: Frederick A. Praeger, 1965), p. 372에서 발췌.

3. 핵혁명

핵무기라고 하는 '절대무기absolute weapon'가 등장함으로써 전쟁 개념과 전략 개념은 물론, 무기에 대한 인간의 생각에도 혁명이 초래되었다. 이제까지 무기란 상대방에게 나의 뜻을 관철시키기 위한 강제 행위(전쟁)의 도구였으며, 그 도구를 어떻게 활용할 것인가(전략)가 관심의 초점이었다. 그러나 상호 간에 절대무기를 가지고 있다는 사실만으로도 이제는 그것을 사용하기보다 교묘히 '불사용non-use'하는 것에 더 관심을 쏟아야만 하게 되었다. 핵무기는 도구라기보다 재앙이라고 여겨야 하

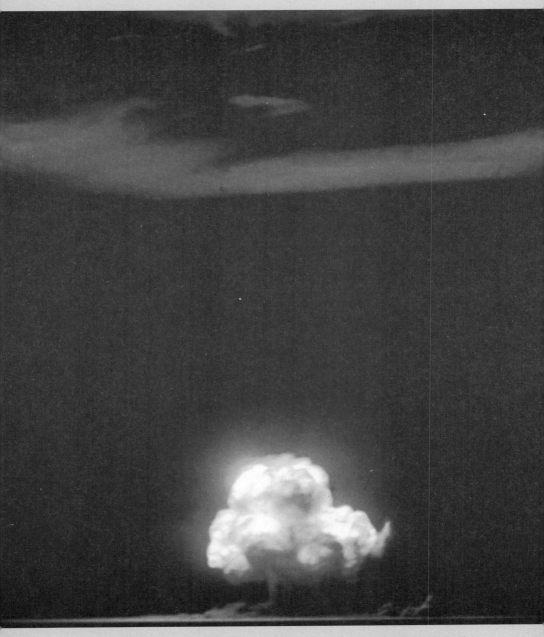

맨해튼 계획은 1945년 7월 16일 사상 최초의 원폭실험인 트리니티(Trinity) 실험을 실시해 성공했다.
영국 수상 처칠은 이를 두고 "원자폭탄이야말로 하느님의 제2의 분노가 도래한 것"이라고 말했다.

기 때문이다.

일찍이 1922년에 영국의 노벨 화학상 수상자인 애스턴Francis W. Aston 은 "팔딱팔딱 뛰는 원자"가 장차 인류에게 재앙을 불러올는지도 모른다는 암시를 준 바 있다.[24] 그리고 아인슈타인Albert Einstein 은 1939년 10월 11일 루스벨트Franklin Roosevelt 대통령에게 핵무기의 위험성에 대한 명백한 경고를 하기도 했다.[25] 그러나 히틀러가 제일 먼저 이 '위험한 장난감'을 가질는지도 모른다는 강박감에 시달렸던 한 무리의 과학자들과 정치지도자들은 미국이 먼저 이 무기를 만들기로 합의했다.[26] 그 결과 1942년 6월 18일 미 육군 공병단 내에 신무기 제조를 위한 '맨해튼 계획Manhattan District Project'이 설립되었고, 그로부터 3년 1개월 후인 1945년 7월 16일 뉴멕시코의 앨라모고도Alamogordo 에서 최초의 원폭실험이 성공했다.[27]

이 소식을 들은 영국 수상 처칠은 이렇게 말했다고 한다.

"총포가 무엇이란 말인가? 하찮을 뿐이다. 전기는 또 무엇이란 말인가? 아무런 의미도 없다. 이 원자폭탄이야말로 하느님의 제2의 분노가 도래한 것이다!"[28](제1의 분노는 노아의 홍수임.)

사실 1945년 8월 초순 일본의 히로시마廣島 와 나가사키長崎 에 투하된 원자폭탄의 파괴력은 가공할 만한 것이었다. 히로시마에서는 1제곱마일 당 인구밀도 8,400명, 총인구 약 30만 명 가운데 사상자가 14만 4,000명(사망 6만 8,000명)이었으며, 나가사키에서는 인구밀도 5,700명, 총인

---

24 Bernard and Fawn M. Brodie, *From Crossbow to H-Bomb*, p. 240.

25 John Keegan, *A History of Warfare*, p. 378.

26 이 문제에 관한 보다 자세한 내용은 Bernard and Fawn M. Brodie, *From Crossbow to H-Bomb*, pp. 240-246 참조.

27 맨해튼 계획에 관하여는 다음 자료를 참조할 것. 앞의 책, pp. 251-257; *Encyclopaedia Britannica*, vol. 29, p. 578.

28 L. Freedman, *The Evolution of Nuclear Strategy*(London, 1989), p. 16; John Keegan, *A History of Warfare*, p. 379에서 재인용.

1945년 8월 6일에 일본 히로시마에 우라늄 폭탄인 리틀 보이(Little Boy, 1번 사진)가, 8월 9일에 나가사키에 플루토늄 폭탄인 팻 맨(Fat Man, 2번 사진)이 투하되었다. 이 두 원자폭탄의 파괴력은 가공할 만한 것이었다. 3번 사진은 원자폭탄 팻 맨 투하 이전의 나가사키 항공 사진이고, 4번 사진은 원자폭탄 팻 맨 투하 이후의 나가사키 항공 사진이다. 핵무기, 핵혁명은 더 큰 파괴와 살육을 추구해온 서양식 전쟁 문명이 자기파괴적·몰가치적인 '막다른 골목'으로 치달았던 결과물에 다름 아니다.

구 약 20만 명 가운데 사상자 5만 9,000명(사망 3만 8,000명)이었다. 히로시마에서는 약 67%의 건물이, 나가사키에서는 약 40%가 파괴되었다.[29]

더구나 그 후의 핵무기 발달을 보면 그것은 마치 '사탄의 지혜'가 작용했던 것으로 보일 지경이다. 처칠이 "하느님의 제2의 분노"라고 지칭한 것도 결코 지나치지 않다. 원자핵의 융합에 기초한 수소폭탄이 개발되어 1952년에 실험이 실시되었는데, 이 실험으로 남태평양의 한 작은 섬은 물 위에서 영원히 사라졌다. 미·소 양국은 곧 TNT 100만 톤의 폭발력에 상당하는 메가톤급 핵무기들을 무수히 양산하여 저장했으며, 그것들을 지구 어느 곳이든지 수십 분 이내에 쏘아 보낼 수 있는 대륙간 탄도미사일Intercontinental Ballistic Missile, ICBM도 개발했다. 이미 1980년대에 미·소 두 나라는 2,000여 개의 핵 미사일 발사대와 1만 개 이상의 핵탄두를 보유했다고 한다.[30]

지구를 수십 번이라도 파괴할 수 있을 만큼의 파괴력이 인류에게 왜 필요한가? 전쟁이 정치의 도구이고, 합리적인 정치의 궁극적 목표가 행위 주체의 복지 증진을 위한 것이라면, 인류 파멸의 핵전쟁은 더 이상 정치의 연장선상에 있을 수 없다.

그럼에도 불구하고 이처럼 대량파괴를 향한 욕망이 극단으로 치달은 원인은 무엇일까? 그것은 한마디로 서양 문명이 안고 있는 비극성 때문이라고 할 수 있다. 핵무기는 서양식 전쟁 문명의 기술적 경향이 도달할 수밖에 없었던 논리적 귀결이었다.[31] 즉, 서양의 전쟁 문명, 서양의 전쟁 방식은 그 주요한 특징의 하나로서 '기술적인 요소'를 강조해왔다.[32] 서

---

29 T. N. 듀퓌이 원저, 박재하 편저, 『무기체계와 전쟁』, p. 369.

30 John Keegan, *A History of Warfare*, p. 382.

31 이하의 논의는 토인비, 슈펭글러, 키건의 논리로부터 차용한 것이다.

32 이것이 이른바 서양의 과학주의이며, 이 책의 제2장에서 논의한 "문명으로서의 전쟁"의 배경이기도 하다.

양 세계는 이 기술적 요소에 대한 호기심과 열망, 그리고 왕성한 실험정신으로 말미암아 무기에 대한 통제력(즉, 무기 개발을 억제하는 힘)을 발휘하기보다는, 보다 파괴적이고 보다 살육적인 무기를 추구했다. 그 결과 마침내 18세기에 서양 문명권이 화약무기를 정착시키면서 서양식 전쟁 문명, 서양식 전쟁 방식이 동양을 압도했다.

이러한 서양식 전쟁 문명은 비서양권의 다른 문명들을 제압하는 데는 절대적으로 기여했으나, 결국에는 제1·2차 세계대전과 같은 자기파괴·대량살육의 길로 내달았던 것이다. 핵무기, 핵혁명은 바로 더 큰 파괴와 살육을 추구해온 서양식 전쟁 문명이 자기파괴적·몰가치적인 '막다른 골목'으로 치달았던 결과물에 다름 아니다.

Ⅳ. 소결론

전쟁이 '문화적 행위'라고 갈파한 키건의 논의는 참으로 옳다. 문화야말로 전쟁 수행의 성격을 결정하는 첫 번째 요인이다. 키건은 특히 동양의 전쟁 문화가 유럽의 그것과 다른 특성으로서 회피evasion, 지연delay, 간접성indirectness을 꼽고 있다. 예를 들어, 유라시아를 풍미했던 기마 전사들은 육박전보다는 먼 거리에서 싸움을 벌이고자 했고, 칼이나 창 같은 근접무기보다는 활을 더 즐겨 사용했으며, 결전에 직면했을 때는 일단 몸을 피했고, 직접 대결하여 적을 궤멸시키기보다는 지치게 하여 패퇴시키는 전술을 선택했다.[33] 그렇게 함으로써 그들은 자신뿐만 아니라 적까지도 불필요한 살육에서 보호할 수 있는 방법을 구사했던 것이다. 이것이 바로 '인간을 생각하는 전쟁'이었다.

---

33 John Keegan, *A History of Warfare*, pp. 24-40, 387-388.

전쟁이란 '서로 더 많이 죽이기 경쟁'은 아니다. 적이 굴복하고 우리 편의 의지에 따르도록 하기 위해 대량파괴와 다량의 피 흘림만이 유일한 방법은 아니다.

핵무기가 '사탄의 지혜'의 결과라면, 이제 우리 인류에게 필요한 것은 그 사탄의 지혜가 가져온 파멸의 가능성을 피해갈 '천사의 지혜'이다. 그래서 오늘날의 군사과학자들이 가장 경계해야 할 것은 바로 과학만 능주의와 인간의 존엄성에 대한 경시사상이다. 왜냐하면 그것들로 인해 핵무기와 같은 재앙이 닥쳤기 때문이다.

다행히 오늘날의 첨단 과학무기는 핵이라는 절대무기의 장벽으로부터 재래식 무기로의 '유턴U-turn'을 보여주고 있다. 이러한 신新 재래식 무기는 속도, 무게, 적재량, 신뢰성, 정확도 등을 조절하여 대량살상보다는 파괴의 정확도와 파괴의 확실성을 추구하는 방향으로 나아가고 있다.

이러한 경향이 우리에게 보여주는 의미는 무엇일까? 고대의 전사들이 인간을 생각하는 전쟁을 한 것처럼, 인명의 대량살육을 추구하는 싸움 도구보다는 "회피하고, 지연시키고, 간접적으로" 적의 싸울 의지와 동기를 좌절시킬 수 있는, "인간을 생각하는 군사과학·기술"의 미래는 정녕 불가능하기만 한 것인가?

CHAPTER 5

전통적 전략사상에
투영된 전쟁의 모습

이 장에서는 전쟁의 원인론과 관련한 전쟁관의 다양한 갈래에 입각하여, 구체적으로 몇몇 저명한 군사(전략)사상가들—마키아벨리, 클라우제비츠, 뒤 피크, 머핸, 두에, 히틀러, 드브레—의 저술 속에 투영되어 있는 전쟁의 모습들을 살펴보고자 한다. 이 또한 전쟁을 '이해'하기 위한 노력의 일환으로서, 사상가들의 언어를 통해 직접적으로 그들의 주장에 접근하려는 것이다.

Ⅰ. 서론

『손자병법孫子兵法』은 이렇게 시작한다.

"전쟁은 국가의 중대사이다. 그것은 국민의 생사가 달려 있는 곳이며, 국가의 존망이 결정되는 길이니, 깊이 고찰하지 않을 수 없다."[1]

인류 역사에서 가장 심오한 병서兵書라고 일컬어지는 이 짧은 책의 첫 구절이 '전쟁은 국민의 생사와 국가의 존망이 걸린 문제'라고 갈파한 것은 이견의 여지가 없는 생생한 현실주의적 표현이다. 이는 과거와 현재는 물론, 인류가 국가라는 사회집단을 이루고 살아가는 한 부정할 수 없는 타당성을 지니고 있는 언급이다.

그런데 20세기 중반에 핵무기가 등장한 이래 전쟁은 단순히 한 국민, 한 국가의 존망뿐만 아니라, 수백만 인구의 생사와 나아가서는 인류 전체의 존망에까지 영향을 미칠 수 있는 전 지구적 문제로 그 영역이 확대되었다. 핵무기는 단순히 다른 형태, 다른 종류의 폭발물이 아니다. 그것은 인류의 갈등의 장場에 새로운 지평을 열어놓은 소위 '절대무기absolute weapons'이다.

그러나 현대의 핵 전략가들은 이 '생각조차 할 수 없는 것에 몰두하여think about unthinkable', 소위 'MAD'로 알려진 상호확증파괴Mutual Assured Destruction, MAD라는 절묘한 아이디어를 도출함으로써 핵전쟁의 위험을 거의 회피할 수 있게 만들었다. 즉, 네가 나를 먼저 핵무기로 타격하더라도first strike, 나의 잔존 핵무기로 너를 가격하여second strike, 네가 감당할 수 없을 만큼의 피해를 입힐 수 있다는 상호 '공포의 균형balance of fear' 개념에 입각하여 선제타격의 무모성을 서로 절감하게 만들었던 것이다.

---

1 "兵者 國之大事. 死生之地 存亡之道 不可不察也.", 김광수 역/해설,『손자병법』(서울: 책세상, 1999), p. 18.

MAD를 더욱 확실하게 보장하기 위해서 핵무기의 생존성(즉, 제2가격 second strike 능력)을 높이는 '3각 지주Triad(지하 핵무기, 핵폭격기, 핵잠수함 탑재 미사일 등)' 개념이 나왔고, 상호 간에 결정적으로 중요한 '가치표적'에 대한 방호ABM도 포기함으로써, 일종의 '인질 교환'도 도모했다. 그리하여 이 절대무기가 지니고 있는 '상호 섬멸적'·'상호 자살적' 특성 때문에 이제는 그 누구도 핵무기 보유국 사이의 전면적 총력전을 생각조차 할 수가 없다.

그럼에도 불구하고, 이 세상에서 전쟁이 사라질 조짐은 보이지 않는다. 지구촌 어딘 가에서는 지금도 여전히 전쟁이 진행 중이다. 누군가는 여전히 전쟁을 '정치적 목적'을 달성하기 위한 '도구'로 여겨 모험을 저지르고 있다. 참으로 우리는 복잡한 모습으로 전개되는 잔인한 폭력의 시대를 살고 있다. 암살, 테러리즘, 전복, 내전, 국제적 분쟁, 심지어 핵전쟁의 위험까지 우리의 삶을 둘러싸고 있는 실정이다. 그렇다면, 도대체 전쟁이란 과연 무엇이길래 이토록 끈질기게 인간 곁에 머물러 있는가?

제5장에서는 이미 앞의 제3장 제4절에서 논의했던 전쟁의 원인론과 관련한 전쟁관의 다양한 갈래에 입각하여, 구체적으로 몇몇 저명한 군사(전략)사상가들의 저술 속에 투영되어 있는 전쟁의 모습들을 살펴보고자 한다. 이 또한 전쟁을 '이해'하기 위한 노력의 일환으로서, 사상가들의 언어를 통해 직접적으로 그들의 주장에 접근하려는 것이다.

Ⅱ. 여러 사상가들의 관점

여기에서 논의할 7명의 사상가들은 다양한 군사사상의 흐름에서 분야별 또는 주제별로 독특하고도 그 영향력이 지대했던 인물들이다. 그들은 '현대 군사사상의 아버지'로 일컬어지는 마키아벨리Niccolò Machiavelli를 비롯하여, 서양 전쟁 이론의 최고봉인 클라우제비츠Carl von Clausewitz, 해양전략사상의 대표적 인물인 머핸Alfred T. Mahan, 프랑스의 위대한 전사戰士이자 전술적 차원의 전쟁이론가인 뒤 피크Ardant du Picq, 항공전략사상의 시조인 두에Giulio Douhet, 나치즘의 중심 인물인 히틀러Adolf Hitler, 그리고 '제3의 혁명전략'을 이론으로 설명한 레지 드브레Regis Debray 등이다.

1. 니콜로 마키아벨리

니콜로 마키아벨리Niccolò Machiavelli, 1469~1527 의 정치이론이나 군사사상을 논하려면, 무엇보다도 우선 그의 '인간 본성'에 대한 관점부터 살펴보아야 한다. 마키아벨리는 인간을 한마디로 '이기적 동물'로 정의했다. 그에 의하면, 인간은 물질(혹은 자원)을 추구하는 끊임없는 욕망의 소유자인데, 그 과정에서 '이기심self-interest'의 원리에 따라 움직이는 존재이다. 그는 『군주론The Prince』에서 이렇게 쓰고 있다.

"인간이란 은혜를 모르고, 변덕스러우며, 위선자인 데다가, 기만에 능하고, 위험은 애써 피하며, 이득에 눈이 어둡다. …… 인간은 공포를 조성하는 자보다 사랑을 베푸는 자에게 덤벼들기를 덜 주저한다. …… 인간은 지나치게 이해타산적이기 때문에, 이익을 취할 기회가 생기면 언제나(은혜 따위는) 팽개쳐버린다."[2]

더군다나 인간의 그러한 이기적 본성은 시간이 지난다고 해서 바뀌거나 나아지는 것이 아니라, 지속적이고도 변함없는 상태로 남아 있다는 것이다.

이처럼 지속적이고도 변함없는 이기적 인간 본성에 대한 마키아벨리

---

2 NiccolòMachiavelli, *The Prince*, Ch. 17, p. 90.

의 믿음은, 그로 하여금 정치의 갈등적 속성이라는 기본 명제를 이끌어 내도록 만들었다. 즉, 정치적 갈등은 이기심의 소산인데, 때로는 그 이기심이 정치 조직 내에서 갈등을 통해 조직을 활성화시키는(즉, 경쟁을 통해 발전시키는) 순기능적 힘으로 작용하기도 한다는 것이다.

그런데 더 많은 부富를 얻고자 하는 인간의 욕망은 한계가 없는 데 반해서, 이 끝없는 욕망을 만족시키기에는 물질적 재원財源이 늘 부족하기 마련이다. 그래서 욕망의 '무한정성'과 물질적 자원의 '제한성' 사이에 갈등은 필연적이다. 즉, 제한적인 자원을 둘러싸고 벌어지는 인간의 끝없는 욕망 추구 때문에 정치적 갈등은 언제나 불가피하다는 것이다. 그리하여, 사회 조직(또한 국가) 사이의 생존투쟁은 마키아벨리의 '정치적 장場 political universe'에서는 지극히 자연스러운 현상이며, 따라서 그러한 투쟁은 당연히 윤리적 기준으로 볼 때에도 일탈이라고 규정지을 수 없다.

이러한 인간 사회의 정치적 갈등(투쟁) 논리가 전쟁의 영역에 투영되어 마키아벨리의 독특한 전쟁 원리로 형성되었다. 그는 인간 사회의 정치적 갈등이 자연스럽고 불가피한 것처럼, 주권국가 사이의 전쟁도 자연스럽고 불가피하다고 보았다. 생명유기체로서의 국가라는 존재는 나름대로의 '욕망'(요즘 용어로 국가이익)을 추구하게 되는데, 이 욕망 대 욕망의 갈등적 대결이 곧 전쟁이라는 것이다.

마키아벨리의 이러한 '운명론'적이고 '현실주의'적인 전쟁관은 그의 『로마사 논고 The Discourses』에 잘 드러나 있다.

"어떤 국가의 총체적 안전이 절체절명의 위기에 빠졌을 때, 정의냐 불의냐, 자비로우냐 잔인하냐, 자랑스러우냐 수치스러우냐 등등의 논의는 일고의 가치조차 없다."[3]

이 말이 의미하는 바는, "진짜 전쟁은 생사를 건 싸움이며, 그러한 투쟁에서는 모든 것이 허용된다"는 뜻이다. 그의 입장에서 보자면, 전쟁에서 동원되는 수단과 방법은 오로지 '효능'이라는 잣대만으로 평가되어야 한다. 그가 상정한 국가(곧, 공화국)는 전쟁 시에 자신이 보유한 모든 자원과, 모든 힘과, 모든 정보와, 모든 용기가 시험대에 올려지는 살아 있는 생명유기체였다. 이처럼 한 국가의 생사존망이 걸린 전쟁에서는 모든 가용한 수단과 방법이 허용될 수 있다는 마키아벨리의 주장은, 용병傭兵들에 의한 제한전이 풍미했던 16세기의 현실에서 볼 때 가히 혁명적 발상이 아닐 수 없다.

그렇다면, 마키아벨리가 전쟁의 수단으로서 칭송해 마지않았던 '좋은 군대good army'란 어떤 군대였을까? 그는 용병 부대에 의존하며 지역별 또는 도시별로 웅거하고 있던 자기 당대의 이탈리아 정치 현실을 몹시 개탄스러워 했다.⁴ 따라서 그는 자유시민들로 구성된 군대에 의해 방위되는 정치체제를 갖춘 정부, 즉 공화국을 동경하고 존중했다. 바로 공화정 시기의 로마와 로마군이 그의 이상적 모델이었다. 로마와 스위스 군대를 교훈 삼아 마키아벨리는 징병제에 의해 구성된 보병 중심의 군대를 선호했다. 그리고 이 징집된 병사들은 엄정한 '군기軍紀, discipline'에 의해 훈련되기를 바랐다. '징집제도'와 '엄정한 군기'야말로 그가 상정한 '좋은 군대'의 모습이었다. 마키아벨리는 그의 책『전쟁술』에서 이렇게 주장하고 있다.

"타고 나면서부터 용감한 사람은 없다. …… 용기 자체보다는 훌륭한 지휘체계와 엄정한 군기에 의존하는 것이 훨씬 낫다."⁵

---

3 Niccolò Machiavelli, *The Discourses*, in Peter Bondanella and Mark Musa, ed. & tr., *The Portable Machiavelli*(New York: Penguin Books, 1979), Book 3, Ch. 41, p. 411.『로마사 논고』의 원래 제목은 Discourses on the First Ten Books of Titus Livius로서, 기원전 1세기 후반에 리비우스가 집필한『로마사』(142권 중 35권만 현존) 가운데 공화정 시대를 다룬 1~10권을 참조하여 마키아벨리가 저술한 정치 및 군사 분석서이다.

4 용병에 대한 그의 부정적 관점은『군주론』의 제12장 전체에 깔려 있다.

5 Niccolò Machiavelli, *The Art of War*, in The Portable Machiavelli, p. 503. The Art of War를 국내에서는 '전술론' 혹은 '전쟁의 기술'로 번역하는데, '전쟁술'로 번역하는 것이 낫다.

뿐만 아니라, 마키아벨리에게 있어서 '좋은 군대'는 '좋은 법률'보다도 더 우선되어야만 하는 것이었다. 그는 『군주론』에서 이렇게 주장한다.

"모든 국가의 주된 기초는 좋은 법률과 좋은 군대이다. 좋은 군대가 없는 곳에 좋은 법률이 있을 수 없고, 좋은 군대가 있는 곳에는 필시 좋은 법률이 있게 마련이다."[6]

이를테면, 좋은 군대에 의해 잘 지켜지는 국가에는 좋은 법률, 즉 훌륭한 질서와 안정이 보장되지만, 좋은 군대가 없어서 국가 안위가 흔들린다면 질서와 안정이 깨진다는 것이다. 그는 『전쟁술』에서도 다음과 같이 유사한 주장을 펼치고 있다.

…… (좋은) 군대의 뒷받침이 없다면 아무리 좋은 제도가 있다 할지라도 무질서가 횡행하게 될 것이다. 이는 마치 찬란한 궁전이 온갖 금은보화로 치장되어 있더라도 지붕이 없다면 그 보물들을 빗물의 세례로부터 지킬 수 없는 것과 마찬가지이다.[7]

마키아벨리는 자신의 조국 피렌체의 군대가 로마군의 선례에 따라 시민군으로 구성되고, 그 좋은 군대에 의해 지켜지는 피렌체가 질서와 안정, 그리고 그에 바탕을 둔 번영을 이루게 되기를 갈망했던 '정치개혁가'이자 '군사개혁가'였다. 실로 그의 정치이론의 핵심에는 갈등적 인간 본성의 적나라한 분석에 기초한 전쟁의 현실주의적 본질론, 전쟁의 효과적 수행 수단으로서의 좋은 군대의 개념 등 군사개혁가로서의 강조점이 자리 잡고 있다.

특히 마키아벨리는 군사적 논의를 당대의 관념을 초월하는 새로운

---

6 Niccolò Machiavelli, *The Prince*, Ch. 12, p. 72.

7 Niccolò Machiavelli, *The Art of War*, p. 483.

Niccolò Machiavelli
Segretario della Rep. Fiorentina

마키아벨리의 정치이론의 핵심에는 갈등적 인간 본성의 적나라한 분석에 기초한 전쟁의 현실주의적 본질론, 전쟁의 효과적 수행 수단으로서의 좋은 군대의 개념 등 군사개혁가로서의 강조점이 자리 잡고 있다. 특히 마키아벨리는 군사적 논의를 당대의 관념을 초월하는 새로운 수준으로까지 끌어올렸고, 전쟁과 군사문제를 지적인 통찰력과 이론적 분석을 통해 고유한 자신의 원리로 정립함으로써 후대에 큰 영향을 미쳤다. 그러한 이유로 그는 '최초의 현대 군사사상가' 또는 '현대 군사사상의 아버지'로 불리고 있다.

수준으로까지 끌어올렸고, 전쟁과 군사문제를 지적知的인 통찰력과 이론적 분석을 통해 고유한 자신의 원리로 정립함으로써 후대에 큰 영향을 미쳤다. 그러한 이유로 그는 '최초의 현대 군사사상가' 또는 '현대 군사사상의 아버지'로 호칭되고 있다.

2. 칼 폰 클라우제비츠

칼 폰 클라우제비츠Carl von Clausewitz, 1780~1831에 관해서는 이 책의 제9장에서 보다 자세히 논의할 것이므로, 여기에서는 간략하게 핵심 주제 몇 가지만 다루고자 한다.

우선 먼저, 클라우제비츠의 군사사상에 담겨 있는 전쟁의 모습을 파악하려면 무엇보다도 그의 '절대전쟁absolute war' 개념부터 살펴보아야 한다. 이 절대전쟁 개념은 그의 불후의 저작『전쟁론Vom Kriege』의 핵심 주제인 전쟁 본질론에 직접 닿아 있는 개념이며, 그의 철학적 사유思惟와 풍부한 실전實戰 경험이 어울려 빚어진 논리 체계이다. 클라우제비츠 역시 마키아벨리와 마찬가지로 전쟁의 본질을 현실주의적 관점에서, 그리고 비관론적 관점에서 접근했다. 여기서 비관론이라 함은 이 책의 제3장 제4절에서 논의한 바와 같이, 전쟁이 인간 본성의 갈등(투쟁)적 특성으로부터 비롯될 뿐만 아니라 그러한 갈등적 속성 때문에 인간 사회에서 전쟁이 끊이지 않는다는 의미이다.

클라우제비츠에게 전쟁이란 한마디로 "상대방(적)에게 나의 의지를 관철할 수 있도록 강제하기 위한 폭력적 행위"이다.[8] 말로 해서 듣지 않으니 폭력을 써서 나의 뜻을 통하게 만드는 행위가 곧 전쟁이라는 의미이다. 결국 나의 폭력적 행위에 굴복한 적은 당연히 나의 의지대로 행동

---

8 Clausewitz, *On War*, p. 75.

하게 될 것이다. 그래서 전쟁은 과학적 게임도 아니고, 국제적 스포츠도 아니며, 다만 '폭력적 행위'이다. 전쟁은 온건하거나 박애주의적인 행위와는 거리가 멀다. 전쟁이 인간의 다른 행위들과 구별되는 거의 유일한 차별성은 바로 이 '폭력'이라는 속성 때문이다.

그런데 전쟁 본질로서의 이러한 폭력적 속성은 전쟁의 '목적(목표)'에 의해 그 강도强度가 좌우되는 경향을 띤다. 즉, 목적이 크면 클수록 전쟁의 폭력적 속성은 점점 더 극한의 방향으로 증대되게 마련이다. 궁극적으로, 내가 상대방을 쓰러트리지 않으면 상대방이 나를 쓰러트릴 것이므로, 쌍방은 서로 자기가 사용할 수 있는 모든 폭력을 동원하게 될 것이다. 이처럼 전쟁의 양 당사자는 서로 전쟁에서 승리하여 자신의 의지를 관철하려 들기 때문에, 폭력은 당연히 극단으로 상승하는 흐름을 탄다. 이론만으로 보자면, 전쟁에서 폭력의 동원이나 적용에는 '제한'이 없다.[9]

이처럼 '무제한'의 폭력이 적용되는 전쟁이 바로 클라우제비츠가 말하는 '절대전쟁'이다. 그렇지만 절대전쟁은 하나의 '이상형理想型, idealtypus'적인 개념이다. 마치 예술의 세계에서 논하는 완벽한 '절대미絶對美, perfect beauty'와 같은 개념이다. 그러나 이 절대미는 현실에서는 결코 달성될 수 없는 경지의 아름다움이며, 다만 그 궁극의 아름다움을 향해 끊임없이 다가가려는 대상일 뿐이다. 절대전쟁도 이와 유사하다.[10] 절대전쟁은 절대미처럼, 어떤 사물이나 현상에 '일관성'이나 '객관성'을 부여해주기 위한 일종의 '준거틀frame of reference'인 셈이다. 이 준거틀이라는 잣대에 비추어 비교대상들이 얼마만큼 '절대적 현상'에 근접해 있는지를 가늠하게 되는 것이다.

---

9 앞의 책, pp. 75~77.
10 그러나 핵무기라는 절대무기의 등장으로 절대전쟁은 현실세계로 들어왔다.

클라우제비츠에게 전쟁이란 한마디로 "상대방(적)에게 나의 의지를 관철할 수 있도록 강제하기 위한 폭력적 행위"이다. 전쟁이 인간의 다른 행위들과 구별되는 거의 유일한 차별성은 바로 이 '폭력'이라는 속성 때문이다. 그러나 현실의 전쟁에서는 폭력이 무제한으로 사용되는 것이 아니라, 여러 가지 요인들에 의해 폭력은 제한되고 조절될 수밖에 없다. 무제한의 폭력이 이처럼 제한된 폭력으로 조절되는 변환은 소위 '마찰'이 있기 때문이다. 특히 전쟁을 결정하고, 지도하고, 마무리 짓는 전 과정을 관장하는 '정치가 전쟁의 강도나 수준 등 그 흐름과 방향에 미치는 마찰적 영향이 가장 지대하다고 할 수 있다.

그런데 현실의 전쟁real war에서는 폭력이 무제한으로 사용되는 것이 아니라, 여러 가지 요인들에 의해 폭력은 제한되고 조절될 수밖에 없다. 클라우제비츠 자신은 이렇게 표현하고 있다.

"추상의 세계로부터 현실의 세계로 나온다면, 모든 것은 아주 다른 모습으로 형성된다."[11]

무제한의 폭력이 이처럼 제한된 폭력으로 조절되는 변환은 소위 '마찰friction'이 있기 때문이다. 이는 마치 물속에서의 보행이 물 밖에서의 보행보다 여의치 않은 현상과 마찬가지이다.

그는 마찰에 대해서 이렇게 설명한다.

"마찰은 대체적으로 볼 때, 현실전쟁과 '종이 위의 전쟁'(이론전쟁, 즉 절대전쟁)을 구별 짓는 데 적용되는 유일한 개념이다."[12]

정보의 제한이나 잘못된 정보, 군수 보급의 제한, 피로, 게으름, 공포심, 오도된 정책, 어설픈 지휘, 험한 지형이나 혹독한 기후 조건 등등 이루 헤아릴 수 없이 다양한 마찰 요인들이 절대전쟁을 현실전쟁으로 제한하고 조절하게 만드는 요소이다. 특히 전쟁을 결정하고, 지도하고, 마무리 짓는 전 과정을 관장하는 '정치'(또는 정책)가 전쟁의 강도나 수준 등 그 흐름과 방향에 미치는 마찰적 영향이 가장 지대하다고 할 수 있다. 이는 우리가 '정치에 대한 전쟁의 종속'이라는 클라우제비츠 전쟁이론의 또 다른 핵심 주제를 감안한다면 손쉽게 납득할 수 있을 것이다.[13]

'목적'과 '수단' 사이의 관계는 클라우제비츠의 방법론에서 가장 중요한 개념인데, 이는 특히 정치와 전쟁 사이의 관계 설명에 필수적이다.

---

11 Clausewitz, *On War*, p. 78.

12 앞의 책, p. 119.

13 이 점은 이 책 제9장의 3위1체론을 참조할 것.

그에 의하면, '정치적 목표'는 목적이고, 전쟁은 그 목적(목표)을 달성하기 위한 수단이다. 그러므로 "전쟁은 다른 수단에 의한 정치(정책)의 연속이다."[14]

3. 아르당 뒤 피크

아르당 뒤 피크Ardant du Picq, 1821~1870는 19세기 프랑스의 군인이자 군사이론가, 군사사학자, 군사개혁가였으며, 프로이센-프랑스 전쟁(1870~1871) 초기에 연대장으로서 최전선 진두지휘 도중 전사함으로써, 당대 프랑스 군인정신의 표상으로 추앙받은 전사戰士였다.

1866년 오스트리아가 프로이센과의 전쟁에서 힘 한번 제대로 써보지도 못하고 패배하자, 유럽 각국은 약 100년 전의 7년 전쟁에서 프로이센이 유럽 열강들을 상대로 눈부신 승리를 거두었던 역사를 떠올렸다. 유럽 중북부의 한 작은 게르만 왕국으로 출발한 프로이센은 그 전쟁을 통해 열강들의 다음 서열에 준하는 강국으로 발돋움했으며, 1세기 후의 소위 '독일 통일전쟁'에서 오스트리아와 프랑스를 연파하고 1871년 마침내 독일 제국을 이루었다. 이는 비스마르크Otto Eduard Leopold von Bismarck라는 명재상과 몰트케Helmuth von Moltke라는 탁월한 참모총장이 있어서 가능한 과업이었다.

오스트리아의 패배 직후 유럽 각국의 군대에서는 일종의 개혁 열풍이 일어났다. 특히 프로이센과 모든 부문에서 경쟁관계였던 프랑스에서는 다가올지도 모를 일전을 앞두고 더욱 뜨거운 군사개혁 논의가 벌어졌다. 당시 독일 통일에 발 벗고 나섰던 프로이센이 통일에 성공한다면 유럽의 세력 균형은 일대 개벽이 일어날 정도로 뒤흔들릴 것이며, 결

---

[14] Clausewitz, *On War*, p. 87.

국 프랑스의 국가이익은 치명적 타격을 입게 될 터였다. 독일 통일을 좌절시키려면 프랑스는 프로이센을 전쟁에서 패배시켜야 했고, 그러려면 당대에 가장 효율적이었던 프로이센군을 능가할 수 있도록 프랑스군을 개혁해야만 했다. 논의의 핵심은 군 구조와 참모업무, 군사교육과 훈련체계 등을 어떻게 개혁할 것인가 하는 점이었다.

프랑스군 지도부는 새로운 무기체계를 도입하여 무장을 강화하고, 병력 수를 증강하기 위해 국민 개병제에 입각한 예비전력 강화에 초점을 맞추었다. 주류 세력들은 모두 그러한 취지에 동조했다. 그러나 논란의 중심부에 뛰어들었던 뒤 피크는 이와는 상반된 주장을 펼쳤다. 일찍이 로마 시대 이래의 주요 전투 사례를 분석한 다수의 논문들을 발표하여 명성을 드높였던 뒤 피크는 특히 개병제 도입에 부정적이었다. 그는 이렇게 주장했다.

"오늘날 주류의 생각은 병력의 숫자가 가장 관건이라고 여긴다. 과거 나폴레옹도 그러한 입장을 취했다. …… (그러나) …… 양이 아니라 질이 실질적 효과를 자아낸다. …… 오스트리아가 패배한 것은 그 군대의 질이 형편없었기 때문이며, 그들이 징병으로 모집된 병사들이었기 때문에 질이 낮았던 것이다"[15]

뒤 피크 사상의 근본 논리는 이러하다. 전쟁은 결국 전투combat, battle의 문제이다. 그리고 전투는 전적으로 '전문 직업적 군대'에게 그 임무가 부여되어야만 한다. 그의 이러한 주장의 진의眞意는, 프랑스군의 개혁이 프로이센의 모델에 따라 일종의 '프랑스식 군국주의French militarism'로 지향되어야 한다는 것이었다. 그러한 주장의 타당성을 입증하기 위해서 그는 고대의 전투를 분석한 다음, 그 진수를 당대의 상황에 대입하려고

---

15 Ardant du Picq, *Battle Studies*, ed. & tr. by J. N. Greely & R. C. Cotton(Harrisburg, Penn.: The Telegraph Press, 1946), p. 131.

했다. 그 결과물이 그의 대표작인『전투 연구Battle Studies』였다.[16]

뒤 피크는 클라우제비츠가 전쟁의 본질 설명에서 '인적 요소human factor'를 강조했던 것과 유사하게, 전투에서 근본적인 요소는 물질보다는 '사람'이라는 전제에서 출발한다. 따라서 그에게 전쟁은 과학science의 영역이라기보다는 술art의 영역이다.[17] 고대 로마군의 전투 분석을 통해서, 그는 전투가 적대적인 두 '의지will' 사이의 대결이며, 결국 2개의 '정신력moral force'이 격돌하는 것이라고 보았다. 그러나 목숨이 경각에 달린 전투의 극한적 긴장과 한계 상황 하에서 인간의 마음은 언제나 '공포심fear'에 의해 지배당하기 쉽다. 그리하여 공포심을 극복하고 그것을 '사기士氣, morale'로 승화시킬 수 있는 자가 승리자가 된다. 그는 이렇게 쓰고 있다.

"(적을) 쳐부수려면, 공포심은 반드시 폭력terror으로 바뀌어야 한다."[18]

즉, 공포심을 '받는 쪽'이 아니라 '주는 쪽'이 되어야 승리자가 될 수 있다는 뜻이다.

그렇다면, 무엇이 공포심을 극복하여 사기로 만들 수 있을까? 뒤 피크에 의하면, 오직 엄정한 '기율discipline'만이 공포심을 사기 또는 '분노anger'로 탈바꿈시킬 수 있다. 그는 "병사들을 명령에 순응하여 지시된 행동으로 움직이게 만드는 것은 기율이다"라고 말했다.[19] 인간이란 엄정한 기율의 압박이 없다면 제대로 싸울 수 없다고 그는 믿었던 것이다. 그러면, 기율의 바탕은 과연 무엇일까? 그것은 바로 '훈련training'이다. 이상의 논의를 요약하자면, 뒤 피크는 로마군의 강력한 전투력의 비결

---

16 뒤 피크의 대표작인 Battle Studies는 그가 전사한 지 10년 후인 1880년에 처음으로 부분 출간되었고, 1902년에야 완판이 출간되었다. 이 책은 제1차 세계대전 당시 각국 군대에 큰 영향을 미쳤다.

17 Clausewitz, On War, pp. 4, 41, 90.

18 앞의 책, p. 124.

19 Ardant du Picq, Battle Studies, p. 122; pp. 20, 94, 96, 99, 110도 참조할 것.

말과 행동이 일치했던 불세출의 전사였던 뒤 피크는 전쟁의 실질적 행위인 '전투'에 천착하여, 그 인간적 극한 대결 현상에 담겨 있는 불변의 요소를 도출하고 정립하려는 시도를 했다. 그는 전투의 다른 요소들, 특히 물리적 요소들은 시대의 변화에 따라 변하지만, 인간적 요소의 핵심인 정신력은 고대로부터 현대에 이르기까지 변함없이 전장을 지배하는 결정적 요소라고 보았다. 즉, 전투의 승리를 결정짓는 요체가 바로 전장의 공포심을 극복시켜주는 정신적 힘이라고 보았으며, 그러한 정신적 힘은 강한 훈련으로 다져진 엄정한 기율과 전우애를 갖춘 소수정예의 전문적 직업군에게서만 발현된다고 주장했다.

은 훈련에 의한 강철 같은 기율이라고 보았다.

뒤 피크는 고대 전투의 연구에서 얻은 교훈의 진수가 현대전에 적용되지 못하리라는 보장이 없다고 주장했다. 세월이 흘러 과학·기술이 발전하여 무기체계가 진화되고 그에 따라 전술이 바뀌더라도, 여전히 전투의 결정적 순간에 불변의 핵심 요소로 남아 있는 것은 바로 '인간 요소', 즉 인간의 의지와 정신력이라는 심리적 요소라는 것이다. 따라서 기율과 '신뢰confidence'는 현대 전술에 있어서도 변함없는 기반이다. 그리고 기율과 신뢰는 훈련에서 비롯된다. 훈련을 통해서 전사 개개인은 상호 친밀감을 쌓게 되는데, 이는 일종의 감정적 일치감, 전우애, 또는 '단결력cohesion'으로 승화된다. 그는 이렇게 단언한다. "오늘날의 전투에서 최선의 결과를 거두려면, 정신적 응집력이나 일치감이 그 어느 시대보다도 더욱 긴요하다."[20]

뒤 피크는 훈련으로 단련되어 정신적으로 일체가 된 군대야말로 가장 바람직한 군대라고 보았다. 그러나 이는 즉석에서 조성된 군대에서는 결코 기대할 수 없는 덕목이다. 즉, 징병에 의해 모집된 '잡동사니' 군대는 그러한 정신적 덕목이 결여되어 있다고 여겼다. 질보다 양 위주의 개병제 군대에 대한 그의 이러한 불신과 비판은, 후세 비평가들에 의해 '비민주적'이고 '귀족주의적'이며 '군국주의적'이라고 비난받게 된 그의 독특한 '소수 정예군' 개념으로 연결된다.

정예의 '전문 직업군'에 대한 뒤 피크의 칭송은 다음과 같은 논리에 근거하고 있다. 그에 의하면, 사회적 제도나 관습에 기반을 두지 않은 군대는 강한 군대가 될 수 없다. 즉, 직업적이고 '귀족적aristocratic'인 군대만이 '진짜 군대real army'라고 할 수 있다. 뒤 피크는 프랑스의 군사정책이 그의 의도와 반대 방향으로 진행되는 것을 이렇게 개탄해 마지않았다.

---

20 Ardant du Picq, *Battle Studies*, p. 102; p. 229도 참조할 것.

"군인정신은 프랑스 귀족계급의 소멸과 함께 스러졌다. …… 민주 사회에는 군인정신이란 없다. 귀족계급이 없는 곳에는 군사적 명문名門도 없다. 민주 사회는 군인정신에 적대적이다."[21]

이는 뒤 피크의 군국주의적 입장을 드러낸 표현이라고 후세 비평가들이 예시하는 대목이다. 그러나 한편 뒤집어보면, 뒤 피크의 이러한 표현은 소위 '노블레스 오블리주Noblesse oblige' 전통에 강한 애착을 품고 있었던 그의 신념과 책임의식의 발로였다고 볼 수도 있다. 그가 자신의 연대 병력 최선두에서 적진을 향해 돌격하다가 장렬하게 전사한 사실도 그의 신념과 책임의식이 행동으로 직결된 결과였던 것이다. 그는 말과 행동이 일치하는 불세출의 전사였다.

요약하자면, 뒤 피크는 사실 전쟁의 보편적 원리나 본질 자체를 거론하지는 않았다. 그보다는 전쟁의 실질적 행위인 '전투'에 천착하여, 그 인간적 극한 대결 현상에 담겨 있는 불변의 요소를 도출하고 정립하려는 시도를 했다. 그는 전투의 다른 요소들, 특히 물리적 요소들은 시대의 변화에 따라 변하지만, 인간적 요소의 핵심인 정신력은 고대로부터 현대에 이르기까지 변함없이 전장을 지배하는 결정적 요소라고 보았다. 즉, 전투의 승리를 결정짓는 요체가 바로 전장의 공포심을 극복시켜주는 정신적 힘이라고 보았으며, 그러한 정신적 힘은 강한 훈련으로 다져진 엄정한 기율과 전우애를 갖춘 소수정예의 전문적 직업군에게서만 발현된다고 주장했다.

뒤 피크는 분명히 그에 앞서서 로마군을 심도 깊게 연구하여 전쟁에서 전투의 중요성과 인간적 요소의 결정성을 강조했던 마키아벨리의 영향을 받은 것으로 보인다. 그러나 마키아벨리가 징집된 시민군을 선호한 것과는 반대로, 뒤 피크가 징집군대를 불신하고 전문적 직업군대

---

21 앞의 책, p. 220.

를 추구한 것은 매우 대조적이며 흥미로운 사실이다. 그런데 오늘날 세계 최강이라고 자타가 인정하는 미국군은, 물질 이외에 모든 것이 어설펐던 베트남 전쟁 당시의 미군 상황(그들은 징집군이었다)에 대한 통렬한 교훈의 결과로 새롭게 태어난 '전문 직업군'이라는 사실 또한 흥미롭다.

4. 앨프리드 세이어 머핸

앨프리드 세이어 머핸Alfred Thayer Mahan, 1840~1914은 미국 해군 제독이자 세계 제일의 해양전략사상가, 그리고 탁월한 군사사학자였다. 미국 육사 교수였던 그의 부친 데니스 하트 머핸Dennis Hart Mahan 역시 미국의 군사전문 직업주의military professionalism를 이론적으로 정립한 군사이론가이자 군사개혁가로 명성이 높은 인물이었다. 머핸은 평생 동안 20권의 저서와 130여 편의 논문을 저술했으나, 『해양력이 역사에 미친 영향, 1660-1783 The Influence of Sea Power upon History, 1660-1783』이라는 단 한 권의 책만으로도 역사에 길이 남을 명성을 쌓았다.

　머핸의 사상을 두 갈래로 구분해보자면, 하나는 정치적 수준에서, 다른 하나는 군사적 수준에서 논의할 수 있다. 전자는 국가정책 차원과 연계된 '해양력sea power' 이론이고, 후자는 해군 전략 및 전술 차원과 연계된 '제해권control of the sea' 개념이다. 머핸이 현대 전략의 발전에 기여한 가장 큰 업적은 바로 해양력의 의미와 그것이 국가이익 내지 국가발전에 미치는 사활적 중요성을 이론화함으로써, 당대와 후세에 학문적으로나 정책적으로 큰 영향을 미쳤다는 점이다.

　머핸을 일약 세계적 인물로 만들어준 이 책은 중상주의적 제국주의가 판을 치던 17~18세기 시대의 역사적 분석에 바탕을 두고 있다. 해양력이 그 어떤 요소보다도 압도적 영향력을 지녔던 이 시대는, 어떤 의미에서 해군 전략의 실험실 같은 시기였다.[22] 이 책의 제1장에서 머핸은,

해양력이 국력의 성장이나 번영, 그리고 국가안보와 같은 한 국가의 운명을 형성하고 결정짓는 데 있어서 최고의 중요성을 지닌다고 강조했다. 머핸에 의하면, 한 국가의 해양력 발전에 영향을 끼치는 요소로 여섯 가지를 꼽을 수 있다. 그것들은 지리적 위치, 물질(자원)적 분포, 영토의 면적, 인구의 규모, 국가(국민)의 기질, 그리고 정부의 특성과 정책 등이다. 이들 가운데서 마지막에 거론한 정부의 특성과 정책이라는 요소는 다른 요소들보다 가변성이 높은 분야이다. 그렇지만 정부의 효율성, 정보 능력, 의지(또는 과단성)와 같은 이 마지막 요소야말로 한 국가의 해양력 발전에 결정적 영향을 지니는 요소라고 그는 보았다.

그런데 여기서 흥미로운 사실은, 민주적 정부는 제국주의적 정부에 비해서 강력한 해양력 달성에 불리하다고 머핸이 보았다는 사실이다. 그에 의하면, 식민지 획득에서 제국주의 해군은 늘 우위를 누렸다. 결과적으로 그들은 해외의 영토에 근거지를 획득하여 새로운 원자재와 판로를 개척했고, 새로운 항구와 선적지를 확보했으며, 자국민에게 보다 많은 일자리를 창출해주었고, 부(富)와 안녕을 제공해주었다. 반면에 그는 "민주적 정부가 과연 선견지명을 발휘할 수 있는지, 국가의 지위와 신뢰도 향상을 추구하는 예리한 감각을 지녔는지, 평화 시에 군사 대비 태세를 갖추기 위한 적정한 예산을 투입하여 궁극적으로 국가의 번영을 도모할 의지가 있는지 등에 대한 여부는 여전히 공공연한 의문으로 남아 있다"라고 언급함으로써 민주적 정부에 대한 회의적 시각을 드러냈다.[23] 이에 따라 머핸은 미국 정부 역시 미래에 대한 전망이 결여되어 있고, 평화 시에 군사 지출을 꾸준히 감당할 의지 또한 없기 때문에 다른 민주적 정부들과 똑같은 취약점을 안고 있다고 비판했다.

---

22 A. T. Mahan, *The Influence of Sea Power upon History, 1660–1783* (Boston: Little, Brown, and Co., 1918), 서문 참조.

23 앞의 책, p. 67.

머핸이 가지고 있던 해양력에 대한 기본 개념을 보자면, 해양력은 식민지와 해외 무역, 그리고 해군력 등이 서로 얽혀 있어 불가분의 관계에 있다. 그에 의하면, 강력한 해양력이야말로 국가발전에 필수적인 국부國富와 국위國威를 창출해주는 첩경이었다. 이처럼 해양력을 국가적 위대성과 결부시키고 이의 달성을 위한 제국주의의 이점利點을 강조한 머핸의 역사 해석은, 이미 원자재와 시장 개척을 위해 각축을 벌이고 있던 영국·독일 등 유럽 각국뿐만 아니라 일본·미국 등의 팽창주의적 욕구에 자극을 가하는 효과를 불러일으켰다. 결과적으로 그의 해양력 이론은 당시 강대국들 사이의 전반적인 해군 군비경쟁을 가속화시켰으며, 또한 신제국주의를 조장하고 지원한 셈이 되었다. 이 때문에 머핸은 때때로 일부 비평가들에 의해 19세기 말 제국주의의 부활을 부추긴 '전도사'로 지칭되기도 한다.[24]

다음은 머핸의 두 번째 주요 논점이었던 제해권 주제를 살펴보겠다. 머핸은 지상전에서의 논리를 차용하여 불변의 근본적인 해군 전략 원칙을 정립하고자 했다. 머핸은 스스로 '나의 가장 친근한 군사적 친구'라고 불렀던 나폴레옹 시대의 유명한 군사이론가인 조미니Antoine Henri Jomini, 1779~1869의 금언을 활용했다. 즉, 시대가 변해서 방법은 변할 수 있지만, 원칙은 변하지 않는다는 조미니의 '전쟁의 원칙'을 해군 전략에 도입하겠다는 것이었다. 이를테면 해군 전략도 그 원칙적 측면은 범선의 시대나 증기선의 시대를 막론하고 변함없이 적용될 수 있다는 주장이다.

머핸에 의하면, 해군 전략의 요체는 '제해권'인데, 제해권은 적의 해군 함선과 상선들을 바다에서 몰아낼 수 있는 아군 해군력의 '집중'에

---

24 M. P. Sprout, "Mahan: Evangelist of Sea Power," in *Makers of Modern Strategy*, ed. by E. M. Earle(Princeton, N. J.: Princeton University Press, 1971), p. 415.

해양전략사상의 불멸의 선구자인 머핸은 『해양력이 역사에 미친 영향, 1660-1783』에서 인류 역사의 도도한 물줄기 속에서 주요 국가들의 흥망성쇠는 해양력에 의해 좌우되었다고 보았다. 그는 소위 '영국에 의한 평화'로 상징되는 대영제국 번영의 비결이 영국 해군의 압도적 제해권에 달려 있었다고 결론지었다. 이러한 그의 역사 해석은, 생존경쟁의 무한대결에서는 강한 자만이 살아남아 번영을 누릴 수 있다는 그의 전쟁관과 직결되어 있다. 그에게 전쟁은 '적자생존'의 투쟁에 다름 아니었다.

의해서만 달성될 수 있다. 그는 이렇게 주장한다.

"(제해권이란) 적의 깃발을 바다에서 몰아낼 수 있는 압도적인 힘을 바다에서 장악하는 것이다."[25]

그리고 제해권을 장악하기 위해서는 적의 함선과 함대를 표적으로 삼아야 한다는 것이다.

머핸은 소위 '영국에 의한 평화Pax Britannica, 1815~1914'로 상징되는 대영제국 번영의 비결이 영국 해군의 압도적 제해권에 달려 있었다고 결론지었다. 그리고 이러한 그의 역사 해석은, 생존경쟁의 무한대결에서는 강한 자만이 살아남아 번영을 누릴 수 있다는 그의 전쟁관과 직결되어 있다. 머핸에게 있어서 전쟁은 '적자생존'의 투쟁에 다름 아니었다. 버나드 브로디Bernard Brodie는 전쟁에 대한 머핸의 관점을 이렇게 평가했다.

"그는 같은 시대의 진화론Darwinism적 논리에 심취하여 마침내 다음과 같은 결론에 도달했다. …… 전쟁이란 적자선택의 한 방도로서, 국가들에게 (생존과 번영에 있어서) …… 대체로 긍정적으로 여겨졌다."[26]

이는 머핸의 현실주의적 전쟁관의 한 편린을 평가한 것이라고 할 수 있다.

결론적으로, 머핸은 인류 역사의 도도한 물줄기 속에서 주요 국가들의 흥망성쇠는 해양력에 의해 좌우되었다고 보았으며, 이러한 이론의 타당성을 역사 해석을 통해 제시함으로써 후대에 큰 영향을 미쳤다. 이 점에서 그는 해양전략사상의 불멸의 선구자였다.

---

25 A. T. Mahan, *The Influence of Sea Power upon History, 1660-1783*, p. 138.

26 Bernard Brodie, *Strategy in the Missile Age*(Princeton, N. J.: Princeton University Press, 1971), pp. 96-97. 특히 각주 28번을 참조할 것. 마지막 괄호 안의 내용은 이해의 편의를 위해서 필자가 추가한 것임.

5. 줄리오 두에

줄리오 두에Giulio Douhet, 1869~1930는 이탈리아의 군인이자 군사이론가로서, 특히 제1차 세계대전을 계기로 새롭게 등장한 항공기에 주목하여, 이 신무기가 전쟁 수행에 지니는 획기적인 변화를 이론으로 정립함으로써 '항공전략사상의 시조'라고 일컬어지는 인물이다. 여러 차례의 손질을 거쳐 1927년에 출간한 그의 저서『제공권The Command of the Air』은 항공전략에 관한 '구약성경'으로 지칭될 만큼 명성이 드높았으며, 그 안에 담긴 이론들은 제2차 세계대전 당시 막대한 영향을 미쳤다.

우선, 앞에서 언급했던 조미니나 머핸과는 달리, 두에는 전쟁에서 불변의 원칙이란 없다고 보았다. 두에에 의하면, '방법'이 변하면 '원칙'도 변한다는 것이다. 그가 보기에는 당시의 전쟁 수행 방법에 이미 변화가 시작되었으며, 그 변화가 장차 전쟁의 성격 자체에 변화를 초래하리라고 보았다. 그에 의하면, "어떤 전쟁의 유형도 그 전쟁에서 가용한 기술적 수단에 좌우되게 마련이다."[27] 이어서 그는 이렇게 설명했다. "미래 전쟁의 성격은 과거 전쟁의 성격과는 완전히 달라질 것이다. …… 미래는 당연히 새로운 각도에서 접근해야 한다."[28]

이러한 미래 전쟁의 변화를 가져올 주체, 즉 새로운 전쟁의 수단을 그는 항공력이라고 보았다. 어떠한 지형적 장애도 뛰어넘을 수 있고, 적 후방에 재빠른 속도로 접근하여 순식간에 타격을 가할 수 있는 항공기는 전쟁의 성격을 2차원의 세계에서 3차원의 세계로 변모시킬 주체였다. 더군다나 두에는, 항공기가 비교조차 할 수 없이 강력한 공격무기일 뿐만 아니라, 이에 대한 마땅한 방어수단도 여의치 않은 결정적 수단이라고 보았다.

---

27 Giulio Douhet, *The Command of the Air*(New York: Armo Press, 1972), p. 6.
28 앞의 책, pp. 26~27.

또한 두에는 장차의 전쟁에서 항공력의 핵심이 공중에서의 주도권을 장악하는 '제공권command of the air'이라고 보았다. 그는 심지어 제공권이 국가방위를 위한 '유일한 방도'라고 다음과 같이 주장하기까지 했다.

"국가방위를 확고히 보장하려면 전쟁이 터졌을 때 제공권을 장악하는 것이 필요하고도 충분한 조건이다."[29]

제공권을 장악하려면 적절한 항공 수단으로 적의 모든 항공기를 하늘에서 축출해야만 되는데, 두에는 특이하게도 제공권이 공중전보다는 공세적 폭격에 의해 달성될 수 있다고 주장했다. 특히 적의 항공기 생산 공장과 항공기지 폭격이 가장 효과적이라는 것이다. 그에게 있어서 항공력은 본질적으로 전략적이고 공세적인 전력이며, 따라서 적 후방의 핵심부를 폭격할 때 그 효과가 진정으로 발휘된다고 생각했다.

두에는 항공기가 너무나도 압도적인 공격무기이고 항공 공격은 방어조차 불가능하기 때문에, 전쟁에서 방어는 더 이상 의미가 없다고 보았다. 그리하여 심지어는 공식적인 선전포고를 하기 전에 기습적인 선제 항공 공격을 할 필요도 있다고 주장했다.[30] 그는 항공력의 시대에는 공격이 단순히 최선의 방어가 아니라, '유일한' 방어라고 생각했던 것이다.

그러나 두에의 항공 공격 개념은 공격에 대한 맹신이나 숭배에서 비롯된 것이 아니었다. 그것은 '공격 그 자체를 위한 공격'이라기보다는 '국방을 위한 불가피한 공격'이라는 의미가 더 강하다. 그는 이렇게 비유를 들어 설명했다.

"죽느냐 사느냐의 싸움에 처한 사람은 …… 자신의 목숨을 지키기 위해 어떤 수단도 사용할 수 있는 권리를 가지고 있다."[31]

---

29 Giulio Douhet, *The Command of the Air*, p. 28.

30 앞의 책, pp. 14-15. 또한 pp. 10, 55, 59, 194, 202도 참조할 것.

31 앞의 책, p. 181.

'항공전략사상의 시조'라 불리는 줄리오 두에는 전쟁을 현실의 문제로 받아들이면서도, 전쟁은 인도주의에 어긋나는 범죄라고 보았다. 현실주의적 비관론에 이상주의적 윤리관을 덧붙인 관점이었다. 전쟁을 범죄로 인식했기 때문에, 국가방위 같은 불가피한 경우에 한해서만 출혈이 가장 적은 방법으로 신속하게 끝내야 한다고 주장했다. 그리고 이러한 전쟁 수행 방식에 가장 적합한 수단이 항공력이라고 보았다.

두에의 항공공격이론에서 우리가 주목해보아야 할 내용은 후대後代가 소위 '전략폭격'이라고 개념 정리한 부분이다. 그는 항공 공격이 전쟁에서 효과를 거두기 위해서는 폭격의 목표가 적의 전쟁 수행을 위한 기반 역량, 즉 적 후방의 공장, 항만, 비행장, 철도, 도로, 교량, 군수창고 등으로 지향되어야 한다고 주장했다. 또한 적국 국민의 저항 의지를 말살시키기 위해 인구밀집지역인 도시에 대한 폭격도 병행해야 한다고 주장했다. 그렇게 하면 전쟁이 조기에 종결될 수 있다고 생각했다. 두에는 그의 책에서 다음과 같이 자신의 예측을 묘사했다.

한 국가의 사회 기반은 이처럼 무자비한 공중으로부터의 폭격 세례를 받게 되면 완전히 궤멸될 수밖에 없다. 국민 스스로 자기보호 본능에 쫓겨 그 비참한 공포와 고통을 끝내기 위해 들고 일어나서 전쟁의 종결을 요구하게 될 것이므로, 마지막 순간은 빨리—그것도 그들의 육군과 해군이 미처 동원되기도 전에—올 것이다.[32]

이러한 두에의 '전략폭격'이론은 제2차 세계대전 당시 각국의 항공전략에 엄청난 영향을 미쳤다. 특히 연합국 측은 적 후방의 전쟁 기반 역량 폭격에 집중하여 상당한 효과를 보았고, 전쟁 종결 시기를 앞당기는 데에도 괄목할 만큼의 성과를 거두었다고 평가할 수 있다. 그러나 두에가 묘사한 것과 같이 극적이고도 결정적인 '조기 종전'이 도출되지는 못했다. 폭격의 강도와 정확도에서 여러 가지 제한점들이 불가피하게 드러나서 의도했던 파괴를 달성하기가 쉽지 않았고, 총력전적인 상황 하에서 전쟁 수행을 지속하기 위한 새로운 동원과 복구도 예상보다 효율적이었으며, 특히 국민의 저항의지와 사기 등은 폭격에도

---

32 Giulio Douhet, *The Command of the Air*, p. 58.

불구하고 쉽사리 꺾이지 않았다. 그렇지만 두에의 전략폭격이론은 오늘날에도 여전히 세계 각국의 공군 교리에 필수적으로 남아 있을 만큼 그 혜안의 영향력이 지속적이며, 이는 앞으로도 크게 달라지지 않을 것이다.

사실 항공력의 의미와 그 파급효과에 대한 두에의 선구자다운 사상만큼이나 그의 전쟁에 대한 관점 역시 독특한 면이 있다. 앞에서 잠깐 언급한 바와 같이, 두에는 비록 공격의 중요성을 강조했음에도 불구하고 결코 호전적인 사상의 대변자가 아니다. 오히려 그 반대라고 할 수 있다. 예컨대 마키아벨리, 클라우제비츠, 머핸, 그리고 뒤에서 논의할 히틀러나 드브레 같은 인물들은 전쟁을 '적자생존' 논리에 적용되는 일종의 '장치device'로 보고, 따라서 그 결과에 의해 승리자의 번영이 보장되는 통로로 간주한 측면이 있다. 그러나 두에는 전쟁을 현실 그 자체로 받아들이면서도, 전쟁을 '비인도적 범죄'로 여겼다. 따라서 그는 항공력이 결정적 변수로 등장할 미래의 '속전속결'식 전쟁에 그의 인도주의적 전쟁관의 희망을 걸었다고 볼 수 있다.

두에의 이와 같은 윤리적이면서도 현실주의적인 전쟁관은 다음과 같은 그의 말에 복합적으로 잘 드러나 있다.

"이러한 미래의 전쟁들은 여하튼 과거의 전쟁들보다 더 인도적임이 증명될 것이다. 왜냐하면 그것들은 길게 볼 때 피를 덜 흘리게 될 것이기 때문이다. 그렇지만, 그러한 미래의 전쟁일지라도 그것을 견뎌낼 준비가 안 되어 있는 국가들이 패배자가 되리라는 사실에는 의심의 여지가 없다."[33]

---

33 앞의 책, p. 61.

6. 아돌프 히틀러

아돌프 히틀러Adolf Hitler, 1889~1945는 원래 오스트리아 사람이었지만, 제1차 세계대전을 맞아 독일군에 자진 입대하여 복무했다. 히틀러가 보기에 복합 인종의 제국이었던 오스트리아-헝가리 제국의 군대는 게르만 족이 중심이기는 했지만 슬라브족과 유대인 등 다인종으로 구성되어 소위 '혈통'이 혼탁해졌던 데 비해, 독일군은 상대적으로 게르만족의 순수 혈통이 유지되고 있다고 생각했기 때문이었다. 이미 그의 마음속에 인종주의적 편견이 자리 잡고 있었던 것이다.

제1차 세계대전이 독일을 중심으로 한 동맹국 측의 패배로 종결되면서 유럽 대륙 내의 제국들도 와해되었다. 전쟁 기간 중 볼셰비키 혁명에 의해 1917년에 붕괴된 러시아 제국뿐만 아니라, 오스트리아-헝가리 제국과 독일 제국도 와해되어 수많은 군소 '민주공화국'들이 탄생했다. 그러나 전후 유럽은 전대미문의 대량파괴와 대량살육이라는 대전大戰의 후유증으로 정치적·경제적·사회적 대혼란에 시달렸으며, 모든 사람들은 하루하루의 삶을 꾸려 나가기에 급급했다. 예컨대 종전 직후인 1918년부터 히틀러가 정권을 장악한 1933년까지 독일의 바이마르Weimar 공화국은 무려 24차례나 내각이 바뀌었으며, 1923년 11월의 소비자물가는 같은 해 1월에 비해 무려 20억 배나 폭등했다.

이러한 혼란을 틈타 폭력으로 정권을 탈취하려던 히틀러의 1923년 11월의 뮌헨München 폭동Beer Hall Putsch이 실패한 후, 그는 감옥에서 『나의 투쟁Mein Kampf』을 집필하며 조직과 선전선동 등을 가동하여 선거로 정권을 장악할 준비에 착수했다. 그리고 마침내 제1당이 된 나치당 당수 히틀러는 1933년 1월 수상에 취임했다.[34]

---

34 제1차 세계대전 전후의 혼란상과 히틀러의 집권 과정, 그리고 집권 후 그가 제2차 세계대전으로 치달았던 과정에 관해서는 졸저 '제2차 세계대전', 육사 전사학과 편, 『세계전쟁사』(서울: 황금알, 2004), pp. 257-272를 참조할 것.

전쟁에 대한 히틀러의 기본적인 시각은 나치 독일의 근본 정강 정책이라고 할 수 있는 소위 '생활권生活圈, Lebensraum' 이론에 담겨 있다. 극단적 '사회진화론Social Darwinism'의 한 부류인 생활권 이론은 원래 나치 철학자로 호칭되는 칼 하우스호퍼Karl Haushofer가 도출한 것이다.[35] 그는 영국의 지정학자인 핼퍼드 매킨더Halford Mackinder의 '대륙중심 지정학'에 교묘한 탈을 씌워, 지리를 지리학적인 사실의 분석으로서가 아니라 하나의 정신적 무기로 활용함으로써 패전의 절망감 속에 빠져 있던 독일인들을 현혹시켰다.

그에 의하면, 이 지구상에는 인력引力이 작용하는 중심적 지역이 있는데, 이곳을 장악하는 종족이 지구상의 지배권을 장악할 수 있다는 것이다. 이와 같은 중심지역에 생활권을 마련한다는 것은 경제적 관점에서 볼 때는 바로 '자급자족Autarkie' 체제의 달성을 의미한다. 그리고 자급자족은 제1차 세계대전에서 연합국의 해상봉쇄로 결국 무릎을 꿇을 수밖에 없었던 내륙국가 독일에게는 반드시 해결하고 싶었던 비원悲願이기도 했다. 이를테면 생활권이라는 사이비 철학은 아리안 종족Aryan만을 위한 유토피아라고 할 수 있다.

생활권이라는 나치 철학에 심취했던 히틀러는, 인류의 역사 속에서 벌어졌던 모든 사건들은 좋든 나쁘든 각 종족의 자기보존 본능의 표출일 뿐이라고 주장했다. 그는 『나의 투쟁』에 이렇게 썼다.

"갈등이란 언제나 한 종種, species의 건강성과 저항력을 향상시키기 위한 수단이며, 따라서 그 종의 보다 더 높은 발전의 원인이다."[36]

한 발 더 나아가서 히틀러는 종족이나 개인 사이의 불평등이 불변의 자연법칙이라고 여겼으며, 모든 인류 가운데 아리안 종족만이 유일하

---

35 사회진화론과 연계된 전쟁관에 관해서는 이 책의 제3장을 참조할 것.

36 Adolf Hitler, *Mein Kampf*, tr. by R. Manheim(Boston: Houghton Mifflin Co., 1971), p. 285.

'생활권'이라는 목표를 정당화하기 위해서, 히틀러는 '인간 사회의 갈등이 자연스러운 현상이고, 나아가서 심지어는 숙명적 현상이라고까지 주장했다. 그는 운명론적 전쟁관의 소유자였던 것이다. 또한 그는 모든 수준의 폭력을 정당화했다. 생존을 위한 투쟁에서 폭력을 망서려보았자 돌아오는 것은 패배뿐이라는 것이다. 한마디로 정리하자면, 히틀러의 전쟁에 관한 사고에는 '적자생존'이라는 사회진화론적 극단주의가 배어 있고, 따라서 비인도적 잔인성이 그 안에 내포되어 있다.

게 창의적 종족이라고 예찬했다. 그리하여, "아리안 종족이 나아가야 할 길은 명백히 표시되어 있다. 정복자로서, 아리안인들은 자신들의 의지와 목표에 의거하여 열등劣等한 존재들을 지배하고, 아리안인의 지휘 하에 그 열등한 존재들의 행위를 규제해야 한다."[37]

그는 이것이 아리안인들의 권리일 뿐만 아니라 의무이기도 하다고 주장했다.[38]

마침내 히틀러는 인종적 깨우침만으로는 충분하지 않다고 생각하기에 이르렀다. 이제 그에게는 '민족Volk'이라는 개념이 필요했다. 나치 시대에 지극히 국수주의적이고 정치적인 선전선동 구호로 널리 쓰였던 이 'Volk'라는 단어는 그저 단순히 '민족'이라는 단어만으로 설명될 수 없는 미묘한 뉘앙스를 띠고 있는 용어이다. 'Volk'는 인류 사회의 자연스러운 '단위'이며, 그 단위들 가운데서 독일 민족이 가장 위대하다는 것이다. 따라서 'Volk' 속에는 또 다른 독일어 'Herrenvolk'(지배 종족, master race)라는 의미가 숨어 있다.

히틀러는 정부state란 Volk에 봉사하기 위해서만 존재할 뿐이라고 다음과 같이 말했다.

"정부는 마땅히 이 책무(즉, Volk에 대한 봉사)에 자신의 조직을 부합시켜야만 한다."[39]

그런데 히틀러가 보기에 바이마르 공화국 같은 민주적 정부는 Volk에 대한 봉사를 수행하는 데 적합하지 않았다. 민주적 정부는 비효율의 상징일 뿐이었다. 따라서 히틀러는 절대적 권력과 권위가 부여된 '총통Führer' 체제야말로 Volk에 가장 잘 봉사할 수 있다고 강변했다.

---

37 Adolf Hitler, *Mein Kampf*, tr. by R. Manheim, p. 295.
38 이것이 바로 나치의 반유대주의의 기원이다. 앞의 책, pp. 300~304를 참조할 것.
39 앞의 책, p. 442. 괄호 안의 내용은 이해를 돕기 위해 필자가 첨가했음.

결국 그는 "ein Volk, ein Reich, ein Führer!(하나의 민족, 하나의 제국, 하나의 총통!)"이라는 구호를 만들어내고, 오스트리아 병합을 합리화했다. 이것은 히틀러가 새롭게 해석한 '범게르만주의pan-Germanism'이기도 하다. 그리고 "하나의 민족, 하나의 제국, 하나의 총통"이 추구하는 실체가 바로 '생활권'이고 '자급자족' 체제였다. 이를 위해서 히틀러는 비옥하고 광활한 우크라이나와 자연자원이 풍부한 캅카스 지역을 정복할 필요가 있었다. 이것이 그의 "Drang nach Osten!(동쪽으로 진격!)"이라는 구호였다.

그런데, 정치와 전쟁 간의 관계에서 히틀러는 다분히 클라우제비츠적인 관점에 경도되어 있었다. 나치 전략에서 정치적 접근 내지 '정치 전쟁'은 군사작전에 우선되는 개념이었다. 군사력은 그것만으로 결코 효과적인 무기가 될 수 없다는 것이다. 군사력은 전쟁에서 단지 '칼날cutting edge'의 역할만 맡을 뿐이다. 군사력은 선전선동, 정치적 기동maneuvers, 전복subversion 같은 비군사적 무기들과 조화를 이룰 때 그 효과가 배가될 수 있다. 결국 군사작전은 적을 정복하기 위한 첫 번째 단계가 아니라, 다른 모든 수단이 고갈된 이후에 동원되는 최후의 수단인 셈이다. 따라서 군사작전으로서의 전쟁은 정치(정책)의 마지막 수단이다. 그렇지만, 나치의 국가정책 역시 '생활권'이라는 큰 그림을 완성하기 위한 수단에 지나지 않는다는 점을 절대 간과해서는 안 된다. 앞에서 이미 언급한 바와 같이, 정부(또는 국가)는 오직 'Volk'에 봉사할 따름이라는 히틀러의 주장이 바로 그러한 뜻을 내포하고 있다.

'생활권'이라는 목표를 정당화하기 위해서, 히틀러는 인간 사회의 갈등이 자연스러운 현상이고, 나아가서 심지어는 숙명적 현상이라고까지 주장했다. 그는 운명론적 전쟁관의 소유자였던 것이다. 또한 그는 모든 수준의 폭력을 이렇게 정당화했다.

"지구라는 이 행성의 국가들이 생존을 위한 투쟁을 벌일 때—'사느냐

죽느냐to be or not to be'의 운명적 기로岐路에서 그 해결책을 찾아 울부짖을 때— 그때에는 어떠한 인도주의적 또는 심미적審美的 가치관도 산산조각으로 깨지고 만다."[40]

생존을 위한 투쟁에서 폭력을 망서려보았자 돌아오는 것은 패배뿐이라는 것이다.

한마디로 정리하자면, 히틀러의 전쟁에 관한 사고思考에는 '적자생존'이라는 사회진화론적 극단주의가 배어 있고, 따라서 비인도적 잔인성이 그 안에 내포되어 있다.

7. 레지 드브레

레지 드브레Regis Debray, 1940~는 프랑스의 언론인이자 작가이며, 철학과 미학美學 분야에서도 일찍부터 재능을 나타내어 프랑스 지성계의 주류를 이루어왔던 좌파 지식인들 세계에서 그 계보를 이어나갈 후계자 재목으로 지목되었을 만큼 촉망받는 신진 지식인이었다. 그러나 그는 1959년 1월에 성공한 쿠바의 공산혁명을 동경한 나머지, 그때부터 라틴 아메리카의 공산혁명에 관한 공부에 몰두하여 1960년대 중반부터는 좌파 이론 잡지였던《신좌파 평론New Left Review》에 주목받는 논문들을 발표하기 시작했다.[41] 그리고 1967년에는 그를 일약 세계적 좌파혁명 이론가로 평가받게 만든 책『혁명 속의 혁명Revolution in the Revolution』이 미국과 프랑스에서 동시에 출판되었으며, 곧이어 독일, 이탈리아, 볼리비아에서도 출간되었다.

사실 드브레는 1965년 무렵부터 쿠바의 아바나 대학에서 철학을 가

---

40 Adolf Hitler, *Mein Kampf*, p. 177.

41 예컨대《신좌파 평론(*New Left Review*)》제33호(1965)에 실린 "Latin America: The Long March," 그리고 제45호(1967)에 실린 "Marxist Strategy in Latin America" 등이 있다.

르치기도 했는데, 1965년 4월 "쿠바에서 모든 일은 끝났다"는 편지를 남기고 잠적했던 체 게바라Ernesto Rafael Guevara de la Serna: 애칭 Che Guevara가 볼리비아 정글에서 게릴라 활동을 한다는 사실을 알고 거기에 동참했다가, 1967년 4월에 체포되었다. 드브레는 30년 징역형을 선고받았고, 그해 10월에 체포된 체 게바라는 총살형에 처해졌다.[42] 그리고 그 이듬해 1월 월맹군과 베트콩의 '구정 대공세Tet Offensive'를 계기로 미국에서는 대학생들을 중심으로 격렬한 반전 및 반정부 시위가 벌어졌으며, 1970년 5월 오하이오 주의 켄트 스테이트 대학Kent State University 캠퍼스에서는 시위 진압 도중 학생 4명이 사망하는 사건이 터지기도 했다. 한편, 1968년 5월 유럽에서는 소위 '미완성의 5월 혁명'으로 일컬어지는 대대적인 좌파의 시위 물결이 사회 전반에 소용돌이를 일으켰다.

드브레의 체포와 체 게바라의 처형, 그리고 반전·반정부 분위기가 상승작용을 일으켜 당시 미국 대학가에서는 드브레의 책이 선풍적 인기를 끌며 필독서가 되다시피 했으며, 유럽에서도 그의 책은 베스트셀러의 윗자리를 차지했다. 드브레의 체포 직후 국제적으로 그에 대한 사면 청원 운동도 벌어졌다. 장 폴 사르트르Jean Paul Sartre, 앙드레 말로Andre Malraux 같은 프랑스 지식인들은 물론 샤를 드골Charles De Gaulle 대통령도 나섰으며, 교황 바오로 6세Paul VI도 비공식적으로 이에 동참했다.

마침내 1970년 1월, 볼리비아에 좌파 군사정부가 들어선 뒤 드브레는

---

42 체 게바라는 과도하게 미화된 '전설'과 평전 등으로 1960~1970년대는 물론이고 오늘날까지도 젊은 층을 중심으로 영웅시(심지어 신격화)되고 있으나, 그가 쿠바 혁명 후 그곳에서 행한 행적들의 일부는 그의 진면목의 일부를 엿보게 한다. 그는 적어도 1만 4,000명 이상의 사람들을 반혁명분자로 낙인찍어 처형을 직접 주도했으며, 거대한 저택에서 50명도 넘는 하인들의 시중을 받으며 지냈다. 쿠바 중앙은행의 총재로 임명되었으나, 공산주의 계획경제 체제에서 그 자리는 한직에 불과했다. 1962년 잠시 산업부 장관을 맡기도 했으나, 카스트로 형제에 의해 소외되고 있다는 불만을 포함해 골프 시합에서의 잦은 충돌 등으로 그들과의 사이도 점점 서먹해졌다. 마침내 1965년 4월 그는 쿠바에서 자신의 임무가 끝났다는 편지만 남기고 잠적했다. 훗날 체 게바라의 시체를 쿠바로 이장하며 그를 영웅으로 떠받든 카스트로의 조치 역시 체 게바라를 통해 자신과 쿠바 혁명을 '신화'로 만들고자 했던 의도의 반영에 지나지 않는다.

석방되어 칠레로 망명했다가 1973년 프랑스로 귀국했다. 그는 한때 일부 체 게바라의 숭배자들에 의해 체 게바라를 밀고한 배신자로 매도당하기도 했으나, 귀국 후에는 주로 학문 분야에 집중해왔다. 특히 인류 사회의 문화가 언어나 이미지 등에 의해 어떻게 전파 내지 전승되어왔는지를 인문학과 사회과학 사이의 학제적 연구를 통해 이론적으로 정립하고자 하는, 소위 '매개학媒介學, Mediology'이라는 학문 분야를 개척했다.

여기서는 쿠바의 공산혁명과 체 게바라의 혁명전쟁전략을 이론적으로 해석하고 정립했던 드브레의 게릴라전 교리서인 『혁명 속의 혁명』을 중심으로 사회진화론적 전쟁관 가운데 가장 극단적 관점인 사회주의의 전쟁관을 살펴보고자 한다. 제2차 세계대전 종전 이래 공산주의로 무장한 혁명전쟁은 수많은 개발도상국가들, 특히 세계대전의 결과로 식민지배에서 벗어난 신생 독립국들에게 가장 큰 도전이자 골칫거리였다. 드브레는 이러한 혁명적 광풍을 혁명군의 입장에서 분석했다. 쿠바의 무장혁명은 그에게 제3세계 혁명전쟁의 이론화를 위한 하나의 '실험실'이자 모범 사례였다. 그는 쿠바 사례에서 도출된 이론을 여타 라틴 아메리카 국가들의 혁명전략에 적용하고자 했다.

그의 논의는 다음과 같은 전제에서부터 출발한다. 즉, 라틴 아메리카의 혁명은 러시아식이나 중국식이 아닌 '제3의 방법a third way'에 의거해야 한다는 것이다.[43] 드브레는 과거 경험으로부터의 잘못된 교훈을 비판했으며, 그러한 교훈을 과감히 배척해야 한다고 주장했다. 드브레에 의하면 세 가지의 전형적 과오가 있는데, 혁명투쟁에서 중요한 역량으로 여겨져왔던 '무장 자위대armed self-defense', '무장 선전선동armed propaganda', '게릴라 기지guerrilla base' 등에 대한 과도한 신봉이 그것이다. 그는 다음

---

43 Regis Debray, *Revolution in the Revolution*, tr. by B. Ortiz(New York: MR Press, 1967), pp. 20-21.

과 같이 이것들을 비판했다.

첫째, '무장 자위대'는 현실적 장단점을 따져볼 때 폐기되어 마땅하
다. 왜냐하면 무장 자위대라 해보았자 토벌군에게 노출될 위험성만 높
아질 뿐이기 때문이다. 예를 들면, 볼리비아 광산 노동자들의 무장 자위
대나 컬럼비아 농민 공화파의 무장 자위대는 스스로를 과도하게 노출
한 나머지 정부군과의 무장 대결에 너무 일찍 내몰리게 되었던 것이다.
따라서 어설픈 무장 자위는 자제해야 한다.

둘째, '무장 선전선동'이라는 것도 그 방법을 수정해야 한다. 일반적
으로 게릴라 투쟁은 정치적 동기와 목표를 지니게 마련이다. 그것이 선
전선동이라고 일컬어지는 '집단 작업mass work'이다. 그런데 선전선동의
목표는 직접 싸우는 데 있는 것이 아니라, 싸우기 위한 전투 단위를 조
직하는 데 있다. 따라서 여성, 어린이, 노인을 막론하고 그들을 생산, 사
보타주, 정보, 유통, 보급 등의 업무에 동원하여 조직화해야 한다. 이러
한 방법으로 정치적 투쟁은 무장 투쟁을 위한 견습 내지 훈련 과정 기
능을 수행해야 한다. 그렇지만 이는 연설이나 성명서 포고, 또는 설명회
등과 같은 전통적 방법만으로 달성될 수는 없다. 라틴 아메리카에서는
선전선동이 군사행동에 선행하는 것이 아니라 군사행동에 후속해야만
된다. 드브레는 이렇게 설명하고 있다.

"요점을 말하자면, 현재와 같은 조건 하에서 가장 중요한 선전선동의
형태는 바로 성공적인 군사행동이다."[44]

이는 성공적인 군사행동보다 더 효과적인 선전선동도 없다는 뜻이다.

셋째, '게릴라 기지' 개념도 수정되어야 한다. 드브레는 게릴라 투쟁
의 초기 단계에서는 기지라는 것도 기껏해야 게릴라 전사들의 '배낭
knapsack'에 지나지 않는다고 주장한다. 기지가 겨우 제한된 양의 필수적

---

44 Regis Debray, *Revolution in the Revolution*, p. 56.

보급이나 충당하는 역할을 할 뿐이라는 것이다. 그래서 그는 무장 혁명의 초기 단계에서는 전통적 기지 개념 대신에 'foco'라는 새로운 개념이 유용할 것이라고 제안한다. 'foco'는 영어 단어 focus(초점, 중심)의 스페인어 낱말로서 게릴라 작전의 거점center을 묘사하는 용어이지만, 어떤 지리적 위치geographical position를 뜻하는 것이 아니라 행동 단위의 중심unitary focus을 의미한다. 'foco'는 어느 지점이 아니라 부단히 이동하고 움직이는 중심, 즉 게릴라 부대의 핵심 지휘 조직과 지휘자가 있는 곳으로 해석할 수 있다. 기지가 지리적 위치(지점)에 얽매이게 되면 정부군 소탕작전의 손쉬운 표적이 되기 십상이라는 교훈이 여기에 담겨 있다.

이상의 논의의 요점은, 드브레가 과거의 원칙들에 의존하는 게릴라 전략을 비판하고 경고를 던졌다는 사실이다. 드브레는 러시아, 중국, 베트남 등의 혁명 사례에 대한 집착이 라틴 아메리카 국가들을 잘못된 방향으로 이끌 것이라고 주장했다. 왜냐하면 각각의 혁명은 고유한 지역적 및 국가적 특수성에 맞추어야 효과가 제대로 발휘될 수 있기 때문이라는 것이다. 따라서 러시아나 중국 혁명의 교훈이 라틴 아메리카의 지역적 내지 문화적 풍토에 곧바로 적용될 수는 없다는 것이다. 그러한 이유로 드브레는 라틴 아메리카에 '제3의 방법'이 필요하다고 보았다.

그러나 드브레는 혁명전쟁에서 가장 중요한 덕목이 '끈기tenacity'라는 충고 또한 빠트리지 않았다. 끈기란 실패에도 굴하지 않고 계속해서 도전을 멈추지 않는 것을 의미한다. 드브레는 심지어 실패가 성공으로 가는 디딤돌이라고까지 칭송했다. 그는 이렇게 쓰고 있다.

"혁명을 위해서, 실패는 하나의 도약대가 될 수 있다. 이론의 원천이라는 차원에서 볼 때, 실패는 승리보다도 더 값지다. 실패는 경험과 지식을 축적시켜준다."[45]

---

45 앞의 책, p. 62.

레지 드브레는 어떤 혁명도 평화적 수단에 의해서는 성공하지 못한다고 주장했다. 그에게 쿠바 혁명의
진정한 교훈은 '폭력'이 정치(정책)의 형태를 결정해야 된다는 것이며, 그와 반대로 정치가 폭력을 지배
해서는 안 된다는 것이었다. 폭력, 즉 군사투쟁이 혁명의 핵심이며, 그 무엇보다도 우선시되어야 한다
는 것이었다. 그는 사회진화론 가운데 가장 극단적인 마르크시즘에 경도된 나머지 계급 타파를 위한 혁
명투쟁이 인류의 미래(즉, 계급 없는 완전 평등사회) 창조를 위한 열쇠이고, 혁명은 폭력으로만 성취될
수 있다고 주장했다.

사실 이것이야말로 마르크스주의자들이 가장 선호하는 논리이다.

드브레는 또한 무장혁명의 새로운 개념을 제시한 매우 주목할 만한 주장을 펼쳤다. 그것은 바로 '인민군대people's army'와 '당party' 사이의 관계에서 우선순위를 어디에 두어야 하는지에 대한 논의이다. 본래 사회주의의 기본 강령에 의하면, 당은 그 어떤 것보다도 최우선적인 지위와 비중을 차지하는 존재이다. 당은 국가보다도 더 우위에 있는 존재이다. 따라서 사회주의의 이론상 혁명 과정에서 당이 인민군대보다 먼저 강화되어야 하는 것은 지극히 당연하다. 왜냐하면 당은 인민군대의 창건자이고, 인민군대를 지도하는 핵심체이기 때문이다. 당은 추구해야 할 정치적 주제와 목표를 결정하는 주체이며, 인민군대는 단지 그것을 수행하는 도구일 뿐이다.[46] 이론상 인민군대의 핵심은 당연히 당이며, 당이 최우선이다.

그러나 드브레는 현실적 차원에서 볼 때 인민군대가 당의 핵심이 되어야 하며, 반대로 당이 인민군대의 핵심이 되어서는 안 된다고 주장했다. 그는 이렇게 설명한다.

"게릴라 부대는 정치적 첨병vanguard이며, 게릴라 부대의 발전에서 진정한 당이 생겨난다." 그리하여 "…… 가장 으뜸가는 강조점은 게릴라전과 그 부대의 발전에 두어야 하며, 당을 강화한다거나 새로운 당을 창설한다거나 하는 데 두어서는 안 된다. …… 전복 투쟁이야말로 오늘날 제1번에 해당되는 정치적 투쟁이다."[47]

이러한 드브레의 주장은 성공적 군사행동이 가장 효과적인 선전선동이라고 한 그의 앞선 주장과 일맥상통하는 것이다.

여기에서 한 발 더 나아가, 드브레는 정치와 군사가 한데 결합된 '일

---

46 Regis Debray, *Revolution in the Revolution*, p. 23.
47 앞의 책, p. 116.

원화된 체제unified system'가 가장 이상적이라는 주장도 펼쳤다.[48] 이는 오늘날 북한의 소위 '선군정치'라는 구호와도 일맥상통하는 것으로 보인다. 김정일의 북한이 선군정치를 내세웠던 것도 당과 군대 가운데 어느 것이 우선한다는 식으로 해석할 것이 아니라, 비상시국을 맞아 군이 당의 핵심 역할을 하면서 당과 군이 '일체'가 되는 체제를 지향했던 것으로 볼 수 있다. 김정일이 원래는 당 중앙군사위원회의 산하 군사 관련 조직이었던 국방위원회의 위원장을 최고 통치 직위로 만들고, 그 직함으로 북한을 통치했던 것도 이와 무관하지 않다.

이상과 같은 논의들을 펼친 후, 드브레는 마침내 사회주의 전쟁관의 정수에 다가간다. 그는 어떤 혁명도 평화적 수단에 의해서는 성공하지 못한다고 주장했다. 그에게 쿠바 혁명의 진정한 교훈은 '폭력'이 정치(정책)의 형태를 결정해야 된다는 것이며, 그와 반대로 정치가 폭력을 지배해서는 안 된다는 것이었다. 폭력, 즉 군사투쟁이 혁명의 핵심이며, 그 무엇보다도 우선시되어야 한다는 것이었다. 그는 이렇게 폭력을 예찬한다. 혁명은 인류의 새로운 미래를 창조하는 데 열쇠와 같은 역할을 하며, 폭력은 그 혁명의 필수적 요소이다.[49]

III. 소결론

전쟁이란 사람들에 따라서 매우 다른 의미를 띠고 있다. 이미 제3장에서 논의한 바와 같이 그것은 질병이나 천재지변 같은 것일 수도 있고, 응징되지 않으면 아니 될 범죄일 수도 있으며, 반면에 특정한 정치적 목

---

48 드브레는 쿠바 혁명이 그 이상적 모델이라고 여겼다. Regis Debray, *Revolution in the Revolution*, pp. 89, 99, 106을 참조할 것.
49 앞의 책, p. 106.

적을 달성하기 위한 수단에 불과할 수도 있다. 예컨대 기독교의 전통적 윤리관에 따르면 전쟁은 인간의 원초적 죄 때문에 부수되는 숙명적 존재이며, 반면에 사회진화론자들은 전쟁을 적자생존의 도구로 보기도 했다.

앞에서 고찰한 7명의 사상가들은 대체로 전쟁을 '윤리의 문제'로서가 아니라 '현실의 영역'으로서 파악하려고 했다. 마키아벨리, 클라우제비츠, 머핸 등은 전쟁이 인간 사회에서 피할 수 없는 현상이라고 보는 '비관론' 내지 '숙명론'의 입장을 취했다. 그들에게 있어서 전쟁은 정치(또는 정책)의 가장 중요한 표현이자 도구였다. 히틀러 역시 인종주의적인 극단적 사회진화론에 심취하여 '비관론'의 범주에 속하지만, 그는 정치(정책)와 전쟁 사이에 뚜렷한 구분을 두지 않는 입장을 보였다. 그에게는 정치가 곧 전쟁이었고, 전쟁이 곧 정치였다.

드브레는 사회진화론 가운데 가장 극단적인 마르크시즘에 경도된 나머지 가장 경직된 '숙명론'적 전쟁관을 드러냈다. 사회주의자들은 인간 사회에 '계급class'이 존재하는 한 '가지지 못한 자들(프롤레타리아)'이 '가진 자들(부르주아)'을 상대로 벌이는 투쟁은 당연하고 자연스러울 뿐만 아니라 '정의롭다'고까지 주장한다. 계급이 없어질 때까지 이러한 투쟁은 지속될 것이고, 또 응당 그래야 된다는 것이다. 이것이 이른바 사회주의의 '전쟁불가피론'이자 '정의의 해방 전쟁론'이다. 이러한 사고에 깊이 빠진 드브레는 계급 타파를 위한 혁명투쟁이 인류의 미래(즉, 계급 없는 완전 평등사회) 창조를 위한 열쇠이고, 혁명은 폭력으로만 성취될 수 있다고 주장했던 것이다.

뒤 피크는 전쟁의 일반적 본질이나 원칙을 논의하는 대신에 전쟁의 실질적 행위 현상인 '전투'에 천착하여, 그 극한적 대결 과정에서 어쩔 수 없이 드러나는 인간의 나약한 심성인 '공포심'의 정체를 규명하고, 그것을 극복하기 위한 실용적 대안으로서 훈련, 기율, 전우애 등의 '무덕武德'을 강조했다. 그러나 뒤 피크 역시 전쟁을 보는 관점 자체는 현실주의적 입장을 취함으로써 '비관론'에 속한다고 볼 수 있다.

끝으로 두에는 비록 전쟁을 현실의 문제로 받아들이면서도, 전쟁은 인도주의에 어긋나는 범죄라고 보았다. 현실주의적 비관론에 이상주의적 윤리관을 덧붙인 관점이었다. 전쟁을 범죄로 인식했기 때문에, 두에는 국가방위 같은 불가피한 경우에 한해서만 출혈이 가장 적은 방법으로 신속하게 끝내야 한다고 주장했다. 그리고 이러한 전쟁 수행 방식에 가장 적합한 수단이 항공력이라고 보았다.

여러 전략사상가들의 견해를 뭉뚱그려보자면, 전쟁에 대한 어떤 분석도 그 시대의 정치적 사상이나 무기체계 등에 의해서 크게 영향을 받기 마련임을 알 수 있다. 이러한 입장에서 볼 때, 우리가 살고 있는 이 시대는 과거 어느 시대보다도 복잡하고 다양한 환경에 처해 있다. 돌이켜보면 중국 내전에서 공산주의자들의 승리, 그리고 북한의 남침으로 인한 6·25전쟁의 발발 등이 이러한 복잡성과 다양성의 단초가 된 측면도 강하다. 그리하여 오늘날 우리는 혁명전쟁, 재래식 국지전쟁, 주요 지역분쟁major regional contingency, 그리고 심지어는 핵무기가 동원된 전면전all-out war 등의 다양한 위협 속에서 살아가고 있는 셈이다.

사실 제1차 세계대전 이전에는 전쟁이라는 최후 수단에 '호소하는' 행위 자체가 옳지 않은 것으로 치부되지는 않았다. 왜냐하면 전쟁은 단지 '정치(정책)의 계속'으로 여겨졌기 때문이었다. 그러나 정치학자이자 군사이론가인 버나드 브로디는 이렇게 말한 적이 있다.

"미래의 총력전은, 만약 그것이 일어난다면, 그 어느 누구의 정치적 목적을 충족시키기 위한 필요성을 덮고도 남을 만큼 엄청나게 더 큰 파괴를 초래하게 될 것이다."[50]

---

50 Bernard Brodie, *Strategy in the Missile Age*, p. 406.

이 말은 미래의 총력전이 핵무기의 동원을 전제로 하고 있기 때문에, 전쟁을 정치(정책)의 수단으로 쓰기에는 승자든 패자든 파괴로 인한 피해가 더 이상 감당할 수 없을 만큼 엄청나리라는 경고의 뜻을 담고 있다. 뿐만 아니라 그러한 핵 전면전은 자칫 인류의 멸망을 초래할 수 있는 '궁극의 범죄'가 될 수도 있다.

엄격히 보자면, 침략에 대항하기 위한 전쟁 이외에는 어떤 전쟁도 범죄라고 할 수 있다. 직접적이든 간접적이든 전쟁을 겪어본 사람은 그 누구라도 전쟁을 혐오하고 그 참혹한 결과에 분노와 공포를 느낄 것이다. 그럼에도 불구하고 인간 사회에서 전쟁이 없어질 기미는 보이지 않는다. 왜 그럴까? 인간이 원래 '악惡'을 타고났기 때문일까, 아니면 인간에게 지혜가 모자라기 때문일까? 만일 전자라면 아무런 해결책도 없겠지만, 만일 후자라면 인류에게 아직 희망은 남아 있다.

참으로 현대의 전략가들은 '힘'(단지 군사력만이 아닌)을 어떤 유형으로 육성하고 어떻게 운용함으로써 전쟁을 억제할 수 있고, 전쟁 없이도 정치적 목적을 달성할 수 있는지를 진지하게 모색해야 할 시대에 처해 있다. 우리는 이쯤에서 전통적 지혜에 눈을 돌릴 필요를 느낀다. 다시 한 번 『손자병법』에서 그러한 지혜의 한 예를 찾아볼 수 있다.

"그러므로 백 번 부딪쳐서 백 번 이기는 것이 최상의 용병법이 아니라, 싸우지 않고도 적을 굴복시키는 것이 최상의 용병법이다."[51]

---

51 "是故 百戰百勝 非善之善者也 不戰而屈人之兵 善之善者也.", 김광수 역/해설, 『손자병법』, p. 89.

THEORY & REALITY OF WAR

戰爭의 理論과 實際

PART 2
전쟁의 이론과 실제

CHAPTER 6

미국 군사사상 태동기의
군 구조 논쟁:
정규군인가, 민병대인가?

이 장에서는 미국의 건국 초기 적정한 규모의 상비 정규군을 국방의 핵으로 건설하고자 했던 워싱턴 대통령과, 이에 대립하여 민병제도를 주장했던 의회 사이의 논쟁을 중심으로 살펴봄으로써 미국 군사사상의 태동기 모습을 파악하고자 한다. 이를 위해 우선 그 논쟁의 연원으로서 영국 크롬웰 시대의 유산을 살펴보고, 식민통치와 독립전쟁 당시의 교훈을 살펴보고자 한다. 그러고 나서 워싱턴 행정부와 의회 사이에 벌어졌던 논쟁의 실제 내용을 분석한 뒤 소결론을 맺고자 한다.

Ⅰ. 서론

일반적으로 군사정책^{military policy}은 두 가지의 주요 요소를 근간으로 삼고 있다. 하나는 한 국가의 군사력 구조는 어떻게 구축할 것인가 하는 점이고, 다른 하나는 그 군사력을 어떻게 활용할 것인가 하는 전략의 문제이다. 러셀 웨이글리^{Russel F. Weigley} 교수에 의하면, 6·25전쟁 이전의 군사정책에 관한 미국의 저술들은 거의가 모두 첫 번째 요소인 군사력 구조 문제에만 집중되어 있었다고 한다.[1] 이러한 사실은 미국의 군사문제에 관한 논의들이 거의 200년 가까이 군사력의 제도적 측면에만 압도적으로 경도되어왔음을 반증하는 것이다. 이러한 경향은 20세기 중반 이후 변화를 겪기는 했으나, 여전히 군사력 구조 문제에 관한 강조는 지속되고 있다.

　미국 군사정책의 역사를 관통해온 가장 핵심적 주제인 군사력 구조의 문제는, 민주 사회에 있어서 가장 적절한 군사조직의 유형은 무엇인가 하는 점이었다. 즉, 미국 군대의 구조적 구성에 있어서 '시민군^{citizen soldiers}'과 '직업군^{military professionals}'의 비중을 어떻게 조정할 것인가 하는 논쟁이 주요 관심사였던 것이다. 실제로 미국의 군사제도는 한편으로는 어떻게 하면 국민들에게 최소한의 부담만 지울 수 있을까를 고민하고, 다른 한편으로는 그런 가운데서도 자유·민주라는 근본 가치를 훼손함 없이 어떻게 하면 적절한 방위태세를 갖출 수 있을까를 고민하면서 발전되어왔다고 해도 과언이 아니다. 다시 말하자면, 미국 역사를 통해서 볼 때 '개인의 자유'와 '국가안보' 사이에 끊임없는 갈등과 타협을 통해서 미국의 군사제도가 차츰 오늘의 모습으로 정착되어왔던 것이다.

---

[1]　Russel F. Weigley, *The American Way of War: A History of United States Military Strategy and Policy*(Bloomington, Ind.: Indiana Univ. Press, 1977), Introduction 참조.

돌이켜보면 이미 워싱턴George Washington 대통령 행정부(1789~1797) 시대에 적정한 군 구조의 형태는 무엇인가 하는 논쟁이 의회와 행정부 사이에서 뜨겁게 불타올랐다. 의회의 기본적 시각은 상비군standing army이란 근본적으로 비생산적일 뿐만 아니라 정치적으로도 위험한 존재라는 것이었다. 즉, 평시에 큰 규모의 상비군을 두는 것은 국민들의 '지갑'에 부담을 줄 뿐만 아니라, 시민정부의 존속이나 국민들의 자유에 대한 위협이 된다는 관점이었다.

새뮤얼 애덤스Samuel Adams가 이미 1768년《보스턴 가제트Boston Gazette》지誌의 편집장에게 보낸 편지에 이러한 관념이 잘 드러나 있다. 그는 이렇게 주장했다.

"어떤 국민이 그들 나라의 한복판에 강력한 군대를 두고서 그들의 자유가 오래 지속되리라 여긴다면 이는 지극히 허황된 가정일 뿐이다. 그 군대가 국민의 직접 통제 하에 있다면 모를까, 아니 심지어 그렇다 해도 위험하기는 매한가지이다."[2]

이러한 주장은 18세기 미국 국민들에게 매우 보편적이었던 시각의 전형적 표현에 지나지 않았다. 따라서 의회는 미 공화국 군 구조의 적정한 형태로서 시민군 형태의 '민병대 체제militia system'에 강한 집착을 지녔다. 그럼에도 불구하고 행정부의 입장에서 보자면, 국내 질서를 유지하고 광대한 변경지역을 방위하기 위해서 양적으로나 질적으로 '충분한' 정도의 정규군regular troops을 보유해야만 될 당면과제를 안고 있었다.

어찌해서 '전문 직업군professionals'의 필요성에도 불구하고, 당시 미국인들의 대다수는 '아마추어 군대amateur organizations: 즉, militia'에 그토록 매혹되어 있었을까? 18세기 미국인들은 전반적으로 어떤 형태로든 상비

---

2 "A Letter from Samuel Adams" in Peter Karsten (ed.), *The Military in America: From the Colonial Era to the Present*(New York: Free Press, 1980), p. 18.

군이나 그것을 닮은 것에 반감을 가지고 있었는데, 그것은 한편으로는 그들이 지니고 있던 영국의 유산 때문이었고, 다른 한편으로는 그들이 겪은 영국의 식민통치와 독립투쟁 당시의 경험 때문이었다.

역사적으로 건국 초기 미국 국민들의 군에 대한 깊은 불신과 피해의식은 17세기 중반 크롬웰Oliver Cromwell의 군사독재에 호된 경험을 한 영국의 유산에서 비롯되었다. 찰스 1세Charles I에 항거하여 영국 의회가 구성한 크롬웰의 의회군(진정한 의미에서 영국 최초의 상비 정규군)이 왕정 타파 후 혹독한 무단정치의 도구로 돌변하자 영국 국민들은 고삐 풀린 군의 위험성을 절감했던 것이다. 영국의 식민지였던 미 대륙의 초기 이민자들은 그러한 선대先代의 경험에 덧붙여 미 대륙에 주둔한 영국 정규군들의 폐해, 즉 주둔 비용 등 경제적 손실과 자유에 대한 위협을 경험했으며, 독립전쟁 시에는 아마추어 장군들이 이끈 민병대가 직업적인 장군들이 지휘한 영국 정규군을 이겼다는 과신에 빠졌다.

그 결과, 초기 미국의 방위는 상비 정규군의 군사적 효율성보다 민병대의 임의성과 비효율성에 의존하게 되었고, 이러한 약점은 1812년 전쟁, 멕시코 전쟁, 남북전쟁, 스페인 전쟁에 이르기까지 약 1세기를 두고 거듭 노출되었다. 아울러 평시의 극소수 정규군은 건국 초기부터 엄격한 민간 통제 하에 관리되었고, 유사시 동원되었던 민병들도 전쟁 종결과 동시에 즉각 복원되는 전통이 확립되었다.

미국 군사사상의 근저에는 대립되는 2개의 관점이 팽팽히 맞서 있으며 또한 그것들이 서로 교묘히 조화를 이루어 미국의 군사사상, 나아가서는 미국 국민의 독특한 국민성의 한 단면을 보여주고 있다. 그 하나는 군대(상비군)가 개인의 자유와 인권에 대한 중대한 위협요소라는 인식이고, 다른 하나는 국민 각자가 무장을 갖추고 자위의 방법을 강구하는 것은 개인의 재산권—재산이란 곧 한 개인이 타인으로부터 자유로울 수 있는 최소한의 밑바탕—을 스스로 보호하기 위한 가장 기초적인 권리라는 인식이다. 전자는 군에 대한 민의 통제권 확립이라는 군사제도로 정착되었고, 후자는 미국의 민병제도 및 예비군 동원제도의 사상적 기초가 되었을 뿐만 아니라 일견 호전적이라고까지 비쳐지는 미국 국민의 상무정신의 바탕이다.

제6장에서는 미국의 건국 초기 적정한 규모의 상비 정규군을 국방의 핵으로 건설하고자 했던 워싱턴 대통령과, 이에 대립하여 민병제도를 주장했던 의회 사이의 논쟁을 1차 사료인 *American State Paper*를 중심으로 살펴봄으로써 미국 군사사상의 태동기 모습을 파악하고자 한다.

이를 위해 우선 그 논쟁의 연원으로서 영국 크롬웰 시대의 유산을 살펴보고, 식민통치와 독립전쟁 당시의 교훈을 살펴보고자 한다. 그러고 나서 워싱턴 행정부와 의회 사이에 벌어졌던 논쟁의 실제 내용을 분석한 뒤 소결론을 맺고자 한다.

Ⅱ. 논쟁의 뿌리

1. 영국의 유산

미국 군사체계의 뿌리는 영국에서 찾을 수 있다. 17세기와 18세기 영국의 경험들은 영국의 식민지인 미국에 그대로 투영되었다. 섬나라 영국은 상대적으로 외적의 침략으로부터 자유로울 수 있었으므로 오랜 동안 지역별로 동원되는 민병대 제도에 의존해왔다. 16세기부터 60세까지의 신체 건강한 남자들은 유사시 모두 민병대 소집의 대상이었다. 그러나 평시에는 단지 소수의 훈련된 집단만이 훈련 소집에 응하도록 되어 있었다.

왕이 이 훈련된 소수 집단을 어떤 작전을 위해 군대로 전환하고자 할 때, 의회는 통상 이에 반대하는 입장을 취했다. 일찍이 의회주의를 정착시켜서 상당한 정도의 개인 자유를 향유할 수 있도록 길들여진 영국 국민은 왕의 그러한 행위가 세금 부담을 늘리게 할 뿐만 아니라, 자신들의 자유를 훼손시킬지도 모를 독재적 위험마저 지니고 있다고 염려했던 것이다. 따라서 그러한 군사력은 오로지 전쟁과 같은 위험 시기에만, 그것도 아주 조심스럽게 확충될 수 있었고, 일단 전쟁이 끝나면 신속하게 원상으로 축소되곤 했다.

영국 역사에 영국 내전English Civil War, 1642~1649으로 기록되어 있는 찰스 1세와 의회 사이의 투쟁 역시 그 근본적 발단은 국가방위군의 통제와 관련된 것이었다. 즉, '칼'이냐 '지갑'이냐의 대립이었다. 일찍이 1625년과 1626년 스페인 및 프랑스와의 전쟁에서 찰스 1세는 자신이 요구한 만큼의 예산을 의회가 승인해주지 않자, 예산의 차용을 강제로 시도했다. 이 갈등은 1628년 이른바 권리의 청원Petition of Rights으로 임시 해소되는 듯했다. 그 결과 예산의 강제 차용과 계엄령 문제, 비합법적인 과세, 토지 및 가옥의 강제수용, 임의체포나 수감 등을 왕이 의회의 동의 없이는 행할 수 없도록 했다. 이것은 영국 민주주의의 길고도 험난한 과정에서 의회의 또 하나의 승리였다.

그러나 이는 왕과 의회 사이의 갈등이 표면상 스러진 것일 뿐, 정작 불씨는 안으로 잠복한 것이었다. 1641년 아일랜드와의 분쟁 시 동원된 군대에 대한 통수권을 놓고 마침내 왕과 의회 간의 갈등은 폭발되었고, 이것은 곧바로 내전으로 비화되었다. 이 영국 내전의 과정에는 또한 종교적 갈등까지 가세되어 이른바 청교도혁명Puritan Revolution, 1640~1660으로 호칭되는 복잡한 격동의 파도가 영국을 휩쓸었다. 내전에서 패배한 찰스 1세는 결국 1649년에 처형되었고, 그로부터 11년 동안 영국은 왕국이 아니라 공화국 상태로 되었다.

그런데 이 기간 중 영국 국민은 군대로 인한 쓴맛을 톡톡히 보게 되었다. 내전 기간 동안 의회는 왕을 타도하기 위해 강력한 의회군을 조성했다. 이 의회군은 크롬웰이 청교도 자유농민을 핵심으로 조성했던 소위 '철기대鐵騎隊, Ironsides'를 모체로 한 새로운 유형의 군대였다. 그러나 내전이 끝난 후 의회군의 지도자 올리버 크롬웰Oliver Cromwell은 의회가 조성해준 바로 그 '신식 군대New Model Army'를 도리어 의회를 협박하는 도구로 사용했다. 영국 공화국의 국가원수인 '호국경Lord Protector'에 취임한 크롬웰과 그의 군대는 그가 사망한 1658년까지 영국을 무단통치로 지배했다.

크롬웰의 신식 군대는 진정한 의미에서 상비군의 성격을 띠고 있었고, 높은 급료와 강한 규율을 보유하고 있었다. 이 군대가 영국 국민들 위에 군림하여 문자 그대로 가혹한 군사독재의 참맛을 보여주었던 것이다.[3] 한때 크롬웰은 영국 전 지역을 그의 수하 장군들로 통치하기 위해 각 지역에 장군들과 그들의 군대를 분산 배치하려는 시도를 한 적도 있었다. 여하튼 이 군사독재의 경험은 영국 국민들로 하여금 그들이 그토록 오랜 시간과 피의 대가를 지불하면서 왕으로부터 쟁취했던 개인의 자유가 강력한 상비군과 무자비한 지휘관에 의해 허망하게 훼손될 수 있음을 두고두고 교훈으로 삼게 만들어주었다.

크롬웰이 죽고 2년간의 무정부적 혼란기를 겪은 후인 1660년 스튜어트 왕조House of Stuart가 복원되었다. 새로 왕으로 등극한 찰스 2세나 의회 모두 크롬웰의 유산을 제거하고자 했다. 그러나 국내 질서유지를 위한 일정 한도의 군대는 여전히 필요했으므로, 왕과 의회는 타협안을 마련했다. 즉, 한편으로 소규모 정규 상비군을 유지하되, 유사시 민간인들을 각 지역별로 소집하여 편성하는 민병대militia를 두기로 했다. 그리하여

---

3 크롬웰의 군대는 1652년 당시 7만 명이었으나 1658년 4만 2,000명으로 축소되었다. Theodore Ropp, *War in the Modern World*(New York: Macmillan, 1962), p. 78.

3차 내전 중 던바(Dunbar)에서 철기군을 이끄는 크롬웰. 내전 기간 동안 영국 의회는 왕을 타도하기 위해 강력한 의회군을 조성했다. 이 의회군은 크롬웰이 청교도 자유농민을 핵심으로 조성했던 소위 '철기대'를 모체로 한 새로운 유형의 군대였다. 그런데 영국 의회가 구성한 크롬웰의 의회군(진정한 의미에서 영국 최초의 상비 정규군)이 왕정타파 후 혹독한 무단정치의 도구로 돌변하자 영국 국민들은 고삐 풀린 군의 위험성을 절감했다. 영국 내전과 크롬웰의 군사독재를 겪고 난 이후 영국 국민들은 상비군이 자유에 대한 위협이라는 뿌리 깊은 생각과 적어도 상비군 제도가 행정의 낭비라는 입장을 굳게 갖게 되었다. 건국 초기 미국 국민들의 군에 대한 깊은 불신과 피해의식은 바로 17세기 중반 크롬웰의 군사독재에 호된 경험을 한 영국의 유산에서 비롯되었다.

중앙집권화를 일부러 회피하고 지방화된 민병대는 왕의 통제로부터 분리하여 민법民法의 통제 하에 두게 되었다. 물론 정규군 연대들도 철저하게 문민통제를 받게 되었다.

문민통제란 의회의 통제를 의미했으며, 의회가 군을 통제하는 틀은 매우 단순명료했다. 그것은 다름 아닌 돈, 즉 예산 통제를 통해서 하는 것이었다. 군대의 존폐는 의회의 자금 통제에 의존해야만 했다. 1689년의 권리장전Declaration of Rights은 이러한 내용을 담고 있다.

"평화 시 왕국 내에 정규군을 양성하거나 유지하는 일은 의회의 승인을 받지 않는 한 법에 위반되는 것이다."[4]

차츰차츰 정규군은 정치의 장場에서부터 소외되었고, 심지어는 사회로부터도 격리되었다. 군인들은 선거나 순회재판소 참여조차 배제당했는데, 이는 군인들이 투표인들이나 배심원들을 협박할지도 모른다는 공포심 때문이었다. 군인들은 마침내 아일랜드나 스코틀랜드 같은 오지의 병영에 갇히는 신세가 되고 말았다.

비록 소규모 정규 상비군을 엄격한 문민통제 하에 두기는 했지만, 영국 군사정책의 근간은 민병대와 해군을 중심으로 이루어졌다. 영국 국민들은 "국가의 방위는 해군과 민병대에게만 의존하는 것이 옳다"고 굳게 믿었다.[5] 더구나 영국의 지정학적인 상황은 영국 사람들의 그러한 신념을 뒷받침하고도 남았다. 실제로 16세기 기간 중 영국이 치른 전쟁들은 모두가 해외에서 벌어졌었다.

결과적으로 국가 비상 시 신속하게 소규모 정규 상비군을 도울 수 있는 유일한 길은 느림보 민병대의 동원이 아니라 외국 용병들을 고용하는 것이었다. 예를 들어 1715년, 1719년, 1745년의 자코뱅당Jacobins 반

---

4 Theodore Ropp, *War in the Modern World*, p. 79

5 Marcus Cunliffe, *Soldiers and Civilians: The Martial Spirit in America, 1775–1865*(New York: Free Press, 1973), p. 34.

란 시에 영국 정부는 네덜란드 용병들을 수입할 수밖에 없었다. 7년 전
쟁Seven Years' War 기간 중인 1756년에는 독일의 헤센 지방 용병Hessians들과
하노버 지방 용병Hannoverians들을 고용하지 않으면 안 되었다.

요컨대 영국 국민들의 정규 상비군에 대한 태도는 매우 부정적이었
다. 특히 영국 내전과 크롬웰의 군사독재를 겪고 난 이후에는 상비군이
자유에 대한 위협이라는 뿌리 깊은 생각을 갖게 되었으며, 적어도 상비
군 제도가 행정의 낭비라는 입장을 굳게 가졌다.

2. 식민지 시대 및 독립전쟁기의 경험

영국 식민통치 하의 초기 미국 정착민들은 영국의 유산에 따라서 각 지
역별로 모든 정상적 남자들을 소집 대상으로 삼는 민병제도를 도입했
다. 인디언의 습격과 기근 상황에서 살아남는 유일한 길은 모든 남자들
이 정착민임과 동시에 군인이 되는 길뿐이었다. 농사와 방위를 함께 하
는 길밖에 다른 도리가 없었다. 예를 들어, 1634년 버지니아는 완전히
영국식 모델에 따라 지역을 카운티county로 나누고, 각 카운티는 각각 한
명의 군사보좌관lieutenant이 관장하도록 만들었다. 또한 1643년의 매사
추세츠 민병대법은 당시의 시대 상황을 이렇게 묘사하고 있다.

"종교적 경건함이 교회의식과 성직자 없이 유지될 수 없는 것처럼, 또
는 법이나 사법담당관 없이 정의가 지켜질 수 없는 것처럼, 군사 질서나
군 간부들 없이 우리들의 안전이나 평화는 지켜질 수 없다."[6]

식민 정착의 초기 시대에 방위는 이처럼 절박한 과제였다.

식민지 시대 전반을 통틀어 북아메리카에서는 백인들 사이에 4차례

---

6 Howard H. Peckham, *The Colonial Wars 1689~1762*(Chicago: Univ. of Chicago
Press, 1970), p. 26.

의 주요 식민전쟁이 벌어졌다.[7] 그러나 그 전쟁들의 경험은 민병대 제도에 대한 앵글로-아메리칸들의 집착을 바꾸어놓지 못했고, 직업적 상비군이 보다 바람직하다는 확신을 가져다주지도 못했다. 장장 70년에 걸친 그 투쟁들을 겪었음에도 불구하고, 영국은 식민지 미국인들이 정규군 군사제도에 대하여 지니고 있던 무관심을 결코 해결하지 못했다. 식민지 미국인들은 영국 정규군에 가입하거나 또는 지역 민병대에 가담하는 선택의 기로에 처했을 때 거의 모두가 후자를 선호했다. 그러나 사실 그 식민전쟁들에서는 정규군이 민병대에 대해서 늘 우세했음이 거듭거듭 증명되곤 했었다.

물론 민병대가 더 잘 싸운 때가 없지는 않았다. 예컨대 1710년의 포트 로열 전투Battle of Port Royal, 1745년의 루이스버그 전투Siege of Louisbourg, 그리고 1758년의 프론테낙 요새 전투Battle of Fort Frontenac 등에서는 민병대가 성공적인 임무 수행을 했는데, 그 배경에는 뛰어난 리더십, 단거리 목표의 설정, 강한 동기 등이 자리하고 있었다. 그러나 전반적으로 민병대의 야전 작전 수행 능력이나 요새 방어 임무는 엉성하기 그지없었고, 규율이나 훈련 상태 역시 형편없기는 마찬가지였다.

그럼에도 불구하고 정규군의 실패는 의도적으로 과장되었고, 반대로 민병대의 성공은 크게 부풀려져서 각광을 받았다. 특히 식민지인들이 정규군의 실패담으로 손꼽고 있는 1755년 모농가헬라 전투Battle of the Monongahela에서의 브래독Edward Braddock의 패배는 식민지인들로 하여금 정규군 제도가 미국적 상황에서는 불필요하게 사치스러울 뿐만 아니라 효율적이지도 못하다는 평계를 대도록 만들었다.[8]

---

7 이 전쟁에 개입한 국가들은 프랑스, 영국, 스페인 등이었으며, 4개의 주요 식민전쟁은 윌리엄 왕 전쟁(King William's War, 1689), 앤 여왕 전쟁(Queen Anne's War, 1702), 조지 왕 전쟁(King George's War, 1744), 그리고 프랑스-인디언 전쟁(French and Indian War, 1755) 등이었다.

반면에, 1745년 미국 민병대들에 의한 루이스버그 점령 작전은 독립전쟁 이전 시기에 미국인들이 거둔 가장 눈부신 군사적 승리라고 칭송되었다. 이 작전은 가장 많은 수의 미국인이 가담했고, 영국군 장교들의 어떤 도움도 없이 미국인들 스스로가 치른 작전이었다. 그 전투는 한 '법률가'(매사추세츠 주지사인 윌리엄 셜리William Shirley)가 계획했고, 한 '상인'(매사추세츠 민병대의 대령인 윌리엄 페퍼럴William Pepperrel)이 지휘했으며, 기율도 없는 농부·어부·기계공들이 수행했다고 미국인들은 자화자찬했다. 이 전투의 승리는 식민지 미국인들로 하여금 민병대에 대한 확신에 찬 자신감을 갖게 만들었고, 반면에 직업적 정규군과 공병대를 깔보거나 적어도 무시하도록 만들었다.[9]

더구나 식민지 거주민들은 영국 정규군이 미 대륙에 주둔하기 시작한 초기 단계부터 정규군 생활에 대한 최악의 혐오감을 지니고 있었다.[10] 당시 영국 정규군들은 대부분 사회계층의 척도로 볼 때 최하류층에서 충원된 사람들이었다. 진급의 기회도 없었고 교대되는 일도 거의 없었다. 아무도 군 임무를 즐겨 하리라 기대할 수 없는 상황이어서 정상적인 판단력을 지닌 미국인들이라면 누구도 영국 정규군에 입대하려고 하지 않았다. 예를 들어, 1755년~1763년 '프랑스-인디언 전쟁French and Indian War' 기간에 영국은 미국인들만의 특별 정규군 연대를 창설했지만, 지원자가 적어서 애를 먹었다. 제60연대, 또는 '왕립 아메리카연대Royal American Regiment'로 명명된 그 부대는 특권적 시혜 조치를 많이 받았음에도 불구하고 인기가 별로 없었으며, 지원자가 편제 정원인 4,000

---

8 Howard H. Peckham, *The Colonial Wars 1689-1762*, pp. 143-148.

9 앞의 책, pp. 97-106.

10 1674년 영국은 뉴욕 지역 방위를 위해 113명으로 구성된 독립중대를 파견했는데, 이것이 미국 땅에 주둔하게 된 최초의 영국 정규군 부대였다. Howard H. Peckham, *The War for Independence*(Chicago: Univ. of Chicago Press, 1958), p. 14.

명 규모에 턱없이 부족했다.

여하튼 식민지 미국인들은 수시로 동원되었다가 임무 종료 후 즉시 동원 해제되는 민병대를 군사적 해악이 보다 적은 좋은 제도로 여겼다. 더구나 민병대는 동원 시 급여는 물론이고 때로는 동원 해제 시 토지를 지급받기도 했으며, 중대의 간부로 선출될 수 있는 기회와 단기간의 복무 기간, 특정 목표에 한정되는 의무 등 여러 가지 이점도 가지고 있었다. 그리하여 식민전쟁들이 끝날 무렵 미국인들은 정규 상비군에 대한 그들의 전통적 불신을 굳게 키워나갔다.

정규군에 대한 이러한 부정적 풍조는 독립전쟁 기간을 통해 더욱 굳어지게 되었다. 이는 다음과 같은 몇 가지 요인들에서 비롯되었다고 볼 수 있다. 우선은 프랑스-인디언 전쟁 이후 미국에 주둔하게 된 영국 정규군에 대한 애국적 반감이 있었다. 다음은 독립전쟁 기간 중 미국의 독립군이라고 할 수 있는 '대륙군Continental Army'의 열악한 복무환경 탓도 있었다. 그리고 독립전쟁 기간 중 민병대의 능력과 성취에 대한 과신 역시 정규군에 대한 부정적 이미지에 크게 한몫했다.

우선 첫 번째로, 영국 정규군에 대한 혐오와 반감부터 살펴보자. 1763년 프랑스-인디언 전쟁이 종결된 후 영국 식민지인 미국 땅에는 1만 명 정도의 영국군이 주둔하게 되었는데, 미국인들은 이들을 싫어했을 뿐만 아니라 크게 불신했다. 미국인들은 영국 군대를 그들의 '지갑'과 자유에 대한 위협으로 인식했다. 영국이 식민지에 부과했던 소위 '군사주둔법Quartering Act'에 항거한 미국인들의 저항은 자신들의 돈주머니를 염려한 때문이었다. 영국은 영국군의 주둔 비용을 미국인들에게서 거두려 했던 것이다.

또한 영국 의회는 '보스턴 차茶 폭동Boston Tea Party' 이후 소위 '강제진압법the Coercive Act'을 통과시키고 토머스 게이지Thomas Gage 장군을 군사령관 겸 매사추세츠 주지사로 파견했는데, 이로써 군대와 민간행정권이

한데 합쳐졌다. 이는 미국인들에게 자유에 대한 위협으로 비쳐졌다. 영
국 군대에 대한 이러한 원한들은 미국 독립선언문에 다음과 같이 영국
왕 조지 3세George III에 대한 비판으로 표현되었다.

"그는 평화 시에 우리 입법기관의 동의도 받지 않고 우리 한가운데에
정규군을 주둔시켰다."[11]

그리하여 미국인들은 영국에서부터 전수된 뿌리 깊은 반군反軍 편견
을 굳힘으로써 그들 스스로 어떤 형태이든 정규군과 유사한 군사조직
을 창설하는 데 매우 인색하게 만들었다. 예를 들어, 1778년 신생 미국
의 연방헌법 비준을 놓고 벌어진 논쟁에서 몇몇 주는 입법기관의 동의
가 없는 한 평화 시에 상비군을 유지하는 것은 위법이라고 완강하게 주
장했다.[12] 돌이켜보건대 '대륙의회Continental Congress'와 당시 미국인 대다
수는 군사적 비효율성의 위험보다도 군사적 월권행위의 위험성을 더
염려하는 추세였고, 이는 워싱턴 장군을 자주 탄식하게 만들곤 했다.

둘째, 독립전쟁 기간 중 '대륙군'에 정규군으로 복무하는 것은 당시의
열악한 복무환경으로 말미암아 미국인들에게 혐오의 대상이었고, 그
결과 정규군에 대한 편견의 한 요인이 되었다. 열악한 복무환경은 주로
빈약한 지원체제, 즉 군수보급과 보상(급여 등)의 빈곤함 때문에 빚어졌
다.[13] 실제로 대륙의회는 초기에 전쟁을 효율적으로 수행할 만한 권력을

---

11 "That These United Colonies Are, and of Right Ought to be Free and Independent
States": The Declaration of Independence(July 4,1776), in Jack P. Greene(ed.), *Colonies
to Nation 1763~1789: A Documentary History of the American Revolution*(New York:
Norton, 1975), p. 299.

12 코네티컷 주는 심지어 "의회의 동의가 있다 하더라도" 미국이 평화 시에 군대를 유지하지 못하
게 해야 한다는 수정안을 냈지만, 이 안이 통과되지는 못했다. Cunliffe, *Soldiers and Civilians*,
p. 41.

13 대륙군(Continental Army)은 1775년 6월 의회에 의해 창설되었고, 이때 워싱턴이 사령관
으로 임명되었다. Mark Mayo Boatner III, *Encyclopedia of the American Revolution*(New
York: Mckay, 1974), p. 262.

갖지 못했다. 의회는 징집을 집행할 권한도, 또한 징집을 유도할 수 있는 보상을 제공할 능력도 없었다. 의회는 장비·배·군수품·피복 등을 구매하거나 급여를 주기 위해서 필수적인 세금 부과 권한도 없었고, 인플레이션을 막을 힘도 없었다. 예컨대 1776년 어떤 부대의 병영에는 총이 한 자루도 없는 상황이 벌어진 적도 있었다. 의회가 아무 힘도 없었기 때문이다. 이러한 상황에서 프랑스의 재정적 지원은 미국의 독립투쟁을 지탱해준 든든한 버팀목이었다. 미국 스스로의 재정 동원보다도 오히려 프랑스의 지원이 더 중요한 몫을 담당했던 시기조차 있을 정도였다.

장교들조차도 자기 부대의 군수물자 조달은 물론, 자기 가족 부양 방법을 스스로 찾아 나서야 할 지경이었다. 그래서 장교들이 인플레이션과 급여 지급의 연기에 견디다 못해 사임하는 경우가 비일비재했다. 부하들의 열악한 복무환경에 시달렸던 워싱턴은 군과 군인에 대한 적절한 지원의 중요성을 이렇게 말했다.

"한 인간(장교)이 지휘를 함에 있어서 적절한 지원(군수보급, 급여 등)보다도 더 중요하고 확실한 결과를 가져다주는 요소는 없다. 이는 그가 봉사하는 국가 이외에 그 누구에게도 비굴하지 않고 떳떳하게 독립성을 유지할 수 있는 기반을 제공하는 것이기 때문이다."[14]

그러나 당시 미국 독립군의 복무환경은 너무도 열악한 나머지 한때 불만이 가득한 군인들에 의해 폭동이 일어난 적도 있었다. 1781년 새해 첫날, 펜실베이니아 부대의 약 절반에 달하는 군인들은 폭동을 일으키고 필라델피아로 진출했다. 그들이 내세운 불만의 내용은 이미 익숙한 것들이었다. 즉, 일 년이 넘도록 급여가 지불되지 않았고, 음식과 피복 지급도 형편없었던 것이다.[15] 이처럼 열악한 지원은 정규 복무에 대한

---

14 Howard H. Peckham, *The War for Independence*, p. 202.

15 Theodore Ropp, *War in the Modern World*, p. 90.

거부감을 불러일으켰고 결과적으로는 반군적反軍的 편견의 요인으로 작용했다.

셋째로, 독립전쟁 기간 중 미국인들 사이에는 민병대의 능력이나 성취에 대한 지나친 과신의 분위기가 팽배해 있었고, 그것이 정규 상비군에 대한 불신과 경시 풍조를 더욱 부추겼다. 당시 대륙의회는 물론이고 대부분의 미국인들은 전반적으로 미국 민병대가 어떤 적에 대해서도 능히 겨룰 만하다고 믿었다. 그들은 미국 민병대가 직업적 정규군(영국군을 지칭)을 이겼고, 미국의 '아마추어 장군들'이 영국의 '직업적 장군들'을 상대로 해서 승리했다고 굳게 믿었다. 그중에서도 특히 너대니얼 그린Nathaniel Greene 장군이 영국군을 상대로 벌였던 유격전은 자못 눈부신 성과를 거두기도 했다.[16]

사실 민병대 제도가 가지고 있는 장점도 적지 않았다. 미국 민병대는 독립전쟁 수행에 크게 기여했다. 민병대는 독립전쟁 초기에 식민 각주들이 보유한 유일한 군사력이었으며, 파산지경에 몰린 연방정부가 유일하게 기댈 수 있는 언덕이었다. 민병대는 특히 방어 작전에서 효과적이었는데, 개척민들로 구성된 민병대는 부대 훈련은 결여된 반면, 개개인의 사격 솜씨가 뛰어나 그나마 방어 시에 위력을 발휘할 수 있었던 것이다. 민병대는 콩코드Concord, 베닝턴Bennington, 브리즈 힐Breed's Hill, 새러토가Saratoga, 킹스 마운틴Kings Mountain 등 수많은 지역에서 영국 정규군을 물리쳤다. 특히 남부 민병대는 미국 정규군(대륙군)이 영국 정규군을 패배시킨 전과에 비해 별로 손색이 없을 만큼 눈부신 전과를 올렸다. 민병대는 특히 경험 많은 장교들이 지휘할 경우 훈련 부족이라는 그들의 생태적 약점에도 불구하고 마치 정규군 병사들처럼 잘 싸웠다.

---

16 너대니얼 그린의 게릴라 전법에 대해서는 Russel F. Weigley, *The American Way of War*, chapter Ⅱ를 참조.

그러나 워싱턴 장군의 민병대에 대한 평가는 전혀 달랐다. 그는 전투 단위부대로서 민병대의 능력을 그다지 신뢰하지 않았다. 총사령관으로서 워싱턴이 당시 봉착했던 가장 큰 문제점은 어떻게 하면 군을 하나의 체제로 묶어서 싸우게 할 것이냐 하는 것이었다. 그는 물론 한줌이라도 더 많은 민병대를 획득하기 위해서 최선을 다했다. 그러나 많은 사람들이 소집에 불응했고, 때로는 소집에 응한 사람들조차도 너무나 짧은 기간만 응소했다. 심지어 한 달 미만짜리 응소자들도 적지 않았다.

민병대의 응소 기간이 워낙 단위부대별로 들쭉날쭉이다 보니 작전계획이나 전투 수행에 애로가 많았다. 예컨대 독립전쟁의 승패가 갈린 전환점이었던 1777년 8월~9월의 제2차 새러토가 전투Battle of Saratoga가 벌어지기 직전 아침나절에 호레이쇼 게이츠Horatio Gates 장군 부대에 합류했던 존 스타크John Stark 장군 휘하의 민병대 부대는 정오가 되기도 전에 전장을 이탈했다. 이유는 그 민병대원들의 소집 기간이 당일 오전으로 종료되었기 때문이다.[17]

더군다나 민병대원들은 교전 중인 전장에서 종종 도망을 치기도 했는데, 이는 전투 중인 다른 부대의 사기를 떨어뜨리고 나아가서는 전열 자체를 붕괴시키기도 했다. 워싱턴은 실로 민병대원들의 이러한 군인 정신 결핍을 개탄했던 것이다.[18] 사실 민병대원들은 규율도 없었고, 따라서 통제하기가 매우 어려웠다. 그들은 집에 가고 싶다는 생각이 들면 집으로 가버렸다. 도망치는 게 낫다고 판단되면 전열을 지탱하며 싸우

---

17 새러토가에서의 승리는 미국이 독립전쟁에서 거둔 최초의 대승이자 의미심장한 쾌거였다. 왜냐하면 이 소식이 유럽에 알려지자, 프랑스가 마침내 공공연히 미국의 동맹임을 자처하게 되었고, 미국의 독립이 성취될 때까지 함께 투쟁할 것을 동의하게 되었기 때문이다. Russel F. Weigley, *The War for Independence*, pp. 73-80.

18 워싱턴은 "민병대가 어떻게 오는지, 언제 떠날지, 어디에서 싸울지 도저히 예측할 수 없으며, 그들은 당신들의 보급품을 소모시키고 창고를 거덜 내며, 그러고 나서는 마침내 전투의 결정적 순간에 떠나버린다"고 불평을 터뜨렸다. John C. Miller, *Triumph of Freedom, 1776-1783*(Boston: Greenwood, 1948), p. 237.

조지 워싱턴 장군은 전투 단위부대로서 민병대의 능력을 그다지 신뢰하지 않았다. 총사령관으로서 그가 당시 봉착했던 가장 큰 문제점은 어떻게 하면 군을 하나의 체제로 묶어서 싸우게 할 것이냐 하는 것이었다. 사실 민병대원들은 규율도 없었고 통제하기가 매우 어려웠다. 그는 '대륙군'을 가능한 한 영국 정규군과 가장 유사한 조직체계와 훈련으로 정비함으로써 독립전쟁 수행의 주력군으로 만들고자 했다.

기보다 도망쳤다. 그들은 규율에 얽매이는 것 자체를 싫어했고, 훈련받는 것도 꺼려했다. 예를 들면, 1776년 8월 뉴욕의 롱아일랜드 전선에서 워싱턴 휘하에 복무 중이던 제13 코네티컷 민병연대 소속 대원 5,000명 가운데 전투 끝까지 남아 있었던 인원은 겨우 2,000명 정도였다. 이 민병대의 전선 이탈 사건에 분개한 워싱턴은 1776년 9월 24일자로 대륙의회에 보낸 편지에서 이렇게 적고 있다.

"나에게 서약을 전제로 답변을 청할 경우, 민병대가 전반적으로 군 전체의 복무에 도움을 주었느냐 아니면 해를 끼쳤느냐고 묻는다면 나는 결단코 후자 쪽의 답을 할 수밖에 없다."[19]

이처럼 민병대에 대해서 불신의 감정을 가지고 있던 워싱턴은, '대륙군'을 가능한 한 영국 정규군과 가장 유사한 조직체계와 훈련으로 정비함으로써 독립전쟁 수행의 주력군으로 만들고자 했다. 워싱턴이 대륙군을 조직이나 훈련·전술에 이르기까지 영국군의 모델에 따라 정비하고자 했다는 점에서, 그는 이를테면 '전통주의적 군인'이었다고 할 수 있다. 그러나 그의 이러한 의도는 참으로 대단한 혜안에 의한 것이었다. 한마디로 워싱턴은 대륙군이 하나의 군사적 실체로 유지되는 한 미국인들의 독립에 대한 꿈과 희망이 스러지지 않고 지속되리라 보았던 것이다. 그래서 그는 집중의 원칙과 병력 절약의 원칙에 입각하여 대륙군의 제한된 규모와 능력을 최대한 발휘시킴은 물론, 전투력의 보존에 최선의 노력을 기울였다.[20]

그러나 당시의 느슨한 연방체제와, 광범위한 지역에 분산된 농업적 경제 기반에 의존해야 했던 미국은 충분한 인력과 장비를 동원하기에는 너무 허약했다. 더구나 워싱턴의 열망에도 불구하고 대륙군은 쉽사

---

19 Mark Mayo Boatner III, *Encyclopedia of the American Revolution*, pp. 706-707.

20 남부에서 전개된 너대니얼 그린의 게릴라식 전법에 대비시켜볼 때, 워싱턴의 전통적 군인상은 잘 드러난다. Russel F. Weigley, *The American Way of War*, chapter II.

리 영국군에 맞설 만큼의 규율과 훈련 수준을 달성할 수 없었다. 18세기의 전형적 전투 방식은 들판에서 서로 소총의 일제사격volley을 주고받거나 착검한 총을 들고 대오를 맞추어 백병전을 벌이는 것이었는데, 이는 상당한 시일의 강도 높은 훈련으로 강인한 규율과 숙달된 전술 능력을 구비한 군대에게 절대적으로 유리한 전투 양식이었다.

특히 야전에서 전투에 투입된 부대들을 능숙하게 전투기동을 시키거나 전후좌우로 신속하게 재배치하는 등의 전술적 능력은, 지휘관들뿐만 아니라 명령을 수용해야 할 전투원들의 개인적 및 집단적 숙달 정도에 크게 좌우되었다. 이 점에서 대륙군은 영국군의 상대가 되기 어려웠다. 따라서 미 독립군 부대들은 전장에서 영국군과 대등한 규모와 대등한 조건에서 맞붙었을 때 결코 적수가 되지 못했다.

그리하여 1776년 뉴욕 지역에서 벌어진 일련의 전투에서 쓴맛을 경험한 워싱턴은 그 이후 할 수 있는 한 영국군 주력부대와 맞서기를 극력 회피했다. 그 대신 그는 영국군 주력부대가 아닌 분견대 단위의 소규모 부대들을 기습적으로 타격하는 전술을 구사했다. 1776년 12월의 트렌튼 전투Battle of Trenton는 그러한 방식의 전술을 가장 극적으로 보여준 전형적 예였다. 이것이 이른바 워싱턴의 '마모 전략strategy of attrition' 또는 '지연 전쟁protracted war' 개념이었다.

이러한 전쟁 방식은 기본적으로 미국의 '군사적 빈곤military poverty' 상황을 감안하여 워싱턴이 혜안을 가지고 독자적으로 창안해낸 것이었다. 그는 미국이 전쟁 수행을 정상적으로 전개하여 영국군을 패퇴시키고, 그 결과로써 독립을 쟁취하기에는 당시 미국의 인적·물적 자원이 너무 빈약하다는 사실을 잘 깨닫고 있었다. 그리하여 워싱턴의 희망은 군사적 승리에 주안점을 두기보다, 독립전쟁에 지겨움을 느낀 영국 내부의 반대세력이 들고 일어나서 영국 내각으로 하여금 그 투쟁을 포기하도록 만들 가능성이 생길 때까지 '버티기'로 끌고 가자는 것이었다.

워싱턴 장군은 미국의 '군사적 빈곤' 상황을 감안하여 영국군 주력부대가 아닌 분견대 단위의 소규모 부대들을 기습적으로 타격하는 전술을 구사했다. 이러한 방식의 전술을 가장 극적으로 보여준 것이 바로 1776년 12월의 트렌튼 전투였다. 1776년 성탄절 날 밤, 워싱턴의 '작은 군대'가 델라웨어 강을 건너 기습적으로 영국군 분견대를 분쇄한 사건이야말로 미국 독립전쟁에 있어서 군사력의 의미를 가장 상징적으로 드러낸 쾌거로 꼽히고 있다. 이처럼 미국 독립전쟁 승리의 진정한 주역은 워싱턴이 그토록 애지중지했던 미국식 '정규군', 즉 대륙군이었다. 그림은 트렌튼 전투 당시 델라웨어 강을 건너는 워싱턴 장군의 모습.

그날이 올 때까지 저항은 지속되어야 했다.

따라서 워싱턴은 독립의 불씨가 살아남도록 만드는 가장 긴요한 요소가 대륙군의 존재 그 자체라는 결론에 도달했다. 만일 저항의 군사력이 살아남는다면, 독립에 대한 미국인들의 열망도 살아남으리라는 생각이 그것이었다. 나아가서, 미국인들이 야전에서 군사력을 유지하는 한 미국 정부에 대한 외국 및 국내적 지원의 구실이 생기는 것이다. 그리하여 워싱턴이 전개한 '방어적 전쟁'에서 그의 첫 번째 목표는, 어떠한 지리적 구역이나 지점을 방어하는 것이 아니라 군대의 존재 그 자체를 유지하는 것이었다.[21]

워싱턴은 물론 할 수 있는 한 최선을 다해서 미국 영토의 가장 중요한 지점과 지역들을 방위하고자 했다. 그러나 그보다 더 중요했던 것은 군대를 보존하고 군사력을 유지하는 일이었다. 실제로 1776년 성탄절 날 밤, 워싱턴의 '작은 군대'가 델라웨어Delaware 강을 건너 기습적으로 영국군 분견대를 분쇄한 사건이야말로 미국 독립전쟁에 있어서 군사력의 의미를 가장 상징적으로 드러낸 쾌거로 꼽히고 있다. 그 추운 겨울, 독립의 불씨가 풍전등화처럼 가물가물하던 시기에 미국인들은 워싱턴의 대륙군이 비록 작은 규모였기는 하지만 영국군에 맞서서 용전분투 중이라는 그 사실 하나만으로도 용기백배했던 것이다. 이처럼 미국 독립전쟁 승리의 진정한 주역은 워싱턴이 그토록 애지중지했던 미국식 '정규군', 즉 대륙군Continental Army이었다.

III. 독립전쟁 직후 시기의 논쟁: 1783~1788

독립전쟁이 끝나자 미국인들의 전반적인 여론은 예의 그 영국식 전통에 따라 민병대의 장점을 과장되게 칭송하고 약점은 망각하는 주류를 형성했다. 시어도어 롭Theodore Ropp 교수에 의하면, 미국인들은 민병대가 야전에서 총검bayonet으로 맞서서 싸워내지 못했다는 사실을 망각했

---

21 1777년 9월 워싱턴은 브랜디와인(Brandywine) 지역에서 또 한 번 전면적인 대규모 전투를 치르지 않을 수 없었다. 당시 영국군은 의회가 있던 수도 필라델피아를 노렸는데, 싸워보지도 않고 수도를 포기할 경우 혹시나 주민들의 독립의지가 훼손되지나 않을까 우려했기 때문이었다. 그러나 이 전투에서 패배한 이후 워싱턴은 다시는 그러한 모험을 시도하지 않았다. Howard H. Peckham, *The War for Independence*, pp. 68-73.

다는 것이다. 총검으로 육박전을 하는 것은 당시의 전투에서 승패를 판가름하는 가장 중요한 전투 방식이었는데, 이는 소총에 의한 일제사격 volley이 한 차례 실시되고 다시 탄환을 장전하는 데 걸리는 시간이 비교적 길었던 18세기식 전투에서 총검에 의한 집단 돌파가 얼마나 위력적이었는가를 잘 나타내주고 있다.

그런데 이러한 총검에 의한 밀집종대형 돌파 전술에 관한 한 민병대는 정규군에게 결코 적수가 되지 못했다. 뿐만 아니라 롭 교수는 식민시대에 전통적으로 영국 정규군이 담당해왔던 공병, 기병, 포병 등 기술병과에서 미국이 상대적으로 취약했다는 사실도 미국인들은 망각했다고 비판한다. 즉, 그 때문에 미국이 독립전쟁에서 얼마나 혹독한 곤욕을 치렀던가를 망각함으로써 정규군의 가치를 무시했다는 것이다.[22]

이처럼 민병대를 두둔하려는 열성에 눈이 가려져서 워싱턴이 길러냈던 대륙군, 즉 비록 소규모였으나 잘 훈련된 그 정규군이 독립전쟁 승리의 핵심이었다는 사실이 흐려지고 말았다. 더군다나 미국인들은 전쟁이 끝나자마자 미국이 지리적으로 유럽과 격리되어 있어서 국토 방위에 이점이 있다는 사실에 주목하기 시작했다. 그리하여 일단 평화가 돌아오자, 상비군은 바람직하지도 않거니와 불필요한 존재로 낙인찍히게 되었다. 대륙의회는 결국 평화 시의 방위체제(즉, 군사제도)를 어떻게 할 것인가 하는 계획 수립에 착수했다.

워싱턴은 미국인들이 상비군에 대해서 느끼는 위협의 감정을 너무나도 잘 알고 있었다. 그는 이른바 "평화 시 방위체제에 관한 소회Sentiments on a Peace Establishment"라는 제목의 비망록을 작성했다. 워싱턴은 이 글에서 다음과 같은 내용을 제안했다. 미국은 접경지대를 연하는 전략적 지점들에 요새 진지의 띠를 건설하고 그곳에 소규모 정규군을 배치해야만

---

22 Theodore Ropp, *War in the Modern World*, p. 92.

한다. 이 요새의 정규군들은 비록 소규모이기는 하지만 인디언들을 제어하고, 무역을 보호하며, 전쟁 시 동원된 군대의 핵심 요원이 될 수 있다. 그러나 그는 평화 시에 전쟁에 대비할 만큼의 충분한 정규군을 유지한다는 게 정치적으로 절대 불가능하다는 사실을 잘 알고 있었기 때문에 다른 대안도 제시했다. 그가 제시한 것은 국민개병제 형태의 민병대 제도였다. 즉, 18세부터 50세 사이의 신체 건강한 모든 남자는 반드시 민병대에 복무해야 한다는 것이었다.

한편, 의회는 1784년 6월 2일 웨스트 포인트West Point와 피트 요새Fort Pitt를 지키기 위한 80명의 군인을 제외하고 대륙군 전체를 없애버렸다. 그 대신 그 다음날 의회는 영국군들이 남겨놓은 접경지대 진지들을 지키기 위해 700명의 '자원 민병대Volunteer Militia'를 소집했는데, 이들의 복무 기한은 12개월로 정했다.[23]

그러나 중앙정부의 권한이 너무나 허약한 나머지 수많은 인디언과의 투쟁이나 영국 및 스페인 식민지들과의 국경 갈등을 제대로 해결하지 못하는 사태가 벌어졌다. 그리고 마침내 이러한 취약점은 1786년 셰이스의 반란Shays's Rebellion 때에 극적으로 노출되었다. 중앙정부는 반란을 진압하기 위한 적정 규모의 진압군을 제때에 동원할 수 있는 권한이 결여되어 있었고, 각 주의 자율권은 지나치게 보장되어 일종의 거부권 행사까지 벌어질 지경이었다. 마침내 의회의 지도자들은 너무 느슨한 연방법Articles of Confederation에 문제가 있다는 인식에 도달했다. 그리하여 1787년 필라델피아에 모인 제헌회의에서 새로운 연방헌법을 제정하게 되었다.

이 회의에서 논의된 기본적인 군사 의제는 매우 익숙한 주제였다. 즉,

---

23 이들은 미국의 제1연대로 명명·편성되었다. Richard H. Kohn, "The Military Policy of the Confederation, 1784-1788," in *Eagle and Sword: The Federalist and the Creation of the Military Establishment in America, 1787-1802*(New York: Free Press, 1975), chapter 4.

미국은 유럽식 모델에 따라 직업적 상비군 체제로 갈 것인가, 아니면 비직업적인 시민군(민병대) 체제로 갈 것인가 하는 점이었다.

새 연방헌법New Constitution 제정을 위한 논의가 진행되는 동안 알렉산더 해밀턴Alexander Hamilton, 제임스 매디슨James Madison, 존 제이John Jay 등 저명한 독립 지도자들은 소위『연방주의자 논설the Federalist Papers』이라고 알려진 일련의 논설문집을 발표했다. 이 논설문집에서 특히 해밀턴은 상비적 정규군의 필요성에 대해 역설했다.

해밀턴이『연방주의자 논설』제25집에 쓴 내용은 다음과 같다.

"미국 민병대는 최근의 독립전쟁에서 영원한 기념비적 명성을 세운 바 있다. 그러나 그들 가운데 가장 용맹했던 사람들조차도 조국의 자유가 그들만의 노력에 의해 확립된 것이 아니라는 점을 잘 알고 있을 것이다. …… 전쟁이란 대부분의 다른 일들과 마찬가지로 근면과 인내와 시간, 그리고 부단한 숙달에 의해 성취되고 완성되는 하나의 과학이다."[24]

이 주장의 속뜻은 물론 국가안위에 직결된 전쟁의 문제는 오랜 훈련과 전문성으로 다져진 정규 직업군에게 맡겨야 한다는 것이었다.

그러나 많은 논란 끝에 새 연방헌법에 반영된 군사관계 조항은 앵글로-아메리칸의 전통을 다시 한 번 확인하는 방향으로 낙착되었다. 즉, 군에 대한 문민통제文民統制의 원칙을 확고히 하는 한편, 입법부와 행정부 사이에 권한의 분산을 명문화했다. 의회는 조세의 권한과 선전포고의 권한, 그리고 민병대를 연방근무로 소집할 수 있는 권한을 보유했다. 반면에 행정부(대통령)는 군의 총사령관이 되고, 각 주의 민병대가 연방근무로 소집될 경우 이들에 대한 지휘권도 행정부에 귀속되었

---

24 Alexander Hamilton, James Madison, John Jay, *The Federalist Papers*(New York: The New American Library of World Literature, Inc., 1961), No. 25, p. 166.

새 연방헌법 제정을 위한 논의가 진행되는 동안 알렉산더 해밀턴, 제임스 매디슨, 존 제이 등 저명한 독립 지도자들은 소위 「연방주의자 논설」이라고 알려진 일련의 논설문집을 발표했다. 이 논설문집에서 특히 해밀턴(그림)은 상비적 정규군의 필요성에 대해 역설했다. 그는 국가안위에 직결된 전쟁의 문제는 오랜 훈련과 전문성으로 다져진 정규 직업군에게 맡겨야 한다고 보았다.

다.[25] 결과적으로 연방헌법은 2중적 군사체계를 창안한 셈이었다. 미국은 이제 '직업군인'과 '시민군'의 2중적 군사조직에 의해 방위되는 국방체제를 갖게 되었다.[26]

IV. 워싱턴 행정부 시대의 논쟁: 1789~1797

새 연방헌법에 의해 미국은 1789년 4월 초대 대통령의 취임을 맞게 되었다. 그러나 대통령의 취임을 계기로 군사정책의 차원에서 의회와 행정부 간에, 그리고 공화주의자Republicans와 연방주의자Federalists 사이에 논쟁의 긴 여정이 시작되었다. 이제부터는 워싱턴이 대통령으로 재임했던 1789년 1797년 기간에 신생 미합중국의 군사체제와 군사정책 문제를 놓고 벌어졌던 논쟁들을 주로 1차 사료史料인 *American State Papers*에 수록된 문서들을 중심으로 살펴보고자 한다.[27]

워싱턴 대통령과 그의 연방주 추종자들의 기본 목표는 국가방위의 핵심으로서 견실한 상비 정규군을 창설하는 것이었다. 그러나 그들은 정규군을 주장할 경우 치러야 할 정치적 대가가 어떠할지에 대해서 너무나도 잘 이해하고 있었으며, 또한 의회가 절대로 충분할 만큼의 정규

---

25 연방헌법(Art. I, Sec.8)에 의하면, 민병대의 장교 임명과 훈련 등 통제권은 각 주에 귀속되었다. "We the People": The Constitution of the United States(Sept. 17, 1787), in Greene(ed.), *Colonies to Nation*, p. 550.

26 몇몇 주는 주민들이 무장을 할 수 있는 권리가 보장된 후에야 헌법을 비준하기도 했다. 왜냐하면 그들은 시민들의 무장권이야말로 중앙정부가 상비군을 동원하여 전제적 탄압책을 구사할 경우 이에 맞서서 스스로의 권리와 자유를 지켜낼 수 있는 장치가 된다고 굳게 믿었기 때문이다.

27 기본적으로 이 문서들은 네 가지 부류로 대별될 수 있다. 그것은 각각 정규군, 민병대, 해군, 해안요새와 관련된 것들이다. 4절에서는 이 가운데 앞의 두 가지 범주, 즉 정규군과 민병대 관련 부분만을 조명하고자 한다. *American State Papers*(Washington, D. C., 1832), *Military Affairs*, Vol. I. March 3. 1789 March 3. 1819. 이후부터 *ASP*로 표시함.

군 부대를 용납하지 않으리라는 점도 잘 알고 있었다. 그래서 그들은 민병대 체제를 일원화된 조직으로 구성하고 적절한 훈련과 장비를 갖추도록 의회에 끈질기게 제안했다. 이렇게 하지 않을 경우 민병대는 아무런 실질적 군사적 가치도 없는, 허울뿐인 존재일 수밖에 없다는 신념 때문이었다.

워싱턴이 대통령으로 취임한 첫해인 1789년, 미국은 보병 1개 연대와 포병 1개 대대로 구성된 840명의 정규군을 보유하고 있었다. 그들은 1789년 10월에 제정된 소위 10월법Act of October에 의해 인가되었으며, 복무 기간은 3년으로 되어 있었다.

건국 초기부터 여러 가지 접경 분쟁이 끊이지 않던 서북쪽 국경의 인디언들을 겁주기 위해 육군장관Secretary of War[28]이었던 헨리 녹스Henry Knox는 힘의 과시를 위한 원정을 결심했다. 그러나 하마Josiah Harmar 장군이 이끈 제1차 원정은 1790년 가을 실패로 끝났다.[29] 그 이듬해에 클레어Arthur St. Clair 장군이 지휘한 제2차 원정은 더 참혹한 패배를 맛보았다.[30]

원정 실패의 원인이 훈련되지도 않고 규율도 없는 민병대를 사용했기 때문이라고 결론 내린 워싱턴과 녹스는 의회에 5,000명 규모의 정

---

28 Secretary of War의 단어 그대로는 전쟁장관으로 번역될 수 있으나 실제로는 육군장관임. 해군장관(Secretary of Navy)이 별도로 있었으며, 육·해군을 통합 관장하는 '국방장관'이 따로 있지는 않았음.

29 원정부대는 320명의 정규군과 1,133명의 주 민병대원들로 구성되어 있었다. "Proceedings of the court of inquiry into the conduct of General Harmar, as commanding officer of the expedition against the Miami Indians," September 24, 1791, in *ASP*, pp. 20-36

30 "Report of a Committee of the House of Representatives on the causes of the failure of the expedition against the Indians commanded by General A. St. Clair," May 8, 1792, in *ASP*, pp. 36-39; "Letter from the Secretary of War to the House of Representatives, requesting and opportunity to exculpate himself from certain allegations in relation to the defeat of the army under the command of General St. Clair," November 1, 1792, in *ASP*, p. 339; "Report of the Committee relative to the causes of the failure of the expedition against the Indians in 1791, commanded by General A. St. Clair," February 15, 1793, in *ASP*, pp. 41-44.

규군 편성을 요구했다. 그렇게 해서 구성된 것이 이른바 '웨인의 미국 군단Anthony Wayne's Legion of the United States'이었다.[31] 녹스 장관은 용어상의 애매함과 트집 잡기를 피하기 위해 이 부대의 호칭을 'army'가 아니라 'legion'으로 부르도록 제안했던 것이다.[32] 이는 당시의 미국인들이 정규군regular army에 대해 얼마나 알레르기적 반응을 가지고 있었는가를 나타내주는 또 하나의 일화라고 할 수 있다. 웨인 장군은 이 '군단'을 철저히 훈련시킨 다음, 드디어 1794년 가을 유명한 '폴른 팀버스 전투Battle of Fallen Timbers'에서 인디언들을 격파했다.

그러나 웨인 장군의 승리 후에 공화주의파 의원들은 인가된 군단 병력 규모를 삭감하고자 시도했다. 그들은 연방주의자들이 군사 위기 때마다 목소리를 높여 상비군을 창설·강화하고 이를 통해 미국 사회를 강압적 분위기로 통제하려 한다는 비난을 퍼부었다. 공화주의자들의 이러한 비난에 대응하여, 워싱턴과 녹스는 1793년 11월 25일자로 의회에 보낸 보고서에서 정규군 병력의 심각한 부족 상황을 이렇게 호소했다.

"웨인 소장 휘하의 부대는 다수 병력이 소집 기간 만료로 귀향함에 따라, 현존하는 위협에 대비하기에는 턱없이 부족합니다. 따라서 다가오는 봄까지 충분한 보충이 없다면, 그동안 이룩했던 군사적 성취와 또한 영구히 확보해야 할 접경지역에서의 작전적 이점들을 훼손시킬 위험에 빠질 것입니다."[33]

---

31 웨인의 군단(Legion)은 4개 하위군단(sub-legion) 조직으로 분리·편성되었으며, 총원은 4,120명이었다. "Organization of the army in 1792," December 27, 1792, in *ASP*, pp. 40-41; Kohn, "Indian War : Birth of the Legion 1789 1792," in *Eagle and Sword*, chapter 6.

32 James R. Jacob, *The Beginning of the U. S. Army, 1783-1812*(Princeton, N. J.: Greenwood, 1947), pp. 131, 192; William A. Ganoe, *History of the United States Army*(New York: Lundberg, 1942), pp. 99-103.

33 "Report of the Secretary of exhibiting the military force," November 25, 1794, in *ASP*, p. 68.

건국 초기부터 여러 가지 접경 분쟁이 끊이지 않던 서북쪽 국경의 인디언들을 겁주기 위해 육군장관 헨리 녹스는 원정을 결심했다. 그러나 제1·2차 원정 모두 실패하고 말았다. 원정 실패의 원인이 훈련되지도 않고 규율도 없는 민병대를 사용했기 때문이라고 결론 내린 워싱턴 대통령과 녹스 육군장관은 의회에 5,000명 규모의 정규군 편성을 요구했다. 그렇게 해서 구성된 것이 이른바 '웨인의 미국 군단'이었다. 녹스 육군장관은 이 부대의 호칭을 'army'가 아니라 'legion'으로 부르도록 제안했는데, 이는 당시의 미국인들이 정규군(regular army)에 대해 얼마나 알레르기적 반응을 가지고 있었는가를 나타내주는 또 하나의 일화라고 할 수 있다. 그림은 1794년 '웨인의 미국 군단'과 함께 있는 웨인 장군의 모습.

녹스 육군장관은 또한 보고 당시의 병력 규모가 총 3,629명이라고 적고 있다. 다행스럽게도 이러한 군사력 수준은 행정부의 노력에 힘입어 1795년 연말까지 유지되었다. 1795년 12월 12일자 정규군의 수는 3,228명으로 기록되어 있다.[34]

한편, 1796년 1월 의회는 군 구조와 군사편제를 논의할 위원회Committee on the Military Establishment를 구성했는데, 이 위원회는 현존하는 군사조직을 바꿀 것인지의 여부와, 만일 바꾼다면 무엇을 어떻게 바꾸어야 할지를 논의하기 위한 것이었다. 그런데 사실 이 위원회는 정규군의 규모를 삭감할 의도를 갖고 출범했다.

이에 대해 행정부 쪽의 대응도 신속했다. 1796년 2월 3일 군부를 대표하여 티모시 피커링Timothy Pickering 대령은 동 위원회에 "미국 군사조직의 목적Objects of the Military Establishment of the United States"이라는 제목의 보고서를 제출했다. 이 보고서에서 그는 미국 군대가 확장되어야 하며, 아니면 최소한 현존 수준은 유지되어야 한다고 다음과 같이 주장했다.

……우리의 현재 군사조직과 편성은 유지되어야 합니다. 첫째, 현존하는 군대보다 크게 축소되지 않은 정도의 군사력은 인디언들을 상대로 평화를 확보하기 위해서 비록 평화 시라 할지라도 항상 유지되어야 합니다. …… 둘째 …… 우리는(영국, 스페인) 그 누구와도 언젠가는 전쟁을 피할 수 없게 될 것입니다 …… 따라서 우리의 군대를 확장시키는 조치를 주저할 여유가 없습니다……[35]

---

34 "Report of the Secretary of War, showing the military force, arsenals and stores," December 12, 1795, in *ASP*, pp. 108–109.

35 "Report of a committee on the organization and distribution of the army," March 25, 1796, in *ASP*, pp. 112–113.

피커링 대령은 또한 포병 및 공병단의 중요성에 대해서도 이렇게 강조했다.

……포병과 공병 병과는 그 직종의 특성상 전문가가 되기 위해서는 오랜 시간의 관심과 학습 및 숙련 과정이 요구됩니다. 그리고 이들은 지금 그러한 전문지식과 기술을 오직 외국 장교들로부터 습득하고 있는 도중이기 때문에 …… 앞으로도 그들을 현재 편제대로 그대로 유지해주는 것이 매우 중요합니다.

녹스에 이어 육군장관이 된 제임스 맥헨리James McHenry 역시 위원회에 "미국의 군사력은 축소되어야만 하는가?"라는 제목의 보고서를 제출했다. 이 보고서의 일부는 다음과 같은 내용을 담고 있다.

군사조직의 필요성은 기본적으로 다음과 같은 고려사항들에 의해 좌우될 것입니다. …… 첫째, 군대는 미국으로 하여금 침략이나 위협을 물리칠 수 있게 해주고 미국의 존엄성을 유지시켜주는 존재입니다. 둘째, 군대는 우리의 북부 및 서부 국경에 대한 영국과 스페인의 영향력에 대응할 수 있는 힘이며, 같은 논리로 인디언들의 도발을 물리칠 수 있는 힘입니다. 셋째, 군대는 전시에 크게 확장될 군사력을 위한 평시의 모델과 학교 역할을 하며, 경험 있는 장교들이 이 역할을 담당해야 합니다. 넷째, 이상과 같은 몇 가지 목적에 부응하는 데 있어서 민병대는 정규군의 도움 없이는 전혀 부적절하다는 인식을 금할 수 없습니다. …… 따라서 아마도 이러한 모든 상황을 고려할 때 현존하는 군사조직과 규모를 그대로 유지하는 것이 가장 안전한 길이 되리라고 사료되며, 이 군대의 대대 숫자를 줄이는 문제는 대통령의 전권 하에 병사들의 숫자 조정 정도에 그치는 것이 최선의 방책이

될 것입니다.[36]

마침내 1796년 3월 25일 동 위원회는 의회의 제4차 회기, 제1차 회의에 검토 결과 보고서를 제출했다. 위원회의 기본입장은 이러했다. 국경지대를 방호하기 위해서 필요한 군사력의 규모는 호전적인 여러 인디언 부족들을 상대해서 전쟁을 벌여야 할 경우를 가정한다 하더라도 그다지 크지는 않다. 그런데 현존하는 군대 규모는 인디언들과 전쟁을 벌일 수준의 규모이다. 다시 말하자면, 위원회는 당시 미국의 군대가 필요 수준보다 많다는 입장이었다. 그리하여 위원회는 1795년의 인가 수준에 비해서 상당히 축소된 규모의 군사력을 유지한다는 취지를 담은 2개의 결의문을 건의했다.[37]

결과적으로 1796년 이후에는 정규군에 공식적으로 붙여왔던 '군단legion'이란 호칭이 사라지게 되었다. 정규군에 대한 편견은 이처럼 용어의 단순한 조정, 즉 정규군을 군단이란 호칭으로 부르면서까지 일정규모의 상비군을 유지하고자 했던 워싱턴 행정부의 눈물겨운 노력만으로는 극복될 수 없을 만큼 뿌리 깊은 것이었다. 그 대신 1796년에서 1798년 사이에 미국 군대는 일종의 '국경 경비대frontier constabulary'로 재조직되었는데, 이들을 위해서 세부적인 행정 규칙과 군사 규정이 제정되었다.

이처럼 정규군에 대한 혐오와 경계의 정서가 여전했음에도 불구하고, 행정부와 의회 간의 논쟁 과정이 가져온 긍정적 결과도 있었다. 즉, 이 무렵에 이르러서는 이미 공화주의자들조차도 인디언들을 억제하기

---

36 "Report of a committee on the organization and distribution of the army," March 25, 1796, in *ASP*, p. 114.

37 정규군 병력은 1796년 7월 1일 현재 3,004명 수준으로 감소될 예정이었다. 앞의 자료, p. 112.

위한 '국경 진지의 사슬' 개념이나, '요새 방어를 위한 소규모 정규군'의 필요성에 대해 더 이상 반대하지는 않게 되었다.[38]

한편, 정규군 문제 못지않게 민병대 문제 역시 논쟁의 다른 축을 형성하고 있었다. 말하자면 정규군과 민병대는 '적절한 군사제도'를 놓고 벌어진 워싱턴 행정부와 의회 간의 논쟁에서 동전의 양면 같은 존재였던 것이다. 원래 민병대 제도를 개선하려던 워싱턴 행정부의 의도는, 국가방위를 위해서는 물론 적정 규모의 정규군 확보가 최우선 목표이지만, 이것이 여의치 않을 경우 차선책으로서 민병대를 실질적인 차원으로 끌어올리겠다는 취지였다. 그러나 여기에도 근본적인 문제점이 도사리고 있었다. 즉, 연방정부는 민병대의 조직과 훈련, 군수 등을 통합하고자 했으나, 각 주 정부들은 민병대에 대한 통제권을 내놓으려 하지 않았다.

일찍이 워싱턴 취임 이듬해인 1790년, 대통령과 육군장관 녹스는 민병대에 관한 전면적인 개혁안을 의회에 제출한 바 있다.[39] 녹스 육군장관은 그 보고서에서 이렇게 지적했다.

"만일 미국 정부의 군사체제로서 상비군 제도를 거부해야 한다면, 그리고 상비군이 우리가 추구하고자 하는 자유의 원칙에 그토록 적대적인 것이라면, 그 대안으로서 잘 정비된 민병대 제도가 확립되어야 할 것입니다."[40]

동 보고서에 담긴 계획에 의하면, 모든 미국 남자 시민은 18세부터 60

---

38 Cunliffe, *Soldiers and Civilians*, pp. 50-51; Kohn, "Creating the Peace Establishment, 1794-1798"(chap. 9), and "Politics, Militarism, and Institution forming in the New Nation, 1783-1802"(chap. 14), in *Eagle and Sword*.

39 "Message of the President transmitting a report of the Secretary of War, proposing a plan for the organization of the militia of the United States," January 21, 1790, in *ASP*, pp. 6-13.

40 "Message of the President transmitting a report of the Secretary of War, proposing a plan for the organization of the militia of the United States," January 21, 1790, in *ASP*, p. 7.

세까지 군역軍役에 동원될 의무를 진다. 이들은 세 가지 부류로 나누어진다. 첫째 부류는 18~20세로 이루어진 선발군단先發軍團, Advanced Corps이고, 둘째 부류는 21~45세로 짜여진 주력군단主力軍團, Main Corps이며, 마지막 셋째 부류는 46~60세로 구성된 예비군단豫備軍團, Reserved Corps이다. 녹스 육군장관의 이러한 계획은 분명히 일종의 의무징집 제도를 겨냥한 것이었다.

뿐만 아니라 동 계획은 민병대와 군사 핵심인 소규모 상비군 사이의 긴밀한 공조체제도 상정하고 있다. 이 계획에 따르면, 민병대는 일 년에 일정 기간 동안 훈련과 규율 조련을 위한 병영생활(이 경우 훈련은 상비군이 맡음)을 하도록 되어 있으며, 훈련 소집에 불응할 경우 벌금이나 수개월간의 징역형을 받게 된다. 이 보고서의 계획에 의하면, 이렇게 해서 조성될 민병대의 총규모는 무려 32만 5,000명이 될 것으로 추산하고 있다. 1790년 당시 미국 땅에 거주하던 총인구가 약 300만 명으로 추정되므로, 이 계획이 얼마나 야심 찬 것이었는지 짐작되고도 남는다.

그러나 이 계획은 실행에 옮겨지지 못했다. 의회의 반대가 워낙 거셌던 나머지 논란 끝에 1792년에 통과된 법은 통합성, 훈련 강화, 규율 향상 등 그 어느 것도 담보할 수 없었다. 게다가 그 법은 젊은이들을 분리하여 선발군단을 편성한 다음, 야영을 시킨다든가 추가 소집을 부과한다든가 하는 조치도 빠져 있었다. 의회는 최소한의 효율성과 의무복무 개념조차 전혀 고려함이 없이, 다만 반군적反軍的 정서와 번드레한 수사뿐인 애국심을 운운하는 정도에 그쳤다.[41] 실로 1792년 민병대법Militia Act of 1792은 워싱턴 대통령과 녹스 육군장관이 요구했던 민병대의 연령별 분류 등 강화 방안에는 훨씬 못 미치는 것으로서, 국민개병 의무를 명목

---

41 Walter Millis, *Arms and Men: A Study of the American Military History*(New York: Putnam, 1956), pp. 43-53.

상으로만 규정화하는 선에 머물렀던 것이다.

그럼에도 불구하고 이 법은 1903년에 새로운 법이 제정될 때까지 100년도 더 넘게 미국의 군사정책과 제도의 주요 기반으로서 그 뼈대를 유지했다. 이 법에 의하면, 18~45세 사이의 신체 건강하고 자유민[42]인 백인 남자 시민은 민병대의 소집 대상이되, 다만 소집은 '지역 당국'(요컨대, 주 정부)의 통제 하에 두었다. 소집에 응하게 되는 사람은 무기와 장비를 각자가 마련해야 하며, 중앙정부에 복무하는 것은 헌법에 특별히 정하는 목적에 부합될 때에만 한정하는 것으로 엄격히 제한했다. 그러나 동원 방법이나 중앙정부 차원의 훈련 요구 수준 등을 규정하는 어떠한 문구도 없었다. 사실상 이 법은 크게 보아 강제 규정도 없는 명목상의 법으로서 시민들의 자발성에 크게 의존했으며, 연간 소집 훈련 장부나 검열 따위는 아예 존재하지도 않았다.

민병대 문제는 1794년에 다시 한 번 전면에 등장했다. 1794년 영국과의 사이에 위기가 고조되었을 때, 연방주의자들은 전쟁이 발발할 경우 국가방위를 준비하기 위해서라도 해군과 연안 방어를 위한 요새체제, 포병 및 공병단의 인원 보충, 그리고 '임시 정규군[a provisional army]' 등을 미리 마련해두어야 한다고 외쳤다.

'임시 정규군' 아이디어는 시어도어 세지윅[Theodore Sedgwick]이 위원장이었던 의회의 한 위원회가 제기했다.[43] 1794년 3월 27일, 동 위원회는 800명으로 구성된 포병단을 추가로 조성하고, 대통령으로 하여금 8만 명 규모의 민병대를 15개 주의 실세實勢에 비례해서 소집할 수 있는 권한을 부여하자고 제안했다. 다만 이러한 조치들은 "미국과 어떤 유럽

---

42 이 시대에 유색인은 물론 백인 노예도 존재했다. 노예나 시민이 아닌 자는 병역의무에서 제외되었다.

43 "Report of a committee of the House of Representatives on increasing the army and calling 80,000 militia into service," March 27, 1794, in *ASP*, p. 67.

국가(영국을 지칭함) 사이에 실제로 전쟁이 발발하기 전까지는" 행정부가 진행을 보류한다는 전제가 붙어 있었다.[44] 그러나 이 제안도 끝내 법제화되지는 못했다.

한편, 의회의 또 다른 위원회 하나가 1794년 3월 24일에 민병대 문제에 관한 보고서를 냈다. 그 취지는 1792년 제정된 민병대법을 바꾸어야 할는지, 바꾼다면 어떤 조항을 바꿀 필요가 있는지를 검토한다는 것이었다. 그러나 이 보고서는 국가방위에 보다 효과적인 제도를 도입하기 위해서, 주 단위가 아니라 미국 전역에 걸쳐 동일 표준의 일률적인 민병대 체제를 수립할 필요가 과연 있는지 의문을 제기했다.[45] 그 결과 이 위원회는 1792년의 법을 수정할 필요가 없다는 결론을 내렸다. 이는 의회가 현존하는 민병대법을 고칠 의사가 전혀 없었음을 나타내는 증거라고 할 수 있다. 이 문제에 관한 행정부 측의 공식적인 대응은 적어도 1794년 연말까지는 드러나지 않았다.

다만 1794년 12월 10일 날짜로 녹스 육군장관이 제출한 보고서에 따르면, 그는 현존 민병대법을 실행에 옮기는 데 있어서 '어려움'과 '불편함'이 적지 않게 발생했음을 지적했다.[46] 녹스 육군장관에 의하면, 민병대원들은 자신들의 부담으로 무기와 장비를 마련하도록 되어 있었으나, 이를 법적으로 실행에 옮기기 위해서 필요한 위반 시의 제재 조항이 없었다는 것이다. 또한 꼭 필요한 시기에 필요한 수량만큼의 무기를 확보하는 일은 무기 자체의 결함들 때문에 도저히 극복될 수 없는 어려움

---

44 "Report of a committee of the House of Representatives on increasing the army and calling 80,000 militia into service," March 27, 1794, in *ASP*, p. 67.

45 "Report of a committee, March 24, 1794, on the subject of establishing a uniform militia throughout the United States," in *ASP*, p. 66.

46 "Report of the Secretary of War respecting the difficulties attending the execution of the law establishing the uniform militia throughout the United States," December 10, 1794, in *ASP*, pp. 69-71.

에 종종 봉착했다고 한다. 뿐만 아니라 더욱 심각한 문제점은 이 민병대 법의 어느 조항에도 미국 행정부가 민병대원들을 연방 소집이나 지시에 복종하도록 만들 수 있는 분명한 규정이 없었다는 점이다. 따라서 녹스 육군장관은 이렇게 결론짓고 있다.

"의회가 민병대 문제와 관련된 어떤 법을 통과시키고자 할 때, 그 법은 그 법이 온전히 실행에 옮겨질 수 있는 규정들을 반드시 그 법 자체 안에 포함할 수 있도록 만드는 것이 무엇보다도 긴요하다."[47]

이와 같은 행정부로부터의 항의와 불만에 대응하여, 의회는 마침내 1797년 민병대의 조직 편성·무기·규율 등 제반 사항에 관한 향상 대책을 수립하기 위해 위원회를 구성했다.[48] 이 위원회의 보고서에 의하면, 일단 1794년 12월 10일에 녹스 육군장관이 지적했던 민병대의 문제점들을 대부분 다 인정하고 있다. 즉, 무기 조달의 문제점, 민병대원들에 대한 적절한 군수 조달 체계의 결핍, 현존하는 민병대법에 위반 시의 벌칙이나 강제 조항 등이 결여되어 있다는 점 등이 적실하게 지적되어 있다. 그리하여 이 보고서는 그러한 문제점들을 해결하기 위해서 민병대법을 수정·보완해야 한다고 건의했다.

그러나 민병대 제도에 있어서 가장 근본적인 문제는, 민병대에 대한 '통제권'을 누가 보유하느냐 하는 점이었다. 각각의 주 정부가 자기 주에서 동원된 민병대원들에 대한 통제권을 갖는 것이 본래의 민병대법 취지였으나, 이렇게 될 경우 민병대는 국가방위력 차원에서 볼 때 비효율적이고 비능률적인 잡동사니들의 집합체에 불과했기 때문이다. 그래서 워싱턴 행정부는 끈질기게 민병대에 대한 연방정부 차원의 통제권과, 각종 동원 기준 및 운영·유지상의 일원화된 체계 정립을 요구했

---

47 앞의 자료, p. 71.

48 "Report of a committee of the Horse of Representatives, appointed to prepare a plan for organizing, arming, and disciplining the militia," December 29, 1797, in *ASP*, p. 107.

던 것이다.

하지만 이러한 워싱턴 행정부의 요구나 일부 의회 위원회의 건의에도 불구하고 민병대 제도에 대한 근원적인 개선책은 이루어지지 않았다. 상비 정규군, 또는 그와 유사한 형태의 어떠한 군사조직—워싱턴 행정부가 정규군 대신 차선책으로 희망했던 '동일 표준의 일괄적 민병대 uniform militia alternative'—도 시민사회의 자유와 인권에 위협이 될 수 있다는 뿌리 깊은 편견이 그리 쉽게 극복될 수 없었던 것이다. 미국식 민주주의는 근본적으로 '강력한 군사력을 가진 행정권'을 용납하지 않는 것이었다.

그리하여 미국의 군사제도는 이후 100년 이상 수차례나 겪어온 국내외의 여러 전쟁들, 예컨대 1812년 영국과의 전쟁, 멕시코 전쟁, 남북전쟁, 미-스페인 전쟁 등에서 거듭거듭 민병대의 비효율성과 비능률성, 그리고 나아가서 국가방위체계의 허점들을 노출할 수밖에 없었다.

V. 소결론

1790년대의 미국 역사를 되돌아볼 때 연방주의자들Federalists은 힘, 즉 전쟁이 벌어지기 이전부터 전쟁에 대비하여 국방력을 키워놓지 않으면 국가안보가 제대로 지켜질 수 없다는 강한 신념을 가지고 있었으며, 이 국방력의 요체를 정규군 확립에서 찾고자 했다. 워싱턴에 이어 대통령이 된 존 애덤스 행정부John Adams Administration, 1797~1801 역시 기본 군사정책 노선에 있어서는 전임 행정부처럼 연방주의적 시각을 가지고 있었다. 이들은 충분한 정규군 확보가 어렵다면 차선책으로 민병대를 정규군에 버금가는 수준으로 개선하고자 노력했던 것이다.

이 무렵 유럽에서의 전쟁은 여러 가지 전술적 변화들을 초래했는데,

예를 들면 군대의 규모가 커졌고, 기동성도 향상되었으며, 포병과 공병의 중요도가 훨씬 강조되었다. 이러한 사실은 연방주의자들로 하여금 연방정부가 당연히 국방의 통제권을 행사해야 된다는 확신을 더욱 굳게 만들어주었다. 그들은 민병대가 지휘의 일원화, 직업적이고 전문적인 리더십, 통일성, 병역의 연령별 구분화, 그리고 훈련 및 장비의 향상 등을 기하지 않고서는 결코 유럽의 '신군대'에 맞설 수 없다고 믿었다. 그래서 워싱턴 대통령과 그의 연방주의자 보좌관들은 부단하게 적절한 군사구조와 제도를 창설하고자 노력했던 것이다.

그렇지만 공화주의자들Republicans은 1790년대 내내 이러한 연방주의자들의 의도에 맞서서 끈질긴 반대 투쟁을 벌였다. 공화주의자들은 국가의 상비 정규군 체제가 불필요할 뿐만 아니라 위험하기까지 한 존재라고 보았다. 그들은 인디언 전쟁1790~1794) 기간 중 정규군 증원에 반대했고, 인디언들을 분쇄하는 데 정규군이 투입되는 것 자체를 반대했으며, 민병대에 대한 '연방통제권' 확립도 거부했다. 그들은 언제나 정규군보다 민병대 편을 들었다. 그들의 관점에서 볼 때, 정규군은 전쟁을 억제한다기보다는 오히려 전쟁을 불러온다고 보았다. 정규군이 있으면 전쟁을 하고 싶고, 이윽고 전쟁을 하게 된다는 것이다.

따라서 미국의 건국 초기, 무엇이 바람직한 군사체제인가 하는 논쟁의 핵심에는 연방주의자들과 공화주의자들 사이의 근본적 차이점이 도사리고 있었다. 이러한 양대 조류의 차이점에 대해 리처드 콘Richard H. Kohn은 그의 논문에서 이렇게 표현하고 있다.

"억제냐 도발이냐, 방위의 사전 준비냐 아니면 지리적 이점과 무장 시민에 의한 방위냐, 정규군이냐 민병대냐, 직업주의냐 아마추어냐, 등등이 양대 관점의 모든 차이는 새로 건국된 미국이 과연 어떤 모습의 국가가 되어야 하는가 하는 다음과 같은 비전의 차이라고 할 수 있다. 즉, 한 쪽은 미국이 대서양 건너편 세계(유럽을 지칭함)와 연계를 맺고 구대륙과 같은 다원화·도시화·국제화된 사회를 건설해야 하며, 이 과정에서 무역을 보호하고 때로는 공세적 전쟁도 전개할 수 있는 능력을 갖추어야 한다고 보았다. 그러나 다른 한쪽은 미국이 보다 단순하고 보다 전원적인 국가로 남기를 바랐으며, 안보를 위해서는 스스로의 경제력과 지리적 이점에 더욱 의존해야 하고, 전쟁은 무장 시민들(민병대를 일컬음)에 의한 방어적 성격의 전쟁만 치러야 한다고 생각했다."[49]

이 가운데 명백히 전자는 연방주의자들이고, 후자는 공화주의자들이다.

여러 논란 끝에 19세기로 넘어오는 어귀에서 신생 미국은 그 나름의 군사체제를 갖추게 되었다. 해안을 따라 주요 거점에 만든 해안 요새들의 뒷받침을 받는 해군은 연안 방위를 담당하고, 소규모 육군은 육상의 접경지대에 요새들을 구축하여 인디언들을 제어했다. 민병대와 자원병들은 필요시 정규군을 돕게 되어 있었다. 이 체제에서 민병대는 실질적으로 미국을 지키는 '방패'였다. 그러나 이 민병대는 워싱턴 대통령과 그의 추종자들이 그토록 소망했던 그런 모습은 아니었다. 그렇게 되기까지는 한 세기의 세월을 더 기다려야 했다.

---

49 Richard H. Kohn, "The Creation of the American Military Establishment 1783~1802," in Karsten(ed.), *The military in America*, pp. 79-80.

CHAPTER 7

미국 군사변혁 전략의
역사적 분석과 교훈

이 장에서는 특히 전략 분야, 즉 미국이 군사혁신을 추진함에 있어서 어떠한 철학을 가지고, 어떻게 접근해왔으며, 어떠한 안보 판단과 작전 개념을 상정해왔는지를 살펴보고자 한다. 우선 미국이 역사적 경험으로부터 어떤 교훈을 얻어냈는지를 조망하기 위해 냉전 전반기의 변혁 실패 사례와 냉전 후반기의 성공 사례를 고찰하겠다. 그런 다음 클린턴 행정부 시대의 변혁 움직임을 분석하고, 부시 행정부의 안보전략과 군사전략 개념을 살펴보기 위해 '2001년 4년 주기 국방검토보고서('01 QDR)', '핵태세검토보고서(NPR)', 그리고 '국가안보전략서(NSS)' 등 핵심적 문서들을 중심으로 분석하겠다. 그리고 미국 군사변혁 전략의 실제적 추진 내용을 살펴본 다음 소결론을 내리고자 한다.

I. 서론

한국은 지금 전환기적 안보환경에 처해 있다. 한편으로는 북한 변수를 고려해야 하고, 다른 한편으로는 통일 후 주변국 변수들을 고려해야만 한다. 한반도의 평화와 안정, 나아가 평화적인 민족 재통합을 위해 북한에 펼치고 있는 개입정책은 그 과정에서 대한민국의 주권과 이념을 힘으로 수호하기 위한 의지와 능력을 필요로 한다. 또한 한국은 언젠가 우리의 주도로 자유민주주의에 입각한 통일을 이룩한 연후에 중국·러시아·일본 등 주변 강국들 사이에서 능동적이고 호혜적인 국가발전을 추진해가는 과정에서도 국가이익을 힘으로 뒷받침하기 위한 준비가 지금부터 필요하다. 이에 걸맞은 군사력 건설과 전략의 구비 등 군사변혁에는 많은 시간과 그만큼의 재원이 소요된다.

그러나 시간과 돈만 가지고 이 과업이 성취되는 것은 아니다. 무엇을 어떻게 할 것인가가 중요하다. 군사변혁을 위해 어떠한 전략을 취할 것인가? 즉, 어떠한 철학, 어떠한 목표를 가지고 있으며, 이를 위해 어떠한 접근방법과 조치들이 필요한가?

여기에서는 이러한 물음들에 대한 시사적 답을 얻기 위해서 미국이라는 타산지석他山之石을 살펴보려는 것이다. 미국은 이 분야에서 최선두에 있고, 늘 깨어 있는 자세를 견지하고 있기 때문에 이로부터 얻을 수 있는 교훈이 적지 않을 것이다.

보통 변혁transformation이란 겉모습appearance과 본질nature과 특성character이 현저하게 변화되는substantial change 것을 일컫는다. 통칭 RMARevolution in Military Affairs로 일컬어지는 군사혁신 또는 군사 분야 혁명은 새로운 군사기술, 작전 개념, 그리고 군 구조·조직 등의 혁명적 변혁을 통해 극적으로 새로운 방식에 의한 전쟁 수행을 목표로 추진되는 것이다.

한편, 군사변혁Military Transformation, MT은 RMA를 지어내거나 RMA를

불러일으키는 행위를 의미하지만, 보통은 RMA와 같은 혁명적 변환 외에 보다 온건한 변환evolution까지도 포함하는 포괄적 의미를 담고 있다. 군사변혁은 군 외부 상황에 새로운 전략적 조건들이 도래하거나, 또는 군 내부에서 변화를 향한 욕구가 부풀어 오를 때 그에 대한 대응의 형태로 발생한다. 오늘날의 상황은 이 양자의 결합, 즉 내외 상황이 함께 압력으로 작용하는 환경이라고 하겠다.

미국은 21세기의 새로운 도전에 군이 효율적으로 대응할 수 있도록 근본적이고도 대대적인 군사변혁을 시도해왔고, 그러한 노력은 거의 항시적으로 진행되고 있다고 해도 과언이 아니다. 미국은 군과 군사업무의 변혁 작업을 육·해·공이 함께 합동으로 추진해야 하며, 본토 방어, 항공우주, 사이버 공간, 무기 획득 및 군수에 이르기까지 전 분야·전 방위에 걸쳐서 광범위하고도 깊이 있게 추진하고자 한다. 이러한 과업을 효과적으로 추진하기 위해서는 우선 새로운 환경(즉, 미래 환경)에 대비한 새로운 임무의 분석이 있어야 하고, 새로운 기술을 도입해야 하며, 이들을 효과적으로 묶기 위한 새로운 전략을 짜야 한다.

제7장에서는 특히 전략 분야, 즉 미국이 군사혁신을 추진함에 있어서 어떠한 철학을 가지고, 어떻게 접근해왔으며, 어떠한 안보 판단과 작전 개념을 상정해왔는지를 살펴보고자 한다. 제2절에서는 우선 미국이 역사적 경험으로부터 어떤 교훈을 얻어냈는지를 조망하기 위해 냉전 전반기의 변혁 실패 사례와 냉전 후반기의 성공 사례를 고찰하겠다. 제3절에서는 클린턴 행정부 시대의 변혁 움직임을 분석하고, 제4절에서는 부시 행정부의 안보전략과 군사전략 개념을 살펴보기 위해 '2001년 4년 주기 국방검토보고서'01 QDR', '핵태세검토보고서NPR', 그리고 '국가안보전략서NSS' 등 핵심적 문서들을 중심으로 분석하겠다. 그리고 제5절에서 미국 군사변혁 전략의 실제적 추진 내용을 살펴본 다음 소결론을 내리고자 한다.

Ⅱ. 냉전기의 군사변혁 사례

미국이 추진하고 있는 군사변혁은 분명히 21세기 정보화시대information age에 도래할 다양한 도전에 대비하기 위한 것이지만, 그것은 단순히 새로운 군사과학·기술과 무기체계의 도입, 군 조직과 구조의 전환, 그리고 새로운 교리와 운용 개념의 변혁만을 의미하는 것은 아니다. 변혁을 위해서는 어떠한 철학과 문화를 가지고 어떻게 접근할 것인지 하는 전략의 문제가 더욱 중요할 수도 있다.

예컨대 새로운 군사과학·기술이나 무기체계의 도입이 곧바로 군사변혁의 성공을 의미하는 것은 아니다. 때로는 그것이 국제환경이나 전략적 상황에 걸맞지 않음으로 해서 오히려 부담으로 작용하게 되는 경우도 있다. 핵무기에 대한 과도한 신봉이나 의존이 결과적으로 재래식 군비에 대한 경시로 귀결된 나머지, 공산주의자들의 혁명전쟁 전략에 속수무책이었던 뼈아픈 실패를 미국은 냉전 초기에 경험했던 것이다.

따라서 역사적 경험들을 거슬러 되돌아보는 일은 앞으로 추진될 변혁을 위한 유용한 교훈과 지침을 제공해줄 것이다. 뿐만 아니라 변혁이란 '변화' 못지않게 '계속성continuity'이라는 부분도 함께 내포하는 개념이기 때문에 역사적 조망의 필요성은 더욱 절실하다.

1. 냉전 전반기의 실패 사례

냉전 전반기, 특히 6·25전쟁 직후부터 1970년대 중반까지의 기간 동안에 미국이 시도했던 군사변혁들은 잘못된 철학과 오도된 시행 전략으로 말미암아 그 시대의 전략 환경에 제대로 대응하지 못한 사례로 꼽힐 만하다. 제2차 세계대전이 종식된 직후 세계는 냉전Cold War을 맞았다. 종전과 동시에 미국은 평시에 대규모 상비군을 두지 않는 뿌리 깊은 군사사상적 전통[1]에 따라 대전 기간 중에 동원되었던 수백만 명의 병력을 귀향 조치하는 전후 대복원demobilization을 단행했다. 더구나 냉전은 군사적 대결이라기보다 정치적 갈등의 성격이 더 짙었기 때문에 복원 조치에 아무런 망설임도 없었다.

그 대신 트루먼Harry Truman 행정부는 소련과 그 동맹세력들에 의한 도발 가능성을 억제하기 위해 미국의 전유물처럼 여겼던 우월한 기술적 산물, 즉 핵무기의 응징 위협에 바탕을 둔 전략 개념을 도입했다. 그것이 이른바 '대량보복Massive Retaliation' 전략이었다. 이 전략은 제2차 세계대전 종전기에 히로시마와 나가사키에서 입증된 핵무기의 가공할 파괴력에 비추어볼 때 일견 타당성이 있어 보였다.

6·25전쟁 시기에 동원되었던 미군 병력 역시 정전협정 체결 후 또다시 복원되었고, 핵무기에 의존하는 전략태세는 아이젠하워 행정부에 의해 그대로 계승되었다. 아이젠하워 행정부의 '뉴룩New Look' 전략은 핵무기에 대한 의존도를 더욱 높였으며, 다만 약화된 지상군을 보완하기 위해 공군력을 다소 강화했다. 더욱 강화된 대량보복전략 개념을 뒷받침하기 위해 아이젠하워 행정부는 2,000대의 핵무장 전략폭격기를 발주했으며, 대륙간탄도미사일ICBMs과 잠수함 발사 탄도미사일SLBMs의 배치도 서둘렀다. 육·해·공군 모두 핵전쟁 개념에 사로잡혀 오로지 핵무장에만 집착했다. 결과적으로 미군의 군사태세는 재래식 전쟁에 대한 능력이 아주 결핍된 상태가 되고 말았다.

결국 대량보복전략의 한계점이 노출되는 데는 그리 오랜 시간이 걸리지 않았다. 1960년대 초 이미 소련도 대규모 핵무장을 갖추게 되면서 미국의 핵무기는 무용지물의 상태가 되고 말았다. 상호공멸을 각오하지 않는 한 미국이 소련을 상대로 핵무기를 사용한다는 것은 불가능한

---

1 이 책의 "제6장 미국 군사사상 태동기의 군 구조 논쟁"을 참조.

아이젠하워 행정부의 '뉴룩' 전략은 핵무기에 대한 의존도를 더욱 높였으며, 다만 약화된 지상군을 보완하기 위해 공군력을 다소 강화했다. 더욱 강화된 대량보복전략 개념을 뒷받침하기 위해 아이젠하워 행정부는 2,000대의 핵무장 전략폭격기를 발주했으며, 대륙간탄도미사일(ICBMs)과 잠수함 발사 탄도미사일(SLBMs)의 배치도 서둘렀다. 육·해·공군 모두 핵전쟁 개념에 사로잡혀 오로지 핵무장에만 집착했다. 결과적으로 미군의 군사태세는 재래식 전쟁에 대한 능력이 아주 결핍된 상태가 되고 말았다. 사진은 1956년 아이젠하워 대통령(왼쪽)과 국무장관 존 포스터 덜레스[John Foster Dulles: 아이젠하워 행정부의 국무장관으로 취임하여 반공주의자로서 롤백(Roll Back) 정책과 뉴룩 정책을 주장했고, 경우에 따라서는 국지적 무력 사용의 가능성도 시사하는 강경책을 취했다](오른쪽)의 모습.

일이 되고 말았던 것이다.

문제는 소련과 바르샤바 동맹군들이 보유하고 있던 압도적인 재래식 군사력이었다. 미국이나 나토 동맹국들은 이에 대처할 만한 수단이 없었다.

사태의 심각성에 직면한 케네디^{John F. Kennedy} 행정부는 비핵 도발에 대응하기 위해 급박하게 재래식 군비 재건에 나섰다. 미국과 나토 동맹국들은 소위 '신축대응^{Flexible Response}'전략의 새로운 설정 하에 핵억제와 재래식 전쟁에 대한 대비, 그리고 혁명전쟁에 대비한 조치들을 동시에 취할 수밖에 없었다.[2] 그중에서도 인건비 등 막대한 경비가 소요되는 재래식 군비의 재건이 가장 큰 과제였다. 이처럼 1960년대는 앞선 시대의 잘못된 군사변혁 조치 때문에 미국과 그 동맹국들이 뼈아픈 대가와 시련을 치렀던 시기였다.

예를 들어, 1960년대 중반부터 이미 미국이 깊숙이 발을 들이밀게 된 베트남 전쟁에 대해 미국은 절반의 준비 상태에서 임하게 되었던 것이다. 이른바 '2½전쟁 개념'[3]에 충분할 만큼 미국은 아직 준비가 안 되어 있었다. 물론 미국은 당시 기술력이나 물량 면에서 그 어떤 적보다도 우월했다. 그러나 미군의 전비태세는 재래식 전쟁 수행에 여전히 많은 허점을 안고 있었으며, 이를테면 핵 일변도의 군사태세로부터 되돌아 나오는 여정의 중간쯤에 위치해 있었다.

공군은 재래전의 폭격 임무에 대해 아직도 엉성한 전술 개념과 훈련 상태였으며, 육군이나 해군 모두 장거리 원정에 대비한 전략 수송이나 군수 업무 기능에 결함이 많았다. 그러나 무엇보다도 심각한 것은 각 군이 효과적으로 협동하고 조화를 이루어야 할 합동작전의 개념이나 준

---

2 혁명전쟁에 대비한 미 특수부대 '그린베레(Green Beret)'는 이때 창설되었다.

3 유럽 및 아시아에서 각각 1개씩의 전면전(2)+기타지역에서 1개의 소규모전(½)을 동시에 치를 수 있는 군사대비 개념이다.

베트남 전쟁(사진) 당시 미국은 기술력이나 물량 면에서 그 어떤 적보다도 우월했다. 그러나 미군의 전비태세는 재래식 전쟁 수행에 여전히 많은 허점을 안고 있었다. 무엇보다도 심각한 것은 각 군이 효과적으로 협동하고 조화를 이루어야 할 합동작전의 개념이나 준비가 미숙하다는 점이었다. 미국의 베트남 전쟁 실패의 배경에는 기술력 우위에 대한 과도하고도 오도된 인식, 즉 핵무기 일변도의 전략 개념과 이에 바탕을 둔 외골수의 군사변혁 조치가 도사리고 있었다. 잘못된 군사변혁이 어떤 대가를 불러오는지를 초강대국 미국은 베트남과 아프리카와 중남미의 혁명전쟁 열파 속에서 뼈저리게 느낄 수밖에 없었다.

비가 미숙하다는 점이었다.

합동작전은 심지어 제2차 세계대전의 상황에 견주어볼 때에도 오히려 문제가 더 많았다. 합참의장이나 각 군 총장, 현지 총사령관, 현지의 각 군 사령관 등 전쟁지도부의 권한이나 임무 구분도 애매한 점이 적지 않았다. 기술력의 우위가 있었다 하더라도 아직은 적의 핵심 군사력이나 지휘부 등 적의 중심重心, center of gravity을 찾아내어 무력화시킬 수 있는 정밀·장거리 타격 수단이 개발되지 못했으므로, 막연한 기술 우위나 물량 공세만으로 적 군사력이나 저항의지를 굴복시킬 수는 없었던 것이다.

되돌아보건대, 미국의 베트남 전쟁 실패는 시작부터 이미 예고된 것이나 다름없었다. 그리고 이 실패의 배경에는 기술력 우위에 대한 과도하고도 오도된 인식, 즉 핵무기 일변도의 전략 개념과 이에 바탕을 둔 외골수single-minded의 군사변혁 조치가 도사리고 있었다. 잘못된 군사변혁이 어떤 대가를 불러오는지를 초강대국 미국은 베트남과 아프리카와 중남미의 혁명전쟁 열파 속에서 뼈저리게 느낄 수밖에 없었다.

2. 냉전 후반기의 성공 사례

베트남 전쟁의 상처로부터 얻은 값비싼 교훈의 결과로서, 또 한편으로는 냉전이 더욱 고조되어갔던 당시의 국제상황에 떠밀려서, 미국은 새로운 군사변혁을 준비하게 되었다. 그것은 1970년대 중반부터 시작되었다.

카터Jimmy Carter 행정부는 이른바 '1½전쟁 개념'에 입각하여 핵억제와 1개의 전면전, 그리고 1개의 소규모 분쟁에 동시에 대응하는 군사태세를 갖추고자 했다. 초점은 당연히 재래식 군사력의 능력 향상에 맞추어졌고, 다른 한편으로 나토를 비롯한 미국의 동맹국들이 재래식 군비 분야에서 더 많은 투자와 역할을 하도록 권장되었다. 그러나 카터 대통령의 임기는 단임으로 끝났기 때문에 이렇다 할 가시적 성과를 얻지는 못했다.

본격적이고 구체적인 미군의 변혁은 레이건Ronald Reagan 행정부 시절인 1980년대에 이루어졌다. 국방비의 증대에 힘입어 군사력의 규모 증강과 새로운 무기체계의 도입 확대가 이루어졌고, 훈련과 준비태세의 향상이 꾀해졌다. 특히 방산 분야의 연구·개발에 대한 왕성한 투자가 이루어져 새 기술의 산물인 새로운 세대의 무기체계가 도입됨으로써 미군은 그야말로 현대화의 새 모습으로 탈바꿈했다. 지능형 탄약과 센서 기술의 획기적 발전에 힘입어 재래식 무기의 파괴력과 정확도가 경이적으로 향상되었으며, 지휘·통제체계의 효율성도 극적으로 높아졌다. 특히 미사일 유도체계의 발전은 괄목할 만한 것이어서 순항미사일과 같은 장거리 정밀타격 수단이 도입되었다.

군 구조와 기반platform이 아직 근본적으로 바뀌지는 않았지만, 미군이 교리와 작전술의 발전에 기울인 노력 또한 지대했다. 새로운 무기체계를 전술과 결합하는 노력 없이 진정한 변혁은 기대할 수 없었기 때문이다. 아울러 그러한 변혁이 지속되고 통합적으로 효율화되도록 하기 위해서 국방부는 PPB 시스템, 즉 기획Planning ·계획Programming ·예산배분Budgeting 등 운영·관리체계를 더욱 정밀화하는 한편, 합참 차원에서는 합동성 향상에 주력했다.

이러한 변혁 노력의 나침반 역할을 한 주요 전략·전술적 개념들을 요약하자면 다음과 같다.

① '군사력 투사와 신속 증원': 미 군사력을 지구상 어느 곳에든지 신속하게 포진시킬 수 있는 능력.
② '해양주도권': 세계의 대양에서 어떤 적보다도 압도적으로 우월한 해군력 보유가 관건.

③ '다중임무 항공작전': 제공권뿐만 아니라 항공차단 등 항공방어, 근접 항공지원, 지상전에 대한 다양한 기여 등을 포함하는 개념.

④ '육군 작전술': 선線방어 내지 선線전술 개념에서 벗어나 기동력과 속도에 바탕을 둔 강력한 반격 개념.

⑤ '해병대의 원정 작전': 해병대가 단순한 상륙공격 수단이 아니라 보다 신축성 있는 다목적 전략 수단이라는 개념.

⑥ '공지전투空地戰鬪, AirLand battle': 지상군과 항공력의 합동작전 개념.

위와 같은 개념들에 입각하여 우선 전 지구 차원의 신속한 군사력 투사를 위한 조치로 미국은 전략수송 수단의 확보, 즉 항공수송·해양수송 능력 향상을 꾀하는 한편 기존 해외주둔군의 효율화 및 사전비축prepositioning 노력도 기울였다. 해군은 신新항공모함과 이지스함·신핵잠수함의 도입 및 순항미사일, F-14 및 F-18 함재기들을 신규 도입했다. 공군은 F-15·F-16·A-10 등 신형 기종과 조기경보기AWACs, 그리고 JSTARS, 스마트탄, 순항미사일 등을 도입하여 다양하고 광범위한 항공작전 능력을 갖추었다. 육군 역시 에이브럼스 전차Abrams tank와 브래들리Bladley 보병전투차량 등 기갑 및 기계화 부대의 현대화를 꾀했으며, 포병 능력의 향상, 전투 헬리콥터, 패트리어트Patriot 방공 미사일 체계의 도입 등 기동·화력전에 걸맞은 체제를 갖추었다.

이러한 변혁의 결과 마침내 1980년대 말이 될 무렵 미군은 세계 역사상 유례가 없는 가장 강력한 군대로 탈바꿈했다. 그리고 그 성과는 1991년 걸프전에서 유감없이 발휘되었으며, 코소보 전투에서도 재차 입증되었다.

물론 그러한 성공적 군사변혁은 새롭게 등장한 군사과학·기술과 그 산물인 신무기체계들에 힘입은 바 컸다. 그러나 합동작전 차원에서 각군의 기능과 임무를 조정하고 조화를 도모한 변혁 전략의 적용 없이 그

본격적이고 구체적인 미군의 변혁은 1980년대에 이루어졌다. 국방비의 증대에 힘입어 군사력의 규모 증강과 새로운 무기체계의 도입 확대가 이루어졌고, 훈련과 준비태세의 향상이 꾀해졌다. 특히 방산 분야의 연구·개발에 대한 왕성한 투자가 이루어져 새 기술의 산물인 새로운 세대의 무기체계가 도입되었다. 미군은 교리와 작전술의 발전에도 지대한 노력을 기울였고, 아울러 그러한 변혁이 지속되고 통합적으로 효율화되도록 하기 위해서 국방부는 PPB 시스템을 더욱 정밀화하는 한편, 합참 차원에서는 합동성 향상에 주력했다. 이러한 변혁의 결과 마침내 1980년대 말이 될 무렵 미군은 세계 역사상 유례가 없는 가장 강력한 군대로 탈바꿈했다. 사진은 그 성과가 유감없이 발휘된 1991년 걸프전의 모습.

러한 성공은 불가능했다. 특히 신무기체계와 전술의 결합은 작전술과 교리를 개발하고, 교육과 훈련을 주도하고, 양질의 인력을 적기에 적소에 배치하는 등 인적 자원human factor의 개발과 공급 없이는 불가능한 변혁 작업이었다.[4] 결국 성공적 군사변혁의 핵심에는 올바른 철학과 개념을 가지고, 외곬으로 쏠리지 않고(다원주의pluralism에 입각하여) 일관성을 띤 노력을 기울인 사람들이 있었다.

Ⅲ. 탈냉전기 군사변혁 전략

미국은 탈냉전기Post Cold War Period[5]에 3차례의 군사변혁 시도를 했다. 첫 번째는 아버지 부시George H. W. Bush 행정부 당시의 '기반전력Base Force, BF' 검토였고, 두 번째는 클린턴Bill Clinton 행정부 초기의 '밑으로부터의 검토Bottom-Up Review, BUR'였으며, 세 번째는 클린턴 집권 후기의 ''97 4년 주기 국방검토'97 Quadrennial Defense Review, QDR'였다.

이 모두는 탈냉전기 미국의 주요 적대세력인 소련 및 동구 사회주의권의 와해 이후 직면한 새로운 안보환경에 대비하기 위한 것이었다. 즉, 전 지구적 차원의 전면전 위협이 사라짐에 따라, 그보다는 지역적·국지적 위협과 저강도 분쟁에 대비하는 한편, 대량살상무기WMD의 비확산

---

4 걸프전에 관한 분석을 담은 서적이나 논문 가운데 가장 탁월하다고 판단되는 것이 Benjamin S. Lambeth의 "Learning from the Persian Gulf War"(Santa Monica: RAND, 1993)라는 단행본 논문이다. 13쪽 분량의 이 짧은 논문에서 저자는 걸프전에서의 승패는 공군력이나 첨단무기·장비에 의해서라기보다는 오히려 리더십·훈련·인력의 질(質)·사기와 같은 인적 요소(human factor)에 의해서 좌우되었다고 주장한다. 전쟁에서의 승리는 '기계'가 아니라 '사람'이 이루어낸다는 불변의 진리를 그는 통찰력 있게 갈파한 것이다.

5 탈냉전기를 여기서는 편의상 동유럽 사회주의권이 와해되는 시점인 1989년부터 9·11 테러 이전까지로 설정한다. 9·11 이후를 탈-탈냉전(Post-Post Cold War)'의 시작으로 보는 견해도 있다.

1989년 11월 9일, 냉전의 상징인 베를린 장벽이 무너지고(사진), 1991년 12월 사회주의 종주국인 소련이 와해되면서 냉전체제가 무너졌다. 미 행정부와 국방 당국은 탈냉전기에도 미국이 군사 초강대국의 지위를 유지하면서 국가이익을 수호하기 위한 최소한의 군사태세는 어떤 것이어야 하는가를 검토해야만 했다. 기본적으로 양(量)에서 질(質)로의 전력 규모 재조정이 불가피했고, 적어도 현존 전력의 25%, 국방비의 10~25%, 그리고 인력의 20% 정도를 감축하는 방안이 핵심 과제로 떠올랐다.

에 주력한다는 기본 철학이 대두되었다. 따라서 군사력 규모는 축소하면서 다양한 위협에 대응하는 다목적·다기능 군사태세가 요구되었다. 제3절에서는 '기반전력BF'과 '밑으로부터의 검토BUR' 개념을 중점 논의하겠다.

1. 기반전력 검토 개념

미 합참이 기반전력Base Force, BF 개념을 검토하기 시작한 1989년은 20세기 역사의 흐름이 격류로 뒤바뀐 시발점이었다. 동부 유럽 사회주의 국가들이 차례로 붕괴되기 시작했으며, 그해 11월 베를린 장벽이 무너졌다. 이듬해 10월에는 독일이 통일되었고, 다시 해가 바뀐 1991년 12월

에는 마침내 사회주의 종주국인 소련이 와해되었다. 냉전체제가 무너
진 것이다.

한편, 미국은 국내적으로 점증하는 재정적자와 무역적자로 인한 경
제적 압박을 받고 있었으며, 국민들은 국방 소요보다는 사회보장제도
의 확충과 교육에 대한 투자 확대 등 이른바 '평화분담금peace dividend' 요
구의 목소리를 높이고 있었다. 당시는 어느 정도 신新고립주의적 정서
가 되살아나고 있었던 시기였다.

미 행정부와 국방 당국은 탈냉전기에도 미국이 군사 초강대국의 지
위를 유지하면서 국가이익을 수호하기 위한 최소한의 군사태세는 어
떤 것이어야 하는가를 검토해야만 했다. 기본적으로 양量에서 질質로
의 전력 규모 재조정이 불가피했고, 적어도 현존 전력의 25%, 국방비의
10~25%, 그리고 인력의 20% 정도를 감축하는 방안이 핵심 과제로 떠
올랐다.[6]

핵전력은 핵억제 충분량을 감안하여 대략 핵전력 3각 지주Triad 가운
데 지상 발사 탄도미사일은 15% 정도, 그리고 잠수함 발사 탄도미사일
SLBMs과 전략폭격기는 각각 30% 정도 감축하는 것을 목표로 삼았다.
재래식 군사력은 2개의 주요 지역분쟁에 대비하기 위해 대서양 전력
Atlantic forces과 태평양 전력Pacific forces으로 구분하되 강조점은 대서양 쪽
에 두었다. 2개 주요 지역분쟁 외에 미국은 파나마·필리핀 등 소규모 분
쟁들과 저강도 분쟁에 대비하기 위한 전력 소요도 감안했다.

예상되는 분쟁 대비 전력 소요를 예측하면 다음의 〈표 1〉과 같았다.[7]

6 Lorna S. Jaffe, *The Development of the Base Force, 1989-1992*(Washington, D. C.:
Joint History Office, Office of the Chairman of the JCS, 1993), p. 9.

7 허남성 외, "미 신군사전략(Win-Win 혹은 Win-hold-Win) 채택 시 아국의 대비책", 현안
정책보고서(국대원 안보문제연구소, 1993), p. 4.

현역 / 예비역

분쟁 예상지역	육군 사단	해병 원정군	공군 비행대대 / 비행단	항모전투단
러시아 + 백러시아에 의한 리투아니아 + 폴란드 침공	7⅓	1	45 / 15	6
걸프 지역	4⅓	1	15 / 5	3
한반도	5⅓	2	16 / 5⅓	5
파나마	⅔	⅓	1⅓	1
필리핀	⅔	⅓	0	2
계	18⅓	4⅔	77⅓ / 25⅔	17
기반전력 (Base Force)	12	3	78 / 26	12
소요 전력 대비 평가	−6⅓	−1⅔	+⅔ / ⅓	−5

출처 : *Department of Defense Annual Report, FY 1993*; "Hypothetcal Conflicts Foreseen by the Pentagon," *The New York Times*(1992. 2. 17), p. A8; "Pentagon War Scenario Spotlights Russia," *The Washington Post*(1992. 2. 20), pp. A1, A2에서 추출 조합.

위의 표에 의하면, 기반전력은 소요 전력 대비 육군은 6⅓개 사단, 해병 원정군은 1⅔개 사단, 항모전투단은 5개가 부족하고, 공군만이 대략 소요에 충족한 수준이다. 물론 이 소요 예측은 군사력 감축에 반대하는 군부의 우려가 반영된 것이기는 하다.[8]

그럼에도 불구하고 미국은 1990년 당시 현존 전력을 기반전력 목표 연도인 1997년까지 단계적으로 감축하기로 정했다. 기반전력의 핵심 근간은 육군 현역 사단 12, 해병 사단 2⅓, 공군 전투비행단 26(현역+예비역), 해군 항모전투단 12로 구성되어 있었으며, 통칭 '12-26-12'(육-공-해) 체제로 호칭되었다. 여기서 공군 비행단만 현역과 예비역을 합산하

---

8 당시 합참의장 콜린 파월(Colin Powell)은 하원 군사위원회 청문회(1992. 2. 6)에서 사막의 폭풍 작전(Operation Desert Storm)과 한반도 전쟁이 동시에 발발한다면 감축될 미군의 전력으로는 감당하기 어려울 것이라고 증언한 바 있다.

여 현존 전력으로 계산하는 이유는 육군 예비사단과 달리 공군 예비역
은 수일 내 동원이 가능하기 때문이다. 기반전력 감축 계획은 아래 〈표
2〉와 같다.

〈표 2〉 기반전력을 목표로 한 점진적 축소 계획

현역 / 예비역

구분	1990년	1995년	1997년 (기반전력)
육군 사단	18 / 10	12 / 6	12 / 6
해병 사단 (각 1개 비행단 동반)	3 / 1	3 / 1	2⅓ / 1
항모전투단 (1척당 1개 전투비행단)	14	13	12
공군 전투비행단	24 / 12	15 / 11	15 / 11
총병력	2,174,000 (FY '87)		1,626,000

* 출처 : *Department of Defense Annual Report, Fiscal Year 1993* 추출 조합.

2. '밑으로부터의 검토' 개념

기반전력 개념은 아버지 부시George H. W. Bush 대통령의 재선 실패로 일단
클린턴 행정부로 넘어갔다. 그러나 클린턴의 민주당 정부는 군사력 감
축에 대해서 더욱 적극적이었다. 클린턴은 선거운동 당시부터 이미 국
방비 절감을 통해 경제회복에 나서겠다는 공약을 천명한 바 있다.[9] 실제
로 미국은 1992년 당시 재정적자 3,600억 달러, 무역적자 3,620억 달러
등 소위 '쌍둥이 적자'에 시달리고 있었다.

 1993년 10월에 공표된 '밑으로부터의 검토Bottom-Up Review, BUR'는 서두
를 이렇게 장식하고 있다.[10]

---

9 클린턴은 당선되는 즉시 국방비에서 600억 달러 감축을 공약했다.

냉전은 사라졌다. 소련은 더 이상 존재하지 않는다. 지난 45년간 우리 국방 정책—우리의 전략과 전술, 교리, 군사력 규모와 형태, 무기체계, 국방예산 규모—에 영향을 미쳤던 위협은 사라졌다.

이는 탈냉전에 확실히 접어든 클린턴 행정부 출범 당시에 미국 본토를 위협할 전면전의 위험이 사라지고, 미국은 다만 세계 질서의 주도국으로서의 임무와 역할에만 전념할 수 있다는 선언에 다름 아니다. 이로써 미국은 더욱 과감한 군사력 감축을 전제로 하는 새로운 군사변혁에 나서게 되었다.

BUR이 설정한 군사태세의 목표는 다음과 같이 요약된다. 첫째, 주요 지역분쟁Major Regional Contingencies: MRC에서 압도적으로 승리한다.[11] 둘째, 분쟁 억제를 위한 해외주둔군(전진배치)은 그대로 유지한다. 셋째, 평화유지, 인도주의적 지원, 재난 구조 등 소규모 개입 작전을 지속한다. 넷째, 미국 영토와 군대, 또는 동맹국 영토와 군대에 대한 대량살상무기 공격을 억제한다(핵우산 지속). 요컨대 미국은 탈냉전기의 안보정책 목표를 대량살상무기의 비확산Non-Proliferation과 2개의 MRC에 대비하는 재래식 군사력 확보라는 2개의 기둥으로 짜 맞춘다는 것이었다.

여기서 논쟁의 불꽃은 MRC로 붙었다. 즉, 걸프 지역과 한반도라는 2개의 MRC 예상 지역에서 동시에 전쟁이 일어난다면, 과연 미국은 어떠한 전략으로 임할 것이며, 군사력은 충분한가 하는 점이다. 여기에서

---

10 Les Aspin, *Report on the Bottom-Up Review*(Washington, D. C.: GPO, 1993), p. 1.

11 미국은 MRC 상대방의 표준적 규모로서 병력 40~75만 명, 전차 2,000~5,000대, 기갑차량 3,000~5,000대, 야포 2,000~3,000문, 항공기 500~1,000기, 함정 100~200척, 스커드급 전술미사일 100~1,000기 정도가 포함되는 것으로 상정했다. 이러한 규모의 위협 능력을 가진 국가로는 이라크와 북한을 꼽았다. 이것이 중동과 극동이라는 2개 MRC 시나리오 상정의 근거이다. Eric V. Larson, et al., *Defense Planning in a Decade of Change: Lessons from the Base Force, Bottom-Up Review and Quadrennial Defense Review*(RAND, 2001), p. 47 참조.

대두된 2개의 시나리오가 '윈-홀드-윈Win-hold-Win'과 '윈-윈Win-Win' 전략이었다. 전자는 1개 지역에 미군 전투력을 집중하여 신속하게 승리하는 동안(Win), 제2지역에서는 최소한의 군사력으로 적을 저지(hold)하며, 제1지역 전쟁 종결과 동시에 군사력을 제2지역으로 전환하여 승리(Win)한다는 개념이다. 후자는 물론 양 전역에서 동시에 승리를 추구한다는 전략 개념이다.

클린턴 행정부는 어떤 시나리오이든지 간에 재래식 군사력의 골간이 기반전력의 '12-26-12'(육-공-해) 체제보다도 감축된 '10-20-10' 체제만 가지고도 능히 2개의 MRC에 성공적으로 대응할 수 있다고 보았다. 특히 '윈-홀드-윈' 시나리오를 뒷받침하기 위한 랜드 연구소RAND Corporation의 시뮬레이션은 그 대표적 예의 하나이다. 아래의 〈표 3〉은 '윈-홀드-윈'에 투입되는 전력 규모를 보여주고 있다. 여기서 제1지역은 '윈Win'에 해당되고, 제2지역은 '홀드hold'에 해당된다.

〈표 3〉 투입 전력 규모 대비〈윈-홀드-윈〉

구분	주요 지역분쟁 1	주요 지역분쟁 2
육군 사단	5	1(경보병)
해병 원정사단	2	1
항모전투단	3	2
공군 전투비행단	10(예비역 전비2 포함)	6
B-2 / B-1B / F-117	16대 / 64대 / 2개대대	이동 투입
해상수송	100%	0%
가용 공중수송능력 (총공중수송능력의 90% 수준)	20%	80% (절반은 공군장비 수송에 투입)
민간 예비항공수송단	80%	20%
해상비축(해병 여단용)	개전 9일 후 도착	개전 9일 후 도착

* 출처 : Christopher Bowie 외, *The New Calculus*(RAND, 1993)에서 추출 조합.

그러나 '윈-윈' 시나리오와 관련하여 이미 1992년 초 미국 주요 언론 기관들이 논의한 내용을 보면 결정적인 문제점들이 예견되었다. 이러한 논의는 장차 클린턴 행정부의 국방장관으로 예정된 애스핀Les Aspin 의원이 BUR과 관련된 아이디어를 내놓으면서 시작된 것이었다. 아래의 〈표4〉를 보면 문제점이 보다 명료해진다.

〈표4〉 투입 전력 규모 대비(윈-윈)

구분	육군 사단	해병 원정군	공군 비행대대 / 비행단	중폭격기대대	항모전투단
걸프 지역	4⅔(7)	1(1⅓)	15 / 5 (24 / 8)	4(7)	3(4)
한반도	5⅓	2	16 / 5⅓	4	5
2개 지역 동시	10 ·	3	31 / 10⅓	4	8
클린턴 행정부 전력(추정)	10	3	60 / 20	?	10

출처 : *The New York Times*(1992. 2. 17), p. A8; *The Washington Post*(1992. 2. 20), pp. A1, A2 및 기타 자료에서 조합.

※ 걸프 지역 난의 괄호 안 수치는 사막의 폭풍 작전 대등 전력(Desert Storm Equivalent Force)

위의 표를 보면 2개의 MRC에 군사력을 투입하여 동시에 승리를 추구할 경우 공군력을 제외한 육군과 항모전투단은 전혀 예비전력이 남지 않는다는 것을 알 수 있다. 군사 상식에 비추어볼 때 이러한 전력 운용은 불가능한 것이다. 그럼에도 불구하고 애스핀 국방장관은 1993년 6월 25일 공식적으로 '윈-윈' 전략 채택을 공표했다.

'윈-홀드-윈' 전략 채택 시 제2지역(hold)이 될 수도 있다는 우려 때문에 여러 동맹국들과 언론들이 즉각적으로 비판의 날을 세웠다. 물론 애스핀 장관은 그러한 비판들을 이미 예상하고 고려했음에 틀림없다. 여하튼 결과적으로 미국의 군사력 수준은 감축되는 반면에 군사태세는 보다 과중한 임무 설정 쪽으로 기울었다. 이를 바꾸어 말하면, 능력이 안

되는데도 불구하고 표면상 그럴 듯한 군사태세를 내세웠다는 것이다.

미국은 1998 회계연도 이전에 당초 BUR에서 구상했던 군사변혁 대부분을 완료했다. 그러나 BUR은 '윈-윈' 전략에서 드러난 바와 같이 전력 규모 및 구조와 지향하는 군사태세 사이의 괴리를 메우는 데 실패했다. 즉, 능력과 목표 사이의 간격이 더 벌어졌다는 의미이다. 특히 현존하는 군사적 경쟁자가 없다는 전략적 현실에 안주하여 10~15년 이후의 장기 군사 기획에 소홀했다는 비판을 면키 어려웠다.

IV. 부시 행정부의 군사변혁 전략

아들 부시^{George W. Bush} 행정부는 또 한 번의 절박한 군사변혁 전환점에 처했다. 이번 군사변혁의 양대 화두는 단연 '정보화'와 '테러'였다.

사실 현대 군사변혁의 핵심은 신기술, 특히 정보기술에 바탕을 둔 것이며, 그 시발은 걸프전에서 나타났던 정밀무기체계의 가공할 위력에서 비롯되었다. 미 합참은 이미 1990년대 중반부터 'Joint Vision 2010'과 'Joint Vision 2020'과제를 통해서 정보기술에 바탕을 둔 장거리 정밀 타격 능력 제고에 변혁의 초점을 맞출 것을 강조해왔다. 그 요체는 속도와 정보였다.

다른 한편 2001년 9월 11일 뉴욕 무역센터 쌍둥이 빌딩에 대한 테러는 미 행정부와 국민들의 안보에 대한 기본 개념을 뿌리부터 흔들어놓았다. 미국은 일찍부터 테러 위협을 저강도 위협 목록에 올려놓고 주목해왔으나 9·11 테러 사태와 같은 규모와 방법에 의한 테러를 상정하지는 못했다. 아울러 9·11 테러의 배후에 알 카에다^{Al-Qaeda} 같은 국제적 조직이 세계적으로 퍼져 있다는 사실도 사태를 통해서 노출되었다. 이제 테러는 단순한 저강도 위협이 아니라 21세기에 직면하게 된 '새로

2001년 9월 11일 뉴욕 무역센터 쌍둥이 빌딩에 대한 테러는 미 행정부와 국민들의 안보에 대한 기본 개념을 뿌리부터 흔들어놓았다. 미국은 일찍부터 테러 위협을 저강도 위협 목록에 올려놓고 주목해왔으나 9·11 테러 사태와 같은 규모와 방법에 의한 테러를 상정하지는 못했다. 아울러 9·11 테러의 배후에 알 카에다 같은 국제적 조직이 세계적으로 퍼져 있다는 사실도 사태를 통해서 노출되었다. 이제 테러는 단순한 저강도 위협이 아니라 21세기에 직면하게 된 '새로운 전쟁'의 유형이 되었다.

운 전쟁'의 유형이 되었다. 미국은 우선 '국토안보부Department of Homeland Security'를 창설하여 연방, 주, 지방기관 등을 대테러 일원화 체제로 구축했다.

제4절에서는 이상의 양대 화두를 전제로 하고, 부시 행정부의 군사변혁의 향방을 좌우했던 2001년의 4년 주기 국방검토보고서'01 QDR, 2002년 1월의 핵태세검토보고서NPR, 그리고 2002년 9월의 국가안보전략서를 분석하겠다.

1. 2001년의 4년 주기 국방검토보고서('01 QDR)[12]

QDR이 처음 작성된 것은 클린턴 행정부 후기인 1997년 5월이었다. 미의회는 국방부로 하여금 4년마다 국방정책 전반에 걸친 검토 작업을 실시하도록 지시했다. 여기에는 정책·전략·획득 등 국방정책에서 다루어야 할 모든 분야를 포함하되, 특히 국방예산과 방위계획 사이의 균형을 재조정하기 위한 의도가 깔려 있었다. 즉, 클린턴 행정부 시대에 연간 약 2,500억 달러 정도로 하향 고정된 국방예산 속에서 미래에 대비한 전력 현대화(획득) 작업과 현존 군사력 운용·유지를 위한 작전 비용 사이에 갈등관계가 형성되었는데, 이를 조정해야 할 필요가 대두되었던 것이다.

'97 QDR이 나온 지 4년 후인 2001년 9월 30일에 '01 QDR이 나왔다. 당시에는 아들 부시 행정부가 출범한 첫해였고, 특히 9·11 테러 사태가 벌어진 직후였다. 비록 9·11 테러로 인해 서문을 비롯한 일부 작성 기조가 급히 변동된 것으로 알려져 있으나, '01 QDR의 기본 골격은 9·11 테러 사태 이전에 작성된 것이었다. '97 QDR 당시부터 이미 거론되어오

---

12 Department of Defense, *Quadrennial Defense Review Report*(30 Sep. 2001)

던 기본적인 방향틀, 즉 억제에 대한 새로운 개념의 개발 필요성, 능력에 기초한 전략 개발의 필요성, 미 본토 방어에 대한 강화 필요성, 비대칭 위협에 대한 대비의 필요성 등 국방기획의 원칙들과 전략 방향들이 '01 QDR에도 그대로 반영되었고, 이것들은 오히려 9·11 테러로 인해 그 타당성이 입증된 셈이었다.

'01 QDR에 나타나 있는 군사변혁 추진의 방향과 전략 개념을 살펴보자. '01 QDR은 우선 변화된 안보환경과 그로 인해 야기될 것으로 예상되는 다양한 위협평가에서부터 시작된다. 탈냉전 이후 본격적으로 진행되어온 세계화Globalization 추세는 세계 각 지역의 민주화와 번영, 그리고 안전을 도모하고 증진시키는 데 기여한 바 컸다. 그러나 세계화에도 음지는 있게 마련이었다. 특히 발칸 지역에서부터 중동 지역을 거쳐 서남아시아, 동남아시아, 극동의 일부 지역까지 연결되는 광범위한 저개발 지역은 경제적 빈곤과 정치적 억압, 그리고 불안정한 안보 등 불안한 안보환경에 처해 있었다. 이처럼 불안한 안보환경과 기타 요인들이 복합적으로 작용하여 21세기 초의 세계는 다양한 안보위협에 직면해 있었다.

'01 QDR은 당시의 안보위협을 대략 여섯 가지로 구분하고 있다. 첫째는 이라크와 같은 불량국가들의 존재였다. 이들은 이웃 나라들을 침략하기 위해 항상 기회를 엿보고 있었다. 둘째는 테러리스트들과 그들의 지원세력들이었다. 셋째는 대량살상무기WMD와 치명적인 재래식 무기의 확산이었다. 넷째는 석유·천연자원·수水자원 등을 놓고 벌어진 갈등관계였다. 다섯째는 인종·종교 갈등으로 인한 분쟁이었다. 여섯째로, '01 QDR은 중국으로부터의 위협 가능성을 언급하고 있다. 중국이 지정학적 욕심을 추구하려 할 경우 이는 미국의 이익이나 지역 안정에 위해가 될 수 있다는 것이었다. 여기에는 클린턴 행정부가 중국을 '전략적 동반자'로 여긴 데 반해, 부시 행정부는 '전략적 경쟁자'로 인식한 배경이 작용한 것으로 보인다. 이는 미국의 민주당과 공화당의 전통적 정책 기조가 그대로 반영된 것이다.

다음으로 '01 QDR은 국가방위 및 세계평화의 지속적 담보를 위해 네 가지 국방정책 목표를 제시했다. 첫째는 동맹국과 우방국들에게 확신을 심어주는 일이다. 해외에 주둔해 있는 미 군사력의 존재는 동맹국과 우방국들에 대한 미국의 공약을 상징하며, 미국은 이들과 안보협력을 증진시킴으로써 지역적 침략과 강압을 억제하는 데 도움을 주고자 한다는 것이다. 둘째는 미래의 군사적 경쟁을 시도하고자 하는 상대를 단념시키는 일이다. 미국은 정책과 전략, 그리고 이와 관련된 행동들, 보다 구체적으로는 연구·개발·실험 등을 통해 미국이 군사 능력의 핵심적 분야에서 우위임을 입증하거나, 그 능력 제고를 과시함으로써 미국과 경쟁하고자 하는 상대들의 의도를 사전에 좌절시키겠다는 것이다. 셋째는 미국의 이익에 대한 위협과 강압을 억제시키는 일이다. 억제를 위해서는 다방면의 접근방법이 요구된다. 결정적으로 중요한 어떤 지역에서의 억제를 달성하기 위해서 미국은 전 지구적 차원의 정보와 타격, 정보자산 및 이와 결합된 전진배치 전력의 능력을 제고해야 한다. 또한 어떤 적도 결정적으로 격퇴할 수 있는 신속 전개 및 타격 능력도 지속적으로 발전시켜야 한다. 끝으로 억제 실패 시에는 어떤 적이라도 결정적으로 격퇴하는 일이다. 미국은 국가 또는 비국가적 실체를 막론하고 그들이 미국과 그 동맹국들에 가하려는 모든 의지 강요를 분쇄할 수 있는 능력을 유지해야 하며, 여기에는 적대국의 체제 변경이나 영토 점령까지도 포함된다.

앞에서 언급한 위협의 다양화와 국방 목표를 감안하여 미국은 미 군사력이 당면하게 될 작전 양상도 점진적으로 다양화의 길로 접어들게 될 것이라고 예언한다. 장차 미군이 당면하게 될 작전 양상을 크게 두 가지 부류로 구분하고 있는데, 하나는 주요 국지전Major Theater Wars, MTWs[13]이고, 다른 하나는 여러 가지 소규모 분쟁들이다. 주요 국지전은 장차에도 미군이 수행하게 될 가장 주요한 전쟁 형태인데, 예컨대 대량 살상무기로 무장한 강력한 적대국이라든지 또는 미국에 적대하는 몇 개 나라들의 연합을 그 상대자로 상정할 수 있고, 심지어는 중국마저도 그 범주에서 제외되는 것은 아니라고 못 박고 있다. 한편 그 빈도가 증가되고 있는 소규모·저강도 분쟁의 범위는 종족분쟁, 대테러 작전, 제한된 규모의 위기 관여, 또는 평화유지 작전 등을 꼽고 있다.

'01 QDR에 의하면, 앞의 클린턴 행정부가 상정했던 '2개의 주요 지역분쟁MRC' 시나리오에 대한 집착은 사라진 것 같다. 그 대신 미군은 보다 신축적이고 다양한 능력을 갖추어야 한다는 것이다. 예컨대 미군이 상정하는 신新군사력 규모 기준은 ① 하나의 대규모 주요 국지전에서 적의 영토를 정복할 수 있어야 하고, ② 동시에 제2국지전에서 강력한 방어선을 구축할 수 있어야 하며[14], ③ 또한 몇 개의 소규모 분쟁도 수행할 수 있어야 한다.

부시 행정부의 국방부는 이러한 세 가지 임무를 동시에 대처할 수 있는 전력 규모를 대략 미국이 당시 보유하고 있던 현존 전력 수준으로 보고 있었으며, 다만 2개의 주요 국지전(걸프 지역+한반도) 대비 능력보다는 다목적·다기능의 능력을 보유하기를 원했다. 참고로 '01 QDR에 나타난 미국의 현존 전력은 246쪽의 〈표 5〉와 같다

다목적·다기능 능력 발휘를 위해 해외주둔 미군은 주둔 지역 동맹국의 국경방위 임무 위주에서 벗어나 전력 투사를 위한 지역적 구심점 regional hub 역할 쪽으로 전환될 것이며, 이럴 경우 해외주둔군은 본토로부터 오는 전력과 결합하는 방식에서 '구심점hub' 기능을 수행하는 개념이다. 따라서 미 본토에 주둔하는 전력은 쾌속 이동수단을 갖추고 있

---

13 주요 지역분쟁(Major Regional Contingencies: MRC)의 다른 표현이다.

14 윈-홀드-윈(Win-hold-Win) 전략 개념에 가까운 표현이다.

〈표 5〉 미국의 현존 전력

구분	내용	
육군	사단(현역 / 주방위군)	10 / 8
	현역 기갑기병연대 / 경기병연대	1 / 1
	증강된 독립여단(주방위군)	15
해군	항공모함	12
	전투비행단(현역 / 예비역)	10 / 1
	상륙준비단	12
	공격잠수함	55
	수상전투함(현역 / 예비역)	108 / 8
공군	현역 전투비행대대	46
	예비역 전투비행대대	38
	예비역 방공대대	4
	폭격기(전술용)	112
해병대 (3개 원정군)	사단(현역 / 예비역)	3 / 1
	전투비행단(현역 / 예비역)	3 / 1
	전투지원단(현역 / 예비역)	3 / 1

출처 : Department of Defense, *Quadrennial Defense Review Report*(30 September 2001), p. 22.

다가 소요가 필요한 지역사령부 작전을 지원하게 되는 것이다.

　미국의 국방 지도자들은 통상 미래의 안보환경에 대비한 군사변혁을 추진함에 있어서 단기·중기·장기로 구분하여 각각에 적합한 철학, 즉 추진 전략을 구상한다. '01 QDR에 의하면, 미군은 단기적으로 고도의 전투대비태세를 유지하기 위해 좋은 훈련과 좋은 장비를 갖추고 전투지속력을 지녀야 하며, 현대식 합동교리 체제에 능숙해야 한다. 미군의 전투력은 현재도 세계 최강 수준이므로 능력 향상을 위해 그리 서두를 필요는 없으나, 점진적으로 매년 조금씩 강화해나간다면 10년쯤 후에는 지금보다 25~50% 전력 향상이 이루어질 것으로 본다고 기술하고 있다.

중·장기적으로는 고도의 적응력과 신축성 그리고 전투지속성을 갖추는 방향으로 변혁을 추진한다는 것이다. 미래의 불확실한 상황과 작전적 소요에 대비하기 위해서 미 전투력은 그때그때에 맞추어 조합했다가 재조합했다가 할 수 있는, 마치 블록을 짜 맞추는 식의 신축 구조와 기능으로 변혁되어야 한다. 결코 어떤 한 시점 또는 한 가지 전략 목표에 초점을 맞추는 경직된 접근방법은 금기시되어야 한다는 것이다.

결국 부시 행정부가 추진하고자 했던 군사변혁 전략에 의하면, 미군은 단기적으로 고도의 전투준비태세를 갖추어야 하고, 중기적으로는 신축성과 적응성 제고에 초점을 맞추며, 장기적으로는 먼 미래에 가용하게 될 '괴상한' 새 기술과 무기체계, 교리들을 흡수할 준비를 갖추어야 한다는 것이었다.

당시 미국에서 추진되었던 군사변혁은 클린턴 행정부에서 시작되고 부시 행정부에서 도약의 계기를 맞이했다. 그러한 시점에서 '01 QDR은 미 군사변혁의 새로운 목표를 제시했다는 중요한 의미를 띠고 있었다. 그 핵심은 미 본토와 정보 네트워크를 보호해야 한다는 것, 원격 전장에 대한 다양한 전력 투사와 유지를 통해 적을 분쇄한다는 것, 그리고 정보 및 우주과학 기술을 지렛대로 삼겠다는 것 등이었다.

'01 QDR이 발표된 지 2달쯤 후인 2001년 11월 26일, 럼스펠드Donald Rumsfeld 국방장관은 군사변혁의 일관된 추진을 위해 장관 직속의 '전력변혁국Office of Force Transformation' 창설을 발표했으며, 그 책임자로 미 해군 예비역 중장인 세브로우스키Arthur K. Cebrowski를 임명했다. 그에게는 군사변혁을 추진할 수 있는 전권이 부여되었으며, 그 결과 그에게 '변혁황제Transformation Czar'라는 별명까지 붙여졌다.

2. 핵태세검토보고서(NPR)

부시 행정부의 군사변혁 가운데 핵전략 부분은 '01 QDR에서 빠져 있다. 미 국방부는 이 부분을 후속 보고서로 발표할 예정이라고 전했었다. 그것이 2002년 1월의 핵태세검토보고서Nuclear Posture Review, NPR였다.

원래 부시 행정부는 출범 초기부터 전략군 변혁의 필요성을 강조했다. 즉, 근간은 미사일방어Missile Defense, MD 계획의 추진과 핵억제 개념의 전향적 변화를 추구하는 것이었다. 이 가운데 후자가 NPR과 관련된 부분이다.

NPR을 논의하기 전에 우선 MD부터 간략히 짚고 넘어가겠다. 냉전 시기에 미·소 양국은 전면 핵전쟁의 재앙을 막기 위해 '탄도탄 요격미사일 제한협정Anti-Ballistic Missile Treaty'을 1972년에 체결했다. 그리고 '상호확증파괴Mutual Assured Destruction, MAD'의 가능성을 남겨두기 위해 '방패'의 숫자를 각각 두 군데로 제한했다. 이로써 미·소 양국은 어느 쪽이 먼저 선제공격을 하더라도 공격자를 공멸로 빠뜨릴 수 있는 보복력의 여지를 서로 나눠 갖게 했던 것이다. 이러한 공멸의 공포가 역으로 20세기 후반기를 으스스하나마 평화의 시대로 만든 요인이었다.

그런데 20세기의 마지막 10년 시기에 그러한 메커니즘을 결정적으로 뒤흔든 몇 가지 사태가 일어났다. 소련이 와해되어 전면 핵전쟁의 가능성은 크게 줄었지만, 몇몇 불량국가에 핵·미사일·생화학무기 등 대량파괴무기가 확산되었고, 소련 대신 중국이 미국의 강력한 경쟁자로 떠오르게 되었다.

미국은 불량국가들의 위협으로부터 미 본토를 방위하기 위한 국가미사일방어NMD망과 해외주둔 미군 및 동맹국들을 보호하기 위한 전역미사일방어TMD망 등을 구상하다가 드디어 2001년 5월 1일 이 둘을 합친 개념의 미사일방어MD 계획을 내놓았다.[15] 요컨대 불량국가들이나 잠재 경쟁국과의 대화는 지속하되 '힘'을 통해 설득과 견제에 나서기 위한 수단으로 MD가 필요하다는 것이었다.

그러나 조무래기 불량국가 몇몇 때문에 미국이 수천억 달러를 쏟아부을 각오를 하고 이 법석을 떤 것은 아니다. MD는 미국이 대내적으로 엄청난 재정 투자를 통해, 군사과학·기술이 선도하는 첨단과학의 세계적 주도권 유지 및 경제 활성화의 지속, 그리고 대외적으로는 21세기의 잠재 경쟁국인 중국을 겨냥한 장기적 포석이었다.

중국 견제를 위한 '세(勢)'의 판짜기는 이미 일본-인도-호주와의 전략적 제휴의 모습으로 드러났었다. 세계전략의 무게중심을 아시아로 옮기겠다는 명확한 의지 표명, '아시아의 영국'이 되라면서 일본의 역할 강화를 부추긴 점, MD 발표 직후 즉각 찬성에 나선 호주와 인도 등 그 윤곽은 당시에 이미 뚜렷했다.

어쩌면 이러한 미국의 세계전략 구상은 로마Pax Romana, 1~200 와 영국Pax Britannica, 1814~1914에 이어 21세기를 '미국에 의한 평화Pax Americana'의 세기로 만들겠다는 미국 나름의 원대한 꿈의 포석이었으며, MD는 그러한 판짜기 의지의 시발점이었다고 할 수 있다.

MD는 클린턴 행정부 때에도 상당한 관심을 가지고 추진되었으나, 기술적 접근에서 부시 행정부와 차별성이 있었다. 즉, 클린턴 행정부는 지상기지로부터의 요격체제를 선호했던 반면, 부시 행정부는 연구·개발에 더 집중 투자하여 미래 기술을 응용한 다차원의 요격체제를 선호했다. 예를 들면, 부시 행정부는 지상기지 요격체제와 아울러 항공탑재 레이저 시스템, 해상 요격체제Navy Area Wide System, 그리고 우주탐지기능 Space-Based Infrared Sensor System 까지도 MD 계획안에 포함하여 구상했다.

한편, 전략군 태세 변혁과 관련하여 또 하나의 축인 핵억제 개념 전환

---

15 부시 대통령의 미 국방대학교 연설(2001. 5. 1)에서 NMD·TMD 대신 MD라는 용어가 등장했다. *The New York Times*, 2001. 5. 2.

논의는 NPR로 나타났는데, 이는 한마디로 상호확증파괴MAD와 같은 보복적·전통적 억제에서 벗어나, 신사고新思考에 입각한 새로운 유형의 전략적 안정을 창출해보자는 의도를 담고 있었다.

NPR 역시 이미 클린턴 행정부 당시인 1994년에 의회에 보고된 바 있으며, 1997년 중간 검토 과정을 거쳐 부시 행정부로 이어졌다. NPR은 원래 미 국방부가 의회에 보고하는 비밀 핵정책보고서인데, 미 의회는 2001 회계연도 국방수권법안을 통해 향후 5~10년간의 미국의 핵정책 방향에 대한 검토 보고서 제출을 요구한 바 있다. 이에 따라 미 국방부는 에너지부와 공동으로 NPR을 작성하여 2002년 1월 8일 의회에 제출했던 것이다.[16]

당시 NPR의 주요 내용을 요약하면 다음과 같다.

첫째, 냉전시대의 보복적 핵전력에만 의존하는 전략태세를 가지고는 21세기에 직면하게 될 잠재적 위협에 대응하는 데 적절하지 못하다는 문제의식을 바탕에 깔고 있다. 따라서 미국의 전략군은 어떠한 침략도 저지할 수 있는 핵 및 비핵 옵션을 제공할 수 있어야 하고, 적이나 우방 모두에게 미국의 단호한 결의를 보여줄 수 있는 능력을 갖추어야 한다는 것이다.

둘째, 새로운 전략태세 구축을 위해 종래의 핵전력 3각 지주Triad(전략핵폭격기, ICBM, SLBM)를 대체할 수 있는 신 3각 지주New Triad 체제의 수립을 제안했다. 즉, ① 핵 및 비핵무기를 조합한 공격적 타격 시스템을 구축하고, ② 미사일방어MD 체계를 중심으로 한 포괄적 방어체계의 구축, 그리고 ③ 새로운 위협에 적시에 대처할 수 있는 방위 및 핵개발 인프라를 강화하자는 것이다. 이 신 3각 지주는 첨단화된 지휘·통제(C2),

---

16 http://globalsecurity.org/wmd/library/policy/dod/npr.htm에 17쪽 분량의 NPR 요약본이 게재되어 있다. 원문은 56쪽으로 알려져 있다.

정보(I), 기획(P) 능력에 의해 통합되고 뒷받침되어야 한다는 것이다.

셋째, 유사시 핵무기 사용 대상국으로 7개국을 지목했다. 러시아, 중국 등 핵 보유국 외에 부시 대통령이 '악의 축Axis of Evil'으로 규정한 북한, 이라크, 이란, 리비아, 시리아를 포함시켰다. 이들 7개국을 동일한 위협 수준으로 평가하지는 않고, 다만 악의 축 5개국은 즉각적immediate · 잠재적potential · 돌발적unexpected 상황 모두에 관련이 있다고 지목했다. 중국에 대해서는 "적대적이지는 않지만" 즉각적 · 잠재적 상황에 관련될 수 있다고 보았으며, 러시아에 대해서는 "냉전기와는 달리 미국과 갈등관계를 가지고 있지 않으며, 협조적인 관계로 발전하고 있기 때문에 핵 타격을 가할 상황은 예상되지 않는다"라고 평가했다. NPR은 미국의 잠재적 핵 공격 대상 국가를 늘렸다는 점에서 주목을 끌었다.

넷째, 핵무기를 사용할 수 있는 개연적 상황을 종전보다 훨씬 폭넓게 상정했다. 그러한 상황으로는 ① 재래식 무기로는 파괴할 수 없는 목표물, 즉 지하 군사시설Hard and Deeply Buried Target, HDBT들을 파괴해야 할 때, ② 상대방의 핵 및 화생무기 공격에 대한 응징 보복 시, 그리고 ③ 예기치 않은 돌발적 사태 발생 시를 꼽았다. NPR은 이러한 상황들에 사용하기 위해 첨단 소형 특수 핵무기 개발의 필요성을 제시했다. 미국은 아프가니스탄 전쟁을 치르는 과정에서 현존 재래식 무기를 가지고 동굴을 완전히 파괴하는 데 한계를 느꼈다. 또한 북한 등 전 세계 불량국가들 모두가 다양한 HDBT들을 가지고 있었기 때문에, 테러의 근거나 WMD 은닉처 등을 뿌리 뽑기 위해 소형 특수 핵무기(핵 벙커버스터 bunker-buster)가 필요하다는 인식이었다.[17] 미 핵안전청NNSA은 이미 핵탄두를 장착한 지하 벙커 관통탄의 개발에 나섰던 것으로 알려졌다.

---

17 당시 세계 70개국에 약 1만 개의 지하시설이 있었고, 이 가운데 1,100~1,400개 정도는 대량 살상무기(WMD) 제조 및 비축용, 미사일기지, 지휘통제소 등으로 파악되었다.

다섯째, 실전배치 핵무기의 탄두 수를 당시 재고의 3분의 2 수준까지 단계적으로 감축한다. 당시 약 6,000개의 전략 핵탄두를 2007년까지 3,800개, 2012년까지는 1,700~2,200개 수준까지 일방적으로 감축하겠다는 것이었다. 미국과 러시아 대통령들은 이미 2002년 5월 24일 정상회담에서 이러한 감축 내용을 골자로 하는 핵감축협정에 서명한 바 있다.

그러나 미국은 감축 탄두를 폐기하지는 않고, 유사시 재배치할 수 있도록 비축한다는 계획을 갖고 있었다. 이는 일방적 핵 감축에도 불구하고 적정 수준의 핵전력을 유지하겠다는 의도에서 나온 것이다. 2012년까지 미국은 기존 전략핵군사력을 '미니트맨 III' 대륙간탄도미사일 ICBM 500기, 트라이던트Trident 핵잠수함SSBN 14척, B-52 폭격기 76대, B-2 폭격기 21대 등으로 조정할 계획이었다.

한편, 미국은 핵무기의 유지·강화 및 효율적 관리를 위해 1992년부터 지켜온 핵실험 유보 조치test moratorium를 해제할 수 있음을 강력히 시사했다. 또한 미 에너지부가 규정한 핵실험 준비 상태test readiness 기간을 단축하는 조치도 강구했다. 즉, 핵실험 재개 결정 시점부터 실질적 핵실험 시점까지 2~3년으로 되어 있던 당시의 준비 기간을 대폭 단축한다는 것이었다.

이상에서 NPR의 주요 내용을 살펴보았는데, 그렇다면 NPR에 담겨 있는 함의들은 무엇일까?

첫째는 미국이 인식하는 안보환경의 변화이다. 냉전시대 미국에게는 소련의 핵전력이라고 하는 명확한 위협의 실체가 있었고, 이것을 억제하기 위해서는 상호확증파괴MAD 개념에 입각한 3각 지주 핵전력을 유지했다. 그러나 탈냉전, 특히 9·11 테러 사태 이후 자살을 무릅쓰는 테러로부터 미 본토를 방어하고 해외주둔 미군과 우방국들도 지켜내야만 하게 되었다. 확정적 위협 대신 불특정 잠재 위협 대상이 증가된 것이 당시의 안보환경이었다. NPR은 이미 '01 QDR에서 천명된 바와 같이, 특정 위협 대비에서 불특정 다수의 위협 대비 체제로 전략을 전환한다는 것을 전제로, 불확실하고 유동적인 미래 안보 위협에 대처 가능하도록 핵 전략태세 자체도 유연성을 확보하겠다는 점을 분명히 했다.

당시 이 지구상에는 12개의 핵무기 개발국, 28개의 탄도미사일 보유국, 16개의 화학무기 생산국, 13개의 생물무기 보유국이 있었는데, 이들 모두가 미국에 대해 치명적인 위해를 가할 수 있는 잠재 위협으로 꼽혔다. 미국은 이러한 불특정 다수의 위협에 1 대 1로 일일이 대응할 수 없다고 보았기 때문에, 다양한 위협을 모두 제압할 수 있는 방향으로 전략을 바꾸었다. 즉, '위협 기초 접근threat based approach'에서 '능력 기초 접근capability based approach'으로 전환했다. 결국 NPR은 위협의 주체가 점점 더 다양화되어가던 당대와 미래의 안보환경에 대처하기 위한 '대응핵전략'의 청사진이었다고 할 수 있다.

NPR의 두 번째 함의는 핵 사용 가능성과 선제 핵공격nuclear preemption 의지를 명백히 표시했다는 점이다. 사실 미국은 당시까지 핵 선제 사용을 명확히 부정한 적도, 그렇다고 공식적으로 인정한 적도 없었다. 그러나 NPR은 이제 필요시 선제공격도 할 수 있다는 가능성의 문을 열어놓았다는 의미가 있었다.

과거에는 서로 핵무기를 사용하지 않는다는 전제 하에 탄도탄미사일 ABM협정, 전략핵무기제한협정SALT, 전략핵무기감축협정START 등을 통해 핵 질서를 유지해왔다. 그러나 이제 미국은 이러한 것들에 더 이상 얽매이지 않겠다는 것을 분명히 했다. 왜냐하면 새로이 떠오른 위협 주체들(특히 테러 단체들)은 이러한 합의를 존중할 집단이 아니었기 때문이다. 뿐만 아니라 과거의 전략은 상대방이 가장 아파하는 대상, 즉 이른바 '가치표적'[18]을 가격할 수 있는 능력을 보유함으로써 상대방을 억제할 수 있었는데, 미국은 지킬 것이 너무 많은 데 비해서 테러리스트들 같은 미국의 적은 지킬 대상이 거의 없었다. 그래서 미국의 입장에서 보면 이제는 수단에 있어서뿐만이 아니라 지킬 대상에 있어서도 비대칭 상황이 되고 말았으며, 이런 상황에서는 억제가 도저히 불가능하기 때문에 사전에 위협의 근원 자체를 선제적으로 제거하는 전략이 필요하다는 논리였다.

이러한 NPR의 논리는 대량파괴무기가 테러와 결합되는 것을 무슨 수를 써서라도, 즉 핵을 사용하고, 선제공격을 가해서라도 결단코 막겠다는 강력한 의지의 표현이었다.

셋째, 이러한 대응 수단과 방법의 다양화 전략을 NPR은 '확신assure', '만류dissuade', '억제deter', 그리고 '격퇴defeat'라는 네 가지 개념으로 표현했는데, 이는 일종의 실전實戰 태세contingency response, 혹은 war-fighting의 의미를 내포하고 있다. 이 네 가지 개념은 미국의 4대 국방정책 목표이자 대량살상무기의 대對확산 및 대테러전 수행의 지침, 그리고 나아가서는 대러·대중 핵전략의 일환이기도 했다.

'확신'이란 미국이 다양한 핵 대응력을 갖춤으로써 미국은 물론 우방국들에게까지 안보우산을 제공하여 우방국들로 하여금 미국의 안보 공약을 확실히 신뢰하게 만들고, 그리하여 그들이 불필요한 대량살상무기 개발을 하지 않도록 한다는 것이다. '만류'란 미국의 압도적인 핵 대응력을 적대세력들에게 인지시킴으로써 감히 미국과의 무기경쟁에 나서거나 적대의 의지를 당초부터 갖지 못하도록 만류적 설득 효과를 노린다는 것이다. '억제'란 이미 적대 의도와 수단을 갖고 있는 상대라 하더라도 미국의 타격 의지와 타격 능력 때문에 공격 결정을 못하도록 만드는 것이다. 끝으로 '격퇴'란 억제가 실패하여 적대세력이 공격을 해오더라도 신속하고 완벽하게 적을 패퇴시킴을 뜻하나, 여기에는 사

---

18 인구밀집지역(도시), 핵심 산업시설, 혹은 핵심 군사표적 등 피격을 도저히 감내하기 어려운 목표물을 가치표적이라 한다.

전에 적의 공격 수단을 제거하기 위한 선제공격의 가능성까지도 함께 상정하고 있다. 이러한 개념들은 이미 '01 QDR에도 들어 있다.

미국은 이미 핵확산금지조약NPT을 가지고는 더 이상 핵확산을 비롯한 대량파괴무기의 확산을 막을 수 없다고 보았다. 그래서 확산을 저지하는 '비확산non-proliferation'에서 '대확산counter-proliferation'이라는 보다 적극적 태세로 바꾸게 되었다. 따라서 그 수단도 기존의 대량보복용 전략 핵억제 능력과 더불어, 재래식 정밀타격 수단과 결합된 소형 특수 핵무기를 구비함으로써 불량국가들이나 테러 집단들에 대해 실질적인 억제 및 타격 능력을 갖겠다는 것이었다.

미국은 여기에다 MD, 선진 방산 인프라, 그리고 앞에 기술한 신 3각 지주 등 다양하고 압도적인 핵 및 비핵 전력을 구비한다는 것이었다. 이는 미국이 러시아와 중국 같은 기존의 핵 강국들에 대해 확실한 핵 우위를 점유하고, 불량국가들의 발호를 저지하며, 테러 집단들의 도발을 분쇄할 수 있는 능력을 갖춤으로써, 결국 미국이 주도하는 일방주의적이고도 단극적unipolar인 신新국제질서를 구축하겠다는 장기적인 비전을 담고 있었다.

3. 2002년 국가안보전략서[19]

2002년 9월 17일에 발표된 부시 행정부의 '국가안보전략서National Security Strategy of the U. S. A.'(이후 NSS로 표기)는 2001년 9월에 발표된 '01 QDR과 2002년 1월에 나온 NPR의 내용 및 개념들을 포괄적으로 종합하는 상위 차원의 안보전략을 담고 있다. NSS는 원래 「골드워터-니콜스 법

---

19 http://www.whitehouse.gov/nsc/nssall.html에 총 27쪽 분량의 *The National Security Strategy of the United States of America*가 실려 있다.

Goldwater-Nichols defense reorganization act 」(1986)에 의거해 대통령이 의회에 제출하는 것으로, 2002 NSS 보고서에는 부시 대통령이 각종 연설에서 밝혀온 테러 및 대량살상무기 등에 대한 그동안의 입장도 총망라되어 있다.

NSS는 서문과 미국의 국제전략 개관을 제외하면 모두 8개의 장章으로 구성되어 있다. 그것들은 ① 인간 존엄성의 옹호, ② 국제 테러리즘 분쇄와 미국 및 우방들에 대한 공격 방지를 위한 동맹 강화, ③ 지역분쟁 해소를 위한 공조, ④ 적대세력들의 대량파괴무기를 이용한 위협 방지, ⑤ 자유시장·자유무역을 통한 국제경제 성장의 새 시대 촉진, ⑥ 사회개방과 민주주의 기반 구축을 통한 개발권역 확대, ⑦ 강대국들과의 협력을 위한 의제 개발, ⑧ 21세기의 도전과 기회에 부응하기 위한 국가안보기구의 변혁 등이다. 우선 NSS의 주요 내용들을 살펴보겠다.

첫째, 인간 존엄성의 옹호이다. 우선 미국의 안보전략은 인간의 자유와 존엄성 수호를 최고의 가치로 여기는 미국의 국가이익에 기초한다. 따라서 미국의 대외정책과 국제협력의 목표는 자유의 확산과 독재의 척결이다. 이는 미국의 건국 이념인 인권과 자유, 민주주의의 확립, 그리고 이러한 이념들을 전 세계적으로 확산시켜야 할 의무가 미국에게 있다고 하는 소위 '선언된 운명Manifest Destiny'의 재천명에 다름 아니다. NSS는 이에 따라 보다 구체적으로 자유 증진과 인간 존엄성 훼손을 막기 위해 국제기구 내의 활동을 강화하고, 자유 증진을 위해 비폭력적으로 투쟁하는 세력들에게 대외원조를 실시하며, 인권을 거부하는 정부들에게는 압력을 가함과 동시에 민주국가들과는 단결과 협조를 추구한다고 천명했다.

둘째, 국제 테러리즘 분쇄와 미국 및 우방국들에 대한 공격 방지를 위한 동맹 강화이다. 이를 위한 미국의 최우선 순위는 국제 테러 조직의 분열과 파괴, 그리고 그들 리더십의 공격에 초점을 맞춘다. 즉, 지휘, 통제, 통신, 물질적 지원, 재정적 지원 등을 분쇄하여 그들을 고립시킨다는 것이다.

테러 조직의 분쇄 방법은 이러하다. 우선 테러 조직과 대량파괴무기 획득 노력을 하는 테러리스트, 또는 테러리즘의 후원·옹호·성역 제공 국의 운신 폭을 제한한다. 위협이 미국 국경에 닿기 전에 테러의 위협을 확인하고 분쇄한다. 국제 사회의 지지를 확보하기 위한 노력을 지속하겠지만, 필요시 선제행동을 불사하며 자위권 행사를 위해 미국 단독으로 일방적 조치를 하는 것도 망설이지 않겠다.

테러리즘에 대한 이념 전쟁에는 다음과 같은 것들이 포함된다. 우선 테러를 노예제도, 해적, 또는 인종 학살 등과 똑같은 차원에서 다룬다. 이슬람권 국가들의 온건파 내지 개혁 성향 정부들을 지원하여 이곳에 테러리즘의 근거를 없앤다. 국제적 노력을 통해 테러리즘을 잉태시키는 내재적인 조건들을 감소시킨다. 악의 축 국가들 안에서 자유의 희망과 갈망이 싹틀 수 있도록 지원한다.

미국의 본토 안보를 위해 부시 행정부는 대대적인 정부 조직 개편을 단행하고 연방정부, 지방정부, 공공 및 민간 분야의 협력을 총괄하는 체제를 갖춘다. 이를 위해 국토안보부Department of Homeland Security를 창설하고, 새로운 통합적 군 지휘체제를 강구하며, 연방수사국FBI의 근본적 재정비에 나선다.

셋째, 지역분쟁 해소를 위한 공조이다. 미국은 지역분쟁의 확산을 방지하고 인명피해를 최소화하기 위해 동맹국 및 우방국들과 긴밀한 공조체제를 유지할 것이다. 그러나 미국의 정치적·경제적·군사적 자원이 한정적이라는 점을 감안하여, 지역 위기에 대처할 국제 관계 및 기구 구축에 시간과 자원을 투자할 것이다. 그리고 스스로 문제를 풀 준비와 의지가 없는 국가들에 대한 지원은 제한할 것이고, 스스로의 역할을 수행할 태세가 되어 있는 국가들에 대해서는 필요한 장소와 시간에 전폭적인 지원을 할 것이다. NSS는 이어서 분쟁의 위험성을 안고 있는 지구상의 여러 지역·국가들을 차례로 거론하고 있다.

넷째, 적대세력들의 대량파괴무기를 이용한 위협을 방지하는 분야이다. NSS는 우선 불량국가들rogue states의 공통적 특성을 이렇게 적시하고 있다. ① 자국민들을 탄압하고 통치자의 개인적 이익을 위해 국가 자원을 남용한다. ② 국제법을 무시하고 주변국들을 위협하며 국제 조약을 예사로 위반한다. ③ 침략적 목적을 위해 대량파괴무기, 첨단 군사기술 획득에 매달린다. ④ 테러리즘을 지원한다. ⑤ 인권을 부정하며 미국적 가치를 증오한다.

따라서 미국은 이러한 불량국가들을 포함한 적대세력들이 대량파괴무기를 써서 위협을 가하기 전에 중단시켜야 한다. 이를 위해 동맹을 강화하고, 과거 적대적 세력들과도 새로운 동반자 관계를 구축하고, 현대 기술을 이용한 혁신, 정보의 획득과 분석 능력을 제고시켜야 한다.

대량파괴무기에 대처하는 포괄적 전략은 다음과 같은 내용들을 포함한다. ① 적극적인 대확산 노력을 기울인다. 위협이 작동하기 이전에 억제하고 방어해야 한다. 대확산 노력은 군의 교리·훈련·장비 등과 연계하는 등 군사변혁과 본토안보 체제와도 통합되어야 한다. ② 적대세력들이 대량파괴무기 제조에 필요한 물질, 기술, 전문가들을 얻지 못하도록 차단해야 한다. ③ 피해를 최소화하기 위한 사후 대책·관리 방안도 강구해야 한다.

무엇보다도 적대세력들은 대량파괴무기를 사용 가능한 무기, 즉 공 갈과 침략의 수단으로 여기기 때문에 전통적인 억제 개념만으로는 효과적으로 제어할 수 없다. 따라서 미국은 과거와 같은 수동적 태세에 의존할 수 없으며, 적이 먼저 타격해오기를 기다릴 수는 없다.

따라서 NSS는 그러한 적대행위를 사전에 방지 내지 중지시키기 위해 선제행동이 필요하다는 점을 다시 한 번 강조하고 있다. 선제행동을 뒷받침하기 위해서는 적시적이고도 정확한 정보를 필요로 하며, 이를 위해 정보 능력 통합을 추진해야 한다. 또한 신속·정확한 작전 수행이 가능하도록 군사변혁과 정비가 계속되어야 한다는 것이다.

다섯째, 자유시장·자유무역을 통한 국제경제 성장의 새 시대 촉진이다. 이는 세계경제 강화를 통해 번영과 자유가 증진될 때 국가안보가 증진된다는 논리에 근거하고 있다. 미국은 경제적 개입정책economic engagement policy을 통해 생산성 향상과 지속적 경제성장을 도모하고자 한다. 여기에는 기업투자, 혁신, 기업가적 활동을 촉진시킬 수 있는 감세정책, 법치주의와 부패에 대한 저항, 건전한 금융체제와 재정 정책, 건강과 교육 등 복지에 대한 투자, 그리고 무엇보다도 자유무역을 표방하는 내용 등이 포함된다.

오늘날 자유무역은 경제학의 주춧돌일 뿐만 아니라 하나의 '도덕적 원칙'으로 떠올랐다. 미국은 자유무역 증진을 위해 다음과 같은 포괄적 전략을 제시하고 있다. ① 범세계적 및 지역적 차원에서 주도권을 쥐고 이 원칙을 추진한다. ② 양자 간 자유무역협정FTA을 활성화한다. ③ 행정부와 의회 간의 동반자 관계를 보완한다. ④ 무역과 개발 간의 연계성을 증진시킨다. ⑤ 불공정한 관행에 대항하는 무역협정 및 법률을 발동한다. ⑥ 국내 산업과 노동자들의 적응을 위해 지원한다. ⑦ 환경과 노동자를 보호한다. ⑧ 에너지 안보를 강화한다.

여섯째, 사회개방과 민주주의 기반 구축을 통한 개발권역 확대이다. 이것은 지구상의 빈민들에게도 '개발과 기회'가 제공되게 함으로써, 보다 안전하고 번영된 세계를 만들어가자는 취지에서 비롯되었다. 미국은 이러한 목표를 달성하기 위해서 다음과 같은 주요 전략들을 추진하고자 한다. ① 개혁을 추진 중인 국가들에 대한 지원을 제공한다. ② 세계은행 및 기타 개발은행들의 효율성 향상으로 삶의 질을 높인다. ③ 빈곤 국가들의 삶 향상에 실질적인 도움이 되는 개발 원조 방안을 마련한다. ④ 차관 대신 보조금 형태의 개발 원조를 증대시킨다. ⑤ 상업 활동 및 투자를 촉진할 수 있도록 사회를 개방한다. ⑥ 공공보건과 교육의 중요성을 강조한다. ⑦ 농업 분야 개발을 위한 원조를 지속한다.

일곱째, 강대국들과의 협력을 위한 의제의 개발이다. 이는 미국이 자신의 국가안보전략을 추진함에 있어서 유럽과 아시아 국가들, 그리고 러시아 및 중국과도 일정 범위 안에서 세계 문제를 함께 논의하겠다는 의지를 담고 있다.

미국은 우선 새로운 안보환경에 대처 가능한 NATO의 신新구조와 능력 개발을 요구하면서, 이를 위해 다음과 같은 제안을 한다. ① 방위 분담을 할 의지와 능력이 있는 국가들을 영입함으로써 회원국을 확대한다. ② 나토군이 연합작전을 수행할 수 있는 전투 기여를 할 수 있어야 한다. ③ 나토군이 효과적 다국적군이 될 수 있도록 기획 과정을 발전시켜야 한다. ④ 나토군 개혁에 기술적 및 '규모의 경제'의 이점을 최대화해야 한다. ⑤ 지휘 구조의 융통성과 전력 구조의 훈련·통합성을 높여야 한다. ⑥ 개혁과 아울러 동맹국으로서 함께 싸울 수 있는 능력을 유지해야 한다.

다음으로는 아시아에 있는 미국의 동맹국들이 대테러 전쟁에서 지역적 안정과 평화의 토대임을 강조하면서, 동맹과 우호관계 향상을 위해 다음과 같은 조치를 하겠다고 밝혔다. ① 지역적 및 세계적 문제에 있어서 일본의 선도적 역할을 권장한다. ② 대북한 경계 유지와 장기적 지역 안정을 위해 한국과 협력한다. ③ 50년간 지속되어온 호주와의 동맹협력을 더욱 증진시킨다. ④ 동맹국들에 대한 공약의 반영과 미국의 필요에 따라 지역 내 미군 전력을 유지한다. ⑤ 아시아의 역동적 변화 관리를 위해 ASEAN, APEC, 그리고 기존의 동맹들을 활용한다.

한편, 러시아와는 전략적 이익이 많은 부분에서 일치하며, 대테러전에서의 협력관계에 만족을 표시하고, 러시아의 세계무역기구WTO 가입을 촉구하고 있다. 그러나 여전히 이견이 남아 있는 부분은 현실주의적 입장에서 조율해나갈 것임을 천명하고 있다. 미·중 관계는 아태 지역의 안보, 평화, 번영에 매우 중요하나, 중국이 경제적으로 발전하는 것에 맞추어서 정치적·사회적 자유를 허용할 것을 촉구했다.

마지막으로 여덟째, 21세기의 도전과 기회에 부응하기 위한 국가 안보기구의 변혁 문제이다. 즉, 새로운 시대적 상황의 도래에 따라 미국 군사력의 근본적인 역할을 재확인해볼 시점에 처해 있다는 것이다. NSS는 미군의 최우선 순위는 미국을 방어하는 것이며, 이를 위한 4대 군사태세(혹은 목표)를 제시하고 있다.

이는 '01 QDR과 NPR에서도 이미 똑같이 제시된 확신, 만류, 억제, 격퇴의 개념이다. 즉, 미국의 동맹 및 우방국들에게 확신을 심어주어야 하고, 미래의 군사경쟁을 단념하도록 설득해야 하며, 미국의 이익과 동맹국 및 우방국들에 대한 위협을 억제해야 하고, 억제 실패 시에는 어떤 적도 결정적으로 격퇴시켜야 한다.

불확실한 미래의 안보 도전들에 대처하기 위해, 미국은 언제 어디에서 전쟁이 일어날 것인지보다는 적이 어떻게 싸울 것인지에 더 초점을 맞추어야 하며, 다음과 같은 개념에 입각해서 변혁을 도모해야 한다고 밝혔다. ① 미국은 앞으로도 서유럽과 동북아시아 일대에 기지 및 주둔시설을 필요로 한다. ② 원거리 지역에서의 우발 상황에 대해 단시간 내에 대응하기 위해 첨단 원거리 감시 장치, 장거리 정밀타격 능력, 기동 및 원정군 등의 자산 개발이 필요하다. ③ 새로운 전쟁 수행 방법의 실험, 합동작전의 강화, 과학기술 및 정보 우위의 이점을 최대한 활용하는 것 등이 변혁의 주요 초점이다. ④ 대통령에게 보다 폭넓은 군사적 선택권을 부여하고, 국방부는 재정 관리와 동원 및 유지 분야의 변혁을 이루어야 한다.

NSS는 정보의 중요성을 특히 강조하면서, 다음과 같은 조치들이 필요하다고 밝혔다. ① 중앙정보국장의 권위를 강화해야 한다. ② 보다 완벽한 통합 경고를 제공하기 위해 정보 경고의 새 틀을 짜야 한다. ③ 정보 수집의 새로운 방법들을 개발해야 한다. ④ 아측의 정보 능력을 보호하기 위한 대책도 강구해야 한다.

이상에서 NSS의 주요 내용들을 살펴보았는데, 부시 행정부의 2002 NSS는 미국이 9·11 테러 이후 대테러 전쟁의 전시 상황에 처해 있음을 밝힌 가운데, 미국이 세계 유일의 초강대국임을 과시하는 일종의 일방주의적 안보전략 개념을 담고 있다.

NSS의 핵심 함의들은 이러하다. 우선 첫째로, 미국이 주도하는 국제질서의 판짜기는 대테러 전쟁을 기준으로 해서 미국의 대테러 전쟁에 지지를 보내는 국가들은 우방이고, 반대하는 국가들은 적으로 분류된다. 이는 이미 2001년 9월 20일 부시 대통령의 미 의회 연설에서 천명된 것으로서,[20] 과거 지정학적 고려에 따라 우방을 선택하던 기준 대신 과거를 불문하고 대테러 전쟁에 참여하면 신新국제질서 속에서 동반자로 여기겠다는 의미이다.

두 번째의 핵심 개념은 선제공격 선언이다. 선제행동의 필요성은 이미 부시 대통령이 2002년 1월 29일 연두교서에서 밝힌 대로 "적이 때리기 전에 미국이 먼저 공격한다"는 것으로,[21] '01 QDR과 '02 NPR에서도 거듭해서 언급되고 있다. 미국은 전통적으로 적의 가시적인 동원 및 기동으로 공격이 임박했다고 판단될 경우에 한해서 제한적으로 선제공격의 정당성을 인정해왔다. 그러나 9·11 테러에서 나타난 것처럼, 적대 세력들이 언제 어디서 어떤 양태로 공격해올 것인지 예고된 조짐이 명확하지 않은 상황에서 그냥 손 놓고 공격을 기다릴 수만은 없다는 것이

---

20 http://www.whitehouse.gov/news/releases/2001/09/print/20010920-8.html, "Address to a Joint Session of Congress and the American People".

21 http://www.whitehouse.gov/news/releases/2002/01/print/20020129-11.html, "President Delivers State of the Union Address".

다. 더구나 적대세력들은 점점 더 대량파괴무기라는 수단과 테러를 결합해나갈 가능성이 높아지고 있다. 따라서 미국은 적극적으로 적을 찾아내고 선제행동으로 그들의 의도와 수단을 제거 내지 분쇄하겠다는 것이다. 이를 위해 미국은 적시적이고도 정확한 정보 획득을 가능케 할 수 있도록 국내외 정보 능력을 통합하고, 신속·정확한 작전 수행이 가능하도록 군사변혁을 지속해나가겠다는 것이다.

끝으로 클린턴 행정부와 부시 행정부의 국가안보전략 개념을 비교해보면 9·11 사태 이후 미국의 전략이 어떻게 돌변했는지를 일목요연하게 파악할 수 있다. 다음 〈표 6〉은 그 내용들을 요약 정리한 것이다.[22]

〈표 6〉 클린턴 행정부와 부시 행정부의 국가안보전략 비교

구분	클린턴 행정부(민주당)	부시 행정부(공화당)
선제공격	• 동맹국과의 협조를 강조하며, '선제공격' 용어 미사용 – "가장 이득이 되는 경우나 다른 대안이 없을 때 일방적으로 행동할 수 있도록 항상 준비돼 있어야 함" – "우리의 안보 목표 가운데 다수는 우리의 영향력과 능력을 국제기구와 동맹국들을 통해서, 또는 그때그때의 동맹의 지도자로서 행사할 때 가장 잘 달성되거나 혹은 그 같은 방법으로만 달성됨"	• '선제행동' 용어 명시적 사용, 동맹국과 협조보다는 미국의 절대적 우위의 군사력에 의존하는 일방주의 강조 – "미국은 국제 사회의 지지를 유도하기 위해 지속적으로 노력하겠지만, 필요한 경우 자위권 행사를 위해 일방적으로 행동하는 것을 주저하지 말아야 함" – 테러 지원국이나 도피처 제공국에 대해서 "국가로서의 의무를 받아들이도록 설득하거나 강제할 것임"
국제조약	• 국제조약 · 협정의 역할에 상당한 비중 부여 – "군비통제와 비확산조약은 국가안보전략의 핵심적인 부분이며, 국가방위 노력에 필수적인 보완 역할을 함" – "탄도탄요격미사일(ABM) 협정은 전략적 안정의 초석으로 남아야 하며, 미국은 포괄적 핵실험 금지조약(CTBT)이 효력을 유지할 수 있도록 계속 노력할 것임"	• 미국의 국익추구를 위한 자위적 노력 표명과 함께, 비확산의 문제점을 지적, 능동적 · 포괄적 대확산 정책 추구 – "핵비확산조약(NPT) 등에도 불구, 북한, 이라크, 이란 등은 WMD 획득" – "국제형사재판소(ICC)의 관할권이 미국 시민들에게는 미치지 않도록 할 것임" – "향후 10년간 미국의 이산화탄소 배출량을 경제활동 단위별로 18% 감축"하는 자발적 목표 설정(교토의정서에 대해서는 미언급)

〈뒤에 계속〉

구분	클린턴 행정부(민주당)	부시 행정부(공화당)
군사 전략	• 억제전략에 우선을 둔 윈-윈 전략 제시 – "예측 가능한 장래에 미국은 억제력을 갖추어야 하며, 억제가 실패할 경우 동시에 발생하는 2개의 원거리 대규모 전쟁에서 승리해야 함"	• 봉쇄 및 억제전략 포기, 미국의 군사적 우월성에 대한 도전 불용과 위협을 사전 제거할 능력 구비 – 능력에 근거한 국방기획/ 잠재적 적국 거부 정책 명확화 – "미국은 적국이 미국과 우방에 자신의 의지를 강요하려는 시도를 물리칠 수 있는 능력을 유지해야 함" – "우리는 위협이 현실화되기 전에 억제하고 방어해야 함" – "우리의 군사력은 잠재적 적국이 미국의 힘을 능가하거나 대등해지려는 의도를 지니고 군사력 증가를 추구하는 것을 단념시킬 수 있을 만큼 강해야 함"
세계 경제 성장	• 안정적이고 탄력 있는 국제금융 시스템의 구축을 위한 노력과 개도국들에 대한 부채탕감에 중점 • 국제통화기금(IMF)의 개방성 확대와 '사회, 노동, 환경 문제'도 강조	• 자유시장과 무역자유화를 통한 국제경제 성장 • 사회개방과 민주주의 지향 국가들에 대한 개발 지원 강조/ 테러의 근원을 치유하기 위한 세계적 차원의 공동 지원 강구 및 주도
동 북 아	• 중국의 위협을 예방하기 위한 예방외교, 개입과 확대 전략 구사: 중국을 전방위 협력의 파트너로 격상 • 동북아 안정 유지 위해 10만 미군 주둔	• 중국의 반테러 연합에 대한 기여는 인정하나 중국이 민주화되지 않는 한 일정거리 유지/ 군사적 경쟁국 가능성 우려 • 동북아 계속 주둔 유지하나, 동북아 외 지역 미국 기지 및 시설 필요성 천명 • 일본의 세계적·지역적 지도자 역할 인정 • 세계 전략의 일환으로 동북아 MD 구축 추진 • 대만의 자주적 방위 능력 재확인
북한	• 북한을 '불량국가'에서 '우려국가'로 분류 • 북한과 협상을 통한 핵과 미사일 위협 감소 • 김정일을 믿을 수 있는 지도자로 규정	• 북한을 '악의 축'으로 규정한 이후, 세계 2대 '불량국가'로 재규정 • 북한의 대량살상무기 위협을 실제적 위협으로 규정/ 포기 않을 시 선제공격도 불사 시사 • 북한 정권을 독재, 실패한 국가로 치부/ 정권과 주민을 분리 취급

22 한용섭·허남성, "미국의 신(新)국가안보전략서 평가 및 대응방향", 수시현안보고서(국방대 안보문제연구소, 2002. 9), pp. 7-8에서 전재.

V. 미국 군사변혁 전략의 전개 방향

앞에서 살펴본 바와 같이 부시 행정부의 '01 QDR, NPR, 그리고 '02 NSS 보고서들은 한결같이 새로운 안보환경, 특히 9·11 테러 사태 이후 불명확하고 불특정 다수의 다양한 안보위협에 효과적으로 대처하기 위해 미국이 군사변혁에 나서야 한다고 주장하고 있다. 제5절에서는 미국이 현재와 미래의 정보화시대에 군사변혁을 도모함에 있어서 어떠한 요소들을 변혁의 도마 위에 올려놓고 있었는가, 그리고 보다 구체적으로 군사변혁을 추진하면서 어떠한 신작전 개념을 상정하고 있었는가를 살펴보고자 한다. 이것들은 앞으로 전개될 미국의 군사변혁 방향을 예견하게 해주는 시금석이 될 것이다.

군사변혁을 논할 때에 기본적인 착안은 이러하다. 군사력의 특성force characteristics 가운데 어떤 범주를 변환시켜야 그 군대의 전체 역량과 전장기능(전투 수행 능력)이 향상될까 하는 점이다. 이는 원인과 결과, 또는 투입inputs과 산출물outputs의 관계와 같다. 군사력의 특성은 투입이고 군의 역량과 전투 수행 기능은 산출물이다. 이들을 통틀어 군사변혁 요소라 부른다.

군사력 특성의 변혁은 세 가지 범주로 구분되는데, 곧 기술과 무기의 변혁, 군 구조의 변혁, 작전 분야의 변혁 등이다. 이 세 가지 범주는 각각 다섯 가지의 하부 요소로 구성된다. 이들을 요약하여 개관하자면 266쪽〈표7〉과 같다.

군사변혁의 대상은 〈표7〉 가운데 3개의 범주 안에 들어 있는 15개 하부 요소들인데, 물론 이것들이 모두 동시에 변환되는 것은 아니다. 어느 요소를 어느 정도, 어떤 시간대를 가지고 변환시키느냐에 따라 산출 부분의 기능 향상 분야와 향상 정도가 결정될 것이다.

그리고 이 요소들 간의 조합과 강도의 조절 등으로 말미암아 변혁의

〈표 7〉 군사변혁의 요소

투입 : 군사력 특성의 변혁	산출 : 군 역량 및 전장 기능 향상
① 기술과 무기의 변혁 • 정보체계 및 망 • 기술 및 그 하부 요소 • 현존 무기체계 • 신기반(new platforms) • 스마트 탄약	• 신속 배치 능력의 향상 • 화력·기동·생존성·지속성의 향상 • 임무 수행 및 작전 능력 향상 • 괄적인 전략 및 분쟁 대비 능력 향상 • 적응력 향상: 전략적 반전, 유턴 시 대응 능력
② 군 구조의 변혁 • 전투부대 구조 및 조직 • 군수지원 및 수송 • 지휘구조 및 지휘·통제·통신·컴퓨터·정보· 　감시·정찰체계(C4ISR) • 국내 인프라 및 기지 • 해외주둔·기지·설비 자산	
③ 작전의 변혁 • 전투력의 연결체계 • 합동 교리 • 각 군 교리 • 지역사령관의 작전계획 및 전역계획 • 동맹국들과의 작전호환성	

출처 : Rchard L. kugler & Hans Binnendijk, "Choosing a Strategy," in Hans Binnendijk(ed.), *Transforming America's Military*(Washington, D. C.: NDU Press, 2002), p. 61.

폭과 속도는 매우 다양하게 진행될 수 있다. 예컨대 새로운 무기체계를 도입한다고 할 때, 새로운 화포와 새로운 전투기 도입을 통해서 색다른 전술 용도에 충당한다고 해서 그것이 무기체계의 신기반new platforms 구축을 의미하는 것은 아니다. 신기반이란 유인전투기 대신 로봇 전투기를 도입한다든가, 중전차 대신 경장갑차를 도입하는 것, 항공모함전투단 대신 초계함과 잠수함을 도입하는 것, 또는 기갑사단을 미사일과 공격헬기를 갖춘 기갑여단으로 바꾼다든가 하는 변환을 의미한다. 이 경우에는 매우 폭넓고 근본적인 변혁이 이루어진다.

한편, 새 기술과 무기체계의 조합은 새로운 작전교리를 유도하겠지만, 그렇다고 그것이 곧 군 구조나 조직의 변환으로 이어지는 것은 아니다. 역으로, 무기체계는 그대로 두고 군 구조와 교리를 바꾸는 것만으로도 전투 능력과 작전 형태, 전장 기능의 다양화 등을 달성할 수 있으며, 이 경우 겉으로는 별다른 변환이 안 일어난 것처럼 보일지라도 실제로는 매우 의미 있는 변혁과 능력 향상이 성취된다.

군사변혁에는 또한 시간대timelines에 대한 고려가 매우 중요하다. 대체로 5~10년의 중·단기 변혁에 있어서는 부분적 변환이 유리하다. 이 기간 중에는 이미 나와 있거나 곧 출현하게 될 기술 및 무기체계를 도입하고, 군 구조나 기반의 변환을 그다지 폭넓게 할 필요는 없다. 반면에 15~20년을 내다보는 장기적 변혁을 추구할 때는 급진적이고도 전면적인 변환을 취할 수 있다. 이 경우 장기 목표를 위해 중·단기 군사력 개선은 의도적으로 건너뛸 수 있다. 그러나 이것은 물론 상당한 모험을 필요로 한다. 결국 관건은 부분적·제한적 변혁이냐 아니면 전면적·급진적 변혁이냐의 양 극단 사이에서 어떤 절충점을 어떤 지혜를 가지고 찾아내는가 하는 점이다.

미국도 당시 두 가지의 전략 선택 사이에서 치열한 논쟁을 전개했다. 첫 번째 선택은 '점진적 변혁' 전략'steady as you go' strategy이고, 두 번째 선택은 '혁명적 변혁' 전략'leap ahead' strategy이다. 전자는 말 그대로 서서히 가는 것이다. 신무기 도입은 현재 연구·개발이 어느 정도 진행 중이어서 조만간 출현할 대상 가운데서 고르고, 미래의 연구·개발에 대한 새로운 투자를 너무 과도하지 않게 하며, 군 구조 및 작전 개념 변환도 신중하게 추진하자는 것이다.

반면에 후자는 신속·과감한 변혁 전략으로서 그만큼 위험 부담도 감수해야 한다. 앞으로 15~20년, 혹은 그보다 더 먼 미래를 내다보면서 무기체계도 지금 출현 중인 것은 건너뛰고, 전혀 생소하고 기발한 아이디어와 미래 기술에 주목하며, 군 구조 및 교리도 급진적으로 변환하자는 것이다.

그러나 문제는, 전자는 자칫하면 꼭 필요한 만큼의 변혁을 달성하는 데 미흡할 가능성이 있고, 반대로 후자는 너무 많은 변혁이 잘못된 방향으로 지나치게 추진되어 돌아오지 못할 다리를 건너간 상태가 될 위험성을 안고 있다는 것이다. 따라서 이 두 전략을 조화시키는 것이 필요하다. 즉, 합목적적이고, 충분하고도 세밀히 계산된 변혁으로 나아가야 한다는 것이다. 이를테면 단기적으로는 현존 전력이 고도의 준비 상태를 유지할 수 있도록 하고, 중기적으로는 신축성과 적응력 제고 방향으로 변환하며, 장기적으로는 새로운 체계 도입을 조심성을 가지고 하도록 유도해야 한다. 따라서 군사력 현대화를 위해 새롭게 떠오르는 무기체계에 의존하는 한편, 신기술이 이용 가능할 때에는 이에 대한 실험을 왕성하게 시도하는 것이 실패를 줄이는 방안이다.

구체적으로 보자면, 정보화시대에 맞추어 합동작전을 보다 효과적으로 수행할 수 있도록 현존 군 구조를 재조직reorganize하고 개량reengineering하는 길을 모색하는 것이 필요하다. 또한 닥쳐올 도전에 맞설 수 있는 미래의 전투 능력 창조를 유도할 새로운 작전 개념 도입에 주력해야 한다.

요컨대 미국의 군사변혁 전략은 계속성continuity과 변화change 사이의 균형 내지 조화를 찾는 것이다. 가까운 장래에도 미군이 세계적으로 압도적인 우위를 견지하는 한편, 그보다 먼 장래에 닥치게 될 다양한 위협을 효과적으로 다룰 수 있는 새로운 능력을 갖추게 만들자는 것이다.

한편, 군사변혁이 성공적으로 추진되려면 그것이 건전한 작전 개념에 의해 유도되어야 한다. 즉, 미 군사력이 어떻게 준비되고, 어떻게 배치되고, 어떻게 운용되느냐 하는 지침이 매우 중요하다는 의미이다. 2000년에 합동참모부에서 작성된 'Joint Vision 2020(JV 2020)'은 당대

방위계획의 주요 지침서였다.[23] JV 2020의 주요 작전 개념은 정보의 우위, 압도적 기동력, 정밀 접적, 완벽한 방호, 그리고 정제된 군수 등이다.

성공적 군사변혁을 위해 필수불가결의 마지막 요소는 적절한 재정 지원의 지속이다. 미국은 세계에서 그 어떤 경쟁국과도 비교할 수 없을 만큼의 국방비를 쓰고 있다. 그러나 세계 유일 군사 초강대국의 입지를 계속 지켜나가려면 계속적인 군사변혁을 추진해야 하고, 변혁에는 돈이 든다. 부시 행정부는 출범 이래 국방비를 지속적으로 증액해오던 중, 9·11 테러 사태 이후 첫 번째 맞는 회계연도인 2003 회계연도[FY 2003] 국방예산 요구를 전년도 대비 480억 달러나 증액했다.[24] 이는 레이건 행정부 이래 20년 만에 보는 최대 규모 증액이었다. 그러나 2002년 11월 13일에 연방 상원이 최종 승인한 2003년도 국방예산은 3,930억 달러로서, 연초에 예상했던 3,800억 달러보다도 더욱 증가된 액수였다.[25] 여기에는 100억 달러의 대테러 전쟁 예산, 78억 달러의 MD 개발 예산, 52억 달러의 F-22 스텔스 23대 구입 예산 등이 포함되어 있다.

참고로 1996년~2003년 미국 국방예산의 증가 추이는 다음 〈표 8〉과 같다.

〈표 8〉 미 국방예산의 증가 추이

연도(FY)	1996	1997	1998	1999	2000	2001	2002	2003
예산 (억 달러)	2,661	2,703	2,713	2,923	3,041	3,106	3,320	3,930

출처 : 《중앙일보》(2002. 1. 25)와 《조선일보》(2002. 11. 15)에서 추출 조합.

---

23 Joint Staff, Joint Vision 2020(Washington, D. C. : GPO, June 2000)

24 증액 관련 보도는 《중앙일보》, 2002. 1. 25 참조. FY 2003 기간은 2002. 10~2003. 9이다. 따라서 FY 2002에는 테러 사태 반영이 불가능했다.

25 《조선일보》, 2002. 11. 15.

VI. 소결론

21세기에 막 접어든 시점에 미국은 '벼락같은' 안보 위기에 처해졌다. 탈냉전을 맞아 새로운 국제질서 구축을 향해 움직여온 지 10여 년, 2001년 9월 11일 갑자기 닥친 테러 사태는 잠자고 있던 미국인들의 본토안보 인식을 뿌리째 흔들어놓았던 것이다. 어쩌면 9·11 테러 사태는 미국인들의 안보관을 근본적으로 바꾸어놓았다고 해도 과언이 아니다.

비록 1814년 영국과의 전쟁 시에 수도인 워싱턴이 영국 전함들의 함포사격으로 불바다가 된 적이 있었고, 1941년 일본의 진주만 기습이 있었으나, 이후에는 외부의 침공으로부터 안전하다고 자부해왔던 미국의 영토가 테러리스트들에 의해 피격된 것이다. 그것도 미국의 심장부인 뉴욕에서 미국 번영의 상징인 무역센터 쌍둥이 빌딩이 동시에 피격되어 붕괴됨으로써 미국인들의 자존심도 함께 무너졌다.

그러나 문제는 그러한 테러가 일과성에 그치지는 않을 것이라는 사실이다. 테러리스트들은 이제 점점 더 보편화되어가는 대량파괴무기를 손에 넣을 개연성이 높아지고 있으며, 미국에 닥칠지도 모를 또 다른 테러 공격은 앞선 경우보다 더욱 재앙적일 수도 있다. 미국은 당연히 테러를 21세기의 새로운 전쟁 형태로 선언하고 대비책 강구에 나섰다.

한편, 미국은 이미 클린턴 행정부 당시부터 21세기에 도래할 정보화시대에 맞추어 군사변혁을 시도해야 할 필요성을 내다보고 있었다. 미국은 제2차 세계대전 이후 반세기가 넘도록 여러 차례 군사변혁의 파도를 겪었지만, 그 기반platforms이 근본적으로 뒤바뀐 적은 없었다. 그것은 기본적으로 그 시대가 산업화시대industrial age였다는 속성이 크게 작용했기 때문이다. 그러나 21세기에는 전혀 새로운 기술과 아이디어들이 쏟아져나올 것이고, 어쩌면 상상 속의 일들이 어느 날 눈앞의 현실로 나타날 수도 있을 만큼 변화의 속도도 빠르다. 미국이 21세기에도 여전히 군사 초강대국으로 남아 있기 위해서는 이러한 변화에 능동적으로 대응해야 한다는 것이 미국 전략가들의 생각이다.

이러한 대내외로부터의 압력이 오늘날 미 군사변혁의 동인動因이 되고 있다. 그러나 문제는 있다. 보통 군사변혁은 신무기체계가 급박하게 필요하거나, 제압해야 될 뚜렷한 적이 눈앞에 있으면서도 스스로의 능력이 모자랄 때 변혁의 방향이나 방법을 명확하게 규정할 수 있다. 그러나 오늘날의 미군은 이미 어떤 경쟁자도 없을 만큼 압도적으로 강하며, 앞으로도 상당 기간 손쉽게 도전자들을 제압할 수 있을 것이다. 따라서 미국은 군사변혁의 방향과 방법을 강구함에 있어서 선두주자로서 스스로의 기준을 설정해야 하는데, 미래 안보환경의 불투명성과 미래 기술의 경이적 변화 속도 때문에 기준 설정 자체가 매우 어렵다는 문제를 안고 있다.

이럴 경우 역사적 경험에서부터 교훈을 얻는 것은 매우 유익하다. 미국 역시 군사변혁을 추진함에 있어서 자신들의 과거 경험을 매우 중요한 지침으로 여기고 있다. 따라서 이 장章에서는 우선 미국의 과거 경험 가운데 실패의 사례와 성공의 사례들을 살펴보았고, 클린턴 행정부의 경험, 그리고 부시 행정부의 방향 설정과 관련된 중요 문서들을 분석했다.

앞으로 미국의 군사변혁을 위한 지도 지침이 될 안보정책, 군사전략 방향 등은 QDR, NPR, NSS 등에 들어 있기 때문에, 이러한 문서들에 대한 분석의 한 전형을 제시하고자 했다. 부시 행정부 당시의 문서들에 대한 분석 결과, 그 요체는 이러하다. 미국은 힘을 바탕으로 한 국가이익 우선의 외교정책을 추진할 것이고, 세계질서의 주도국으로서 동맹 및 우방 관계를 강화하되 상응한 책임도 요구할 것이며, 어떠한 적대세력도 억제·격퇴하되 필요시 선제행동도 불사한다는 것이다.

미국은 군사변혁 추진 시 지나친 획일성이나, 신기술에 대한 과도한 신봉도 경계하겠다고 한다. 변혁에 너무 심취한 나머지 변혁이 이상한 방향으로 내달아서 그 결과 필요 이상으로 첨단화된 군이 운영·유지 등 비용만 잡아먹는 '공룡'으로 변한다면 큰 골칫거리가 아닐 수 없다. 따라서 아무리 새로운 기술, 새로운 아이디어들도 채택 전에 반드시 좋고 나쁜 결과들을 예측해보고 신중한 실험 과정을 거쳐야 한다는 것이다.

또한 군사변혁 전략의 핵심은 계속성continuity과 변화change 사이의 조화이다. 현존 전력의 상당 부분은 계승하되 변환이 필요한 부분은 과감히 수술칼을 대야 한다. 변혁은 효과적인 통제·관리가 가능할 정도로 충분히 '느린 속도'로, 그러면서도 의미 있는 성과가 나올 수 있을 만큼의 '빠른 속도'로 진행되어야 한다. 이를테면 가장 바람직한 전략은 고도로 목표 지향적이고, 치밀하게 계산된 변혁이어야 한다는 것이다.

결론적으로, 목표 지향적이고 치밀하게 계산된 변혁 전략에는 다음과 같은 개념들이 포함된다. 첫째, 새로운 개념과 신기술은 채택 전에 여러 조건 하에서 신중한 시험·실험 과정을 거친다. 둘째, 실험 체계도 실수(또는 실패)할 수 있다. 따라서 이에 대비하는 후보 계획을 확보해야 한다. 셋째, 작전 운용의 초점을 '합동'에 맞춘다. 합동성을 높이는 것이야말로 군사변혁의 핵심 중의 핵심이다. 넷째, 장기적 안목 못지않게 중기(6~10년) 차원의 변혁 전략이 중요하다. 어떤 면에서 중기 계획은 단기와 장기를 잇는 '교량 역할'을 하면서 현존 전력과 미래 전력 사이의 간극을 메워줄 수 있다. 다섯째, 중기를 고려할 때에 현존 전력의 개량reengineering 가능성을 잊지 말아야 한다. 경제성을 고려한다면 더욱 그러하다. 여섯째, 최첨단 기술에 의한 첨단 전력spearhead force은 전체 전력의 10% 정도면 족하다.[26] 관건은 이러한 첨단 전력과 개선된 기존 전력 사이의 균형과 조화이지, 첨단 전력의 많고 적음이 아니다.

그러나 군사변혁이 아무리 중차대하고 필수불가결의 과제라 하더라도 이에 따르는 몇 가지 위험요소들은 반드시 짚고 넘어가야 한다.[27]

첫째, 변혁된 군을 가지고도 효과적으로 대응할 수 없는 분쟁 유형들이 있음을 잊지 말아야 한다. 예컨대 테러리스트들의 공격을 완벽하게 예방하는 일, 어떤 특정 지형에서의 전투, 큰 전투손실에도 불구하고 결코 쉽게 굴복하지 않는 대적大敵을 상대로 하는 장기간의 분쟁 등을 상정해볼 수 있다. 군사변혁을 모든 경우에 다 맞는 방식으로 할 수는 없기 때문에 어떤 분야에 관한 한 빈 곳이 있을 위험 가능성은 피할 수 없다. 즉, 완전무결한 변혁이란 애당초 가능하지가 않다는 뜻이다. 결국 여기서도 '선택과 집중'이 요구될 수 있다.

둘째, 변혁의 결과 미국의 군사 능력이 획기적으로 제고될 경우 미국(또는 미군)은 동맹의 필요성을 덜 느끼게 되고, 따라서 독자적·일방적 경향으로 흐르게 될 위험성을 안고 있다. 군사변혁이 성공적이면 성공적일수록 이러한 경향은 더 두드러질 수 있다. 심할 경우 미국을 외교 고립으로 몰고 갈 가능성마저 있다.

셋째, 성공적 변혁의 결과 강화된 미국의 군사주도권은 다른 나라들의 원망을 살 가능성도 그만큼 더 높아질 수 있다. 때로는 역설적으로 더 많은 적을 양산할 위험성도 내포하고 있다.

넷째, 아무리 정교화된 첨단 무기·장비가 나오더라도 기계가 낼 수 있는 착오나 실수는 있기 마련이다. 예컨대 고도로 자동화된 무기체계가 아군이나 우군을 오인 타격할 수 있는 가능성은 늘 있다.

끝으로, 성공적인 군사변혁의 결과 미국이 적은 비용(또는 부담)으로 쉽게 승리할 수 있음이 입증될 경우, 미국은 전쟁을 외교 행위의 '마지

---

26 Andrew F. Krepinevich, "Cavalry to Computer: The Pattern of Military Revolutions," *The National Interest 37* (Fall, 1994), pp. 30-42 참조. 제2차 세계대전 개전 당시 독일은 기갑부대·기계화부대·근접항공·통신부대 등이 결합된 '전격전 부대'를 전군의 10~15% 정도밖에 보유하지 않았다. 다만 운용 개념상 독일은 집중 운용했고, 비슷한 수준의 군 규모를 가졌던 프랑스는 분산 운용했다. 결과는 프랑스의 참패였다. 허남성, "제2차 세계대전", 『세계전쟁사』(서울: 황금알, 2004), pp. 272-281, 300 참조.

27 Binnendijk, *Transforming America's Military*, Introduction, p. xxx 참조.

막 수단'이라기보다 우선적으로 고려할 수 있는 수단으로 여기게 될 개연성이 높아진다. 즉, 전쟁을 '정책의 수단'으로 더 손쉽게 활용하려는 유혹에 빠질 수 있다는 뜻이다. 이렇게 되면 범세계적으로 군비경쟁이 가속화되고 지구촌은 평화로부터 더 멀어지게 될 것이다.

그렇다고 해서 이러한 위험요소들이 군사변혁을 늦추거나 망설이게 할 이유가 되지는 못할 것이다. 다만 미국의 정치·군사지도자들이 그러한 문제점들의 상존을 신중하고 지혜롭게 고려할 필요는 있다.

CHAPTER 8

북한 핵 문제와 한반도 안보

이 장에서는 지난 22년간 진행되어온 북한 핵 위기의 배경과 경과를 정리해보고, 북한이 핵을 가지려는 의도와 그것이 우리 안보에 지니는 함의를 살펴보겠다. 그리고 과연 북한은 핵을 포기할 가능성이 있는지를 추정해본 다음, 앞으로의 핵 타결 전망과 그 과정에서 우리가 경계해야 할 재앙적 시나리오를 예방적 차원에서 논의할 것이다. 끝으로 우리가 취해야 할 전략을 제시함으로써 소결론을 갈음하겠다.

* 제8장은 필자가 1993년 이래 발표한 여러 글들(논문, 보고서, 논평 등)의 논의들을 종합한 것이다. 특히 "핵 확산의 동기론적 배경 연구: 이스라엘의 사례를 중심으로"(2000)와 "Multilateral and Comprehensive Approach for North Korean Nuclear Settlement: A South Korean Views" (2003)를 중점적으로 참고했다.

I. 서론

우리는 지금 어떤 의미에서 민족의 운명을 판가름 지을 역사적 기로에 서 있다. 북한 핵 때문이다. 북한이 핵 보유국이 되면서 한반도의 주도권을 쥐고 공산화 통일(소위 '강성대국')의 길로 나아가느냐, 아니면 북한의 붕괴가 앞당겨지고 자유민주화 통일의 길이 열리느냐의 갈림길이 그것이다.

북한의 핵 문제는 단순히 군사적 문제만도 아니고, 정치·외교적 문제만도 아니며, 혹은 한국만의 문제나 미국만의 문제나 동북아 지역만의 문제도 아니다. 그것은 참으로 복잡한 복합적 문제이고, 그 영향과 파급효과가 어디까지 미칠지 가늠하기조차 어렵다. 그 문제가 겉으로 돌출된 1993년 이래 무려 22년이 흘러갔으나, 해결의 실마리는 전혀 보이지 않는 가운데 종기는 오히려 살 속으로 자라서 곪고 마침내는 터지기 직전의 상태로까지 진전되었다.

이 문제를 어떻게 해결해야 할까? 겉으로 드러난 종기에 소독약을 바르고 고약을 붙인 다음 좀 더 두고볼 것인지, 아니면 종기를 뿌리까지 칼로 도려내고 새 살이 돋기를 바랄 것인가? 문제는 이 종기가 악성 등창이라서 종기나 또는 몸 가운데 어느 쪽인가의 생명이 끝나야 해결될 지경에 이르렀고, 미국이라는 의사의 손에만 의지할 수도 없는 형편이 되고 말았다는 것이다.

그러나 북한 핵 문제가 실로 복합적이고, 다양한 이해 당사자들의 이해관계가 얽힌 의제라고는 하지만, 가장 절박한 이해 당사자는 한국과 북한이다. 한국과 북한은 1945년 분단 이래 남북에 서로 대립적인 체제와 이념의 성을 쌓고 생사존망의 싸움을 벌여왔다. 이 싸움은 어정쩡한 중간 영역의 해결점이란 없고, 결국은 어느 한 쪽이 쓰러져야만 끝나게 되어 있다. 그런데 북한은 지금 '핵'이라는 '금단의 절대무기'를 거의 손아귀에 쥐게 된 상황을 연출하며 지난 수십 년간 열세였고 거의 패배 직전인 이 싸움을 일거에 역전시키려 하고 있다. 그런데 이 싸움은 단순히 남북 어느 한쪽만의 승패로 귀결되는 것에 그치지 않고, 우리 한민족이 세계 역사 속에서 웅비하느냐 아니면 나락으로 떨어지느냐를 판가름할 것이다. 지혜를 모으고, 밤을 새워 논의하고 또 논의해도 결코 넘치지 않을 의제가 아닐 수 없다.

여기에서는 이러한 논의의 한 장場을 여는 의미에서 다음과 같은 내용과 순서로 꾸며보았다. 우선 지난 22년간 진행되어온 북한 핵 위기의 배경과 경과를 정리해보고, 북한이 핵을 가지려는 의도와 그것이 우리 안보에 지니는 함의를 살펴보겠다. 그리고 과연 북한은 핵을 포기할 가능성이 있는지를 추정해본 다음, 앞으로의 핵 타결 전망과 그 과정에서 우리가 경계해야 할 재앙적 시나리오를 예방적 차원에서 논의할 것이다. 끝으로 우리가 취해야 할 전략을 제시함으로써 소결론을 갈음하겠다.

II. 북한 핵 위기의 배경과 전개 양상

북한이 핵무기에 관심을 갖기 시작한 것은 무려 반세기 이전부터이다. 북한은 6·25전쟁이 정전으로 마무리된 직후부터 핵무기를 포함한 대량살상무기WMD에 관심을 갖기 시작했다. 이는 기술적 문제를 떠나 한·미 동맹군과의 군사력 경쟁에서 궁극적으로 열세를 만회하기 위해서는 재래식 전력이 아닌 비대칭적 전력에 눈을 돌릴 수밖에 없다는 북한 나름대로의 전략적 선택의 결과였다. 그리하여 북한은 1960년대 이후

---

1 1992년의 남북기본합의서는 '한반도 비핵화' 내용을 포함하고 있다. 필자가 북한 핵 문제의 심각성에 대한 정보를 처음 접한 것은 1992년 11월 무렵, 미국 정보당국자의 비공개 브리핑을 통해서였다.

부터 소련과 핵 기술자 양성을 위한 다각도의 협력을 통해 꾸준히 핵 개발의 길을 걸어왔다. 마침내 1990년대 초 북한의 핵 문제는 국제적 관심의 장으로 떠올랐다.[1]

1993년부터 시작된 제1차 북한 핵 사태는 1994년의 '미·북 제네바 핵합의Agreed Framework'로 봉합되는 것처럼 보였다. 당시 클린턴 행정부는 제네바 합의에 의해 북한의 핵 위협은 사라졌다고 자랑스럽게 선언했다. 그러나 그것은 단지 8년 동안 한국을 포함한 자유세계가 거짓 평화의 달콤한 몽환 속에 잠겨 있었음을 의미할 뿐이었다. 2002년 10월에 불거진 북한의 고농축 프로그램HEU 시인으로 말미암아 북한 핵 문제가 보다 심각한 제2라운드로 접어들었기 때문이다.

돌이켜보면 제2차 북한 핵 위기는 제네바 합의의 불완전성과 명백한 허점으로부터 비롯된 것이었다. 그 합의문에는 북한의 비핵화 조치를 확인할 수 있는 명확한 검증체계가 결여되어 있었고, 다만 북한의 선의에 의존할 수밖에 없는 형편이었다. 무엇보다도 큰 문제점은 제네바 합의가 1994년을 기점으로 볼 때 그 이전의 소위 '과거 핵 활동의 투명성'은 묻어둔 채, '현재와 미래의 핵 활동 동결'에만 초점을 맞추어서 타결되었다는 사실이었다. 그 결과, 북한은 여전히 2, 3개의 히로시마급 핵탄두(20kt)를 제조할 수 있는 정도의 플루토늄을 은닉할 수 있었다. 그러나 제네바 합의의 이러한 문제점들에 대해서 미국 측 대표였던 로버트 갈루치Robert L. Gallucci는, 그 합의가 미쳐 다 이행되기도 전에(그러니까 2003년 이전에) 북한이 붕괴되고 말 테니까 걱정할 필요가 없다는 입장이었다고 한다.[2] 지금 다시 생각해보아도 지극히 안이한 태도와 전제를 가지고 일시적 봉합에 급급했었다고 아니할 수 없다.

---

2 1995년 가을 국방대 안보문제연구소 주최 세미나에 참석했던 미 의회도서관의 래리 닉쉬(Larry A. Niksch) 박사가 필자에게 전한 갈루치의 언급이다.

제2차 북한 핵 위기가 돌출될 당시 평양을 방문 중이던 미 국무부 차관보 제임스 켈리James Kelly는 사전에 이미 북한이 고농축 우라늄 제조에 필요한 원심분리기 장치들을 파키스탄으로부터 입수했다는 신빙성 있는 정보를 확보하고 있었다.[3] 북한은 그러한 정보에 대한 켈리의 질문을 받자, 고농축 우라늄 계획의 시인과 더불어, 그렇다면 미국은 어찌할 터이냐 하는 식의 공격적 태도를 보였다. 다분히 계획적이고 의도적인 도발이었다.

미국은 즉각 북한이 제네바 합의를 어겼다는 점과 더불어 남북 비핵화 합의도 위반했다는 사실을 들어 2002년 11월부터 50만 톤의 대북 중유 지원 계획을 동결시켰다. 북한의 대응도 신속하고 광범위했다. 북한은 영변 핵시설 재가동을 선언함과 동시에 그 시설들에 대한 감시 봉인과 카메라들을 제거했으며, 8,000여 개의 사용 후 핵연료봉도 저장설비에서 꺼내 플루토늄 추출 작업에 들어갔다. 그리고 그해 마지막 날에 국제원자력기구International Atomic Energy Agency, IAEA의 사찰관들을 추방한 데 이어, 2003년 1월 9일에는 핵확산금지조약Nuclear Non-Proliferation Treaty, NPT 으로부터의 탈퇴를 선언했다.

그 후에도 북한은 공세적 태도를 지속하여, 사용 후 핵연료봉 재처리로 5, 6개 탄두 제조에 충분한 양의 플루토늄 확보를 달성했다고 반복적으로 발표하는가 하면, 영변 이외의 지역에 제2원자로를 건설하는 징후를 드러냈다. 그리고 드디어 2003년 4월 23~25일에 베이징에서 열린 3자회담(미·중·북)에서 북한은 켈리에게 자기들이 이미 여러 개의 핵탄두를 제조하여 보유했다고 공언했다.

결국 제2차 북한 핵 위기를 다루기 위해 2003년 8월에 6자회담이 시작

---

3 북한-파키스탄 협조에 관한 보다 상세한 논의는 다음 자료 참조. Gaurav Kampani, "Second Tier Proliferation: The Case of Pakistan and North Korea," *The Nonproliferation Review*(Fall-Winter, 2002), pp. 107-116.

되었다. 미국은 북한 핵 문제를 다룸에 있어서 중국의 협조와 중재가 필요했으며, 나아가 러시아와 일본도 참여시켜 책임과 의무를 분담시키고자 했다. 미국이 북한 핵 문제를 소위 '다자적 접근multilateral approach'으로 풀고자 한 데에는 크게 보아 세 가지의 고려가 내재되어 있었다. 첫째, 북한 핵 문제는 남북 간의 문제일 뿐만 아니라 국제적 성격을 띤 문제, 즉 확산과 테러와의 전쟁까지도 내포한 문제였다. 특히 2001년 9·11 테러 사태 이후 핵무기가 테러리스트들의 수중에 들어갈 경우 어떠한 비극이 재연될 수 있을지를 감안했을 때 북한 핵 문제는 국제적 핵 비확산과 반테러 전쟁의 차원에서 다룰 수밖에 없었다. 둘째, 협상 과정에서 북한의 핵 포기에 대한 보상을 하게 될 때 부담을 나누어질 수 있었다. 셋째, 북한 핵 문제 해결을 위한 다자주의는 그것이 성공적 결실을 거둘 때, 장차 북한까지 포함한 동북아 평화 안정을 도모할 '지역안보 협의체'로 나아가는 초석이 될 수도 있다는 희망 섞인 고려도 있었다.

그러나 다자주의로 평화적 해법을 모색하는 데에는 참여자의 숫자만큼이나 다양한 문제들이 도사리고 있었다. 각국의 이해관계가 참가국 숫자만큼 복잡하게 얽혀서 신속하고도 일관된 접근을 펴기가 어려웠다. 의장국을 맡은 중국은 그 기회를 미국과 북한 사이에서 자국의 영향력 확대와 과시를 위한 장으로 활용할 의도가 있었기 때문에, 어떤 점에서 북한 핵 문제가 조기에 해결되기보다는 결정적 파국을 회피하는 가운데 가급적 천천히 진행되기를 바랐던 것으로 보인다. 일본은 자국민 납북사건을 핵 문제와 연계하여 몇 차례 제동을 걸기도 했다. 러시아 역시 북한에 대한 영향력 축소를 우려한 나머지 수시로 미국의 노력에 딴지를 걸었다.

더욱 놀랍고 기가 막히는 사실은, 한국의 김대중·노무현 좌파정부가 북한 핵이 한국 안보에 지니는 생사존망의 결정적 폐해를 도외시한 채, "북한은 핵을 만들 의지도 능력도 없다"라든가, "북한의 핵 보유는 자위적으로 볼 때 일리가 있다"는 등 반역적 논리를 펴면서 북한 핵을 옹호했다는 점이다.[4] 좌파정부 10년의 햇볕정책은 북한에게 시간을 벌어주고 엄청난 자금을 지원해줌으로써 북한 핵 개발의 든든한 버팀목이 되었다.[5]

결국 북한은 6자회담이라는 큰 틀 속에서도 미·북 대화를 통해 줄다리기를 하는 가운데 핵 개발을 위한 시간벌기에 성공했으며, 그 과정에서 다른 4국으로부터 직간접적인 지원을 받기도 했다. 그리하여 2006년 10월 9일의 제1차 핵실험과 2009년 5월 25일의 제2차 핵실험, 그리고 2013년 2월 12일의 제3차 핵실험을 통해 실질적인de facto 핵보유국으로 떠올랐다.

실로 제1차 북한 핵 위기가 시작된 1993년 이래 북한은 단 한순간도 핵무기 보유라는 목표에서 눈을 돌린 적이 없었고, 그 긴 시간 동안 본질적으로 미·북 양자협상이라는 대결 구도에서 공산주의자들 특유의 막무가내식 뻔뻔함과 교활성, 그리고 그 뒤에 도사리고 있는 치밀성과 버티기를 통해 협상의 전 과정에서 주도권을 누려왔다. 이러한 미·북 간의 협상 과정을 한마디로 표현하자면, 그것은 '긴 호흡'과 '짧은 호흡' 간의 대결이었다. 즉, 그 기간 동안 북한은 김정일과 강석주·김계관이라는 단일의 협상 주체가 존재했던 반면에, 미국은 클린턴·부시를 거쳐 오바마Barack Obama 행정부에 이르렀고, 협상 당사자로는 갈루치·켈리·크리스토퍼 힐Christopher Hill 등을 거쳐 스티븐 보즈워스Steven Bosworth와 글린 데이비스Glyn Davies, 성 김Sung Kim 등으로 이어지고 있다. 20~30년짜리 호흡과 8년짜리 호흡(한국은 5년짜리 호흡) 사이에는 경륜과 연속성continuity 차원에서 차이가 날 수밖에 없고, 더구나 짧은 호흡을 가진 민

---

4 《동아일보》, 2015. 3. 30. 사설

5 좌파정부 10년간 대북지원 규모는 현금 29억 222만 달러, 현물 40억 5,728만 달러 등 총 69억 5,950만 달러(8조 6,800억 원)에 달했다. 《조선일보》, 2009. 6. 3.

주국가의 리더십은 그 기간 안에 국민들에게 내보일 어떤 성과에 매달리기 때문에 상대적으로 초조해지기 쉽고 버티기에 약해서 임기 후반에 결국 협상에서 밀리곤 해왔다. 협상을 본질적으로 '정치 전쟁', 즉 '전쟁의 연속'[6]으로 여기는 공산주의자들은 역사적으로 6·25전쟁의 정전협상이나 베트남 전쟁 마무리를 위한 파리 평화협상에서 큰 이득을 거둔 바 있다. 북한 핵 문제를 다루는 미·북 협상도 그런 차원에서 예외는 아니다.

북한 핵을 해결하는 데는 크게 보아 현행 핵 활동의 동결, 불능화 조치, 폐기 등의 3단계로 구분할 수 있는데, 북한은 이것들을 마치 소시지를 칼로 잘게 썰 듯이 각각 세분화하여 협상 테이블에 올려왔다. 이러한 전술을 '살라미 전술Salami tactics'(또는 piecemeal tactics라고도 한다)이라고 부르는데, 북한은 각각의 살라미 조각들에 대해 벼랑 끝 전술Brinkmanship tactics(혹은 chicken game)을 걸어 원하는 보상을 얻어낼 때까지 상대방이 지쳐 떨어질 정도로 지구전을 펼쳤다.[7]

뿐만 아니라 한번 받은 보상은 되돌려줄 수 없으나(불가역적), 그 대가로 합의해준 어떤 조항들은 손쉽게 뒤집을 수 있다는(가역적) 특성을 악용하여 미끼만 따먹고 약속은 지키지 않는 파렴치한 행태를 거듭해왔다. 이에 대해서 미국이 어떤 대응 조치나 제재의 움직임만 보여도, 북한은 즉각 협상판 자체를 접고 물러난 뒤 비확산 체제를 훼손하는 각종 행위나 미사일 발사 등 위기 국면을 조성했다. 그러면 미국은 모종의 유인책을 내걸고 북한을 다시 협상장으로 불러들였으며, 북한은 되돌아

---

6 "전쟁은 정치의 연속"이라고 갈파한 클라우제비츠의 『전쟁론』에 감동한 레닌(Vladimir Il'ich Lenin)은 역으로 정치(협상)도 전쟁의 연속이라는 공산주의식 논리를 창안했다.

7 일찍이 6·25전쟁의 휴전회담 대표였던 조이(C. Turner Joy) 제독은, 북한의 가장 두드러진 협상 전술이 '지연'이라고 갈파한 바 있다. C. Turner Joy, *How Communists Negotiate*(New York: The Macmillan Co., 1955), p. 39.

간 지점에서부터 다시 살라미와 벼랑 끝 전술을 들이밀어 실속만 챙기고 핵 개발을 위한 시간을 벌어왔다.

예를 들자면 제네바 합의는 현행 핵 활동 동결이라는 첫 번째 살라미만 가지고도 '과거 핵 불문'과 경수로 등 엄청난 대가를 받아냈으며, 그런데도 핵 활동을 지속한 북한에 대해 미국이 경수로 계획을 지연시키자 제2차 핵 위기를 일으켜 새 판을 벌였다. 그리고는 연이은 2005년 2월 10일 핵 보유 공식 선언을 통해 조성한 위기 국면으로 북한에 대한 체제 보장, 관계 정상화, 경제 보상 등을 얻어냈다. 그 대가로 북한이 내놓은 것은 겨우 두 번째 살라미인 핵 불능화 약속이었다. 이것이 2005년 9월 19일의 공동성명 내용이었다. 그러나 북한이 역시 보상만 따먹고 약속 이행을 늦추자, 미국은 2006년 초부터 방코델타아시아BDA 자금 동결로 북한의 숨통을 조였다. 이에 대해 북한은 7월의 대포동 2호 발사와 10월의 제1차 핵실험으로 맞섰다. 그 대응이 유엔 안보리결의 1718호(2006. 10. 14)였으나, 미국은 결국 다시금 북한을 2007년 2·13 합의로 감싸 안을 수밖에 없었다.

북한은 마침내 그토록 소망해왔던 '테러 지원국' 명단에서의 해제와 '대對적성국 교역 금지법'의 적용 중지, 그리고 양곡 50만 톤 등의 보상을 얻어냈다. 북한이 그 대신 내놓은 것은 소위 '핵 활동 신고서' 제출(그나마 검증 절차와 방법이 불명확함), 그리고 영변 소재 11개 핵시설에 대한 불능화 조치였다. 이에 따라 북한은 더 이상 쓸모없게 된 5MW 흑연로의 냉각탑을 폭파하는 쇼를 연출했고(그 비용은 한국이 대부분, 미국이 약간 지불), 다른 시설들도 단계적으로 불능화시키기로 약속했을 뿐이었다. 그러나 불능화 조치 역시 언제든 되돌릴 수 있는 것일 뿐만 아니라, 핵 폐기라는 궁극적 비핵화 조치에는 턱없이 못 미치는 것이었다. 비핵화의 최종 단계인 '완전하고, 검증 가능하고, 되돌릴 수 없는 핵 폐기CVID'를 히말라야 등반의 정상 정복이라고 비유할 때, 핵 활동 동결은

▶ 북한 영변원자력연구소

▼ 2·13 합의로 불능화된 핵연료 제조 시설. 2007년 2월 13일 6자회담 합의에 따라, 북한은 '테러 지원국' 명단에서의 해제와 '대(對)적성국 교역 금지법'의 적용 중지, 그리고 양곡 50만 톤 등의 보상을 얻어냈다. 북한이 그 대신 내놓은 것은 소위 '핵 활동 신고서' 제출. 그리고 영변 소재 11개 핵시설에 대한 불능화 조치였다. 이에 따라 북한은 더 이상 쓸모없게 된 5MW 흑연로의 냉각탑을 폭파하는 쇼를 연출했고, 다른 시설들도 단계적으로 불능화시키기로 약속했을 뿐이었다.

캐러반 꾸리기 정도이고, 불능화 조치는 베이스 캠프 도착 정도에 지나지 않는다. 북한은 부시 행정부 임기 말년의 초조함과 성과주의를 이용하여 6자회담은 고사 상태로 만든 가운데 미국과의 양자협상에서 그러한 횡재를 거두었던 것이다.

한편, 북한은 부시 행정부로부터 거둔 성과에 만족하지 않고 보다 결정적이고 근본적인 성취를 향해 나아갔다. 1993년~1994년 클린턴의 민주당 행정부 출범 초기에 강한 드라이브를 걸어 제네바 합의를 이끌어 냈던 과거 경험에 입각하여, 또다시 대북 유화정책의 가능성이 높아 보였던 오바마 민주당 행정부 집권 초기에 대북 정책 라인이 채 갖추어지기도 전에 강공 국면을 조성했던 것이다.[8] 여기에는 물론 2008년 여름 김정일의 건강 이상 판명 이후 후계 구도 등 초조해진 북한 나름의 대내적 요인도 작용했으리라 짐작된다. 그리하여 북한은 2009년 4월 5일 장거리 미사일 발사에 이어 5월 25일 제2차 핵실험이라는 초강수를 띄웠다.

물론 이와 동시에 북한은 미국에 대해 양자대화로 전반적인 한반도 문제를 해결하자고 제안하는 강온 양면전술을 펼쳤다. 미국은 즉각 유엔 안보리를 소집하여 그 어느 때보다도 강한 규탄과 제재조항을 담은 결의안 1874호(2009. 6. 12)를 이끌어냈으며, 북한에 대해서는 양자회담이 아니라 6자회담에 복귀하기를 요구했다. 그 후 중국의 막후 중재를 통해 북한이 '다자회담'에도 참여할 수 있다는 가능성을 내비치자, 미국도 한발 물러서서 6자회담 이전에 미·북 대화에 응하기로 했다. 다만 그 양자대화는 북한을 6자회담으로 불러내기 위한 '통보'와 '설득'의 범위 내에서만 한다는 전제를 달았다.

그러나 북한은 끝내 6자회담장으로 복귀하지 않았다. 오히려 2009년

---

8 미국 민주당 외교정책의 기본 철학은 소위 'liberal internationalism'으로서, 합리성과 이성에 바탕을 둔 협상에 의해 상호주의적 국제질서를 추구하는 것이다.

9월 우라늄 농축시험 성공을 선포했고, 11월 10일에는 기습적으로 대청해전을 일으켰다. 그리고 해를 넘겨 2010년 3월 26일에 천안함을 폭침시켰으며, 11월 23일에는 연평도에 무차별 포격을 가하는 등 대남 도발의 수위를 높여갔다.

한편, 북한은 11월 12일 미국의 핵 전문가인 헤커Siegfried Hecker 박사를 초청하여, 영변의 우라늄 농축시설에 있는 1,000개 이상의 원심분리기를 공개하는 쇼를 벌였다. 이는 북한이 플루토늄 재처리에 의한 핵 물질뿐만 아니라, 고농축 우라늄HEU이라는 또 다른 핵 물질을 확보했다는 시위였다. 우라늄 농축에 쓰이는 원심분리기는 수백 평 정도의 건물이나 지하시설 등에서도 가동될 수 있어서, 외부 감시를 피해 핵 활동을 할 수 있다는 이점이 있다. 더구나 북한은 세계적으로 공인된 양질의 우라늄 원광을 풍부하게 보유한 것으로 알려져 있으며, 영변 한곳에서만도 매년 히로시마급(20kt) 핵폭탄 2개 분량인 40킬로그램 정도의 농축 우라늄을 생산할 수 있을 것으로 추정된다.

이런 와중에 2011년 12월 17일, 마침내 김정일이 사망했다. 27살짜리 김정은이 3대 세습으로 김씨 왕조의 새 권좌에 올랐다. 이듬해인 2012년은 한반도 주변 4국의 권력도 일대 교체기에 들어갔다. 미국 오바마 대통령은 재선에 성공하여 집권 2기에 들어갔고, 중국은 시진핑習近平 주석 체제가 출범했으며, 러시아에서는 푸틴Vladimir Putin이 다시 권좌로 복귀했고, 일본도 아베安倍晋三 정권이 들어섰다. 한국 역시 연말에 대통령 선거가 예정되어 있었다. 실로 한반도를 둘러싼 정치 지형이 변화의 급물살을 타게 된 셈이었다.

그러한 가운데 미·북 양측은 중국의 중재로 글린 데이비스 대북정책 특별대표와 김계관이 3차례의 고위급 회담을 벌여, 2012년 2월에 소위 '2·29 합의'를 이끌어냈다. 집권 2기를 맞아 북한 핵 문제의 새로운 돌파구를 찾고자 했던 미국은 이 합의에서 24만 톤의 대북 영양지원을 제공하는 대신 북한으로부터 핵실험 및 장거리 미사일 발사 유예, HEU 프로그램을 포함한 영변의 핵 활동 중지, IAEA 사찰단 복귀 등의 약속을 받아냈다.

그러나 2012년 4월 13일, 북한은 느닷없이 그들이 인공위성이라고 주장하는 소위 '광명성 3호(1호기)'를 발사했다. 실패로 끝난 이 발사는 대륙간탄도미사일ICBM 실험으로 간주될 수 있는 것으로서, 북핵 문제를 둘러싼 조심스러운 해빙 분위기에 찬물을 끼얹는 도발이었다. 미국의 주도로 유엔 안보리는 4월 16일에 의장성명으로 대북 규탄에 나섰고, 북한은 오랫동안 되풀이되어온 패턴대로 2·29 합의 파기를 선언했다. 미국과 한국에서는 실낱같았던 협상의 희망이 급격히 스러졌고, 6자회담을 포함한 협상무용론이 강하게 제기되었다.

김정은의 북한은 이에 아랑곳하지 않고 국면을 더욱 가파른 파국으로 몰고 갔다. 북한은 2012년 12월 4일의 개정 헌법에 북한이 '핵 보유국'임을 공식적으로 명시했다. 그리고 김정일의 1주기를 며칠 앞둔 12월 12일, 지난 4월에 실패했던 광명성 3호(2호기)를 그들이 '은하 3호'로 부르는 미사일에 실어 우주 궤도로 쏘아 올렸다. 이는 북한이 ICBM을 보유할 수 있는 능력에 근접했음을 과시한 것으로, 우주로 쏘아 올렸던 미사일을 대기권으로 재진입시킬 수 있는 유도 및 금속 기술을 갖춘다면 완성되는 것이다. 이는 또한 핵탄두와 결합될 경우 재앙적 악몽이 될 수 있다. 북한이 이처럼 대외 강경태세를 취한 배경에는 권좌에 갓 오른 '젊은 지도자'가 자신의 정책적 능력과 과단성을 과시함으로써 주민들의 응집력을 도모하려는 대내 통제적 의도도 있었을 것이고, 다른 한편으로는 권력 교체기에 처한 한국 및 주변 4국들의 반응을 시험해보려는 의도 역시 작용했을 것이다.

2013년 1월 22일, 유엔 안보리는 기존 제재를 확대 강화한 대북제재 결의안 2087호를 통과시켰다. 그러나 고삐 풀린 망아지 같은 북한은 중국의 강력한 만류에도 불구하고 2월 12일에 제3차 핵실험을 단행했다. 그 실험은 이전의 2차례 실험에 비해 폭발 강도가 한층 증가된 것이어서, 1945년 8월 6일 히로시마에 투하되었던 우라늄 탄두와 비슷한 약 15kt 수준에 근접한 것으로 추정되었다. 북한 조선중앙통신은 실험 직후 "폭발력이 크면서도 소형화·경량화된 원자탄을 사용하여 …… 다종화된 핵 억제력의 우수한 성능을 보여주었다"라고 호언했다.

유엔 안보리는 3월 8일 15개 이사국 만장일치로 대북제재결의안 2094호를 통과시켰는데, 여기에는 의심되는 화물을 적재한 북한 화물선에 대하여 유엔 회원국들이 의무적 검색을 하도록 한 조항과 더불어, 의심되는 북한 항공기에 대한 회원국들의 이착륙 및 영공 통과 금지를 규정하는 등 매우 강화된 제재가 포함되었다. 그러나 이러한 제재결의안들이 북한의 핵 활동을 억제하거나 핵 포기를 가져오지는 못할 것 같다. 앞에서도 잠깐 언급했듯이, 북한은 한 번도 핵 보유를 향한 질주에서 눈을 돌린 적이 없으며, 더구나 은하 3호와 3차 핵실험의 성공으로 탄두와 운반수단의 결합마저 눈앞에 둔 시점에서 실질적 실효성조차 불완전한 제재결의안들에 구속될 리가 없기 때문이다.

최근 미국의 민간 전문가들은 북한 핵에 대한 매우 비관적인 전망들을 내놓고 있다. 한 예로서, 지난 2월 24일 북한 전문 웹사이트인 '38노스'를 운영하는 조엘 위트Joel S. Wit 미국 존스홉킨스 대학 초빙연구원은 현재 북한이 보유한 핵무기 규모를 10~16개로 전제하면서, 5년 후인 2020년까지 최소 20개, 최대 100개의 탄두를 제조할 것으로 전망했다. 또한 무수단급 중거리 탄도미사일IRBM과 이동발사식 ICBM인 KN-08 도 각각 20~30개 정도를 실전 배치할 것이라고 주장했다.[9] 이는 사실상 북한이 핵탄두를 미사일에 장착할 수 있을 만큼의 '소형화' 능력도 갖

---

9 《문화일보》, 2015. 2. 25.

추었다는 추정도 함께 하고 있는 셈이다.[10] 그러나 우리 국방 당국은 "북한이 아직 핵탄두 소형화를 했다고 보지 않는다"면서, 일부 민간 전문가들의 추정에는 어떤 증거도 없고, 아직은 그런 기술을 확보하지 못했다고 본다는 입장을 밝혔다.[11]

실제로 핵탄두를 소형화해서 미사일에 장착하려면, 탄두 무게를 1톤 이하로, 탄두의 직경은 적어도 88센티미터 이하로 만들어야 하는 것으로 알려져 있다. 북한이 그 정도의 기술적 수준에 근접했을 가능성까지 부정할 수는 없으나, 과연 그런 기술을 이미 갖추었느냐 하는 점은 아직 속단하기 이르다고 본다. 더구나 앞에서도 간단히 짚은 바와 같이, ICBM의 경우에는 대기권 밖으로 쏘아 올린 미사일을 대기권 안으로 다시 안전하게 재진입시키기 위해서는 고도의 금속재료적 기술이 필요할 뿐만 아니라, 미사일을 목표물까지 보낼 수 있는 정교한 장거리 유도기술도 필수적이다.

이 시점에서 볼 때, 북한은 적게는 6~8개, 많게는 10~16개 정도의 핵무기 제조용 핵 물질(플루토늄Pu 및 고농축 우라늄HEU)을 가진 것으로 추정되며, 이러한 핵 물질로 핵탄두를 만들고 스커드 B/C나 노동 등 단거리 미사일에 장착하기 위해 전력을 기울이는 중이라고 판단된다.

III. 북한 핵의 의도와 안보적 함의

북한이 그토록 끈질기게 핵무기 보유를 추구해온 것은 어떤 이유 때문

---

10 커티스 스캐퍼로티(Curtis M. Scaparrotti) 한미연합사령관이나, 세실 헤이니(Cesil D. Haney) 미 전략사령부 사령관도 북한의 핵탄두 소형화 가능성을 언급한 바 있다. 《연합뉴스》, 2015. 3. 20 참조.

11 김민석 국방부 대변인의 2월 26일 브리핑. 《프리미엄 조선》, 2015. 2. 27 참조.

일까? 여기서는 우선 한 국가가 핵무기를 향해 가는 일반적 동기에 관해 살펴본 뒤,[12] 최근 북한이 핵실험을 통해 대외 및 대내적으로 추구하고자 하는 것이 무엇인지를 분석하면서 그것이 우리 안보에 어떠한 함의를 지니는지를 논의해보겠다.

어떤 국가가 핵무기를 보유하려는 정책 결정을 내리는 데에는 적어도 다음과 같은 정치적·군사적·경제적 고려와 동기들이 복합적으로 작용한다. 즉, 전반적인 국제안보환경의 상태, 지역적 세력균형관계, 적국으로부터의 위협 인식 정도, 그러한 위협에 대해 자국의 안보를 담보받기 위한 동맹의 신뢰성 및 보장성 여부, 핵무기 보유로 파생되는 권위 및 지위 향상에 대한 욕망 정도, 그리고 기타 핵무기의 정치적·군사적·경제적 효용성에 관한 인식 등이 그것들이다. 일반적으로 핵무기는 국가의 안보를 강화하거나, 국가의 위신을 제고시키거나, 영향력을 증대시키거나, 또는 경제적 여건을 향상시킬 수 있는 방편으로 여겨져왔다.[13] 이러한 동기들을 북한의 상황에 대입해 보다 구체적으로 살펴보면 다음과 같은 아홉 가지로 추정할 수 있다.

① 최후의 수단last resort: 정권, 체제, 국가의 존망이 걸린 치명적 위기 시 이를 타개하기 위한 마지막 카드
② 대규모 외부공격에 대한 억제수단: 핵 억제력
③ 한국의 재래식 군사력 우세에 대한 비대칭적 상쇄 수단: 대남 군사우위 확보
④ 현상 유지status quo 지속: 현상 동결로 붕괴 예방

---

12 이와 관련된 논의는 필자의 논문 "핵확산의 동기론적 배경 연구"에서 분석한 이스라엘의 사례에 비추어 정리한 내용이다.

13 William Epstein, "Why States Go-And Don't Go-Nuclear," *The Annals of the Academy of Political and Social Science*, Vol. 430(March, 1977), p. 17.

⑤ 분쟁(전쟁) 발생 시 미·일 등의 전장 증원 억제 내지 제한

⑥ 중국에 대한 의존도 축소: 의존이 과도할 시 북한이 원치 않는 중국의 압력에 취약해질 우려—전략적 자율성과 행동의 자유 폭 증대 의도

⑦ 심각한 위기 국면 시 강대국(러 · 중, 또는 미 · 일)의 중재를 유도하기 위한 외교적 지렛대

⑧ 경제적 지원·보상을 얻어내기 위한 협상의 카드

⑨ 대내통치상의 효용성

이제 3차례의 핵실험을 통해 잠재적 핵보유국이 된 북한은 미국과의 양자회담을 통해 다음과 같은 두 가지의 주요 목표를 추구할 것으로 예측된다. 하나는 '핵보유국 지위'를 인정받는 것이고, 다른 하나는 '미·북 평화협정'을 체결하는 것이다.

우선 첫째로 북한은 6자회담장에서 지금까지 진행되어왔던 '비핵화' 협상을 접고, 미국을 상대로 핵보유국 인정을 받은 다음 그것을 바탕으로 기존의 핵보유국들과 동등한 지위에서 소위 '핵군축협상'을 벌이겠다는 것이다. 북한은 인도나 파키스탄, 아니면 적어도 이스라엘과 같은 대우를 받는 핵보유국 지위를 공식화하려고 한다. 2005년 2월 10일 핵보유를 공식 선언한 데 이어 북한은 3월 31일자로 외무성 대변인이 발표한 '조선반도의 비핵화에 관한 담화'에서 이미 핵보유국 지위 요구와 군축회담 개최를 주장한 바 있다. 이에 따른 압박 행동이 3차례의 핵실험이었고, 고농축 우라늄 계획의 완성 발언이었으며, 필요하다면 추가 핵실험도 할 가능성이 높다.

물론 미국이 이를 쉽사리 들어주기는 어려울 것이다. 한국과 일본의 반발도 만만치 않을 것이다. 그러나 북한은 이미 가진 핵무기를 호락호락 포기하지 않으면서 버티다 보면 결국 미국도 어쩔 수 없이 타협해오

리라는 계산을 하고 있을 것이다. 마침내 핵보유국 지위가 인정된다면, 북한은 이제 외부로부터의 위협에서 자유로워지는 가운데 권력 승계를 확고히 하는 등 내부 통치체계를 공고히 하는 한편, 한국을 '핵 인질'로 잡아 위협과 회유를 적절히 구사하면서 각종 경제적 이득을 짜내고, 남남갈등을 조장하는 등 압도적 대남 전략적 우위를 마음껏 향유하게 될 것이다. 우리가 주도하는 자유민주적·평화적 통일의 길은 멀어지고, 한반도뿐만 아니라 동북아 지역의 안보 구도 역시 불안정한 늪에 빠지고 말 것이다.

둘째, 북한은 미국으로부터 확실한 체제 보장을 받고, 나아가 북한이 주도하는 한반도 적화통일의 길을 열고자 한다. 이를 위해 미·북 평화협정 체결을 요구하고 있다. 미·북 평화협정이라는 용어는 해묵은 것으로서 이미 오래전부터 북한이 핵 문제와 별도로 제기해오던 것이다. 그 명분은 한반도의 항구적 평화를 정착시키기 위해 6·25전쟁의 '정전협정'을 종식시키고 새로이 '평화협정'을 맺자는 것이다.

그런데 여기에 숨겨진 함정이 있다. 우선 북한은 정전협정의 주체가 북한과 미국이니까,[14] 이를 대체하는 평화협정도 미·북 간에 맺어야 한다는 주장인데, 그 이면에는 한국을 배제하고 한반도에서의 민족적 정통성과 대표성을 북한에 귀속되도록 만들려는 음모가 담겨 있다. 또한 북한은 평화협정의 전제로서 미·북 간 적대관계의 해소, 즉 미국의 '대북 적대시 정책'을 폐기하라는 전제를 달고 있다. 여기에도 함정이 있다. 대북 적대시 정책의 폐기는 논리적으로 그에 연이어 주한미군 철수, 한·미 연합사 및 연합방위체제 해체, 한·미 방위동맹 폐기, 그리고 나아가서 유엔사 해체로까지 이어진다. 말하자면 한국 방위체계의 와해이

---

14 이 주장은 맞지 않다. 정전협정 체결 시 클라크(Mark Wayne Clark) 대장은 미국의 대표로서가 아니라 한국과 미국, 그리고 참전 16개국을 포함하는 유엔군의 대표로서 참가한 것이었다.

고 적화통일의 길이 열리는 것, 즉 북한이 일컫는 '강성대국 완성'의 조건이 무르익는 것이다. 그리고 이제 핵무기를 가진 북한이 미국에 대해서 비핵화를 원하거든 적대시 정책을 버리라고 요구하고 있다.

IV. 북한은 핵을 포기할 것인가?

북한이 핵무기를 포기할 가능성이 있는가에 대한 답은 그리 간단하지는 않다. 그러나 '현실주의'적 입장에서 북핵 문제를 관찰해보자면 낙관주의보다 비관주의가 더 타당성이 있다고 판단된다.

이미 앞 절에서 북한의 핵 동기에 관한 분석을 했거니와, 북한이 궁극적으로 체제 생존의 담보 수단last resort으로서 핵무기 보유를 결정했다고 볼 때, 핵 포기를 이끌어내기는 거의 불가능할 것이다. 경험적으로도 이스라엘이나 파키스탄처럼 생존적 동기 때문에 핵무장에 나선 경우 결코 핵을 포기하지 않았다. 인도가 핵실험에 성공하자 파키스탄은 "온 국민이 풀뿌리를 캐먹는 한이 있더라도 결코 핵을 포기할 수 없다"고 선언하면서 미국과 국제 사회의 온갖 제재와 회유를 무릅쓰고 핵무장을 성공시켰다. 북한의 정서도 파키스탄과 흡사할 것이다.

논리적으로도 어느 한쪽이 생존을 건 가치value를 어떤 행위(곧, 정책)에 걸고 나섰다면, 이를 저지하는 쪽에서도 그만한 가치를 걸 각오 없이는 결코 해결할 수가 없다. 그 가치를 건 행위(즉, 핵 보유)를 용인하거나, 그 가치에 버금가는 교환가치를 주고 그 행위를 포기하게 만들거나,[15] 아니면 그 가치에 대응할 만한 확실한 대응 수단과 각오를 가지고 맞서

---

15 이 경우 도발 행위자는 자기의 위협이 통했다는 성취감과 자만심으로 새로운 위협을 창출할 가능성이 매우 높다. 이것이 위협의 속성이다. "떡 하나 주면 안 잡아먹지" 하는 우리의 전래동화 『햇님 달님 이야기』의 전개 과정과 종말이 주는 시사점에서 교훈을 찾아야 한다.

서 그 행위를 분쇄하는 길이 있을 뿐이다.[16]

북한 핵 문제 해결을 위해 동원할 수 있는 카드를 열거해보면 대체로 다음과 같은 여섯 가지가 있을 수 있다.

① 핵 보유를 허용한다: 단 유출(수평적 확산)은 엄격히 차단
② 대화와 협상으로 푼다: 엄청난 보상이 필요
③ 외교적 압박
④ 경제 제재
⑤ 봉쇄 및 강압coercion
⑥ 군사적 타격surgical strike

1993년 이래 한국과 미국 사이에는 북한 핵 해법을 놓고 소위 '평화적 해결'이라는 공통된 목소리가 있었지만, 정작 '평화적 해결'의 정의 또는 범주에 관해서는 뉘앙스가 다른 해석이 존재했던 것도 사실이다. 특히 김대중·노무현 정부 시절에 그러한 뉘앙스의 차이가 컸었다. 예컨대 미국은 ⑥번을 제외한 ②, ③, ④, ⑤번을 모두 '평화적 해결'의 범주로 간주하여 당근과 채찍을 조화시키는 대응책을 선호한 반면에(이것이 국제적으로 통용되는 개념이다), 한국의 좌파정부는 오로지 ②번만을 '평화적 해결'의 범주로 제한하는 해석을 하고 ③, ④, ⑤번의 적용에 알레르기적 반응을 보였다. 중국과 러시아 역시 소극적이기는 마찬가지였다.

돌이켜보면 북한 핵을 포기시킬 수 있는 유일한 길은 북한이 핵을 포기하지 않는 한 '죽을'(붕괴할) 수밖에 없다는 절박감, 뒤집어 말하자면 핵을 고집하는 것이 오히려 죽음을 앞당기는 첩경이라는 절박감뿐이

---

16 이 경우 채찍의 크기와 각오의 정도에 따라서 보상으로 제공할 교환가치의 크기는 반비례적으로 작아질 수도 있다.

었다. 그것도 북한이 핵무기를 갖기 전에 한·미 공조와 국제 공조로 압박을 가하여 절박감을 갖게 하는 것이었다. 채찍과 당근이란 원래 잘못된 행위에 대해서는 제재를, 바람직한 행위에 대해서는 보상을 주는 것인데, 북한에 대한 채찍에는 일사불란함과 단호함이 결여되어 있었고, 당근은 행패를 무마하는 방식으로 주어졌다.

사실 평화는 때때로 비평화적 수단과 방법을 구사할 각오와 지혜 없이는 지켜지기 어려운 난국에 빠지곤 한다. 특히 그 평화를 위협하는 상대(적)가 협박을 통해서 실현시키고자 하는 가치를 크게 걸고 있고, 또한 그 적이 오랫동안 협박을 통해서 얻은 수확에 맛 들여져 있을 경우에는 더욱 그러하다. 이에 대응하는 길은 채찍과 당근을 망라한 모든 카드의 사용 가능성을 열어놓고, 지혜와 인내를 가지고 상대를 합리적 선택의 길로 유도하는 방법뿐이다.

그러나 한국은 좌파정부 10년 동안 미국의 압박의지에 딴지를 걸었고, 마침내 동맹의 이완과 한국 내 반미감정의 고조를 우려한 미국은 부시 대통령 임기 후기에 제네바 합의의 주역이었던 갈루치보다도 더 유화적 인물인 크리스토퍼 힐[17]을 내세워 대북 유화책을 쓸 수밖에 없게 되었다. 결국 북한은 3차례의 핵실험을 통해 실질적 핵보유국이 되었으며, 이제 핵무기를 가진 북한에 대해 강한 제재나 압박을 가하는 것은 핵 보유 이전보다 어렵게 되었다. 제재 시 반발로 인한 위험 강도가 그만큼 더 높기 때문이다. 따라서 우리는 이미 북한 핵을 포기시킬 타이밍을 놓쳤으며, 북한이 실질적 핵보유국이 되도록 방기 내지 협조한 좌파정부 10년이 그 타이밍을 놓치게 만든 주범이라고 할 수 있다.

과연 이 시점에서 한국, 미국 등 자유진영의 지도자들과 국민들이 북한에 대해 생사를 걸 만큼의 결단과 각오와 인내심을 가지고 압박을 가

---

17 그의 비판자들은 그에게 "김정(金正)-힐(Kim Jong-Hill)"이라는 야유 섞인 별명까지 붙였다.

할 수 있겠는가?

V. 북한 핵 타결 전망과 경계해야 할 시나리오

북한 핵 문제는 앞으로 어떻게 진전되어갈 것인가? 집권 초기 국제 문제에서 조화와 협상을 중시하는 전형적 민주당 노선에 충실하고자 했던 버락 오바마 미국 대통령은 아시아 순방의 일환인 한국 방문에 앞서 《연합뉴스》와 가진 서면 인터뷰에서, "북한이 핵 프로그램의 완전한 제거를 향해 되돌릴 수 없는 조치를 취한다면 북한은 안전과 존경을 얻는 평화적인 길을 걷게 될 것"이라고 말했다. 또 "이명박 대통령과 나는 북한의 핵과 미사일, 확산 문제에 대해 '포괄적인 해결comprehensive resolution'을 이루어야 할 필요성에 대해 완전히 의견이 일치"한다고 밝혔다.[18]

오바마 대통령이 밝힌 소위 '포괄적인 해결'은 이명박 대통령이 2009년 9월 21일 유엔 방문 중에 언급했던 '그랜드 바게인grand bargain'과 일맥상통하는 것으로서, 과거 '페리 프로세스Perry Process'가 논의될 때에 거론된 개념과도 유사하다. 이것은 북한의 살라미 전술에 질린 나머지 양쪽의 요구사항을 한꺼번에 협상 테이블에 올려놓고 통 크게 결판적 타결을 보자는 의도이다. 당시 북한과 다시 협상이 재개된다면 한·미는 이러한 '포괄적' 타결을 시도할 예정이었다.

그러나 그 후 '포괄적 해결' 또는 '그랜드 바게인'의 구체적 내용이 밝혀진 바는 없다. 이를 위한 6자회담 자체가 2008년 12월 이후 열리지 않았기 때문이기도 하다. 다만 필자가 2003년 9월 모스크바의 한 세미나에서 발표했던 발제 논문의 주제가 마침 '포괄적' 접근을 주장한 것이었

---

18 《조선일보》, 2009. 11. 14.

기에, 참고 삼아 재인용하고자 한다. 당시 세미나는 북한의 HEU 프로그램 노출과 NPT 탈퇴 선언으로 점화된 2002년 가을 이래의 제2차 북한 핵 위기를 해결하기 위해 2003년 8월 27일~29일에 제1차 6자회담이 열린 지 불과 3주일 후여서 북한 핵 문제 해법에 대한 국제적 관심이 높았을 뿐만 아니라, 이란의 핵 활동에 대한 국제 사회의 의혹이 한창 불거지고 있을 때여서 여러 나라에서 온 정책당국자들과 학자 및 전문가들이 한데 모여 그야말로 전쟁을 방불케 하는 열띤 토론과 논박을 벌였다.

여기서 필자는 북한 핵 문제를 놓고 양측에서 제기하거나 원할 가능성이 있는 의제agenda들을 모두 망라하여 4단계로 타결하는 모델을 제시했다. 내용의 요약적 성격을 감안하여 〈표 1〉로 정리하여 제시한다.

2003년 당시는 아직 북한 핵실험 이전이었고 북한이 핵무기나 장거리 미사일 등 위협적 국면에 진입하기 이전이라서 협상, 특히 일괄적 '그랜드 바게인'에 의한 핵 문제 타결의 가능성이 실낱같으나마 남아 있었다고 볼 수도 있다. 그러나 현재는 한·미가 〈표 1〉과 유사한 포괄적 타결을 시도하더라도 북한이 협상에 응답해올 가능성은 없어 보인다. 오히려 북한은 핵보유국 지위 인정과 미·북 평화협정 체결을 끈질기게 요구하며 버티기로 일관하는 가운데, 미국을 압박하기 위해 추가 핵실험(어쩌면 우라늄 탄두)과 장거리 미사일 발사를 다시 시도할 가능성이 높다. 예컨대 북한《노동신문》은 소위 '논평원' 명의의 2015년 3월 28일 논평에서 최근 주변국들의 북한 핵 회담 재개 움직임을 비난하면서, "우리의 핵을 빼앗기 위한 대화 아닌 대화, 회담 아닌 회담을 강요하는 것은 자주권 침해이고 참을 수 없는 모독"이며, "핵 포기에 대해 꿈도 꾸지 말라"고 단호한 입장을 보였다.[19]

이러한 과정에서 한국이 경계해야 할 시나리오가 있다. 지루한 줄다

---

19 《동아일보》, 2015. 3. 28.

〈표 1〉 다자적·포괄적 북한 핵 타결의 내용과 단계

1단계	① 현 상황 동결 후, 양측은 다음 사항을 담은 메모랜덤의 교환 및 공표 　• 북한 : 핵 프로그램 및 핵 물질의 폐기 용의/ 기타 안보 의제 협의 필요성 있음 　• 5자(한·미·중·일·러) : 북한에 대한 안보 및 경제지원 약속/ 관계 정상화 용의 있음 ② 베이징에 상주 대표단을 유지하며, 정기적으로 6자회담 진행할 것임을 상호 합의함
2단계	〈'주고받기'를 위한 로드맵 세부 항목들〉 　• 북한 　　− IAEA 및 5자의 완전한 사찰 하에 핵 프로그램 및 핵 물질 완전 폐기 　　− MTCR 규정을 벗어난 일체의 미사일 프로그램 포기 　　− 국제 사찰을 통한 화생무기의 폐기 　　− 대한민국과 군비통제 협상을 통한 재래식 군비의 상호 감축 　　− 사회·경제 체제의 개혁 및 개방 　• 5자 　　− 5자 컨소시엄에 의한 대북 지원: 에너지(발전소, 전기, 오일, 가스 등), 인프라(철도, 도로, 통신, 공항, 항만 등), 농업 지원(장비, 비료, 종자, 기술 등), 식량 원조, 미사일 및 재래식 무기 수출 포기에 상응한 현금 지원 등 　　− IBRD, ADB, IMF 등을 통한 자금 지원 　　− 미·북 외교관계 정상화 　　− 북·일 외교관계 정상화 및 식민통치 배상금 지불 ※ 상기 항목들과 로드맵 등 세칙을 협의하기 위한 몇 개의 소위원회 가동 필요성 있음
3단계	① 남북한 평화협정 체결 ② 남북한 평화협정 보장을 위한 미·중 보장협정 체결 (필요 시 한반도 평화와 안정을 위한 미·중·일·러 4국 협정도 고려)
4단계	연합 단계(필요 시)를 거쳐 평화통일

출처 : Huh, Nam−Sung, "Multilateral and Comprehensive Approach for North Korean Nuclear Settlement: A South Korean View."(2003. 9. 18−20 기간에 러시아의 PIR Center와 미국의 카네기 국제평화재단이 공동주최한 「The 2nd Moscow International Non−Proliferation Conference」 발제논문)에서 발췌.

리기 끝에 자칫 우리에게 재앙이 되는 방향으로 북한 핵 문제가 타결될 가능성도 전혀 배제할 수 없기 때문이다.

　경계해야 할 시나리오의 내용은 이러하다. 미·북 협상에서 미국은 북한의 '과거 핵'(이미 보유한 핵탄두)보다 '미래 핵'으로 초점을 돌려 '완전하고, 검증 가능하고, 되돌릴 수 없는 핵 폐기CVID'가 아니라 '핵 봉쇄' (수평적 핵확산 봉쇄, 즉 북한 밖으로의 핵탄두·핵물질 반출 봉쇄)로 북한 핵 문제를 타결 지을 수도 있다. 즉, 북한이 이미 보유하고 있는 핵무기를 그 누구(특히 테러리스트들)에게도 이전하지 않겠다는 확실한 보장과 아울러, 공개적으로 플루토늄, 농축 우라늄 등 모든 잔여 핵 물질과 모든 핵 시설들을 국제기구의 검증 하에 폐기하는 '분명한 미래 핵 불능화' 를 보장한다면, 미국은 북한의 기존 핵무기 6~8개를 비공개적으로 (혹은 비밀리에) 용인해줄지도 모른다. 사실 북한이 감추어둔 핵무기를 군사적 타격surgical strike으로 해결할 수 있는 길은 난망할 뿐만 아니라, 이미 미국은 1994년 제네바 합의에서 북한의 '과거 핵 투명성'(이미 갖고 있는 핵 물질)을 두루뭉술하게 넘어간 전력도 있다.

실제로 최근 미국 일각에서는 북한이 이미 핵보유국이 아니냐는 주장도 나오고 있는 실정이다. 예를 들어, 미국기업연구소AEI 연구위원인 마이클 오슬린Michael Auslin은 이미 2013년 2월 7일《월스트리트 저널 The Wall Street Journal》에 기고한 그의 칼럼 "Pyongyang's Reality Check"에서 "북한을 핵보유국으로 인정하고 새로운 미·북 관계를 선언하라"고 주문했다.[20] 중국도 북한이 그냥 붕괴되기보다는 핵무기를 가지는 한이 있더라도 버텨주어서 완충지대buffer zone로 남아 있기를 바랄 것이다. 그래서 북한이 실질적 핵보유국이 된 지금도 속으로는 여유만만하다. 일본 역시 납치문제를 거론하고, 북한의 미사일 발사나 핵실험 때마다 가장 민감한 반응을 드러내기는 하지만, 내심으로는 북한 핵이 기정사실화 되기만을 기다리는지도 모른다. 그래야만 재무장(유사시 핵무장 포함)과 보통국가화의 확실한 명분을 확보할 수 있기 때문이다.

이 시나리오는 한국에게는 재앙이다. 북한 땅에 쟁여둔 몇 개의 핵탄

---

20 "Pyongyang's Reality Check," *The Wall Street Journal*, 2013. 2. 7.

두가 미국 본토에는 별다른 안보위협이 될 수 없지만, 1, 2개의 북한 핵무기만으로도 한국은 북한의 '핵 인질'이 될 수밖에 없다. 우리는 날마다 북한 핵을 머리에 이고 살면서 적화통일의 불안감에 시달려야 하고, 1994년 경수로 지원 당시보다도 더 엄청난 대북 경제보상의 짐을 짊어져야 될 것이다.

VI. 소결론: 우리의 전략

우리는 때때로 어떤 해결책을 찾으려고 할 때 상대방의 입장에 서서 문제를 들여다보는 것이 유용할 수가 있다. 우리가 김정은의 입장에서 남북관계의 승리 방안을 찾는다고 가정해보자. 이제부터 체제를 개혁하고, 개방을 단행하고, 경제를 일으켜 한국보다 더 선진국이 되는 경쟁을 펼쳐서 북한이 이기는 정책적 방안이 가능할까? 아마도 북한이 한국을 이길 수 있는 유일한 길은 남쪽에 용공정부가 수립되도록 직간접으로 도모하고, 이 용공정부와 합작하여 남북연방정부를 세운 뒤 이윽고 공산화 통일로 가는 길뿐일 것이다. 따라서 남쪽에 용공정부가 들어서고 남북연방정부가 실현될 때까지 죽지(붕괴되지) 않고 버티는 것이 북한이 당면한 최우선 과제일 것이다. 핵무기는 바로 그 수단, 즉 협상 테이블에서 시간 끌기 용도이고, 생명 연장을 위한 경제지원 유도용이자, 최후의 순간에 목숨 담보용 장치이다. 불리했던 남북관계의 전략 구도를 단번에 역전시킬 수 있는 '도깨비 방망이'가 바로 북한의 핵무기이다.

일찍이 김정일은 2002년 9월 평양을 방문한 고이즈미 준이치로小泉純一郎 당시 일본 총리에게 "우리는 생존권을 위해 결코 핵을 포기할 수 없다"며, 핵을 포기할 경우 이라크처럼 될까 두렵다고 토로한 것으로 전해진다.[21] 이것이 바로 죽지 않고 버티면 승리의 길(그들이 말하는 강성대국의 길)이 열릴 것이라는 북한의 속내를 드러낸 증좌라고 여겨진다. 지금 남북이 벌이고 있는 체제와 이념 대결에서는 어정쩡한 중간적 해결책이란 없으며, 어느 한쪽이 쓰러져야만 그 게임이 끝나게 되어 있다.

그렇다면 우리는 어떻게 해야 할까?

우선 당장은 언젠가 재개될 수도 있는 미·북 협상에서 '경계해야 할 시나리오'로 북한 핵 문제가 타결되지 않도록 미국에 분명한 우리 입장을 전달해야 한다. 즉, 한국은 북한의 핵보유국 지위 인정을 결코 받아들일 수 없고, 궁극적 '핵 폐기' 없는 '비확산'적 타결을 절대로 용납할 수 없음을 확고하게 천명해야 한다. '비확산'만으로는 결코 완전한 '비핵화'가 될 수 없다. 필요하다면 한·일 공조로 미국과 중국에 압박을 가할 수도 있고, 우리의 '평화적 핵 주권 회복론'을 카드로 쓸 수도 있다. 우리의 대미 설득력을 높이기 위한 포석으로, PSI에 대한 적극적 참여 등 국제 사회에서 미국이 벌이고 있는 여러 작전 및 안보 활동에 보다 더 적극적으로 가담할 필요가 있다.

최근 한·미 간에는 미국의 한국에 대한 방위공약을 더욱 분명히 하고 예상되는 북한의 핵 위협에 대응하기 위해 이른바 '확장 억제Extended Deterrence'가 합의된 것으로 알려졌다. 미국의 '핵우산'과 재래식 전력(연합방위)과 MD의 3박자가 조합된 '확장 억제'는 우리 안보를 위해 분명 필요하고 좋은 것이다. 문제는 '확장 억제'가 '경계해야 할 시나리오' 타결로 이어지는 일종의 '전제조건'이 되어서는 안 된다는 것이다. '확장 억제'가 보장되었으니 너무 걱정 말고 '비확산' 정도의 핵 타결을 받아들이라는 종용이 있어서는 안 된다는 뜻이다.

한편, 북한 핵 문제 해결을 위한 우리의 중·장기 전략은 두 가지 트랙

---

21 NHK방송의 2009. 11. 8 〈스페셜 프로그램〉 보도 내용.《조선일보》, 2009. 11. 10에서 재인용.

으로 추진되어야 한다. 공식적이고 대외적인 '공개 전략open strategy'과, 실제로 추진해야 할 '이면 전략hidden strategy'이 그것이다. 공개 전략에서는 미·북 대화, 남북대화, 6자회담 등을 전개하면서 핵 폐기 강조와 유엔의 대북제재를 병행해 나아가야 한다. 앞의 제5절에서 논의한 '포괄적 해결' 또는 '그랜드 바게인' 등은 공개 전략의 핵심이다. 공개 전략만으로도 북한 핵 문제가 해결된다면 좋겠지만, 그 과정은 이제까지의 경험에 비추어볼 때 험난하다 못해 불가능할 것이다.

그래서 이면 전략이 필요하다. 이면 전략의 논리는 이러하다. 어차피 북한은 핵을 포기하지 않을 것이다. 죽는 순간까지 핵을 놓지 않을 것이다. 그렇다면 결국 궁극적인 북한 핵 문제 해결은 북한의 붕괴에 이은 흡수통일밖에 없다는 결론에 도달한다. 그렇다고 붕괴를 기다리고만 있을 수도 없다. 붕괴를 조성하고 앞당기도록 노력해야 한다. 그리하여 북한의 '체제 변화regime change'를 촉진시키고, 북한 엘리트들을 회유하며, 북한 주민들을 외부 정보에 더 노출시키는 노력 등이 병행되어야 한다.[22] 이러한 차원에서 '북한 급변 사태'에 대비한 범국가적이고 치밀한 대비책 마련이 절실히 시급하며, 한·미·중 3자 간에 한반도 통일 이후까지를 내다보는 전략대화가 요구된다.

지금은 나라의 위기 시국이다. 위기 시의 안보는 위험을 무릅쓸 각오 없이는 결코 달성될 수 없다는 것이 역사가 우리에게 주는 교훈이다.

---

22 그런 이유에서 북한으로 '풍선 보내기' 운동은 제지의 대상이 아니라 장려해야 할 사업이다.

CHAPTER 9

클라우제비츠『전쟁론』의 '3위1체론'과 '군사천재론', 그리고 그 현대적 함의

본 연구는 감히 『전쟁론』의 부분적 해제 또는 주해의 한 시도로 감행되었다. 『전쟁론』의 핵심이라고 할 수 있는 전쟁의 본질에 관한 이론, 그 가운데서도 정수에 해당되는 '전쟁의 3위1체론'과 '군사천재론'을 중심으로 전개했다. 우선 제2절에서 클라우제비츠의 생애를 살펴보고, 제3절에서 『전쟁론』의 태동 배경인 시대적 상황을 조망한 다음, 제4절에서 3위1체론, 제5절에서 군사천재론을 집중적으로 고찰하겠다. 제6절에서는 3위1체론과 군사천재론이 지니는 현대적 함의에 관해 필자 나름의 분석을 제시하고, 끝으로 소결론을 맺고자 한다.

I. 서론

다시 한 번 강조하거니와, 인류의 역사는 한마디로 전쟁의 역사였다. 전쟁의 세기였던 20세기가 막을 내리면서 인류는 평화에 대한 간절한 희망을 품었지만, 21세기 초두初頭인 오늘도 지구촌의 가장 큰 화두는 여전히 전쟁이다. 전쟁은 과연 무엇이고, 왜 생기며, 어떻게 다루고 어떻게 싸워야 하는가? 이 문제들에 천착한 고전 가운데 동양에서는 단연 『손자병법』을 꼽지만, 서양에서는 주저 없이 프로이센의 장군 칼 폰 클라우제비츠Carl von Clausewitz, 1780~1831가 저술한 『전쟁론Vom Kriege』을 내세운다. 서양 세계에서는 『전쟁론』이 역사상 가장 심오하고 포괄적이며 체계적인 전쟁연구서라는 데 이의를 다는 사람이 없을 정도이다.

19세기의 유명한 군사저술가인 골츠Colmar von der Goltz는 "클라우제비츠 이후 전쟁을 논하려는 군사저술가는 마치 괴테 이후에 또 하나의 『파우스트』를, 또는 셰익스피어 이후에 또 다른 『햄릿』을 쓰려는 작가처럼 모험을 무릅쓰는 것과 같다. 전쟁의 본질에 관해 논의되어야 할 중요한 모든 것은 군사사상가들 가운데 가장 위대한 인물(클라우제비츠를 의미)이 남긴 작품 속에서 정립된 형태로 발견될 수 있다"고 평가했다.[1] 또한 현대의 저명한 군사이론가이자 클라우제비츠 전문가인 버나드 브로디Bernard Brodie는 『전쟁론』을 연구해야 되는 이유를 열거하면서, "그의 저서는 단순히 가장 위대한 것이 아니라, 전쟁에 관한 진정으로 위대한 유일한 책"이라는 극찬을 서슴지 않고 있다.[2]

---

1 Colmar von der Goltz, *The Nation in Arms*(London, 1913), p. 1; Michael Howard, "The Influence of Clausewitz," in Michael Howard & Peter Paret, ed. & tr., Carl von Clausewitz, *On War*(Princeton, N. J.: Princeton Univ. Press, 1984), p. 31에서 재인용. 이후부터 Clausewitz, *On War*로 표기함.

2 Bernard Brodie, "The Continuing Relevance of *On War*," in *ibid.*, pp. 52-53.

그러나 이 책은 하마터면 사장될 뻔했다. 클라우제비츠가 사망한 후 그의 부인 마리Marie von Clausewitz가 유고遺稿를 정리하여 3권으로 출판한 1,500권의 초판본은 20년 뒤인 1853년에 출판사가 재판 발행을 결정할 무렵까지 재고가 남아 있을 정도였다. 그런데 독일 통일의 세 주역 가운데 한 사람인 참모총장 몰트케Helmuth von Moltke가 이 책의 부활에 결정적 기여를 했다. 몰트케는 오스트리아와 프랑스를 연파한 후 1870년 무렵, 자신의 사상에 가장 큰 영향을 끼친 책으로 호메로스Homeros의 『일리아드와 오디세이』, 성경, 그리고 『전쟁론』을 꼽았다고 한다.[3] 그 직후 『전쟁론』은 독일 내에서 베스트셀러가 되어 군인뿐만 아니라 전 국민의 주목을 끌게 되었으며, 이윽고 프랑스어와 영어 번역본이 출판되기에 이르렀다.

그런데 『전쟁론』은 애초에 단행본으로 나온 책이 아니며, 또 이 책만을 목표로 출간한 것도 아니었다. 클라우제비츠가 급작스럽게 세상을 떠났을 때, 평생 왕성한 집필가였던 그가 남긴 군사 관련 원고는 참으로 방대한 분량이었다고 전해진다. 마리는 클라우제비츠의 '유작 전집遺作全集'을 내기로 결심하고 자신의 남동생인 브륄Friedrich Wilhelm von Brühl 중장과 베를린 전쟁학교 교관인 오에첼Franz August O'Etzel 소령의 도움을 받아 원고들을 정리했다. 그리하여 전체 10권으로 구성된 전집을 6년에 걸쳐 출간하게 되었다. 물론 이 10권도 클라우제비츠가 남긴 원고의 아주 적은 부분에 지나지 않는다고 전해진다.

Hinterlassene Werke des Generals Carl von Clausewitz uber Krieg und Kriegfuhrung(Berlin: Dummler, 1832-1837), 즉 『칼 폰 클라우제비츠 장군의 전쟁 및 전쟁술에 관한 유작 전집』으로 직역할 수 있는 이 전집

---

3 Eberhard Kessel, *Moltke*(Stuttgart, 1957), p. 108; Michael Howard, "The Influence of Clausewitz," in ibid., pp. 29-30에서 재인용; Michael Howard, *Clausewitz*(London: Oxford Univ. Press, 1985), p. 59.

Vom Kriege.

Hinterlassenes Werk

des

Generals Carl von Clausewitz.

Erster Theil.

Berlin,
bei Ferdinand Dümmler.

1832.

전쟁은 과연 무엇이고, 왜 생기며, 어떻게 다루고 어떻게 싸워야 하는가? 이 문제들에 천착한 고전 가운데 동양에서는 단연 『손자병법』을 꼽지만, 서양에서는 주저 없이 프로이센의 장군 칼 폰 클라우제비츠가 저술한 『전쟁론』을 내세운다. 서양 세계에서는 『전쟁론』이 역사상 가장 심오하고 포괄적이며 체계적인 전쟁연구서라는 데 이의를 다는 사람이 없을 정도이다. 현대의 저명한 군사이론가이자 클라우제비츠 전문가인 버나드 브로디는 『전쟁론』을 연구해야 되는 이유를 열거하면서, "그의 저서는 단순히 가장 위대한 것이 아니라, 전쟁에 관한 진정으로 위대한 유일한 책"이라는 극찬을 서슴지 않고 있다.

의 처음 3권이 『전쟁론』에 해당되며, 그 다음 5권은 프랑스 대혁명과 나폴레옹 전쟁 시기의 전역에 관한 것이고, 마지막 2권은 1630년~1793년 사이의 여러 전쟁들에 대한 군사사 및 분석을 담고 있다. 그러나 마리는 마지막 제10권의 출간을 보지 못하고 그 전해인 1836년에 사랑하는 남편 곁으로 갔다. 두 사람 사이에는 자녀가 없었으며, 더할 나위 없이 좋은 금슬 덕분에 부부의 침실은 평생 클라우제비츠의 집필실이자 부부 토론장이었다고 한다. 특히 『전쟁론』 원고는 대부분 마리의 손으로 정서되었고, 그 때문에 그녀야말로 초고 편집의 최적임자였던 것이다.

이 유작 전집Hinterlassene Werke 의 『전쟁론』 부분은 1832년 제1권(1~4편 해당), 1833년 제2권(5·6편 해당), 1834년 제3권(7·8편 해당)이 출판되었으며, 마리는 제1권에 직접 서문을 썼다. 그 후 1853년~1857년 어간의 제2판을 비롯하여 여러 재판본들이 나왔으나, 1952년 베르너 할베크 Werner Hahlweg 가 초판본에 학술적 주석을 달아서 복원한 독일어판이 가장 권위를 인정받고 있다. 원본에는 전쟁사와 그에 부수된 작전지도들이 상당 부분 포함되어 있으나, 오늘날 출간되는 판본들은 이를 생략하고 내용도 편집자에 따라 다양하게 짜깁기가 된 것이므로, 엄밀히 보자면 모두가 '축약본縮略本'이라고 할 수 있다. 현재 세계적으로 가장 널리 사용되고 있는 것은 마이클 하워드Michael Howard 와 피터 파렛Peter Paret 이 초판 원전原典을 편집하고 영어로 번역하여 1976년 미국 프린스턴 대학교 출판부에서 출간한 판본이다. 본고本稿에서는 이 영어판에 찾아보기 index가 추가된 1984년 판본을 텍스트로 사용했다.

『전쟁론』은 한마디로 현실 정치적 관점과 철학적 차원에서 전쟁의 본질을 파헤친 불멸의 고전이다. 단순한 군사서적이 아니라 전쟁철학서이자 정치학의 고전으로서 군인들은 물론 평화와 안보에 관심이 있는 모든 사람들의 필독서라 할 만하다. 그러나 명성에 비해 이 책만큼 안 읽힌 책도 없을 것 같다. 단지 유명한 몇 구절만 반복해서 인용되고 있는 실정이다. 전체가 총 8편에 128개 장·절로 구성되어 있는 『전쟁론』은 독일어 원전이 1,000여 쪽이 넘을 만큼 방대하고, 가장 정평 있는 영어본인 하워드와 파렛의 1976년판 축약본도 본문만 작은 글씨체로 560여 쪽이나 된다. 거기에다 난해하다고 소문까지 자자해 지레 겁을 먹게 만든다.

그렇지만 피터 파렛이 적절히 평한 바와 같이 『전쟁론』의 대부분은 단순한 상식으로 보일 만큼 평이하며, 이미 잘 알려진 사실들을 개념화하고 이론화하여 명확하게 설명하려는 내용으로 되어 있다.[4] 다만 이 책은 저자가 초고草稿 상태로 남겨놓은 미완성의 작품이기 때문에 전체적으로 다소 뒤엉킨 구조와 반복, 그리고 때로는 장황한 설명과 불명확한 개념 규정 등이 섞여 있다. 예를 들면, 제6편 '방어'는 전체의 4분의 1에 해당될 만큼 길고 난삽하여 그 가운데는 제7편 '공격'으로 가야 할 내용들도 섞여 있으며, 반면에 제7편은 전체 가운데 가장 짧고 덜 개발된 부분으로 꼽히고 있다.

『전쟁론』의 전반적인 문장은 사실 일반 교양인들이 읽기에 넘칠 만큼 난해하지는 않으며, 오히려 때로는 매우 시적詩的인 표현과 촌철살인의 함축적인 명구名句가 도처에 반짝거리고 있어서 지루할 만할 때마다 눈이 뜨이게 만들기도 한다. 그래서 다소 음미하는 듯한 속도로 읽으면서 때로는 멈춰 서서 뒤를 돌아보는 자세도 필요하다. 특히 제1편과 제8편이 핵심이고, 제2편의 첫 3개 장, 그리고 제3편의 정신력 관련 부분인 제3·4·5장은 숙독을 필요로 한다. 『전쟁론』 전체를 진지하게 읽고자 한다면, 제1편 다음에 제8편을 읽고, 그 다음 제2~7편의 순서로 읽는 것이 맥락의 파악에 도움이 될 것이다.

---

4 Peter Paret, "Clausewitz," in Peter Paret, ed., *Makers of Modern Strategy*(Princeton, N. J.: Princeton Univ. Press, 1986), pp. 207-208.

클라우제비츠 자신이 완곡하게 희망했던 바와 같이,『전쟁론』은 재탕, 3탕에서 더 깊은 약효가 발현되는 고전이므로 가까이 두고 거듭 읽을 때 깨달음의 시너지 효과가 더 크게 나타날 것이다. 그래서 눈으로 그냥 읽지 말고, 밑줄을 치거나 여백에 메모를 해가며 읽는다면 다시 읽을 때 새로 느낀 교훈과 비교되어 신선함이 가미될 것이다.

고전을 읽는 작업은 '산 오르기'와 흡사하다. 험준하고 높은 산을 오르기 위해서는 사전 훈련과 믿음직한 안내자가 필수적이다. 중국의 유명한 고전들은 해제解題나 주해註解 자체가 또 하나의 학문 분야가 될 만큼 길 안내의 중요성이 강조되어왔다.『전쟁론』역시 좋은 안내자와 함께할 때 더 알차고 보람된 결실을 기대할 수 있을 것이다. 예컨대 마이클 하워드와 피터 파렛의 영문판에 함께 수록되어 있는 해제 성격의 논문들이나, 에드워드 얼Edward M. Earle이 편집한 *Makers of Modern Strategy* 속에 들어 있는 한스 로트펠스Hans Rothfels의 개척자적이고 기념비적인 클라우제비츠 소개 논문은 매우 훌륭한 길 안내자가 될 것이다. 그러나 분명한 것은 이러한 해제들이『전쟁론』의 본문을 대신할 수는 없다는 사실이다. 안내자의 설명만 듣고 실제 산행을 하지 않는다면 '산 오르기'에서 거둘 수 있는 그 어떤 수확도 누릴 수 없다. 마찬가지로 '본문 숙독하기'가 결여된 어떤 해제도 의미가 없다.

본 연구는 감히『전쟁론』의 부분적 해제 또는 주해의 한 시도로 감행되었다.『전쟁론』의 핵심이라고 할 수 있는 전쟁의 본질에 관한 이론, 그 가운데서도 정수에 해당되는 '전쟁의 3위1체론trinity of war'과 '군사천재론military genius'을 중심으로 전개했다. 본고는 우선 제2절에서 클라우제비츠의 생애를 살펴보고, 제3절에서『전쟁론』의 태동 배경인 시대적 상황을 조망한 다음, 제4절에서 3위1체론, 제5절에서 군사천재론을 집중적으로 고찰하겠다. 제6절에서는 3위1체론과 군사천재론이 지니는 현대적 함의에 관해 필자 나름의 분석을 제시하고, 끝으로 소결론을 맺고자 한다.

Ⅱ. 클라우제비츠의 생애

무릇 한 사상은 '시대의 산물産物'이다. 그 사상이 싹트고 꽃이 피었던 시대적 환경과 토양을 반영하게 되어 있다. 그 시대적 자양분 속에서 한 사상가의 지적知的 체계가 형성되고, 그것이 그 시대를 살아낸 자신의 경험과 잇닿아 하나의 사상이 태동되는 것이다. 클라우제비츠의 경우는 특히 이 등식에 꼭 부합되는 예이다. 클라우제비츠 연구의 선구적 전문가 한 사람은 "사유思惟, philosophy와 체험experience의 밀접한 조화야말로 클라우제비츠의 전쟁 분석에 있어서 가장 중요하고 특징적인 요소이다"라고 평가하기까지 했다.[5] 클라우제비츠의 『전쟁론』은 그가 자신의 저서에서 언급하고 있듯이, '탐구와 관찰, 사유와 체험'의 상호보완적 작용으로 빚어진 작품인 것이다.[6] 그는 나폴레옹 전쟁 시대에 7차례의 전투에 참전했으며, 평생을 독서와 사색, 그리고 집필에 매진한 군인이자 저술가이고 위대한 군사사상가였다. 따라서 클라우제비츠의 『전쟁론』과 그의 사상을 이해하기 위해서는 그의 생애(체험)와 그가 살았던 격동의 시대(사유의 배경)를 먼저 살펴보아야 한다.

클라우제비츠는 1780년 6월 1일 베를린 남서쪽으로 약 110킬로미터 떨어진 작은 도시 부르크Burg에서 중산층 부모의 4남2녀 가운데 다섯째이자 막내아들로 태어났다. 그의 할아버지는 목사이면서 할레Halle 대학의 신학 교수였으며, 아버지는 프리드리히 대왕 시대의 '7년 전쟁

---

5 Hans Rothfels, "Clausewitz," in Edward M. Earle, ed., *Makers of Modern Strategy* (Princeton, N. J.: Princeton Univ. Press, 1971), p. 95.

6 Clausewitz, "Author's Preface," in *On War*, p. 61.

(1756~1763)'에서 오른손에 부상을 입고 소위로 전역한 뒤 지방 세무서에 근무했다. 프리드리히 대왕은 7년 전쟁을 위해 귀족만이 장교가 될 수 있었던 규제를 일시적으로 완화했고, 그 덕분에 클라우제비츠의 부친은 귀족이 아니었음에도 불구하고 프로이센군 장교단의 일원이 될 수 있었다. 그는 군에서 일찍 전역하게 된 불운을 늘 아쉬워하면서 아들들을 직업군인으로 만들고자 했다. 그러나 프리드리히 대왕은 7년 전쟁 후 장교단 가입 조건을 다시 귀족 가문만으로 회귀시켰고, 이러한 규제는 대왕이 사망한 후에야 다시 풀어졌다. 마침내 그는 장남을 제외한 나머지 3명의 아들들을 장교 후보생으로 군에 보냈다. 이들은 아버지의 염원처럼 훗날 모두 장군이 되었다.[7]

클라우제비츠는 이처럼 불과 12세의 나이인 1792년 아버지의 손에 이끌려 군문軍門에 들어섰다. 그러나 당시에는 그 정도의 나이에 군인이 되는 것이 다반사여서 그다지 특이할 것도 없었다.[8] 그 이듬해인 1793년 프로이센군은 제1차 대불동맹군對佛同盟軍의 한 축으로 라인란트Rhineland에 출정하게 되었고, 그는 13세의 나이에 마인츠Mainz 지역 일대에서 최초로 전투를 경험했다.

1795년 바젤 조약Basel Convention으로 전쟁이 종결되고 프로이센이 대불동맹에서 탈퇴하자, 프로이센군을 따라 그도 본국으로 귀환했다. 그해에 소위로 임관한 클라우제비츠는 그로부터 5년간 노이루핀Neuruppin

---

7 클라우제비츠의 조상은 원래 슐레지엔(Schlesien) 지방의 귀족 가문이었으나 후에 어떤 이유로 중산층으로 전락했다. 그러나 클라우제비츠와 그의 두 형이 나중에 모두 장군까지 승진한 덕분에 1827년 왕실은 그의 가문에 귀족 지위를 다시 부여했다. 클라우제비츠의 가문 배경에 관한 보다 자세한 내용은 레몽 아롱(Raymond Aron)의 분석을 참조할 것. Raymond Aron, *Clausewitz: Philosopher of War*. tr. by Christine Booker & Norman Stone(New York: A Touchstone Book, 1986), pp. 12-15.

8 Edward M. Collins, ed. & tr., Karl von Clausewitz, *War, Politics, and Power*(South Bend, Ind.: Regnery/Gateway, Inc., 1962), p. 6. 특히 각주 4)를 참조. 이 책은 『전쟁론』의 영문판 축약본 가운데 가장 압축된 내용으로 편집되었음.

근처의 요새 수비대에서 근무하게 되었다. 정규교육을 받지 못했던 그는 이 기간 중 광범위한 지식을 습득할 수 있었다. 그가 속한 연대에는 왕실의 페르디난트Ferdinand 왕자가 명예 대령으로서 연대장에 보임되어 있었는데, 그는 군인 자녀, 하사관, 초급장교들을 위한 각종 학교를 연대 내에 설립하고 문학, 역사, 예술, 전문적 군사 주제 등을 공부하도록 고취했다. 더구나 연대 인근에는 프리드리히 대왕의 동생인 하인리히Heinrich 왕자의 도서관과 오페라 극장 등 장원 시설들이 있었는데, 교육과 사회 혁신에 관심이 많았던 왕자는 그 시설들을 개방하여 교육에 큰 도움을 주었다.[9]

1801년 여름, 21세의 클라우제비츠 대위는 드디어 초급장교들을 교육하기 위해 새로 창설된 베를린의 전쟁학교Kriegsakademie에 입학했다. 이 학교는 군사이론가로서 이미 명성이 드높았던 샤른호르스트Gerhard Johann David von Scharnhorst, 1755~1813가 창설하여 초대 교장을 맡고 있었는데,[10] 여기서 평생의 스승-제자이면서 동지였던 두 사람의 운명적 만남이 이루어졌다. 샤른호르스트가 클라우제비츠의 일생과 그의 사상의 발전에 미친 영향은 실로 심대했다. 원래 하노버Hannover 공국公國 출신이었던 샤른호르스트는 개혁적 열정이 충만한 군인이자 정치가, 그리고 군사이론가이자 사상가였다. 그는 프랑스 혁명의 후유증이 빚어낸 혁명전쟁 기간 중에 정치·사회적 변화와 군사혁신 간의 상호 관련성을 그 누구보다도 먼저 인식하고 분석한 사람이었다.

그는 혁명전쟁의 최초 전투였던 발미 전투Battle of Valmy 직후부터 이미

---

9 Peter Paret, "The Genesis of On War," in Clausewitz, On War, pp. 7-8; Michael Howard, *Clausewitz*, p. 6; Roger Parkinson, *Clausewitz: A Biography*(New York: Stein and Day, 1979), pp. 29-32.

10 샤른호르스트의 약력에 관해서는 다음을 참조할 것. Peter Paret, "Clausewitz," p. 189; Peter Paret, "The Genesis of On War," pp. 8-9; Michael Howard, *Clausewitz*, pp 6-7.

프랑스 혁명군의 놀라운 성과가 어디에서 비롯되었는지를 알아내려고 부심했다. 훈련도 부실하고, 규율도 없는 오합지졸에다, 장교의 태부족과 하사관에서 벼락출세한 자질 미달의 장군들, 그리고 제대로 된 행정체계는 고사하고 보급체계조차 갖추지 못한 저 허접스러운 프랑스군이 어떻게 해서 유럽 열강들의 직업군대와 맞서서 자기 나라를 지켜냈을 뿐만 아니라 상대를 패배시킬 수 있었던가?

샤른호르스트는 프랑스 혁명군의 승리가 혁명으로 인한 사회적 변혁, 그리고 '프랑스 국가'라는 이념의 대두와 밀접하게 연계되어 있다고 깨달았다.[11] 따라서 프랑스군을 이기려면 단순히 군사술軍事術의 파악만으로는 안 되고, 프랑스 사회와 군대를 변모시킨 정치적 맥락을 분석해야 한다는 것이 그의 생각이었다. 이것이 군사개혁뿐만 아니라 정치·사회적 개혁까지도 꿈꾸었던 그의 지론이었다. 새롭게 대두된 시대에서 군사적 성공(승리)을 거두려면 프랑스가 그랬던 것처럼 국민들의 열정과 에너지를 결집시키고 발현시킬 수 있는 정치·사회적 변모가 필요하다는 것이다. 그렇다고 해서 그가 물론 왕정 타파나 민주정을 옹호하는 데까지 이른 것은 아니었다. 그보다는 군주정 하에서의 건강한 제도 개혁을 통해 군사적 효율성을 높일 수 있다고 보았다. 이른바 계몽적 군주제가 바로 그것이었다. 그래서 샤른호르스트와 그의 추종자들은 군사개혁에 더욱 큰 비중을 두었고, 특히 징병제, 참모 조직, 그리고 군사교육 제도 등 다양한 분야에 관심을 쏟았다.

군사개혁가로서의 샤른호르스트를 묘사함에 있어서 특기할 만한 사실은 그가 군사교육에 있어서 인문학의 중요성을 강조했고, 특히 역사(전쟁사)의 연구를 가장 핵심적인 것으로 보았다는 점이다. 그는 모든 고등高等의 전쟁 연구 중심에는 역사의 연구가 위치해야 한다는 확신을

---

11 Michael Howard, *Clausewitz*, p. 7.

베를린 전쟁학교의 창설자이자 초대 교장이었던 샤른호르스트는 클라우제비츠의 일생과 그의 사상의
발전에 지대한 영향을 미친 인물이었다. 클라우제비츠가 그를 '정신적 아버지'라고 부를 정도였다. 샤
른호르스트는 개혁적 열정이 충만한 군인이자 정치가, 그리고 군사이론가이자 사상가였다. 그는 프랑
스 혁명의 후유증이 빚어낸 혁명전쟁 기간 중에 정치·사회적 변화와 군사혁신 간의 상호 관련성을 그
누구보다도 먼저 인식하고 분석한 사람이었다.

가지고 있었다.[12] 그의 영향을 받은 클라우제비츠가 『전쟁론』이나 기타 수많은 그의 논문들 속에서 자신의 군사이론이나 주장을 제시할 때 항상 전쟁사를 개념 정립 내지는 방법론의 틀로 사용하고 있음은 결코 우연이 아니었다. 실로 『전쟁론』은 수많은 전쟁사 연구로 점철되어 있으며, 심지어 피터 파렛은 "만일 저술 분량으로만 저울질한다면, 그는 이론가라기보다는 역사가였다"[13] 라고 평가할 정도이다. 당연히 클라우제비츠 자신 역시 군사이론의 객관성 여부는 역사 연구에 좌우된다고 보았다.[14]

샤른호르스트는 전쟁학교의 교과 과정을 설계하면서 군사 전문 과목 못지않게 인문학 중심의 교양과목을 높은 비중으로 다루었으며, 토론 그룹인 군사협회Milit rische Gesellschaft를 만들어 군사개혁에 동감하는 장교들이 그 안에서 당대의 군사혁신과 관련된 주제들을 아무런 제약 없이 무제한적으로 토론할 수 있도록 장려했다.

클라우제비츠가 이러한 교육적 환경에 들어가게 된 것은 그의 지적 성장이나 경력에 지대한 의미를 지니는 것이었다. 그는 곧 샤른호르스트를 깊이 존경하며 따르게 되었는데, 훗날 샤른호르스트를 '정신적 아버지'라고 부를 정도였다. 샤른호르스트 또한 이 명민하고 이해력이 빠른 젊은이를 깊은 사랑으로 감싸고 이끌었다. 아마도 샤른호르스트는 이 고독하고, 독서광이고, 내성적이고, 지적 자만심이 가득한 젊은이에게서 비슷한 출신 성분과 자수성가형 욕구에 불타올랐던 자기 자신의 모습을 보았을지도 모른다.[15]

1803년 전쟁학교를 수석으로 졸업한 클라우제비츠는 샤른호르스트

---

12 Peter Paret, "The Genesis of *On War*," p. 8.

13 앞의 자료, p. 12.

14 앞의 자료, p. 13.

의 추천으로 과거 그의 연대장이었던 페르디난트 왕자의 아들인 아우구스트August 왕자의 전속 부관으로 발탁되었다. 그리고 그해 말, 그는 훗날의 반려자가 될 마리를 만났는데, 그녀는 명문 귀족인 브륄 백작Count von Brühl의 딸이었다. 그녀는 훌륭한 교육을 받은 상냥한 숙녀였고, 평생 동안 클라우제비츠의 저술을 도와주고 토론의 상대가 되기도 했으며, 마침내는 그의 사후 유고를 편집하여『전쟁론』이 빛을 보도록 한 장본인이었다.

　마리가 클라우제비츠의 지적 호기심과 예술 전반에 걸친 소양을 충족시키는 데 얼마나 큰 영향을 미쳤는가를 파악하려면 그의 포로생활 기간 중의 일화를 보면 알 수 있다. 바젤 조약 이후 11년 가까이 불안한 평화가 유지되던 유럽에는 1806년이 되면서 다시 전운이 감돌기 시작했다. 1804년 황제에 등극한 나폴레옹이 다시금 정복전쟁의 불을 지폈던 것이다. 1806년 예나Jena 전역戰役의 한 부분인 아우어슈테트 전투Battle of Auerstedt에 대대장인 아우구스트 왕자를 수행하여 참전했던 클라우제비츠는 후위부대로서 본대의 철수를 위해 분전 끝에 왕자와 더불어 포로가 되었다. 포로생활은 당시의 관행과 그들의 신분 때문에 비교적 여유가 있는 '인질' 형태였으며, 외출과 서신 연락 등 일상생활의 자유는 물론 심지어 사교적 파티 모임까지도 허용되었다. 마리는 그녀의 약혼자로 하여금 루브르 박물관이나 음악회 등 문학, 음악, 회화, 조각 등 예술 전반에 걸친 취미를 갖도록 부단히 고취했다. 레몽 아롱Raymond Aron 은 클라우제비츠가『전쟁론』에서 전쟁을 예술과 자주 비교한 것은 이

---

15 베를린 전쟁학교의 교육 기간이 2년인지 3년인지, 그리고 그에 따라서 클라우제비츠의 졸업 연도가 1803년인지 1804년인지에 대해서는 연구자들 사이에 혼란이 있다. 레몽 아롱은 2년과 1803년이라고 분명히 하고 있고, 마이클 하워드도 1803년이라고 썼으나, 피터 파렛은 "Clausewitz"에서는 3년과 1804년이라고 쓰는가 하면(p. 189), "The Genesis of On War"에서는 1803년이라고 했다(p. 8). 콜린스는 3년이라고 하면서도(p. 14), 졸업 연도는 1803년으로 적고 있다 (p. 7).

처럼 마리가 고무시킨 예술적 소양과 창의력 때문이었다고 평가한 바 있다.[16]

마리가 클라우제비츠에게 얼마나 헌신적이었던가는, 1812년 그가 나폴레옹 군에게 대항하기 위해 이미 프랑스에 복속되어 있던 프로이센군을 떠나 러시아군에 종군할 결심을 굳혀갈 무렵, 그녀가 클라우제비츠에게 보낸 답신에 잘 드러나 있다. 클라우제비츠의 마음속에는 이제 신혼 15개월 남짓한 신부의 존재가 일말의 주저로 남아 있었던 것일까? 그러나 마리의 응답은 이러했다.

> 당신의 사랑은 나만의 소유, 최고의 소유입니다. 그러나 나 때문에 당신이 나중에 후회하게 될지도 모를 어떤 희생에 대해 내가 당신을 과연 위로할 수 있을까요? 당신은 당신 자신과 당신의 미래를 생각해야 됩니다. 당신에게 용기를 주기 위해 나는 하이페리온Hyperion에 나오는 디오티마Diotima를 인용하겠습니다. 당신이 행동한다면 나는 모든 고생을 할 준비가 되어 있습니다.[17]

레몽 아롱은 이것이 마리의 '허락'이 아니라 '명령'이었다고까지 평가했다.[18] 이와 같은 헌신과, 두 사람 간의 지적 교감 및 동지애가 없었다면 『전쟁론』은 결코 후대에 전해지지 못했을 것이다.

한편, 앞선 1807년 11월 틸지트Tilsit 평화협정 후 포로생활에서 귀환한 클라우제비츠는 프랑스의 손아귀에 있던 수도 베를린에서 멀리 떨어진 쾨니히스베르크Königsberg로 가서, 그곳에서 프로이센군 재건 작업

---

16 Raymond Aron, *Clausewitz: Philosopher of War*, p. 17.

17 앞의 책, p. 19에서 재인용.

18 앞의 책, p. 19.

클라우제비츠의 부인 마리(그림)의 헌신과 두 사람 간의 지적 교감 및 동지애가 없었다면 『전쟁론』은 결코 후대에 전해지지 못했을 것이다. 레몽 아롱은 클라우제비츠가 『전쟁론』에서 전쟁을 예술과 자주 비교한 것은 마리가 고무시킨 예술적 소양과 창의력 때문이었다고 평가한 바 있다. 그녀는 평생 동안 클라우제비츠의 저술을 도와주고 토론의 상대가 되기도 했으며, 마침내는 그의 사후 유고를 편집하여 『전쟁론』이 빛을 보도록 한 장본인이었다.

에 몰두하고 있던 샤른호르스트와 합류했다. 그로부터 4년간 클라우제비츠는 개혁 세력—그나이제나우August Graf Neidhardt von Gneisenau, 그롤만 Karl Wilhelm Georg von Grolmann, 보옌Herman von Boyen 등—의 중심부에서 정력적인 활동을 펼치는 한편, 왕성한 저술 작업도 병행했다. 말하자면 샤른호르스트는 그에게 군사개혁의 당위성과 그 이념들을 설계하고 전파하는 이데올로그의 역할을 맡겼던 것이다. 이때의 활동으로 보수 세력들은 그에게 급진주의적 성향이 강한 인물이라는 낙인을 찍었고, 이러한 평판은 평생 그를 따라다녔다.[19] 그럼에도 불구하고 클라우제비츠는 한때 왕세자의 군사교육을 담당하는 개인교사로 임명된 적도 있었는데, 이는 상당 부분 왕실과 그의 처가 사이의 긴밀한 관계 덕분이기도 했다.

그러나 이 무렵 프로이센의 군사개혁에는 제동이 걸리기 시작했다. 나폴레옹의 감시의 눈초리가 심해지자, 소심한 왕 프리드리히 빌헬름 3세Friedrich Wilhelm III는 개혁에 대한 희망을 포기하고, 왕권 유지에 집착한 나머지 점차 프랑스의 요구에 순응하게 되었다. 징병제도는 시행조차 못 해보고 사장되었으며, 1811년 나폴레옹은 샤른호르스트의 해임을 요구하기에 이르렀다.

마침내 1812년 러시아 원정에 나선 나폴레옹은 그의 장악 하에 있던 유럽 각국에 징발령을 내리고, 그 일환으로 프로이센에는 2만 명의 병력 동원을 요구했다. 왕이 이 요구를 수용하자, 개혁파를 중심으로 한 애국적 장교들은 크게 반발하여 장교단 총원의 4분의 1에 달하는 300여 명의 장교들이 사임서를 제출했다.[20] 이 가운데 클라우제비츠를 포함한 약 20명의 장교들은 프랑스에 대항하는 러시아군에 종군했는데, 그

---

19 Peter Paret, "Clausewitz," p. 192.

20 Gordon A. Craig, *The Politics of the Prussian Army, 1640~1945*(Oxford : Clarendon Press, 1955), p. 58.

는 러시아군 대령으로서 여러 참모 부서에 근무했다. 특히 나폴레옹이 모스크바로부터 참담한 패퇴 길에 오른 1812년 12월 클라우제비츠는 러시아 장군 비트겐슈타인Wittgenstein 백작의 특사 자격으로, 프랑스 동맹군에 출정 중이었던 프로이센 군단장 바르텐베르크Yorck von Wartenberg 장군을 설득하여 그 유명한 타우로겐 협정Convention of Taurroggen을 맺었다. 이 협정으로 프로이센군은 나폴레옹 휘하를 벗어나 중립을 선언했으며, 결국 이 협정은 유럽 각국이 대對프랑스 해방전쟁에 나서는 기폭제 역할을 하게 되었다.[21]

1813년 3월 16일 프로이센이 마침내 대프랑스 전쟁에 가담하자 클라우제비츠는 복귀를 요청했다. 그러나 궁정과 군대 내 보수 세력들은 그를 '반역자'로 몰아세워 복귀를 강력히 반대했다. 클라우제비츠가 러시아군에 종군한 결정은 개혁파의 수뇌들과 사전에 논의한 것이었고, 클라우제비츠 자신은 왕도 이를 묵인했다고 주장했다.[22] 그러나 왕은 보수파의 압력을 의식하여 표면상 그의 '불충不忠'을 용서하지 않았다. 클라우제비츠는 러시아 군복을 입은 채 샤른호르스트가 그로스-괴르셴 전투Battle of Groß-Görschen에서 치명적 부상을 당할 때까지 비공식적으로 그의 보좌관 역할을 할 수밖에 없었다.

이윽고 1814년 프로이센군에 복귀한 그는, 1815년 3월 나폴레옹이 엘바Elba 섬을 탈출하여 소위 백일천하百日天下로 전운이 다시 감돌던 시기에 제3군단Johann von Thielmann의 참모장으로 임명되었다. 블뤼허Gebhardt

---

21 Michael Howard, *Clausewitz*, p. 9; Edward M. Collins, ed. & tr., *Karl von Clausewitz, War, Politics, and Power*, pp. 22-23. 그러나 레몽 아롱은 타우로겐 협정에서 클라우제비츠의 역할을 그다지 높게 평가하지 않았다. Raymond Aron, *Clausewitz: Philosopher of War*, pp. 29-30.

22 Carl von Clausewitz, *The Campaign of 1812 in Prussia*(London: John Murray, 1843), pp. 2-3. 레몽 아롱은 클라우제비츠가 그나이제나우의 추천장을 가지고 러시아로 갔다고 주장했음. Raymond Aron, *Clausewitz: Philosopher of War*, p. 28.

Leberecht von Blücher 장군 휘하 4개 군단 가운데 하나인 제3군단은 리니와 와브르 전투Battle of Ligny and Wavre에서 2배의 병력을 보유한 프랑스의 그루시Marquis de Grouchy 군단을 묶어둠으로써 그들이 워털루 전투Battle of Waterloo에 증원되지 못하도록 저지했다.[23]

마침내 나폴레옹 전쟁이 끝나고 유럽에 평화가 회복되었다. 클라우제비츠는 종전 후 3년 동안 서부지역 방면군August von Gneisenau의 참모장으로 코블렌츠Coblenz에서 근무했다. 그리고 1818년 5월 9일, 그가 초급장교 시절 다녔던 베를린의 전쟁학교 교장으로 임명되었다. 그러나 당시 이미 그 학교에는 교과 과정과 강의 과목 등을 전담하는 별도의 교과위원회(오늘날 교수부)가 있어서 그가 교육에 직접 개입할 여지는 없었다. 교장은 단지 행정업무만 담당하는 한직이었다. 같은 달 19일 38세의 나이에 소장으로 승진한 클라우제비츠는 한동안 영국 궁정에 파견될 외교관 직책을 추구하기도 했으나, 이미 나폴레옹 몰락 후 보수의 물결 속에 구체제가 부활한 정치 상황 하에서 '급진개혁파'로 낙인찍힌 그에게 기회가 주어지지는 않았다. 그는 1830년 8월 19일 브레슬라우Breslau에서 포병감이 될 때까지 12년간 교장직에 머물렀다.[24]

그러나 역설적으로 이 평온하고 한가한 보직이 그로 하여금 불멸의 저작 『전쟁론』을 집필할 수 있도록 해준 사색과 저술의 황금기였던 것이다. 그러나 그의 마음속이 겉보기처럼 그렇게 평안했던 것은 아니었다. 예민한 감수성과 내성적 성격, 그러면서도 군인으로서의 화려한 경력과 명예에 대한 욕망, 신분에 대한 평생 동안의 열등감(1827년에야 왕은 공식적으로 그의 귀족 신분을 인정했음)과 대단한 지적 우월감에 바탕을 둔 자존심, 이 모든 것들이 그의 마음을 갉아먹어 말년에 클라우제비

---

23 이 전투는 전술적으로는 실패였지만, 전략적으로는 주전장인 워털루 전투, 나아가서 나폴레옹 전쟁의 대미를 결정짓는 데 지대한 공헌을 했다.

24 Raymond Aron, *Clausewitz: Philosopher of War*, p. 31.

츠는 심한 신경쇠약에 시달렸다.[25] 그러나 이러한 좌절과 번민이 오히려 그를 '대작大作'에 더욱 집착하도록 만든 것은 아니었을까? 일찍이 고통 없이 위대한 예술 작품이 탄생한 적은 없었다. 클라우제비츠 자신이 그의 저작에 대해 다음과 같이 언급한 점은 매우 의미심장하다.

"나의 야심은 2~3년 후에 잊혀질 책이 아니라, 이 주제(전쟁)에 관심이 있는 사람들이 한 번 이상 펼쳐 보게 될 책을 쓰는 것이다."[26]

과연 그의 소망대로 『전쟁론』은 불멸의 고전이 되었다.

1831년 운명의 날이 다가오고 있었다. 그해 3월 폴란드에서는 러시아에 항거한 폭동과 함께 콜레라가 창궐했다. 이에 대비하기 위해 그나이제나우는 71세의 고령에도 불구하고 4개 군단이 소속된 동부방면군의 사령관에 임명되었는데, '바늘과 실'의 관계처럼 클라우제비츠를 참모장으로 기용했다. 폭동은 스스로 해결되었으나 그해 8월 24일 그나이제나우는 콜레라로 사망했다. 클라우제비츠도 역시 같은 병에 걸려 브레슬라우에서 숨을 거두었다. 1831년 11월 16일, 그의 나이 51세였다.[27]

Ⅲ. 『전쟁론』의 기원: 시대적 배경

클라우제비츠가 태어나서 활동했던 시기는 유럽 역사에 있어서 가장 격동적인 시대였다. 이 시대는 프랑스 대혁명(1789년)이 상징하고 있듯이 엄청난 사회적·정치적·정신적 변혁이 일어났던 시기였으며, 또한

---

25 그는 콜레라에 걸려 사망한 것으로 알려져 있지만, 의사는 그보다도 정신적 고통에 의한 신경쇠약이 더 큰 원인이었다고 진단했다. 클라우제비츠의 생애에 대해 심층적인 분석을 했던 레몽 아롱도 같은 견해를 피력했다. 앞의 책, pp. 37-38.

26 Clausewitz, "Author's Comment," in *On War*, p. 63.

27 당시 헤겔도 콜레라로 사망했다.

공화국 프랑스와 이에 대적하는 제국帝國들 간의 제국전쟁帝國戰爭에 뒤이어 혜성같이 나타난 나폴레옹에 의하여 '전쟁의 혁명'도 일어났던 시기였다.[28]

이 혁명적 전쟁의 시기는 어쩌면 '제1차 세계대전'[29]이라고 명명해도 과히 틀린 말은 아닐 것이다. 특히 1792년부터 1815년까지 유럽의 거의 전 지역을 전쟁이 휩쓸어 수백만 명의 사상자와 수백만 명의 난민, 그리고 수많은 국경선 변동과 정치·사회적 격변을 자아냈다. 클라우제비츠의 체험과 사유, 그리고 집필은 이러한 격동의 와중에서 태동되고 정제되었던 것이다.

그가 활동했던 당시 유럽의 시대적 상황은 크게 철학적·지적 분야와 정치적·군사적 분야로 구분해서 살펴보겠으며, 이것들이 그의 체험적·지적 경향을 좌우했고, 당연히 그의 저작에 그대로 투영되었다.

1. 철학적·지적 배경

18세기 후반 유럽의 철학적 기조는 합리주의 대신 개인의 자유와 인성을 강조하는 관념주의가 대두되었고, 예술적으로는 낭만주의가 도래했다. 그 시대에 활동한 인물들로는 칸트Immanuel Kant, 헤겔Georg W. F. Hegel, 레싱Gotthold E. Lessing, 실러Friedrich von Schiller, 헤르더Johann G. von Herder, 피히테Johann G. Fichte, 괴테Johann W. von Göthe 등 철학과 문학사에 있어서 영원히 빛나는 위인들이 즐비했다. 레싱이 출생한 1729년부터 괴테가 사망한

---

28 레몽 아롱은 클라우제비츠의 생애에 맞추어 이 시대를 둘로 나누어 유럽 혁명과 제국의 전쟁 시대(1793~1815), 신성동맹 조약 하의 평화 시대(1815~1831)로 구분하고, 전자를 클라우제비츠의 '행동의 시대,' 후자를 '집필의 시대'로 칭한 바 있다. Raymond Aron, *Clausewitz: Philosopher of War*, p. 11.

29 그렇다면 1914년~1918년 기간의 제1차 세계대전은 제2차 세계대전, 1939년~1945년 기간의 제2차 세계대전은 제3차 세계대전이 되는 셈이다.

1832년(이 해에 『전쟁론』이 출간됨)까지 약 100년은 '독일 문화사의 최고 황금기'[30]로 일컬어질 정도였다. 그 주된 주제는 바로 개인의 자유와 존엄이었고, 헬레니즘의 부활이라고까지 여겨지는 인성人性의 옹호였다.

특히 클라우제비츠가 한창 활동하던 당대는 괴테와 실러가 주도했던 문예운동인 소위 '질풍노도운동Strum und Drang'의 영향으로 독일식 계몽주의Aufklarung와 낭만주의가 지배적으로 풍미하던 시대였다. 나폴레옹이 말 잔등 위에서 괴테의 『젊은 베르테르의 슬픔』을 탐독했다는 일화가 전해질 정도였다.

프랑스로부터 남부 독일로, 그리고 전 유럽으로 번져나간 이러한 기풍은 오랫동안 유럽 사회의 기본 틀을 형성해온 교회와 국가(군주국가)에 대한 도전으로 이어졌고, 이 도전은 교회와 국가를 지탱해온 정신적·철학적·가치관적 기존 체계에 대한 거센 변혁 요구로 번졌다. 이러한 당시의 기풍을 알지 못하고서는 어째서 당대의 저명한 지성인들이나 일반 대중들이 프랑스 혁명 사상을 옹호하고, 그 결과 심지어는 프랑스 혁명군과 나폴레옹을 한동안 '해방자'로 여겼는지를 이해할 수 없다. 예컨대 헤겔은 1806년 예나Jena 전역 전야에 "나를 포함해서 모두는 프랑스군이 이기기를 바란다"라고 쓸 정도였다.[31]

이와 같은 교회 및 국가의 기존 가치 체계에 대한 도전은 결국 인성의 회복에 대한 열망과 인간(개인)의 능력에 대한 신뢰에 바탕을 두고 있는 것이다. 이것이야말로 클라우제비츠가 전쟁현상과 전쟁의 본질을 탐구함에 있어서 인적 요소human factor를 그 어떤 요소보다도 강조하게 된 배경이었다. 이 문제는 뒤의 제4절과 제5절에서 보다 심층적으로 논의할 것이다.

---

30 Koppel S. Pinson, *Modern Germany: Its History and Civilization*(New York, NY: Macmillan, 1954), p. 12

31 앞의 책, p. 33.

그렇다면 클라우제비츠의 사유와 논리는 당대의 철학이나 사상에 얼마만큼이나 잇닿아 있는가? 그의 논리 전개에는 분명 당대 철학의 주류였던 관념론적 학풍이 깃들어 있다고 한다. 영국의 철학자 버클리George Berkely나 흄David Hume은 인간이 지식을 발굴하고 흡수하는 방법에는 인간의 외부 세계(자연, 우주 등)에 존재하는 어떤 힘이나 원리를 인지하는 객관적이고 과학적인 확실성의 추구 따위만 있는 것이 아니라, 오히려 인간이 주체가 되어 능동적으로 관찰하며 내면의 의식 세계를 가동하여 지식(진실)에 접근하고 세계(또는 자아自我)를 형성하는 과정이야말로 지식을 깨우치는 것이라고 보았다. 이러한 과정을 우리는 고도의 추상화abstraction 내지 일반화generalization라고 부른다. 이러한 사유와 논리 체계는 칸트에 의해서 집대성되었고, 클라우제비츠에게도 영향을 미쳤다.[32] 과학적 탐구나 접근방식이 전쟁이론에도 적용될 수 있다고 주장하는 교조주의적 사고dogmatism를 배격하고, 전쟁을 이해하고 이론화하기 위해 오로지 중요한 것은 인간과 인간의 행위, 정신적 요소라고 주장한 클라우제비츠의 논리는 곧바로 관념론과 통하는 것이다.

그는 교조주의적 틀을 깨야만 진정한 이론이 성립될 수 있다고 보았다. 클라우제비츠는 이론이 결코 행위 지침이 아니라고 지적하면서, 결국 군사이론은 곧바로 실용적인 것이라기보다는 군인들이 행위를 하는 데 필요한 준거 기준이나 평가 기준을 제공해줄 뿐이라고 했다. 이론

---

32 마이클 하워드(Michael Howard)는 클라우제비츠가 칸트의 책을 읽었다는 어떤 증거도 없지만, 그가 칸트류의 지적 접근방식을 부분적으로 차용하고 있다고 주장했다. Michael Howard, *Clausewitz*, p. 13. 한편 피터 파렛(Peter Paret)은 클라우제비츠가 전쟁학교 재학 당시 칸트의 사도(使徒)였던 키제베터(Johann G. Kiesewetter)의 논리학과 윤리학 기초 강의를 들었으며, 또한 수학, 철학, 미학에 관한 책과 논문들을 광범위하게 탐독했다고 주장하면서, 관념론이나 변증법적 논리는 당시 교육을 받은 독일인들에게는 '기본'에 속하는 개념이었다고 평가했다. 클라우제비츠의 논리 체계와 독일 철학 간의 관련성에 대한 보다 자세한 논의는 다음을 참조할 것. Peter Paret, *Clausewitz and the State*(Princeton, N. J.: Princeton Univ. Press, 1985), pp. 69, 84, 147–208.

이란 어떤 사물이 다른 사물과 어떻게 관련되는가, 중요한 것과 중요하지 않은 것을 어떻게 구별해내는가, 또는 어떤 현상의 본질(진실)에 도달하기 위해 논리적 연결고리를 과거와 현재의 실제(경험, 또는 역사 연구를 통해서)에 비추어 어떻게 지적으로 짜 맞추는가의 바탕이 된다. 그래서 이론은 행동을 위한 규칙이나 법칙, 또는 교리를 만들어내는 기능을 갖는 것이 아니라, 다만 행위를 위한 판단력을 키워준다는 것이다.[33]

바로 이 점에 있어서 클라우제비츠는 전쟁현상과 전쟁 수행 상의 보편적 원리나 법칙을 추구했던 뷜로브Adam Heinrich Dietrich von Bülow나 조미니Antoine H. Jomini 같은 군사이론가들의 주장을 결단코 배격했던 것이다. 그에게 있어서 전쟁은 과학적 법칙에 의해 지배되는 것이 아니라, 단지 의지나 정신적 힘의 충돌현상이었다. 결국 성공적 지휘관이란 게임의 규칙을 알고 있는 사람이 아니라, 자신의 창의성을 발휘하여 게임의 규칙을 만들어내는 사람이었다.

마이클 하워드의 논평에 의하면, 전쟁을 과학적 법칙성으로 풀려고 했던 사람들은 전쟁의 불확실성이나 우연성을 전쟁 수행 상의 '장애물'로 보고 그것들을 제거하거나 완화시킬 수 있는 방법을 원리적 차원에서 수동적으로 모색한 반면에, 클라우제비츠는 불확실성이나 우연성을 오히려 주도권 장악이나 승리를 위한 '기회'로 보고 그것들을 능동적으로 휘어잡고 활용해야 함을 주장했다.[34] 이 점은 제5절 군사천재론에서 더 자세하게 거론하겠다.

끝으로 클라우제비츠의 철학적 사유와 논리의 틀을 논의하면서 변증법적 방법론을 빼놓을 수 없다. 피터 파렛의 평가에 의하면, 클라우제비츠는 자기 책의 이론적 모델로서 몽테스키외Charles De Montesquieu 의 『법의

---

33 Peter Paret, "Clausewitz," p. 193 ; Peter Paret, "The Genesis of *On War*," pp. 14-15; Hans Rothfels, "Clausewitz," p. 101.

34 Michael Howard, *Clausewitz*, p. 14.

정신』과 칸트의 『실천이성비판』을 염두에 두었다고 한다.[35] 클라우제비츠 자신도 1818년에 남긴 메모에서 "몽테스키외가 그의 주제를 다루었던 방법을 희미하게나마 내 마음속에 그려보았다"라고 언급한 바 있다.[36] 그 방법이란 변증법적 방법을 의미한다. 그러나 이것은 정-반-합正-反-合으로 구성되는 헤겔류類의 변증법과는 다소 달라서, 정-반正-反 명제의 대비를 통해 어떤 특정 현상의 고유한 특성을 명확하게 탐구하는 일종의 수정된 변증법이라고 할 수 있다. 예컨대 그가 후기 계몽주의의 미학美學 이론으로부터 차용한 목적과 수단의 대비적 개념도 이에 속할 것이다. 그 외에도 이론과 실제, 의도와 실행, 전쟁과 정치, 공격과 방어, 지성과 용기 등 다양한 대칭적 이론 개념을 이용했다. 이것들은 앞에서 잠깐 언급한 바와 같이 고대 그리스 헬레니즘 철학의 재현이 가져온 이상과 현실, 또는 절대적이면서 실현 불가능한 개념과 현실 세계와의 대비와도 일맥상통한다. 실제로 그가 설정한 '절대전쟁'과 '현실전쟁' 개념은 그 가장 대표적인 활용 예라 할 수 있다.

그렇다고 해서 그의 지적 탐구가 현실성과 동떨어진 추상적 논의만을 추구한 것은 아니다. 그가 전쟁현상에 대해서 철학적·학문적으로 접근했던 진정한 목적은 이론적 분석만이 다양하고도 보편적인 현실전쟁을 이해하는 수단을 제공할 수 있다고 확신했기 때문이다. 그래서 그는 자신의 방법론적 틀로서 사유(추론)와 관찰 못지않게 체험을 강조하고 있다. 그 자신은 풍부한 실전 경험을 지니고 있었지만, 체험의 부족을 메우는 도구로 전쟁사를 광범위하게 활용했다. 그는 체험의 중요성을 강조하기 위해 다음과 같은 비유를 하고 있다.

---

35 Peter Paret, "The Genesis of *On War*," p. 15.

36 Clausewitz, "Author's Preface," in *On War*, p. 63.

어떤 식물은 너무 높게 자라지 않아야 열매를 맺듯이, 현실적 술術의 영역에 있어서도 이론의 잎과 꽃은 적절히 다듬어져야 하고 그 식물은 알맞은 토양에 심어져야 한다. 알맞은 토양이란 바로 경험이다.[37]

결국 그의 독창적인 방법론은 체험과 관찰, 역사적 해석과 추론 speculative reasoning의 복합적 조화로 구성되어 있다고 평가할 수 있다.

2. 정치적·군사적 배경

18세기의 낙관적 계몽주의자들은 전쟁을 '야만의 유물遺物'로 보았으며, 따라서 인간 사회가 문명화됨에 따라 인간의 이성이 발달하게 되면 전쟁도 점차 시대착오적인 것이 되리라고 보았다. 사회학의 비조 가운데 한 사람으로 일컬어지는 프랑스의 오귀스트 콩트August Conte는 문명국들(그는 당시 유럽 국가들만이 이 범주에 포함되는 것으로 간주) 사이의 전쟁은 부도덕하다고까지 주장했다. 칸트도 국정國政이 이성적이고 인도주의적인 사람들에 의해 운영된다면, 세상은 '항구적 평화perpetual peace'를 누릴 수 있으리라고 주장했다.[38] 칸트의 주장은 마치 플라톤의 철인정치 哲人政治의 재현再現처럼도 비친다.

사실 18세기 후반기의 유럽인들은 7년 전쟁(1756~1763)의 후유증으로 전쟁혐오증이 강했다. 이것은 특히 이 전쟁의 주역이었던 프로이센에서 더욱 심했다. 프로이센은 프리드리히 대왕의 영도 아래 유럽의 새로운 강자로 떠올랐지만, 연이은 전쟁으로 국력은 피폐하고 국민들은 피로에 지쳤던 것이다.

---

37 Clausewitz, "Author's Comment," in *On War*, p. 61. 강조점은 필자가 첨가한 것임.

38 Michael Howard, *Clausewitz*, p. 12.

그러나 돌이켜보면, 18세기는 7년 전쟁을 제외한다면 일종의 '전쟁 침체기'였다고 할 수 있다. 전쟁사적인 차원에서 볼 때 18세기는 '제한적 군주전制限的 君主戰'의 시대였다. 당시의 군대는 주로 직업적 용병 mercenaries들로 구성된 소규모 상비군의 형태를 띠었는데, 용병들은 군주들의 재화財貨, invested capital였기 때문에 전쟁터에서 함부로 소모했다가는 재정에 큰 구멍이 날 우려가 있었다. 용병들 또한 하류층민이나 외국인들이 생계의 수단으로 급료를 노리고 군에 들어온 사람들이었기에 때문에 전장에서 위험을 무릅쓰고 싸울 아무런 이유도 없었다. 자연히 이런 종류의 군대는 엄격한 규율과 감시·통제로 유지되었으며, 각개 정찰이나 마초 획득을 위해 병사들을 개별적으로 풀어놓는 조치 따위는 탈주에 대한 우려 때문에 애당초 불가능했다. 탈영의 위험이 적의 위험보다도 더 큰 상황이었던 것이다.[39]

따라서 구시대 군대는 보급품을 비축해둔 보급창magazine을 중심으로 2~3일 이내의 기동 반경만을 가질 뿐, 신속 기동이나 장거리 진격 또는 결정적 추격 등은 엄두조차 낼 수 없었다. 자신의 보급로를 지키는 한편 상대방의 보급로를 차단하는 작전이 선호되었고, 때로는 튼튼하게 보강된 진지를 서로 마주한 채 지루한 대치 국면이 지속되기도 했다.

구시대의 전쟁 양태는 이러한 군대의 제한적 성격과 더불어 계몽주의적 조류의 영향 때문에 사생결단식의 극단적 적대나 결전으로 흐르지 않았다. 당대 유럽의 국제 정세를 풍미하던 세력 균형적 국제질서 개념도 제한전 경향에 일조했으며, 당시의 사회적·정신적 세계를 지배하던 교회의 반전적反戰的 교시教示, 그리고 종교적 신앙심에 바탕을 둔 경건한 기사도chivalry 정신 또한 제한전 조류에 크게 한몫했다.

사실 따지고 보면 한 다리 건너서 혈연적으로 얽히지 않은 왕가王家가

---

39 Hans Rothfels, "Clausewitz," p. 97.

없다시피 했던 유럽의 군주국가들 사이에서 극한적 결전은 애당초 불가능했을지도 모른다. 유럽의 모든 왕실은 합스부르크Hapsburg 왕가를 중심으로 해서 혼맥婚脈으로 연결된 거대한 가계도家系圖를 형성하고 있었던 것이다. 따라서 당시의 왕실 사이에 의식적儀式的 외교 관례가 있었던 것처럼, 군주들 간의 전쟁도 의식화儀式化, ceremonial of warfare의 유형이 자리 잡고 있었다.[40]

이를테면, 전투를 벌이게 될 양국의 군대는 미리 약속된 벌판에 약속된 시간에 대치하여 정렬하고, 양국의 군주는 왕실 사람들과 귀족들을 대동하고 전투장이 잘 내려다보이는 언덕에 각각 차일遮日을 치고 좌정하면, 이윽고 양군은 마치 기마전이나 장기 두기 같은 기동전을 전개했다. 그날 저녁 양국의 궁정에서는 파티와 풍성한 무용담과 관전평이 무르익었을 것이다. 이를테면 당시의 전쟁은 '왕들의 스포츠'였던 셈이다.

물론 당시의 전쟁이 모두 다 스포츠식으로 치러졌던 것은 아니다. 7년 전쟁처럼 격렬하고 장기간에 걸친 전쟁도 있었던 것이다. 그러나 대체로 당시의 전쟁 양태는 꽃무늬 장식이 특징인 로코코rococo 예술 양식처럼 의식적儀式的이고, 또한 '목가적牧歌的'인 성격이 짙었다. 여기서 목가적이란 의미는 왕들의 군대들이 전투를 벌이는 동안, 농부들은 전장으로부터 그다지 멀지 않은 밭에서 씨를 뿌리고 가꾸고 추수를 하는 데 아무런 지장이 없었다는 뜻이다. 이처럼 구시대의 전쟁은 일반 백성들의 일상생활과 동떨어져서 치러졌던 것이다. 백성들의 입장에서 볼 때, 전쟁은 왕이나 그 측근들의 업무이지 자신들과는 하등 아무런 연관도 없었다. 이기던 지던 아무 상관도 없고, 아무런 영향도 미치지 않았다.

한편, 18세기는 과학의 시대로서 이 시대의 군사이론가들은 전쟁 수행을 자연과학의 한 분야, 즉 우연과 불확실성이 작용할 여지가 배제된

---

40 앞의 자료, p. 99.

합리적 행동 영역이 될 수 있도록, 견고하고도 계량화된 자료에 근거한 합리적 원칙을 찾아내려고 노력했다. 이에 따라 혹자는 지형적·지리적 계측을 강조하고, 혹자는 군수 소요와 행군 시간표 간의 계산, 또 혹자는 보급선과 전선과의 기하학적 관계나 작전의 각도를 주목하는 등 수학적이고 지형학적인 요소들이 군사지도자들의 마음을 지배했다. 영국의 군사이론가인 로이드Henry Lloyd, 1720~1783는 "이러한 과학적 사실들을 이해하는 사람은 누구나 수학적·지리적 정확성을 가지고 작전을 수행할 수 있으며, 전투의 결정타를 적에게 가하지 않고도 승리할 수 있다"고까지 주장했다.[41]

반면에 클라우제비츠는 앞에서 잠깐 언급했듯이, 과학적 원칙의 발견으로 전쟁의 우연성과 불확실성을 축소 내지 제거할 수 있다고 주장한 동시대의 유명한 군사이론가 뷜로브를 논박하면서, 전쟁은 결코 과학적 게임이나 국제적 스포츠가 아니라 폭력적 행동, 즉 의지와 정신력의 충돌현상일 뿐이라고 주장했다. 그는 어떤 종류의 교조적 이론도 배격했던 것이다. 프랑스 혁명과 나폴레옹의 등장이 가져온 전쟁상의 혁명을 그는 누구보다도 재빠르고 정확하게 간파했으며, 이를 『전쟁론』에서 체계화하려 했다.

프랑스 대혁명은 실로 모든 구시대적인 것들을 일거에 쓸어버린 혁명적 쓰나미였다. 그중에서도 프랑스 혁명 전쟁과 뒤이은 나폴레옹 전쟁은 가장 획기적인 혁명을 불러왔다. 그리고 이러한 군사적 혁명의 실체를 그 누구보다도 먼저 인식한 사람은 클라우제비츠의 사부師父인 샤른호르스트였다. 1793년~1795년 어간의 초기 혁명 전역戰役이 끝난 직후 샤른호르스트는 이미 프랑스 혁명군의 승리 배경에 프랑스 대혁명

---

41 이러한 과학적 경도 현상에 관한 보다 자세한 논의는 다음을 참조할 것. Alfred Vagts, *A History of Militarism*(New York: Free Press, 1967), pp. 81-85; Michael Howard, *Clausewitz*, pp. 13-16.

프랑스 혁명 전쟁 전투 중 하나인 아르콜 전투(Battle of Arcole)(1796년) 당시 아르콜 다리를 건너는 나폴레옹 장군과 그의 군대. 프랑스 대혁명은 실로 모든 구시대적인 것들을 일거에 쓸어버린 혁명적 쓰나미였다. 그중에서도 프랑스 혁명 전쟁과 뒤이은 나폴레옹 전쟁은 가장 획기적인 혁명을 불러왔다. 1793년~1795년 어간의 초기 혁명 전역이 끝난 직후 샤른호르스트는 이미 프랑스 혁명군의 승리 배경에 프랑스 대혁명으로 촉발된 정치·사회적 변혁이 도사리고 있음을 간파했다. 그 핵심은 프랑스 혁명군의 자발성과, 이에 따른 수적·정신적 우위였다. 즉, 프랑스 혁명정부의 국민총동원령에 의한 국민군의 출현이었다.

으로 촉발된 정치·사회적 변혁이 도사리고 있음을 간파했다.[42] 그 핵심
은 프랑스 혁명군의 자발성自發性과, 이에 따른 수적·정신적 우위였다.
즉, 프랑스 혁명정부의 국민총동원령Levée en masse에 의한 국민군의 출현
이었다.[43] 이에 대해서 마이클 하워드는 다음과 같은 구체적인 분석을
제공하고 있다.

프랑스 정치가들이 통상적인 정치적·경제적 속박을 모두 제거했기 때문
에 프랑스 군대는 모든 군사적 규칙을 성공적으로 깨뜨릴 수 있었다. 인력
人力에 관한 한 프랑스는 고도로 훈련되고 값이 비싼 정규군에 의존하지
않고 애국적인 지원병에 의존했으며, 나중에는 거의 무제한적인 징집병
에 의존했는데, 징집병이라 해도 그들의 군 복무는 사실상 자유로웠다. 프
랑스 병사들은 스스로 직접 군량을 조달했고, 그 과정에서 설사 탈주병이
생긴다 해도 그 자리를 메울 인력이 넉넉하고도 남았다. 그들은 선전술線戰
術, linear tactics 훈련을 충분히 받지 못했으므로, 그 대신 자유사격(당시는 일
제사격volley system이 일반적 전술이었음)과 산개대형skirmisher, 그리고 밀집종
대dense column 공격을 병행했다. 이 전술은 우선 처음에 상대방의 대형을
허물어뜨린 다음 압도적인 수적 우세로 분쇄하는 방식이었다. 이처럼 자
기희생적인 보병에다가 보나파르트는 상대보다 높은 비율의 포병을 증편
시켰고, 무자비한 추격 훈련을 받은 기병마저 보태었다.[44]

나폴레옹이 유럽을 정복할 때 사용한 가공할 만한 도구는 바로 앞에

42 Peter Paret, *Clausewitz and the State*, p. 64 ; Michael Howard, *Clausewitz*, p. 17.

43 Charles E. White, "The Enlightened Soldier: Scharnhorst and the Militärische Gesell-schaft in Berlin, 1801–1805"(Ph D. dissertation, Duke Univ., 1986), p. 42; Hans Rothfels, "Clausewitz," p. 97.

44 Michael Howard, *Clausewitz*, p. 17.

서 묘사된 프랑스 국민군이었다. 그러나 이 도구는 사람과 돈을 아낌없이 쏟아 부을 각오가 되어 있는 정부, 자신들을 목표에 일치시키고 그것이 요구하는 희생을 아무 불평 없이 감수하는 국민에 의해 지지되는 정부만이 준비할 수 있는 도구였다. 그러자면 '국가'(또는 민족)의 개념이 서야 한다. 즉, 혁명으로 수립된 프랑스 공화국의 존립을 주변의 반동적 군주국가들이 위협했을 때 프랑스인들이 분연히 일어났던 것처럼, 자기 스스로가 지켜야 할 '자기 국가'·'자기 민족'이라는 의식이 먼저 정립되어야 국민군의 실체가 형성되는 것이다.[45] 이처럼 프랑스 대혁명과 나폴레옹의 등장이 가져온 전쟁 개념과 전쟁 수행상의 결정적 변혁이란 바로 전쟁에 있어서 '국민과 정부의 결합'이었다.[46] 더 이상 전쟁은 왕이나 귀족들만의 전유물이 아니고, 이제 일반 국민들의 실생활 곁에 자리 잡게 된 것이다.

클라우제비츠 자신은 이 사태를 다음과 같이 기술하고 있다.

갑자기 전쟁은 다시 국민의 업무가 되었다. 3,000만 명(당시 프랑스 인구를 의미함)의 국민이 스스로를 시민권자라고 여기게 되었다. …… 국민들은 따라서 전쟁의 참여자가 되었다. 이전에 그것은 정부와 군대만의 몫이었다. 국가의 모든 자원과 노력이 제한 없이 동원될 수 있게 되었고, 아무것도 이러한 전쟁 수행을 위한 노력을 훼방할 수 없게 되었다. 그 결과, 프랑스의 적대자들은 극도의 위험에 직면했다.[47]

---

45 Peter Paret, *Clausewitz and the State*, p. 64; Charles E. White, "The Enlightened Soldier," pp. 42-43, 95-99.

46 Clausewitz, *On War*, pp. 609-610; Peter Paret, *Clausewitz and the State*, p. 33; Michael Howard, *Clausewitz*, p. 19.

47 Clausewitz, *On War*, p. 592.

샤른호르스트가 먼저 간파하고 그의 수제자인 클라우제비츠가 명쾌하게 정리한 것처럼, 당시의 군사적 혁명은 근본적으로 프랑스 대혁명이 빚은 정치·사회적 변혁으로부터 비롯된 것이었다. 클라우제비츠는 또 이렇게 분석하기도 했다.

어떠한 관습적인 제약도 받지 않은 전쟁이 그 본질적인 광포성을 마음껏 발휘했다. 이는 국민들이 이 거대한 국가 사업(전쟁을 지칭)에 새롭게 참여함으로써 비롯되었다. 그리고 그들이 이에 참여하게 된 것은 한편으로는 프랑스 대혁명이 각 나라의 내부 사정에 영향을 미친 탓이기도 하고, 다른 한편으로는 프랑스가 모든 나라들을 위험에 빠뜨린 탓이기도 했다.[48]

그러나 대부분의 사람들은 그 대변혁의 해일이 자신을 덮치기 전까지, 아니 심지어는 그 해일이 덮치고 지나간 뒤에도 그 해일의 정체와 의미에 대해서 제대로 깨닫지 못했다. 당시의 프로이센이 특히 그러했다. 나폴레옹 전쟁의 해일은 먼저 오스트리아를 덮쳤다. 1804년 울름Ulm 전역의 패배에 연이어, 1805년 3인의 황제가 얽힌 전쟁이라고 해서 '3황회전三皇會戰'이라고 일컬어지는 아우스터리츠Austerlitz 전역에서 오스트리아와 러시아 연합군은 나폴레옹에게 결정적인 패배를 당했다. 신성로마제국의 맹주였던 오스트리아는 이로써 왕실의 명맥만 간신히 유지한 채 프랑스의 지배 아래 들어갔다. 다음 차례는 프로이센이었다. 1806년 프로이센은 예나Jena 전역에서 참패했다.[49] 프리드리히 대왕의 영도 아래 유럽에서 한때 불패의 영광을 누렸던 막강한 프로이센군은 나폴레옹이 이끄는 프랑스 국민군의 상대가 되지 못했다. 예나 전역 당

---

48 Clausewitz, *On War*, p. 593.

49 클라우제비츠는 이 전투에서 아우구스트 왕자와 함께 포로가 되었고, 10개월 정도 프랑스와 스위스에서 포로 생활을 했다.

1806년 프로이센은 예나 전역에서 참패했다. 프리드리히 대왕의 영도 아래 유럽에서 한때 불패의 영광을 누렸던 막강한 프로이센군은 나폴레옹이 이끄는 프랑스 국민군의 상대가 되지 못했다. 예나 전역 당시까지 프로이센군은 전형적인 18세기식 군대였던 것이다. 무엇보다도 자국 국민들의 무기력증에 대해 클라우제비츠는 더욱 크게 한탄했다. 클라우제비츠가 보기에 프로이센이 직면한 문제는 단순히 군사적인, 혹은 정치적인 개혁이 아니라 정신적인 갱생이었다. 그림은 예나 전투 당시 나폴레옹과 프랑스 국민군.

당시 철학자 피히테는 국민들의 항전의식을 일깨우기 위해 그의 책 『독일 국민에게 고함』을 통해 "자유를 위한 싸움에서 죽은 사람은 자기 생명을 마감하는 대신 (다른 사람들을 위한) 자유를 낳는다"라고 역설했다.

시까지 프로이센군은 전형적인 18세기식 군대였던 것이다.[50]

그러나 예나의 참패가 드러낸 것은 단순히 구군대와 신군대 간의 차별성만이 아니었다. 더욱 심각한 것은 프로이센 국민들이 그 전쟁을 자기들과는 아무 상관이 없는 것으로 여기고, 프로이센군의 패배를 무관심한 태도로 방관했다는 사실이다. 앞에서 잠깐 언급했듯이 헤겔을 포함한 대부분의 지식인 계층이나 일반 국민들은 심지어 그 전쟁에서 '해방군'인 나폴레옹 군이 이기기를 바랐을 정도였다. 프로이센 정부 역시 전쟁을 군대만의 사업으로 간주했고, 사회 전체는 무기력증에 빠져 있었다. 정부는 프리드리히 대왕 이래로 사회를 수동적이고 전적으로 복종만 하는 상태로 유지시켜왔기 때문에, 위기가 닥쳤을 때 전 국민의 잠재적 에너지와 애국심을 부추길 수 없었다.[51] 당시 철학자 피히테Johann G. Fichte는 국민들의 항전의식을 일깨우기 위해 그의 책『독일 국민에게 고함Reden an die Deutsche Nation』을 통해 "자유를 위한 싸움에서 죽은 사람은 자기 생명을 마감하는 대신 (다른 사람들을 위한) 자유를 낳는다"라고 역설한 바 있다.

자국 국민들의 무기력증에 대해 클라우제비츠는 더욱 크게 한탄했다. 포로 신분으로 프랑스를 향해 떠나기 전 그는 약혼녀 마리에게 보낸 편지에서 "독일인의 정신 상태는 점점 더 비참해 보입니다. 모든 곳에서 거의 눈물이 날 정도로 그러한 정신력의 쇠약이 나타나고 있습니다. 나는 한없이 슬퍼하며 이 편지를 씁니다"라고 썼다.[52] 예나의 참패 이래 그는 프로이센 민족주의의 발현과 프랑스에 대한 저항정신 고취에 혼신의 힘을 쏟아 부었다. 프랑스의 억류지에서 마리에게 보낸 또 다른 편

---

50 Michael Howard, *Clausewitz*, pp. 14-15.

51 앞의 책, p. 18; Peter Paret, "Clausewitz," p. 192.

52 Raymond Aron, *Clausewitz: Philosopher of War*, p. 20에서 재인용.

지에는 다음과 같은 내용이 담겨 있다.

나는 채찍으로 그 게으른 짐승들(프로이센 사람들을 지칭)을 일깨워서 그들
을 얽어매고 있는 사슬-그들은 비겁함과 두려움 때문에 그 사슬이 자기
들을 묶도록 내버려둔 것이오-을 끊어버리도록 가르치고 싶소. 나는 국
가정신을 부패시키는 역병을 파괴적인 힘으로 제거해줄 해독제 같은 정
신 자세를 독일 전역에 퍼뜨리고 싶소.[53]

클라우제비츠가 보기에 프로이센이 직면한 문제는 단순히 군사적인,
혹은 정치적인 개혁이 아니라 정신적인 갱생이었다.

포로 생활에서 귀환한 뒤 클라우제비츠의 애국심과 개혁정신은 샤른
호르스트를 중심으로 한 군사개혁파들과의 합류와 실질적인 개혁 작
업으로 연결되었다. 개혁파들이 구상한 개혁의 내용과 폭은 실로 원대
했다. 예를 들자면 귀족계급의 장교직 독점 타파와 시험에 의한 초급장
교 진급, 족벌 내지 파벌주의의 타파, 병사들에 대한 구시대적이고 비인
간적인 군기제도 및 훈련 개선, 포병의 확장, 프랑스식 보병 전술 도입,
총참모부 제도의 영구 제도화, 징병제 도입과 용병제 폐지, 장교와 하사
관에 대한 교육 강화 등이었다.[54] 이러한 개혁은 비단 군을 개조할 뿐만
아니라 사회와 국가 전체의 개혁에까지 영향을 미칠 사안들이었다. 보
수적 귀족들을 중심으로 즉각적이고도 강력한 반대가 일어났으며, 프
로이센 국가의 장래 성격에 대한 이 개혁 논쟁은 그 후 5년 동안 프로이
센을 휘몰아쳤다.[55]

---

53 Michael Howard, *Clausewitz*, p. 18에서 재인용.
54 Peter Paret, *Clausewitz and the State*, p. 65.
55 Peter Paret, "Clausewitz," p. 192.

클라우제비츠는 '행동하는 지성인'이었다. 그의 애국심과 반反프랑스주의는 1812년 프로이센이 나폴레옹의 러시아 원정에 반강제적으로 참여하게 되자, 그로 하여금 러시아군으로의 종군을 감행하게끔 만들 정도였다. 그해 2월 그는 그 유명한 '충성서약Believe and Profess'을 발표했다. 짧고 격렬한 문투로 구성된 이 서약문은 읽는 이로 하여금 곧바로 심장의 고동이 빨라지고 피가 끓어오를 만큼 애국심을 고취하는 내용으로 시종일관한다.

나는 확신하고 고백하노니, 한 국민의 존재에 있어서 위엄과 자유보다 더 높은 가치를 지니는 것은 없음을, 이것들은 마지막 피 한 방울을 바쳐서라도 지켜져야 함을, 이보다 더 신성한 의무는 없으며 이보다 더 숭고한 법칙은 없음을, 겁쟁이의 굴종에 의한 수치의 자취는 영원히 지울 수 없음을, 굴종의 독약 한 방울이 국민들 핏속에 섞여 후손들에게 이어지면 다음 세대의 힘을 약화시키고 마비시키고 만다는 것을……[56]

1813년에서 1815년 사이, 즉 프로이센이 프랑스에 대항한 전쟁에 주도적으로 가담했던 시기(제6차 대불동맹)에 프로이센은 일시적으로 개혁적 민족주의자들의 바람대로 개혁의 물결에 편승하는 듯했다. 프랑스 대혁명에서처럼 왕조가 전복되는 대신 왕실이 앞장서서 민족주의적인 개혁을 이끌어줄 것을 염원했던 클라우제비츠의 소망[57]은, 그러나 나폴레옹 전쟁이 종결된 1815년 이후 다시 좌절되었다. 복고주의가 회

---

56 Clausewitz, "I Believe and Profess," in Edward M. Collins, ed. & tr., Karl von Clausewitz, *War, Politics and Power*, pp. 301-304.

57 독일은 혁명이 필요할 만큼 사회적·정치적 상황이 악화되어 있지는 않다고 클라우제비츠는 믿었으며, 그의 왕실에 대한 충성심도 충만했다. Raymond Aron, *Clausewitz: Philosopher of War*, pp. 33-34.

생하여 과거 어느 때보다도 민족주의적 개혁가들을 억압하는 정권이 들어섰다. 마이클 하워드가 논평했듯이, 프로이센의 정치 문제는 미해결 상태로 남았고 군사적 문제들 역시 마찬가지였다.[58]

보수파들에 의해 점령된 궁정으로부터 위험한 급진적 개혁주의자로 의심받고, 보다 명예로운 군사 경력의 기회마저 얻지 못한 클라우제비츠는 1818년 38세의 젊은 나이에 좌절과 사색의 연못으로 침잠하여 저술의 길로 들어섰다. 그러나 그는 자신의 저작에 대해 예언적인 자신감을 나타낼 만큼 자부심 강한 저술가였다.

진리와 이해를 추구하고자 하는 편견 없는 독자라면 …… (이 책에서) 전쟁에 관하여 다년간 숙고해온 결실과 열심히 연구해온 결과가 들어 있다는 사실을 인정해줄 것이다. 어쩌면 그(독자)는 전쟁이론에 혁명을 불러일으킬지도 모를 기본적 아이디어가 그 속에 들어 있음을 발견할 수도 있을 것이다.[59]

그의 자부심 넘치는 예언은 그대로 적중했다.

IV. 전쟁의 3위1체론

클라우제비츠의 『전쟁론』이 군사학이나 정치학, 또는 군사사상적으로 학문 탐구에 기여한 가장 큰 업적은 '전쟁의 본질'에 대한 이론적 접근

---

58 1819년 12월 프리드리히 빌헬름 3세는 군 부대의 대대적 감축(34개 대대)을 포함하는 국방군 재편을 단행했는데, 보엔 국방장관과 그롤만 참모총장은 항의의 뜻으로 사임했다. Raymond Aron, *Clausewitz: Philosopher of War*, p. 36; Michael Howard, *Clausewitz*, p. 18.

59 Clausewitz, "Two Notes by the Author," in *On War*, p. 70.

을 시도했다는 것이라고 할 수 있다. 어떤 사물이나 현상은 시간과 상황에 따라 늘 변화하지만, 그 사물과 현상에 내재되어 있는 본래의 속성 또는 특질로서의 본질은 그렇게 쉽게 변하는 것이 아니다.

클라우제비츠는 전쟁현상이 시대와 주변 상황에 따라 여러 가지 다른 모습으로 나타난다는 사실을 인정하면서도,[60] 그러한 다양한 전쟁들을 꿰뚫는 공통의 속성으로서 전쟁의 본질 구명究明에 천착했다. 이를 통해서 그는 다양하게 표출되는 전쟁이라는 사회현상을 '보편적'으로 이해하고 설명할 수 있는 틀을 마련하려 했던 것이다.[61] 그의 책 이름이 '전쟁의 원칙'류類가 아니고 그저 '전쟁에 관하여Vom Kriege: On War'인 것만 보아도, 그가 어떤 의도로 이 책을 썼는지 짐작이 간다. 피터 파렛에 의하면, 클라우제비츠는 이론적 분석만이 매우 다양한 현실적인 전쟁을 이해하는 수단을 제공할 수 있다고 확신했다는 것이다.[62]

클라우제비츠는 본격적으로 『전쟁론』 저술에 전념한 이후 약 9년이 지난 1827년 무렵, 총 8편으로 계획된 작업 가운데 6편까지의 초고를 완료하고 나머지 2편도 대강의 모습을 꾸려놓았던 것으로 보인다. 그런데 이 무렵 그에게는 전편에 걸친 그의 사상을 한데 엮어줄 연결고리로서 2개의 아이디어가 떠올랐다. 첫째는 전쟁의 2중적 본질(또는 2유형)로서, 한 유형의 전쟁은 그 목적이 적을 완전히 격멸하여 우리의 어떠한 평화 요구도 받아들일 수밖에 없도록 만드는 것이고, 또 하나의 유형은 적 영토의 일부분을 점령하여 그것을 합병하거나 또는 평화협상의 흥정 도구로 삼는다는 개념이다. 전자는 그의 절대전쟁 개념에 가깝고, 후

---

60 Clausewitz, *On War*, p. 88.

61 클라우제비츠가 의도했던 전쟁 본질의 이론화는 어떤 기계의 사용설명서(매뉴얼)나 어떤 행위의 준칙이 되는 교조주의적(dogmatic) 틀이 아니라, '이해'를 위한 틀일 뿐이다. 이 문제는 뒤의 제6절에서 보다 자세히 논의하겠다.

62 Peter Paret, "Clausewitz," p.198.

자는 제한전쟁의 개념이다. 두 번째, 전쟁에 대한 정치의 우위 개념으로서, 그의 말을 그대로 빌리자면 "전쟁이란 다른 수단에 의한 정책의 연장에 지나지 않는다"라는 것이다. 이 점을 "확고하게 염두에 둔다면 전쟁의 연구는 훨씬 더 용이해지고, 전반적인 문제들이 보다 더 쉽게 분석될 수 있을 것"이라고 그는 주장했다.[63]

이에 따라 그는 8편까지의 초고를 마무리한 다음에 앞에서 언급된 두 가지의 핵심 아이디어에 입각하여 첫 편부터 다시 수정작업에 들어갔는데, 제1편 제1장밖에 완성하지 못했다. 그는 "나는 제1편 제1장만을 완성된 것으로 여긴다"라고 쓴 바 있다.[64]

여기에 대해서 피터 파렛은 논평하기를, 클라우제비츠는 『전쟁론』 전편의 내적 통일성을 형성하기 위해 두 가지의 변증법적 관계를 도입했는데, 제1편의 첫 장에 그것이 소개되어 있으며, 그 첫째는 '이론전쟁'과 '현실전쟁'의 관계이고, 두 번째는 전쟁을 구성하는 3대 요소—폭력, 우연성의 작용, 합리성(이성)— 사이의 관계라고 적시했다.[65] 『전쟁론』 전체의 흐름을 제대로 파악하기 위해서 필수적인 변증법적 틀의 하나가 바로 소위 '3위1체trinity'라는 것이다. 『전쟁론』 전문가 가운데 한 사람인 마이클 한델Michael I. Handel은 3위1체론을 전쟁의 본질을 이해하기 위한 '출발점'이라고 표현하고 있다.[66]

이제 그 출발점으로서, 클라우제비츠 자신이 유일하게 만족해했던 제1편 제1장의 맨 끝부분에 있는 3위1체의 본문부터 살펴보자. 그는 이 부

---

63 Clausewitz, "Author's Note of 10 July 1827," in *On War*, p. 69.

64 Clausewitz, "Author's Unfinished Note, Presumably Written in 1830," in *On War*, p. 70.

65 Peter Paret, "Clausewitz," p. 199; Michael Howard, "The Influence of Clausewitz," p. 28.

66 Michael I. Handel, *Masters of War: Classical Strategic Thought*, 3rd Revised & Expanded Edition(London: Frank Cass, 2001), p. 92.

분의 소제목을 "이론을 위한 결론The Consequence for Theory"이라고 붙였다.

전쟁은 그 자신을 주어진 상황에 맞추어 손쉽게 적응시키는 카멜레온보다도 더 변화무쌍하다. 총체적 현상으로서의 전쟁을 규정하는 지배적 성향으로 '경이로운 3위1체'[67]를 꼽을 수 있는데, 이것은 다음과 같은 세 가지 요소로 구성되어 있다. 첫째, 맹목적인 본능적 힘으로 간주될 수 있는 원초적 폭력, 증오, 적개심, 둘째, 창조적 정신이 자유롭게 구사될 수 있는 우연성chance과 개연성probability의 작용, 셋째, 전쟁을 유일하게 합리적(또는 이성적)인 것으로 이끌어주는, 정책의 도구로서의 성격을 띠는 정치에 대한 종속성 등이다.[68]

복잡하고 미묘한 전쟁의 본질을 이해하고 설명하기 위한 기본 틀로서 이처럼 단순화된 3위1체를 제시한 클라우제비츠는, 이어서 이 세 가지 성향들이 일반적으로 각각 인간적·사회적 행위자들의 활동 영역에 투영되었을 때 어떻게 연관되는가를 설명하고 있다.

이러한 세 가지 성향 가운데 첫 번째 측면은 국민과, 두 번째 측면은 지휘관 및 그의 군대와, 세 번째 측면은 정부와 주로 관련이 있다. 전쟁에서 불타오르게 되어 있는 격정은 이미 국민들 마음속에 내재되어 있다. 우연성과 기회의 영역에서 용기와 재능이 발휘될 여지는 지휘관과 그의 군대의 특성에 달려 있다. 그러나 정치적 목적은 오로지 정부만의 독자적인 몫이다.[69]

---

67 독일어 원전에서 이 부분의 단어는 'wunderliche' Dreifaltigkeit인데, wunderliche의 영어 번역 단어는 번역자에 따라 paradoxical(역설적인), remarkable(주목할 만한, 눈에 확 띄는), strange(기이한), wonderful(놀랄 만한) 등 다양하다. 그러나 wunderliche의 원래 의미는 marvelous, amazing, 또는 fascinating에 더 가깝다고 보아 여기에서는 '경이로운'으로 번역했다.

68 Clausewitz, *On War*, p. 89.

69 앞의 책, p. 89.

그런데 이러한 세 가지 성향 간의 관계는 서로 동급의 무게와 동거리의 관련성(또는 힘의 변증성)을 지니는 것이 아니다. 만일 그렇다면 전쟁은 매우 정적靜的이고 단순할 것이다. 그러나 전쟁이란 클라우제비츠가 이 절의 첫 문장에서 표현한 바와 같이 카멜레온보다도 더 변화무쌍하게 동적動的인 것이다. 계속해서 클라우제비츠의 논의를 따라가보자.

이러한 세 가지 변수들은 각각의 주제에 깊이 뿌리내린 마치 서로 다른 법조항처럼 보이지만, 실상은 서로서로 다양한 관계를 맺고 있다. 만일 어떤 전쟁이론이 이 변수들 가운데 하나를 무시하거나 또는 이 변수들 사이에 어떠한 상호관계를 자의적으로 고정시키려 한다면, 그것은 실제와 갈등(모순)을 일으킬 것이고 그 이유만으로도 그 이론은 전적으로 쓸모없는 것이 되고 말 것이다.

따라서 우리의 과제는 마치 3개의 자석(인력引力) 한가운데서 어떤 물체가 안정된 자리를 잡는 것과 같이, 이 3개의 변수(성향)들 사이에서 균형을 유지하는 이론을 개발하는 것이다. …… 여하튼 우리가 구성해놓은 전쟁에 관한 기초 개념은 전쟁이론의 기본 구조를 밝히는 최초의 빛을 비춰줄 것이고, 우리로 하여금 전쟁의 주요 요소들을 구별하고 식별할 수 있게 해줄 것이다.[70]

클라우제비츠의 3위1체론에 관한 논의 가운데 첫 번째와 두 번째 문단을 그림으로 해석하면 〈그림 1〉과 같다.

이 그림은 이렇게 설명할 수 있다. 클라우제비츠가 제시한 전쟁 본질의 3위1체를 보면 세 가지 요소(그의 표현대로라면 경향 또는 성향) 또는 세 가지 극은 각각이 고유한 '힘'의 영역으로 구성되어 있음을 알 수

---

70 Clausewitz, *On War*, p. 89.

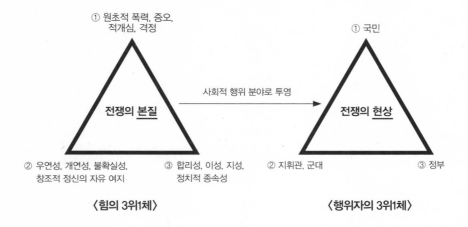

〈그림 1〉 힘의 3위1체와 행위의 3위1체

① 원초적 폭력, 증오,
적개심, 격정

전쟁의 <u>본질</u>

사회적 행위 분야로 투영 →

① 국민

전쟁의 <u>현상</u>

② 우연성, 개연성, 불확실성,
창조적 정신의 자유 여지

③ 합리성, 이성, 지성,
정치적 종속성

② 지휘관, 군대

③ 정부

〈힘의 3위1체〉

〈행위자의 3위1체〉

있다. 제1극은 원초적 폭력·증오·적개심·격정 같은 비이성적irrational 힘이고, 제2극은 우연성과 운運처럼 사람이 어찌할 수 없는 비합리적 nonrational 또는 비논리적illogical 힘이며, 제3극은 전쟁의 정치에 대한 종속성 내지 정치의 도구 등과 같은 이성적reasonable이고 합리적rational 힘이다. 그런 다음, 그는 이 힘의 각각을 인간적·사회적 행위 분야인 국민·지휘관과 군대·정부에 연계시켰다.

편의상 전자를 '힘의 3위1체', 후자를 '행위자의 3위1체'라 부른다면, 전자는 전쟁의 일반적인 내적 속성들 사이의 역학관계를 다룬 전쟁의 '본질' 그 자체에 대한 설명이고, 후자는 행위자들에 의해서 그 내적 속성이 겉으로 표출된 '현상'으로서의 전쟁의 모습을 나타낸다고 볼 수 있다.

그런데 전자의 제1극을 국민에게, 제2극을 지휘관과 군대에게, 제3극을 정부에게 연계시킨 것이 언제나 정확한 타당성을 지니지 못할 수도 있다. 예를 들어 피터 파렛은 나폴레옹 전쟁에서 황제 나폴레옹의 격정과 폭력이 프랑스 국민들의 증오심보다 더 큰 비중을 차지했었고, 전쟁에 지친 국민들이 나폴레옹보다 더 합리적인 면이 있었다고 비판한다.[71] 그러니까 폭력과 적개심을 국민에게, 우연성과 운을 지휘관과 군대에게, 합리적 정책을 정부에게 연계시킨 것이 언제나 꼭 들어맞는 것만은 아니라는 것이다.

그러나 클라우제비츠도 이 점을 잘 알고 있었던 것 같다. 그는 제8편 제6장 "전쟁은 정책의 도구War is an Instrument of Policy"에서 정책의 합리성이 언제나 보장되는 것만은 아니라고 분명히 지적했다.

"정책은 오류를 범할 수도 있으며, 권력자의 야망, 개인적 이해관계, 그리고 허영심의 충족에 기여할 수도 있다. …… 다만 우리는 정책을 공동체의 모든 이익을 대표하는 것으로 간주할 뿐이다."[72]

사실, 정책 또는 정부의 합리성이란 진리의 문제라기보다는 당위성(혹은 규범성)의 문제인 것이다. 클라우제비츠가 합리성을 정부(정책)에 연계시킨 것은 한편으로는 보편적 상식에 근거한 것일 수도 있고, 또 한편으로 정부는 국민들의 에너지(열정)를 합리적 정책으로 승화시켜야 한다는 그의 개혁주의자로서의 열망을 드러낸 것일 수도 있다. 그래서 클라우제비츠는 3위1체의 3극들을 '사회의 행위 영역'에 연계시킬 때 단정적인 표현 대신 유보성이 내포된 "주로(혹은 대체로)"[73]라는 단어를 수식어로 선택했다. 꼭 맞을 때도 있고, 안 맞을 때도 있다는 뜻을 이미 담고 있다.

그렇기 때문에 『전쟁론』에서 전쟁의 '본질'을 이해하고 탐구하려는 사람들은 '행위자의 3위1체' 쪽이 아니라 '힘의 3위1체' 쪽에 주안점을 두고 접근해야 클라우제비츠가 설명하고자 하는 전쟁 본질의 실체에

---

71 Peter Paret, "Clausewitz," p. 202.

72 Clausewitz, *On War*, pp. 606-607.

73 이 말의 독일어 원전은 'mehr … zugewender'인데, 영어 번역은 단순히 'mainly'로 되어 있다. 앞의 책, p. 89.

더 용이하게 다가갈 수 있다. 그러나 한 국가가 어떻게 해야 '사회현상'으로서의 전쟁을 성공적으로 치러낼 것인가라는 현실 문제를 이해하려면, '행위자의 3위1체' 쪽에 초점을 맞추는 것이 더 타당하다. 즉, 국민과 정부와 군대가 한덩어리로 합일될 때만이 한 국가는 전쟁을 제대로 치러 낼 수 있다. 국민·정부·군대라는 3극 가운데 어느 것 하나라도 제 역할을 하지 못하거나 3극이 더불어 합일체를 이루지 못한다면, 그 국가가 치르는 전쟁은 실패할 수밖에 없다. 이는 마치 3개의 다리를 지닌 솥은 가장 안정적이지만, 어느 다리 하나라도 빠진다면 그 솥은 가장 불안정한 상태가 되는 이치와도 같다. 초강대국 미국이 베트남 전쟁에서 실패한 것도 바로 이 3극의 합일에 실패했기 때문이다. 정부(정치)는 국민과 군대에게 명확한 전쟁 목적(또는 목표)을 제시해주지 못했고, 확신을 못 가진 국민은 반전으로 돌아섰던 것이다.

이제 3개의 극(요소)을 보다 세부적으로 고찰해보자.

1. 제1극: 원초적 폭력, 증오, 적개심, 격정

제1극은 전쟁의 폭력성과 적개심의 영역을 다루고 있다. 제1극은 기본적으로 다른 2개의 극과 비교해볼 때 상수적常數的 특성을 띤다고 할 수 있다. 왜냐하면 전쟁 본질에서 폭력을 제외하면 다른 아무것도 논의할 의미가 없기 때문이다. 클라우제비츠가 자기 책의 맨 앞에서 전쟁을 정의하기를 "전쟁이란 적으로 하여금 우리의 의지대로 이행하도록 강요하는 '폭력 행위'이다"라고 했을 때, 폭력이 전쟁의 필수 요소임을 강조한 것이다.[75] 조직화된 집단폭력이야말로 전쟁을 인간의 다른 활동과 구별 짓는 유일한 특징이다.

---

74 앞의 책, p. 75. 홑따옴표는 강조를 위해 필자가 첨가한 것임.

그런데 이 폭력 행위는 그 적용에 있어서 아무런 논리적 제한이 없다. 살아 있는 두 힘(폭력) 사이의 충돌에서는 어느 편도 자기 행동을 자제하지 못하고 상대방을 압도하기 위한 노력을 확대해나갈 것이다. 왜냐하면 우리가 적을 타도하지 못하면 적이 우리를 타도할 것이기 때문이다. 결국 무제한 폭력의 충돌은 그 극한 상태의 절대전쟁absolute war으로 도달하게 될 것이고, 이러한 절대 폭력은 어느 한편이 완전히 파멸될 때에만 종식될 수 있다.[75] 물론 이러한 절대전쟁 개념은 이론적 전쟁이고, 종이 위의 전쟁일 뿐이다. 그러나 절대전쟁은 마치 예술에서의 절대미絕對美, absolute beauty처럼 현실에서는 존재하지 않지만 하나의 추상적 준거틀frame of reference로서 기능하는 이상형理想型이다. 여기서 이상형이라는 것은 물론 '좋은 것'이라는 의미가 아니라 논리적이고 자연스럽다는 플라톤류類의 철학적 개념이다. 이 준거틀에 비추어보아 어떤 특정한 현실전쟁이 얼마만큼 전쟁 본질에 근접했는가를 분석할 수 있는 것이다.

클라우제비츠는 프랑스 혁명 전쟁과 뒤이은 나폴레옹 전쟁으로부터 전쟁 본질의 진정한 폭력성을 체험으로 깨달았다. 그는 "어떠한 관습적 제한도 받지 않은 전쟁이 그 본질적인 광포성을 한껏 드러냈다. 이는 국민들이 전쟁이라는 국가 대사에 새롭게 참여했기 때문이었다"라고 썼다.[76]

그렇다면 클라우제비츠는 어째서 전쟁의 본질이 폭력이라고 거듭해서 강조했을까? 피터 파렛의 논평에 의하면, 클라우제비츠의 폭력 강조는 그의 체험이나 전쟁사의 연구 결과 때문만이 아니라, 전쟁에서의 승리는 유혈보다는 교묘한 기동에 의해서 획득될 수 있다고 계속 주장해온 놀랄 만치 수많은 당대 군사이론가들에 대한 대응 때문이었다고

---

[75] Clausewitz, *On War*, pp. 77-78, 579.

[76] 앞의 책, p. 593.

한다.[77]

클라우제비츠는 이처럼 전쟁 본질로서의 폭력을 강조하고, 또한 그 폭력성 때문에 전쟁이 이론상 절대전쟁으로 치닫게 됨을 논의했지만, 그가 진정으로 관심을 갖고 탐구하고자 했던 전쟁은 현실전쟁real war이었다. 그가 말년에 자기 저술의 전편을 꿰뚫는 논리적 연결쇄로 고안해 냈던 '전쟁의 2중성(2유형)'과 '정치의 전쟁에 대한 우위 개념'도 현실전쟁을 보다 더 논리적으로 설명하려는 의도에서 비롯되었다.

그에 의하면 현실전쟁을 종이 위의 전쟁(이론전쟁 혹은 절대전쟁)과 구별 짓는 거의 유일한 요소는 소위 '마찰friction' 개념인데[78], 이를테면 마찰이란 불확실성, 우연성, 과오, 사고, 기술적 난관 등 매우 다양하고 광범위한 현실상의 제약들로서, 이것들이 폭력의 무제한성을 제어하여 이론전쟁이 현실전쟁으로 현재화現在化되게 만드는 것이다.

폭력의 극단화를 완화 내지 제어하는 또 다른 요인으로 클라우제비츠는 '정지suspension'라는 개념을 통해 설명하고 있다. 인간의 타고난 공포와 우유부단, 무기력, 신중함, 인지와 판단의 미숙 등으로 전쟁 행위는 종종 90퍼센트 이상이 지루함과 게으름 속에 보내게 된다는 것이다.[79] 이처럼 마찰과 정지 개념을 통해 폭력의 극단화가 어떻게 현실의 전쟁으로 완화되는지를 보다 분명히 이해하기 위해서는 이쯤에서 3위1체의 제2극과 제3극을 고찰할 필요가 있다.

---

77 Peter Paret, "The Genesis of *On War*," p. 20.

78 Clausewitz, *On War*, p. 119.

79 앞의 책, pp. 84-85, 216-219.

2. 제2극: 우연성, 개연성, 불확실성 / 창조성의 자유 여지

제2극의 우연성, 개연성 또는 불확실성이 전쟁을 지배하는 또 하나의 핵심 요소라는 점은 『전쟁론』의 도처에서 언급된다. 특히 제1편 제1장의 20~22절은 제2극과 관련된 많은 내용들을 담고 있다.

> 전쟁을 도박으로 만들어주는 또 하나의 요소가 바로 우연성chance이다. 이 요소는 전쟁과 불가분의 관계에 있다. 다른 어떤 인간 활동도 전쟁만큼 그렇게 지속적이고 보편적으로 우연성과 밀착된 것은 없다. 이 우연성의 요소를 통해 예측 작업과 행운은 전쟁에서 커다란 역할을 수행한다. …… 간단히 말하자면, 군사적 계산(전쟁 수행상의 여러 판단 작업을 의미)에는 절대적인 것, 즉 소위 수학적 요소가 확고하게 자리를 차지할 곳은 결코 없다. 애당초부터 전쟁에는 가능성, 개연성, 행운, 불운 등이 여러 갈래로 짜여진 직물처럼 얽혀 있다. 전쟁은 인간의 모든 행위 영역 가운데서 카드 게임과 가장 닮았다.[80]

클라우제비츠는 전쟁이 우연성과 불확실성의 영역임을 확실히 하기 위해서 전쟁이 카드 게임과도 같은 도박의 영역과 유사하다는 비유까지 내놓았다. 전쟁의 본질에 대한 파악의 심도와 그 표현의 정확성이 새삼 돋보인다.

그렇다면 전쟁의 이러한 불확실성과 우연성을 극복하기 위한 방안은 무엇인가? 이 과제는 클라우제비츠 이전의 수많은 군사이론가들이나 군인들도 끊임없이 천착해온 주제였다. 특히 18세기와 19세기 초엽에 걸쳐서는 자연과학의 원리와 지식체계에 따라 이 해답을 찾고자 했던 경향이 두드러졌다. 예컨대 로이드Henry Lloyd, 1720~1783나 빌로브A. H.

---

80 Clausewitz, *On War*, pp. 85~86.

Dietrich von Bülow, 1757~1807 같은 저명한 군사이론가들은 계량적 수치나 자료에 바탕을 둔 합리적 원칙을 도출하여 전쟁 수행을 자연과학의 수준까지 끌어올리고, 이를 통해 전쟁의 불확실성이나 우연성을 축소 내지 제거하고자 했다. 앞의 제3절에서도 일부 거론한 바와 같이, 이들은 지도나 지형적 계측, 행군 계획표와 군수 조달, 또는 전선과 보급선 사이의 각도와 같은 수학적·기학학적 정확도의 추구로 전쟁에서의 '확실성'을 달성하고 결과적으로 승리를 보장받을 수 있다고 보았다.

물론 전쟁 수행에 있어서 과학적·수학적 정확성의 추구나, 보편성에 입각한 원리·원칙의 추구가 전적으로 잘못된 것이거나 가치 없는 것만은 아니다. 조미니가 만든 '전쟁의 원칙' 같은 공식들은 오늘날에도 미국을 비롯한 수많은 나라의 군사학교들에서 중요한 교재의 바탕이 되고 있다. 문제는 그러한 원리나 원칙들이 전쟁의 불확실성이나 우연성을 제거해줄 수 있는가 하는 점이다.

클라우제비츠의 대답은 물론 부정적이었다. 클라우제비츠는 어떠한 공식이 변화무쌍한 전장에서 위기의 순간에 무엇을 해야 할 것인가를 가르쳐줄 수 있다는 식의 교조주의를 단호히 배격했다. 그가 보기에 교조주의자들의 접근방법에서 가장 근본적인 오류는 전쟁의 불확실성·우연성의 원천이 무엇인가 하는 점에 있었다. 교조주의자들은 불확실성·우연성이 주로 인간의 외부적 환경, 즉 지형·기후 등 전장 환경이나 보급과 병력 충당 따위로부터 비롯된다고 보았다. 그렇기 때문에 그들은 과학적·계량적 방법에서 해결책을 추구했던 것이다. 그러나 외부적 환경은 일부분의 원인일 뿐이다. 클라우제비츠의 견해에 따르면 불확실성·우연성의 보다 근원적 원천은 인간의 내부적 환경, 즉 인간의 심리, 정신력 등에 있다. 우선 그는 불확실성의 원천을 인간의 본성으로부터 찾고 있다.

우리의 지성은 언제나 투명성과 확실성을 추종하려 하지만, 우리의 본성은 때때로 불확실성에 매혹을 느낀다. 그래서 지성을 따라 철학적 탐구와 논리적 추론의 험하고 생소한 여정에 들어가기보다는, 오히려 우연과 행운의 영역에서 백일몽에 잠겨 지내기를 좋아한다.[81]

또한 그는 교조주의적 이론들을 이렇게 비판했다.

그것들은 오직 고정된 값만을 추구한다. 그러나 전쟁에서는 모든 것이 불확실하므로 계산(판단)은 가변적 여지를 두고 이루어져야 한다. 그것들은 오로지 물리적(물질적) 계량만을 다루고 있지만, 모든 군사적 행동은 심리적 힘과 그 영향들로 얽혀져 있다. 그것들은 단지 한쪽 편의 행동만을 고려하고 있지만, 전쟁이란 양자 사이의 끊임없는 상호작용으로 이루어지는 것이다.[82]

전쟁이 끊임없는 상호작용이며 심리의 힘이 작용하는 영역이라는 그의 논의에서 새삼 그의 변증법적 논리와 정신력 강조의 진면목이 드러난다. 앞의 인용문에 의하면, 불확실성은 상호작용의 관계상 적의 의도와 대응을 판단할 수 없다는 사실로부터도 생긴다. 이럴 경우 기껏해야 개연성probability에 의거해서 판단을 내릴 수밖에 없으며, 그렇다면 그 판단이 아무리 훌륭하다고 할지라도 거기에는 순전히 운수luck에 속하는 요소가 항상 존재할 것이다. 그래서 마이클 하워드는 "심지어 가장 위대한 장군들조차도 그들의 판단을 단지 배짱에 의지한 '성공적인 도박

---

81 Clausewitz, *On War*, p. 86.
82 앞의 책, p. 136.

꾼'에 불과할 따름이다"라고 논평한 바 있다.[83]

이처럼 전쟁의 불확실성·우연성이 인간의 본질적인 본능이나 자유로운 선택력의 존재에 기인하기 때문에 클라우제비츠는 이 문제를 해결하기 위해서 인적 요소human factor에 초점을 맞추는 접근방식을 취했던 것이다. 즉, 그는 전쟁의 현장에서 주역인 지휘관과 그의 군대가 지니는 정신적·심리적 힘과 자유의지의 여지에 주목했다.[84]

더구나 전쟁은 불확실성과 우연성의 영역임과 동시에 고통과 혼란과 피로와 공포의 영역이기도 하다.[85] 이러한 요인들이 모두 합해져서 클라우제비츠가 일컫는 '마찰'이 된다. 결과적으로 마찰은 전쟁을 순수분쟁(절대전쟁)으로부터 현실전쟁으로 제한함과 동시에 전쟁을 비합리성의 영역에 머물게 만든다.[86] 비합리성의 지배를 타개할 수 있는 이상적 대안代案으로 클라우제비츠가 제시한 개념이 이른바 '군사적 천재military genius'이다. 군사적 천재에 관해서는 다음 절에서 별도로 논의하겠다.

여하튼 클라우제비츠가 그토록 강조한 정신력으로 되돌아가보자. 그는 심지어 "물리력(물질력)이 나무로 만든 칼자루라면 정신력은 값진 금속을 벼리어 만든 칼날"이라는 비유까지 사용했다.[87] 그는 정신력을 지휘관의 정신력, 군대의 정신력, 국민의 정신력 등으로 구분하여 설명했지만, 그중에서도 특히 지휘관과 부대의 자질에 대해 초점을 맞추었다. 즉, 지휘관과 부하들의 지적·정신적 역량, 군의 사기·자신감, 전쟁에 대한 열정, 충성심 등이 그것이다. 지휘관의 의지력, 결단력, 혜안 등

---

83 Michael Howard, *Clausewitz*, p. 25.

84 그가 정신적·심리적 요소들을 강조한 주장들은 특히 제1편 제3장, 제2편 제3장, 그리고 제3편 제3~8장에 수록되어 있다.

85 Clausewitz, *On War*, pp. 113~114.

86 앞의 책, pp. 119~121.

87 앞의 책, p. 185.

에 대한 강조는 『전쟁론』의 도처에서 거듭된다. 그는 전쟁의 온갖 예기치 않은 상황에 잘 대처하기 위해 가장 필요한 덕목은 지성과 용기라고 갈파했다. 지성은 혼돈 속에서도 진실(진리)로 이끌어주는 '내면의 빛' 역할을 하고, 용기는 그 빛을 따르도록 만드는 힘, 즉 결단이다.[88] 그가 가장 높이 꼽는 용기는 정신적·윤리적 용기, 즉 책임감에 의한 용기인데, 이것 또한 지성에 의해 일깨워지므로 결단의 원천 역시 지성인 셈이다. 이는 결국 "전쟁은 순전히 지성의 영역"이라고 한 그의 주장으로 귀결된다.[89] 군인이 무식하면 죄악이 될 수 있다는 경고의 뜻이 내포되어 있다고 생각된다.

클라우제비츠가 왕세자의 군사 교관이었을 당시 그는 왕세자에게 "영웅적 결단은 이성에 바탕을 두어야 한다"라는 가르침을 주었다고 한다.[90] 지휘관은 격렬한 전투의 와중에서도 냉철함과 평정심을 결코 잃어서는 안 된다는 점을 강조한 것이다. 지휘관은 풍랑에 흔들리는 배 안에서도 여전히 자기 방향을 지키고 있는 나침반의 바늘과 같아야 하고, 도시의 한복판에서 이정표 역할을 하는 오벨리스크처럼 우뚝 선 의지로 전쟁술(전쟁 수행)의 중심에 서 있어야 한다는 것이다.[91] 이처럼 클라우제비츠가 정신력과 심리력 등을 전쟁 본질 연구의 핵심 요소로 취급한 것을 두고, 피터 파렛은 "그는 심리적 요소의 분석을 전쟁 연구의 중심부에 위치시킨 결정적 족적"을 남겼고, "『전쟁론』은 병사, 지휘관, 그들이 봉사하는 사회의 심리학을 전쟁이론의 필수 요소로 만들었다"고 평가했다.[92]

---

88 Clausewitz, *On War*, p. 102.

89 앞의 책, p. 110.

90 Hans Rothfels, "Clausewitz," p. 112에서 재인용.

91 Clausewitz, *On War*, p. 119.

92 Peter Paret, "Clausewitz," pp. 204-205.

그러나 전쟁의 3위1체 가운데서 제2극(불확실성·우연성 등)을 설명할 때에 클라우제비츠가 진정 위대한 군사이론가임을 새삼 드러내는 점은, 그가 이 우연성을 제거해야 할 부정적 요소로 본 것이 아니라 오히려 이용해야 할 긍정적 요소로 보았다는 사실이다. 즉, 계몽시대 군사이론가들이나 심지어 조미니 같은 그와 동시대의 저명한 인물들이 우연성·불확실성을 축소 내지 제거해야 될 대상으로 인식했던 반면에, 클라우제비츠는 유능하고 깨어 있는 지휘관들이라면 오히려 불확실성과 우연성을 기회로 역이용해야 한다고 주장함으로써 그것을 긍정적 대상으로 인식했던 것이다.[93] 그에게 있어서 불확실성과 우연성의 영역은 창조적 정신을 소유한 지휘관들에게 자유의지의 발휘가 보장된 '가능성의 영역'일 뿐이었다.[94] 이 점에 있어서 클라우제비츠는 인간과 인간 행위의 중요성을 일깨워주었던 당대의 관념론 철학의 인식론 체계를 군사 분야에 창조적으로 투영시킨 위대한 군사사상가였던 것이다.

3. 제3극: 합리성, 이성, 지성 / 정치적 종속성

다음은 제3극의 내용을 살펴보겠다. 전쟁의 3위1체의 제3극은 "전쟁은 다른 수단에 의한 정치(정책)의 계속에 지나지 않는다"라는 유명한 명제로 상징된다. 이 명제는 클라우제비츠가 그의 전쟁 연구 말년(아마도 1827년 무렵)에 전쟁의 2중성(또는 2유형) 개념과 함께 그의 저술 전편을 일관된 논리 체계로 엮어줄 연결고리로 고안해낸 것이다. 그러나 이 명제는 그의 급작스러운 죽음 때문에 제8편과 새롭게 수정을 마친 제1편

---

93 클라우제비츠는 전쟁에서 모든 행동은 확실한 성공을 내다보고 취한다기보다는 개연성 (probability)에 기대는 것이 상례(常例)라면서, 그렇다고 해서 항상 불확실성이 가장 적은 경우를 선택하는 것이 최상의 방책은 아니라고 주장한다. 왜냐하면 최고의 모험이 최상의 지혜가 될 때도 있기 때문이라는 것이다. Clausewitz, *On War*, p. 167. 다음의 논평도 함께 참조할 것. Michael Howard, *Clausewitz*, p. 14; Paret, "The Genesis of *On War*," pp. 17-18.

94 클라우제비츠는 나폴레옹에게서 이 점을 보았고, 바로 이것을 이론으로 설명하려 했던 것이다.

제1장에만 반영되었을 뿐, 나머지 부분의 논리 체계에 투영된 흔적은 찾기 어렵다.

제3극의 요체는 이를테면 전쟁의 본질과 그 현상을 형성하는 요소에는 원초적 폭력이나 우연성·불확실성 같은 비이성적 또는 비합리적(비논리적) 요소들만 있는 것이 아니라, 전쟁을 결정하고 통제하는 정치(정책)의 지배적이고 합리적인 속성도 있다는 점을 밝히고자 한 것이다. 따라서 여기에는, 전쟁이란 국가의 정치적 의지가 표현된 것으로서, 국가권력의 상징인 정부가 국가의 이익을 최대한 대변하기 위해 합리적으로 행동한다는 가정이 전제되어 있다. 이는 정치(정책)의 윤리적·도덕적 옳고 그름과는 별개로, 전쟁이 종속되는 정치(정부)에는 나름대로의 합리적 계산과 이성적 판단이 있다는 전제를 의미하는 것이다.[95] 또한 이것은 역으로 정부(정치)는 국가와 사회에 대해 군대(또는 군사적 힘)를 합리적이고 이성적으로 사용할 책임이 있다는 사실도 함축하고 있는 셈이다. 어쩌면 제3극의 요소인 합리성·이성은 국민과 군대의 사회적·애국적 에너지를 정부가 효과적으로 결집하여 국가체제와 군대를 개혁하고, 이를 통해 나폴레옹의 침략에 대응해야 한다는 클라우제비츠의 개혁가로서의 당위론적 주장과 비원悲願도 담고 있는 것이 아닌가 여겨진다.

그런데 "전쟁은 다른 수단에 의한 정치(정책)의 연속"이라는 문구는 두 가지의 상이한 의미를 포함하고 있다. 왜냐하면 클라우제비츠가 사용한 독일어 용어 'politik'은 2중적 의미를 지니기 때문이다. 이 단어는 정책policy과 정치politics라는 아주 다른 뜻을 함께 내포한다. 이 용어를 '정책'으로 해석할 때는 3위1체의 제3극인 합리적 계산과 연계된다. 즉,

---

95 클라우제비츠는 물론 이성(합리성)과 정부가 언제나 꼭 합치되는 것만은 아니라는 사실을 인정하고 있다. Clausewitz, *On War*, pp. 606-607. 앞의 각주 72번에 해당하는 본문 참조.

전쟁 수행(지도)은 합리적 계산의 연장선상에 있어야 한다는 의미로 해석된다. 그러나 '정치'로 해석할 때는 3위1체 전체와 연계된다. 즉, 총체적 사회현상으로서의 전쟁은 어쩔 수 없이 혼돈스럽고 예측불허의 정치적 영역으로부터 비롯되고 그 안에 존재한다는 의미로 해석된다.[96]

그러나 여기서 우리가 혼동하지 말아야 할 사실은 정치와 전쟁 간의 관계에 대한 분명한 인식이다. 이 문제는 실로 클라우제비츠의 생애를 통틀어 그의 사상체계를 지배했고, 그를 군사사상가로서뿐만 아니라 정치사상가의 반열에 올려놓은 탁견의 본보기이다. 그는 목적과 수단 간의 변증법적 논리 체계로 정치와 전쟁을 연결 지었고, 그것을 통해 전쟁을 정치에 종속시켰다. 그는 이렇게 기술하고 있다.

> 전체 공동체—전체 국민, 특히 문명 국민—가 전쟁을 하게 될 때 그 이유는 항상 정치적 상황에서 비롯되고, 전쟁은 항상 정치적 목적 때문에 생긴다. 따라서 전쟁이란 정치적 행동이다. …… 이처럼 전쟁이 그저 정책적 행위일 뿐만 아니라 진정한 정치적 도구이고, 다른 수단에 의한 정치적 행위의 계속이라는 사실은 명백하다. …… 정치적 목표는 목적이고 전쟁은 그것을 달성하는 수단이다. 따라서 목적으로부터 동떨어진 수단이란 상정想定조차 할 수 없는 것이다.[97]

앞의 문구들이 뜻하는 바는 우선 전쟁은 고립된 행위도 아니고 자율적인 행위는 더더구나 아니라는 것이다. 종이 위의 이론적 전쟁일 뿐인 절대전쟁이 실제의 현실전쟁으로 될 수밖에 없는 이유는 수많은 종

---

96 그러나 피터 파렛은 『『전쟁론』에서 policy란 전쟁을 일으키고, 그 목적을 결정하고, 그 수행에 영향을 주고, 그 종결을 가져오게끔 하는 모든 정치적 행동들을 의미한다"고 주장함으로써 정책과 정치 사이에 특별한 구분을 두지 않는 입장을 취했다. Peter Paret, "Clausewitz," p. 210.
97 Clausewitz, *On War*, pp. 86-87.

류의 '마찰' 때문인데, 그중에서도 정치는 전쟁의 유형과 강도強度, 규모, 성격 등을 규제할 뿐만 아니라, 전쟁의 유무, 즉 전쟁을 할까 말까의 여부까지도 지배한다. 예컨대 적의 군사력과 의지를 분쇄하는 것은 그 자체가 목적이 아니고 정치적 목표를 달성하기 위한 수단일 뿐이다.

클라우제비츠가 전쟁을 '나의 의지를 상대방에게 강요하여 관철시키는 행위'로 정의했을 때, 그 속에는 '나에게 보다 유리한 평화를 창출하기 위해서 폭력을 행사하는 행위'라는 뜻이 담겨 있다. 여기서 '나에게 유리한 평화(나의 의지)를 창출(관철시킴)하는 것'이 목적이고, '폭력의 행사(강요, 즉 전쟁)'는 수단이다. 따라서 전쟁이라는 폭력은 정치적 목적을 대신하거나 그것을 선행先行할 수 없다. 그래서 목적 없는 수단은 있을 수가 없다고 클라우제비츠는 말했던 것이다. 이와 같은 전쟁의 정치에 대한 종속성을 그는 "정치는 전쟁의 자궁子宮",[98] 또는 "전쟁은 그 자신의 문법은 가지고 있으나 스스로의 논리를 가지고 있지는 않다"[99]는 말로 표현했다. 논리는 정치가 부여하는 것이다.

이처럼 클라우제비츠는 전쟁이 정치적 목적에 의해 이성적(합리적)으로 지도되어야 함을 강조하며 전쟁과 정치의 관계에서 정치우위론을 주장했다. 이는 역으로 전쟁의 본질인 폭력 때문에 전쟁이 굴레 벗은 말처럼 정치의 지배를 벗어나 오히려 정치를 지배할 수 있음을 경계한 통찰이기도 하다. 이 점에서 그는 일부의 비판처럼 '절대전쟁의 신봉자'나 '피의 사도使徒'가 결코 아니다.[100]

---

98 Clausewitz, *On War*, p. 149.

99 앞의 책, p. 605.

100 앵글로 색슨 계통의 이론가들과 군인들은 대체로 클라우제비츠의 진의(眞意)를 오해하거나 왜곡시킨 경향이 강하다. 그 대표적 인물이 리델 하트이다. B. H. Liddell Hart, *The Ghost of Napoleon* (New Haven: Yale Univ. Press, 1934), pp. 120–122; *Strategy* (New York: Praeger Publishers, 1975), pp. 333–334, 352–357. 클라우제비츠에 대한 왜곡된 비판에 관한 논의는 다음을 참조할 것. Michael Howard, "The Influence of Clausewitz," pp. 35–36, 38–41; Bernard Brodie, "The Continuing Relevance of *On War*," pp. 45–46.

물론 클라우제비츠가 이처럼 오해나 왜곡의 대상이 된 데에는 그의 독일 후손들에게도 일정 부분 책임이 있다. 예컨대 독일 통일의 3걸 가운데 한 명으로 1857년 프로이센 참모총장이 된 몰트케Helmuth von Moltke는『전쟁론』의 예찬자로서 어쩌면 묻혀버렸을 수도 있는 이 책이 온 나라의 주목을 끌게 만든 최대 공로자였음에도 불구하고, 아이러니하게도 그 자신과 그의 후계자들은 전쟁과 정치의 올바른 관계에 대한 클라우제비츠의 가르침을 깨닫지 못했거나 무시했다. 그들은 정신적 요소의 절대적 중요성, 지휘관의 결단과 자신감, 적 주력의 섬멸, 결정적 지점에 대한 힘의 집중 등 실전에서의 전쟁술과 관련된 내용들은 올바르게 받아들였으나, 정치에 대한 전쟁의 종속성이라는 상위 수준의 핵심 개념에는 소홀했던 것이다. 그들은 심지어 정치가 전쟁에 봉사해야 한다는 프리드리히 대왕 방식의 낡은 관념에 얽매여 있었다고 할 수도 있다. 이것이 훗날 독일식 군국주의의 대두로 연결되었고, 일본 군국주의 또한 같은 맥락 속에 있다.

3위1체론의 제3극의 결론적 의의는 국가나 정부, 또는 정책으로 대표되는 지적·합리적 요소가 전쟁을 통제하고 조절함으로써 전쟁을 합리적인 수준으로 유지·관리할 수 있음을 설명한 것이다. 그리고 전쟁에 대한 정치적 우위의 타당성을 강조한 것이다. 본래 제1극의 원초적 폭력이나 격정 같은 감정적 힘은 그 스스로 목적을 지니지 아니한(그래서 맹목盲目이라는 수식어를 붙임) 상태를 의미하는데, 여기에 국가의지(정책)라는 합리적·이성적 힘이 작용하여 비로소 목적을 띠게 되고, 정치의 지배 하에 '실천적 수단'이 되는 것이다.

이상에서 3위1체의 세 가지 요소(극)를 살펴보았는데, 3위1체론을 이해하는 데 있어서 특별히 중요한 점은 3극을 개별적 요소로서보다는 일체로서 해석할 때 진정으로 전쟁의 본질에 접근할 수 있다는 사실이다. 원래 '3위1체^{Trinity}'라는 용어는 기독교 교리에서 유래되었다. 기독교 교리의 가장 심오하고도 핵심이 되는 이 교리는 하느님은 '위^{位}'로서는 성부·성자·성령의 3위이지만 '체^{體}'로서는 오직 한 분일 뿐이라는 유일신 신앙을 표방한다. 이 교리를 이성이나 지성으로 완전히 이해하기란 거의 불가능하지만, 여기서 중요한 핵심은 3위가 각각 매우 독특한 위상을 지니고 있으면서도 결국은 '일체^{一體}'라는 의미는 하느님이 오직 한 분뿐이라는 가르침이다.

클라우제비츠가 전쟁의 본질이 무엇인가를 탐구하는 데 있어서 3위1체 체계를 원용한 것도 전쟁의 세 가지 요소(극, 경향, 성향)가 각각 독특한 속성과 영향력을 지니고 있지만, 그것들이 독립적으로 따로따로 '전쟁이 무엇인가'를 설명해준다기보다 3극이 1체로서 상호작용을 통해서만 전쟁을 진정으로 설명해준다는 논리 체계를 강조하기 위함이었다. 만일 이 세 가지 요소들이 독립적이고 1차원적으로 전쟁의 본질을 설명해준다면 그냥 '전쟁의 3요소'라고 하면 되지 굳이 '전쟁의 3위1체'를 거론할 필요는 없었다는 뜻이다.

클라우제비츠가 진정으로 의도했던 것은 이 3극 각각의 의미나 속성이 아니라, 이 3경향 사이의 내재적 긴장과 갈등 그리고 조화를 총체적·변증법적 시각으로 보여주려고 했던 것이다. 즉, 전쟁현상의 한 극에서는 원초적 폭력·격정 같은 인간의 본능이 작용하지만, 다른 한 극에서의 우연성과 불확실성, 그리고 또 다른 한 극에서의 이성과 합리성이 함께 작용하여 본능적 감정을 통제함으로써 전쟁이 극단으로 치닫는 것을 제어(정지^{suspension})하고, 그로써 이론전쟁이 현실전쟁으로 현존하게 됨을 설명하려 했다. 클라우제비츠의 3위1체론은 그가 전쟁 수행의 과학적·원리론적 원칙화를 거부한 결과 도출해낸 이론 체계로서, 전쟁을 계량적·물리적(또는 물질적) 접근으로 설명하려는 사고 체계를 반대하고 전쟁은 어디까지나 인간의 정신(의지) 요소 사이의 상호작용임을 강조한 산물이다. 그의 3위1체론은 인간 자체를 중시한 당대 관념론 철학 사조와 변증법적 논리 체계를 전쟁이론에 도입하고, 그 자신의 전쟁 체험과 전쟁사에 대한 심도 있는 연구, 그리고 부단한 사유와 추론화의 과정을 거쳐서 탄생시킨 그의 전쟁 본질론의 정수이다. 이 점에서 그는 위대한 전쟁철학자이다.

V. 군사천재론

클라우제비츠의 군사천재론은 그의 '전쟁의 경이로운 3위1체', 그중에서도 우연성과 불확실성을 논의한 제2극으로부터 파생된 개념이다. 천재론을 제대로 이해해야만 3위1체론에 내재되어 있는 참 의미와 나아가 클라우제비츠의 전쟁본질론을 옳게 이해할 수 있다. 그의 인간 중심주의, 즉 정신 요소의 핵심은 천재론과 상통한다.

클라우제비츠는 '폭력'(제1극)과 '정치의 지배'(제3극)를 전쟁의 두 가지 상수常數 개념, 즉 전쟁에 있어서 불변의 요소로 보았다. 그리고 전쟁의 변수로는 인간의 지성, 의지, 감정 등이 자유롭게 작용될 수 있는 여지(제2극)를 꼽았다. 이러한 인간의 정신적·심리적 요소들이야말로 전쟁의 혼돈(불확실성·우연성 같은)을 지배하는 힘이며, 클라우제비츠는 그러한 정신적·심리적 요소들의 특성을 천재의 개념으로 설명하고자 했던 것이다.

클라우제비츠는 『전쟁론』의 제1편 제3장에 "군사적 천재에 관하여"란 제목을 붙여서 주로 지휘관의 자질을 논의하고 있다. 그는 진정한 군사적 천재의 출현은 뉴턴Issac Newton 이나 오일러Leonhard Euler 의 출현만큼이나 드문 일이라고 믿었지만,[101] 그럼에도 불구하고 천재란 결코 비정상적인 인물이거나 하늘이 내려준 특별한 존재라고 보지는 않음으로써 천재의 개념에 얽힐 수도 있는 신비적 요소를 배격했다. 그에게 있어서 천재란 단지 "어떤 특정한 일(직업)에 관하여 고도로 발달된 정신적 적성"일 뿐이다.[102]

따라서 우리가 클라우제비츠의 군사적 천재론을 논의할 때에 절대 놓쳐서는 안 되는 사실은 그의 천재 개념이 비범한 인물뿐만 아니라 보통 사람들의 행동과 연관된 능력과 감정에도 똑같이 적용된다는 점이다. 즉, 그에게 있어서 천재는 타고나는 것이기도 하지만 길러지기도 하는 것이다. 이 점을 인식하지 못한다면 그의 천재론은 아무 의미도 없게 된다. 그는 이렇게 쓰고 있다.

> 우리는 우리의 논의를 탁월한 재능을 소유한 천재 그 자체에만 국한할 수는 없다. 왜냐하면 천재의 개념은 계측의 한계를 넘어서기 때문이다. 우리가 해야 할 일은 군사적 행위에 작용하는 모든 정신적·기질적 요소들을 통합적으로 분석하는 것이다. 이들이 모두 합해진 것이 군사적 천재의 본질이다.[103]

피터 파렛에 의하면, 클라우제비츠는 후기 계몽주의와 이상주의 철학이 정의한 천재의 개념, 즉 독창성과 창조성이 최고도로 고양된 형태의 개념을 하나의 준거틀frame of reference로 고안했다. 이에 의거하여 모든 인간에게 잠재되어 있는 의지의 자유·행동의 자유를 설명하는 데 이용한 것처럼, 이것을 또한 인간의 지적·심리적 성숙도를 가늠하고 해석하

---

101 Clausewitz, *On War*, p. 112.

102 앞의 책, p. 100. 클라우제비츠의 '천재의 정의'에 내포된 의미에 관한 논의는 다음을 참조할 것. Michael Howard, *Clausewitz*, p. 27; Peter Paret, "The Genesis of On War," p. 11; Peter Paret, "Clausewitz," pp. 203-204.

103 Clausewitz, *On War*, p. 100.

366 · 전쟁과 문명

는 데 사용했다.

천재의 심리적(정신적) 특성은 모든 사람들의 감정을 측정하는 데 사용되는 개념이다. 이는 마치 절대전쟁의 개념을 측정 기준으로 삼아 모든 현실전쟁을 비추어보는 것과도 같다. 즉, 위대한 지휘관(군사적 천재)의 심리적 특성은 보통 사람들의 감정과 능력을 분석하는 데 있어서 '프리즘'과 같은 역할을 한다는 것이다.[104] 군사천재론은 어떤 탁월한 군사적 천재(예컨대 나폴레옹이나 프리드리히 대왕)뿐만 아니라 보다 평범한 인간의 행위에 영향을 미치는 다양한 능력과 감정을 개념화하는 데 있어서 클라우제비츠가 가장 선호한 분석의 도구였다고 할 수 있다.

또한 클라우제비츠는 군사적 천재를 '균형과 조화'의 특성으로 묘사했다. 아리스토텔레스가 이상적인 인간형을 균형의 개념으로 설명했던 것처럼, 클라우제비츠도 진정한 군사적 천재란 그 가진 바 재능들이 조화롭게 결합된 존재를 의미한다고 보았다.

군사적 천재의 요체는 정신적 및 기질적 요소들의 통합된 자질을 의미하기 때문에 어떤 단일 요소의 재능으로 구성되는 것이 아니다 예컨대 용기는 뛰어난 반면에 다른 정신적·기질적 요소가 결핍되었거나 전쟁에 쓸모없는 경우 군사적 천재라 할 수 없다. 군사적 천재란 모든 요소의 조화로운 결합체로서, 하나 또는 다른 재능이 우세할 수는 있지만 어떤 요소도 나머지 요소들과 갈등관계에 있을 수는 없다.[105]

그렇다면 이제부터는 클라우제비츠가 『전쟁론』에서 논의한 통합적 천재의 자질을 형성하는 다양한 개별적 재능들에 관해서 세부적으로

---

104 Peter Paret, "Clausewitz," pp. 203-204.
105 Clausewitz, *On War*, p. 100.

군사천재론은 어떤 탁월한 군사적 천재[예컨대 나폴레옹(그림)이나 프리드리히 대왕]뿐만 아니라 보다
평범한 인간의 행위에 영향을 미치는 다양한 능력과 감정을 개념화하는 데 있어서 클라우제비츠가 가
장 선호한 분석의 도구였다고 할 수 있다. 또한 클라우제비츠는 군사적 천재를 '균형과 조화'의 특성으
로 묘사했다. 그는 진정한 군사적 천재란 그 가진 바 재능들이 조화롭게 결합된 존재를 의미한다고 보
았다. '전쟁의 신(神)'인 나폴레옹에게서 조미니가 보편적 행위 지침의 틀을 도출해내려고 했던 반면에,
클라우제비츠는 오히려 천재 또는 범인을 막론하고 인간 정신의 무한정성과 비결정성을 보았으며, 그
것으로써 전쟁의 본질을 이론화하려고 했다.

분석해보겠다. 이 요소들을 망라해보자면 크게 두 가지의 범주로 대별할 수 있다. 하나는 지적intellectual 분야이고, 다른 하나는 기질적·감정적 temperament, personality 분야이다.

1. 군사적 천재의 지적 분야

우선 지적 분야부터 살펴보자. 첫째로, 클라우제비츠는 포괄적이고도 광범위하며 폭넓은 지식의 필요성을 군사적 천재의 필수 요건으로 보았다. 그에 의하면 "일찍이 제한된 지성을 가진 어떤 사람도 위대한 지휘관이 된 예가 없었으며", 군사적 천재는 "편협하기보다는 포괄적인 접근"을 택하는 사람이라는 것이다.[106] 그는 또한 문명은 지성을 낳고, 지성은 군사적 천재를 낳는다는 논리도 펴고 있다. 즉, 그에 의하면 군사적 천재는 문명화된 국민(국가) 가운데서만 발견될 수 있는데, 이는 군사적 천재의 덕목인 지성이 문명에 의해 배태되기 때문이라고 주장했다.[107]

둘째, 클라우제비츠는 군사적 천재의 가장 독특한 재능의 하나로 직관력 또는 혜안intuition, coup d'oeil을 꼽았는데, 이 요소는 거의 본능적인 능력으로 여겨지면서도 한편으로는 광범위한 지식과 경험의 내면화로 보강된다는 것이다. 프랑스어인 'coup d'oeil'은 '한번 척 보고도' 사태의 본질과 대처 방안을 순식간에 도출하는 능력을 의미한다. 직관 또는 혜안을 지닌 지휘관은 불확실성과 혼돈의 와중에서도 보통 사람들이 그냥 놓치거나 또는 치밀하게 따지고 분석한 후에야 겨우 깨닫게 되는 문제의 핵심을 별다른 고심 없이 집어내고, 올바른 해결책을 제시할 수 있

---

[106] Clausewitz, *On War*, pp. 146, 112.

[107] 그는 따라서 "문명화된 국민이 그렇지 않은 국민에 비해 더 호전적인 경향이 있다"고까지 주장했다. 앞의 책, p. 115.

다.[108] 천재의 직관은 혼돈과 불확실성이 뒤얽힌 복잡성을 단순화시킴으로써 타당한 것과 그렇지 않은 것을 재빨리 가려내고, 또한 무엇이 중요한지를 순간적으로 식별해낸다. 이것은 이를테면 내적인 통찰력이다. 클라우제비츠의 말처럼 때로는 "전쟁에서 모든 것은 매우 단순하다. 그러나 가장 단순한 것이 가장 어려운 것"일 수도 있다.[109] 천재의 혜안은 복잡성을 단순화시키는 능력뿐만 아니라, 단순성 속에 숨어 있는 복잡성도 꿰뚫어보는 것이다.[110]

이처럼 상황을 신속하고도 정확하게 판단하는 능력은 또한 예기치 않은 사태에 직면해서도 침착함presence of mind과 평정심을 가져다준다. 그래서 천재는 어떤 경우가 닥쳐도 당황하지 않으며, 새로운 사태가 애초의 계획에 악영향을 미치게 될 경우에는 적시에 이에 대처하게 된다.[111] 이러한 천재의 직관력은 대체로 본능적인 영역으로 간주되는 경향이 강하다. 그러나 클라우제비츠는 직관력이 기본적으로 본능적인 것이지만, 지식과 경험을 내면화한다면 이것들이 지휘관의 능력으로 승화되어 그의 혜안을 강화시켜줄 것이라고 주장한다. "지식은 지휘관의 정신과 삶에 온전히 동화됨으로써 그의 진정한 능력으로 전환되어야 한다."[112]

셋째, 군사적 천재는 뛰어난 공간감각spatial awareness, sense of locality이 있어야 한다. 이 개념은 위치감각 또는 지형감각이라고 호칭되기도 하는데,

---

108 Clausewitz, *On War*, pp. 101-102, 106, 112, 146. 유사한 논의가 제8편 제3B장에서도 제기되고 있다. p. 585.

109 이 표현은 원래 마찰 개념 설명에 나오는 것이다. 앞의 책, p. 119. 제2편 제2장의 유사한 논의도 함께 참조할 것. p. 146.

110 장욱진 화백은 늘 "심플해야 돼"라는 말을 입버릇처럼 뇌었다고 한다. 그런데 장 화백의 그림에서 느껴지는 고졸(古拙)한 단순함이야말로 그의 예술의 극치라 할 수 있다. 김형국, 『장욱진: 모더니스트 民畵匠』(서울: 열화당, 1997), pp. 165-166.

111 Clausewitz, *On War*, p. 102.

112 앞의 책, p. 147.

일반적으로 지형 및 지세를 신속하고도 정확하게 파악하여 자기 위치와 우군 및 적군의 위치, 그리고 필요한 접근로와 목표 지역들을 식별하는 능력을 일컫는다. 클라우제비츠는 이 요소를 "전쟁과 지형 간의 관계는 항구적"이라고 평가하면서, 공간감각이 부분적으로는 육안으로 파악되고 또 다른 부분에서는 학습과 경험에 바탕을 둔 심안心眼의 예측작업으로 간극을 메우는 일종의 '상상력의 영역'이며, 따라서 지적 분야에 속한다고 주장했다.[113]

넷째, 군사적 천재는 인간 본성human nature에 대한 깊은 이해를 지니고 있어야 하며, 또한 정치와 정책에 관해서도 잘 알고 있어야 한다. 이 논의는 주로 제2편 제2장에서 이루어지고 있다.

> 최고사령관은 해박한 역사가나 정치평론가일 필요는 없지만, 국가의 최고 수준의 업무인 정치와 그에 따르는 정책에 친숙해야 한다. 그는 현안과 제들, 당면 관심사항들, 주도적 인물들을 잘 알아야 하며, 이를 통해 건전한 판단력을 구축할 수 있어야 한다. 그는 인간에 대한 정교한 관찰자나 인성의 예리한 분석가일 필요는 없다. 그러나 그는 부하들의 성격, 사고나 행동의 습관, 그리고 장단점을 파악해야만 된다. …… 이런 종류의 지식은 과학적·기계적 방식으로 습득되는 것이 아니라, 인간과 사물에 대한 관찰과 사유, 그리고 …… 생활의 경험으로부터 산출된다.[114]

클라우제비츠는 제1편 제3장에서도 최고지휘관의 정치와 정책에 대한 이해의 필요성을 강조하고 있다. "전쟁 또는 전역을 성공적으로 종결시키려면 국가정책에 대한 깊은 파악이 요구된다. 전략과 정책이 일

---

113 앞의 책, pp. 109-110.
114 앞의 책, p. 146.

치하는 단계에서는, 최고사령관은 동시에 정치가가 된다."[115]

이상에서 몇 가지 군사적 천재의 지적 측면들을 분석해보았는데, 클라우제비츠는 도처에서 지성의 중요성을 강조하고 있다. 앞 절에서도 언급한 바와 같이, 그는 불확실성과 우연성이 뒤얽힌 전쟁의 안개 상황 속에서 지성은 진리로 이끌어주는 '내면의 빛'이 된다고 말했다.[116] 또한 그는 "우리는 이제까지 전쟁에 필수적인 인간의 본성 가운데 지적·정신적 힘에 관해 충분히 논의했다. 시종일관 명확한 것은 지성의 사활적 공헌이다. 그래서 전쟁은 …… 탁월한 지성의 소유자가 아니면 탁월하게 수행할 수 없다."[117]

2. 군사적 천재의 기질적·감정적 분야

다음은 군사적 천재의 두 가지 자질 가운데 두 번째 범주인 기질적·감정적 분야를 살펴보겠다. 클라우제비츠는 이 기질 또는 성품의 측면이 군사적 천재의 재능을 가늠함에 있어서 지성 못지않은 중요성을 가지고 있다고 주장했다.

첫째로, 기질 측면에서 가장 먼저 거론해야 될 요소는 용기이다. 클라우제비츠는 "전쟁은 위험의 영역이므로, 용기야말로 군인에게 요구되는 최우선적 자질"이라고 강조하면서, 용기를 개인적 위험에 처했을 때의 용기와 책임감에 입각한 용기, 이렇게 두 가지로 분류했다.[118] 전자는 육체적 용기, 후자는 정신적 용기 또는 윤리적(도덕적) 용기라고 할 수 있다. 육체적 용기는 다시 두 가지로 나뉘는데, 첫 번째는 위험에 무관

---

115 Clausewitz, *On War*, p. 111.

116 앞의 책, p. 102.

117 앞의 책, p. 110.

118 앞의 책, p. 101.

심한 용기로서 개인의 특성이나 생명 경시 경향(주로 원시부족의 특징) 또는 습관에서 비롯된다. 육체적 용기의 두 번째는 야망, 애국심, 또는 열광과 같은 긍정적 동기에서 비롯되며 감성·감정의 발로라 할 수 있다. 육체적 용기의 첫 번째 용기는 제2의 천성이 되므로 보다 확실하고 신뢰성이 있으며 마음을 냉정하게 유지하는 반면에, 두 번째 용기는 더 대담하고 흥분을 유발시키며 때로는 맹목적이 되게 만들기도 한다. 클라우제비츠는 양자가 결합될 때 더욱 고차원의 육체적 용기가 된다고 했다.

한편, 윤리적 용기는 책임을 수용하는 용기, 즉 정신적 위험에 처하여 발휘되는 용기이다. 이를 정신적 용기라고 부르는 것은 이것이 지성에 의해 일깨워지기 때문이다. 그러나 클라우제비츠는 지성 그 자체만으로는 용기가 될 수 없기 때문에 윤리적 용기를 지성의 행위가 아니라 기질(감성)의 행위로 보았다. 따라서 그는 지성은 용기의 감정을 일깨워야 하고, 그리되면 그 감정은 행위를 뒷받침하고 유지한다고 주장했다. 이처럼 윤리적 용기는 고도의 심리적 부담에 직면하여 결단을 내리고 그 행동에 대해 '책임'을 지겠다는 지성적 각성에 의해 발휘되는 용기로서, 용기 중의 정수精髓라 할 수 있다.[119]

둘째, 용기로부터 천재의 기질적 측면 가운데 가장 핵심 요소인 결단력determination, resolution의 요소가 도출된다. 즉, 탁월한 지휘관은 육체적 용기와 윤리적 용기를 모두 갖추게 되는데, 이 두 종류의 용기를 내면화시킨 지휘관은 결단력을 갖게 된다. 그리고 결단력은 지속성을 지닌 것으로서 일종의 장기적 용기인 셈이다. 여기서 장기적 용기란 일단 결단을 내리면 바위같이 굳건하게 버틴다는 의미를 내포하고 있다. 그렇다고 해도 결단력은 단순한 고집과는 물론 다르다. 클라우제비츠에 의하

---

119 앞의 책, p. 102.

면, 지휘관이 일단 결단을 내리더라도 정보의 상충 또는 부재不在, 부하들의 불신 등 다양한 요소들이 그 결단을 번복하도록 압박하게 되는데, 지휘관이 이를 꿋꿋하게 버텨내는 것이 결단의 중요한 요소라는 것이다. "전투 중에 지휘관은 자신의 판단을 믿고 의지해야 하며, 성난 파도가 닥쳐도 꿈쩍하지 않는 바위와 같은 자세를 견지해야 한다. 그것은 결코 쉬운 일이 아니다."[120]

그런데 결단력은 지적인 통찰력에서 유래되며, 여기에는 지성과 정신적 용기가 보기 드문 조화를 이루고 있다. 지성과 용기가 따로 놀면 결단력이 생기지 않는다. 따라서 클라우제비츠는 "강인한 정신력을 소유한 사람에게서 결단력이 생긴다"라고 말하면서, 특히 명석한 두뇌보다 강인한 정신력이 결단력에 보다 크게 작용한다고 보았다.[121]

셋째, 군사적 천재의 기질 가운데 또 하나 중요한 요소는 야심ambition이다. 클라우제비츠는 "전투 중에 인간을 고취시키는 모든 감정 가운데 명예와 명성에 대한 갈망만큼 강력하고 항구적인 것은 없다"고 단언하면서, 이것이야말로 인간 본성 가운데 가장 고귀한 것에 속한다고 강조했다.[122] 그에 의하면, 전쟁에서 명예와 명성은 무기력해진 집단에 활기를 넣어주는 생명의 입김과도 같은 것이다. 그는 만일 어떤 지휘관이 탁월한 공을 세우고자 한다면 반드시 다른 사람들보다 드높은 야심을 가져야 한다면서, 역사상 위대한 장군들 가운데 과연 야심이 없는 사람이 있었던가 하고 반문을 던졌다.

넷째, 군사적 천재는 자제력self-control이라는 기질적 특성을 지녀야 한다. 클라우제비츠는 특이하게도 자제력을 '정신의 힘strength of mind', 또는

---

120 Clausewitz, *On War*, pp. 117, 107.

121 앞의 책, p. 103, 112.

122 앞의 책, p. 105.

'성품의 힘strength of character'으로부터 기인하는 것으로 보았다. 이 정신의 힘은 감정의 격렬한 표현이나 열정적인 기질을 의미하는 것이 아니라, 오히려 엄청난 심리적 압박과 난폭한 흥분 가운데서도 이성을 잃지 않는 능력을 의미하는 것으로 해석했다. 격렬한 감정이 솟구쳐 오르는 순간에도 이성에 복종하는 정신적 힘이 곧 자제력이며, 이 자제력은 흥분된 열정에 싸인 강렬한 감성 속에서 그 열정을 파괴하지 않고 균형을 유지하는 또 다른 하나의 감정이라는 것이다. "자제력, 즉 최대의 심리적 압박 하에서조차 고요함을 유지하는 재능은 기질(성품)에 바탕을 두고 있다"고 그는 주장했다.[123]

미국의 남북전쟁 당시 남군 사령관이었던 로버트 리Robert E. Lee 장군은 리더십의 정수를 자제력으로 여겼다. 그가 예하 지휘관을 선정할 때 가장 중요시한 기준은 자제력으로서, 다른 재능이 아무리 탁월해도 자제력이 결여되어 있으면 결정적 결격 사유가 되었다. 그는 이렇게 말했다고 한다. "나는 자기 자신을 통제할 수 없는 사람에게 다른 사람들을 통제하는 일을 믿고 맡길 수 없다."[124]

다섯째, 군사적 천재의 또 다른 자질로 대담성boldness을 꼽을 수 있다. 클라우제비츠는 이 요소에 관해 주로 제3편 제6장에서 다루고 있다. 그에 의하면, 대담성이야말로 위대한 지휘관의 필수적 덕목이다.

"대담성을 갖추지 못한 탁월한 지휘관이란 상상조차 할 수 없다. …… 따라서 대담성은 위대한 군사지도자가 갖추어야 할 최우선적인 자질이다."[125]

그는 대담성을 "고상한 자질", "칼에 날과 광채를 실어주는 값진 금

---

123 앞의 책, pp. 105-106.

124 Donald Chipman, "Clausewitz and the Concept of Command Leadership," *Military Review*(August, 1987), p. 33.

125 Clausewitz, *On War*, p. 192.

클라우제비츠는 군사적 천재는 자제력이라는 기질적 특성을 지녀야 한다고 보았다. 그는 특이하게도 자제력을 '정신의 힘', 또는 '성품의 힘'으로부터 기인하는 것으로 보았다. 미국의 남북전쟁 당시 남군 사령관이었던 **로버트 리 장군(사진)**은 리더십의 정수를 자제력으로 여겼다. 그가 예하 지휘관을 선정할 때 가장 중요시한 기준은 자제력으로서, 다른 재능이 아무리 탁월해도 자제력이 결여되어 있으면 결정적 결격 사유가 되었다. 그는 이렇게 말했다고 한다. "나는 자기 자신을 통제할 수 없는 사람에게 다른 사람들을 통제하는 일을 믿고 맡길 수 없다."

속", 또는 "적의 약점을 이용하여 아군의 이점을 끌어내는 창조적 능력"
이라고 표현했다.[126] 이는 대담성이 지휘관으로 하여금 전장에서 위험을
극복하고 적절한 리더십을 발휘하도록 해주는 추진력이 된다는 의미
이다.

그러나 대담성은 자칫 무모함, 또는 비겁함으로 엇나갈 수도 있다. 무
모함은 사려 깊지 못하거나 맹목적인 열정에 휘둘려 발생하므로 언제
나 자제력에 의해 통제되어야 한다. 그런데 무모함보다 훨씬 더 나쁜 것
은 비겁함(또는 소심함)이라고 클라우제비츠는 말했다.

"전쟁에서 소심함은 도를 넘은 대담성보다도 1,000배나 더 큰 손실을
입힐 것이다."[127]

한편, 클라우제비츠는 군인들이 진급하여 점점 더 높은 직위로 진출
할수록 대담성이 약화되는 것을 경계했다. 그에 의하면 통찰력과 지성
의 성장은 진급 속도를 따라잡지 못하는 반면, 고위 보직자가 취급해야
할 업무 영역이 넓어진 만큼 그는 더 큰 압박을 받게 될 것이므로 자연
히 점점 더 소심해진다는 것이다. 물론 그들은 자신들이 높아진 만큼 신
중해지는 것이라고 자기 합리화를 할 것이다. 그러나 클라우제비츠는
대담하고 위험을 무릅쓰는 기질을 더 선호한 나머지, 소심하여 아무런
행동도 하지 않는 것보다 오히려 대담함의 결과로 초래된 실패가 더 명
예롭다고까지 주장했다. 대담성에 대한 그의 찬사는 거의 시적詩的인 경
지에 이르고 있다.

대담성은 지성과 통찰력에 날개를 달아준다. 날개가 더 강할수록 더 높이
날고, 더 멀리 보고, 더 좋은 결실을 가져온다. 비록 더 큰 보상을 위해 더

---

126 Clausewitz, *On War*, p. 190.

127 앞의 책, p. 191.

큰 위험을 무릅써야 할지라도.[128]

대담성에 대한 클라우제비츠의 이러한 찬사는 그의 풍부한 전투 경험에서부터 비롯된 것으로 보인다.

지금까지 군사적 천재의 두 가지 범주인 지적 분야와 성품적(기질적) 분야에 관련된 여러 가지 덕목들을 살펴보았다. 여기서 분명한 것은 이 두 가지 범주가 상호보완적이며, 또 각각의 덕목들도 별개로 의미를 띠는 것이 아니라는 점이다. 클라우제비츠가 군사천재론의 서두에서 분명히 밝힌 것처럼, 천재란 이 모든 요소들이 조화롭게 내면화되어 있는 존재이다. 그는 군사천재론의 말미末尾에 이렇게 쓰고 있다.

> 만일 어떤 종류의 정신 상태가 군사적 천재의 자질에 가장 근접한가를 묻는다면, 경험과 관찰에 비추어 이렇게 답할 수 있을 것이다. 전쟁에서 우리 형제와 자녀들의 운명, 그리고 조국의 안전과 명예를 맡길 수 있는 인물은 창조적이기보다 탐구적인 정신을, 편협하기보다 포괄적인 접근을, 뜨겁기보다 냉철한 두뇌를 가진 사람이다.[129]

그렇다면, 클라우제비츠가 전쟁이론(곧 전쟁본질론)을 논함에 있어서 '천재'를 등장시킨 진정한 의도는 무엇인가? 한마디로 천재에 대한 찬양 그 자체는 바로 교조주의dogmatism에 대한 그의 배격을 나타낸다. 뷜로브나 조미니가 어떤 전쟁에도 보편적으로 적용될 수 있는 '원칙rules'을 도출하고자 한 노력이 바로 교조주의인데, 클라우제비츠는 이를 깨뜨림으로써 진정한 이론을 만들고자 했던 것이다. 다음 절에서 보다 자

---

128 Clausewitz, *On War*, p. 192.
129 앞의 책, p. 112.

세히 분석하겠지만, 뷜로브나 조미니류의 '원칙'이 일종의 행동 지침인 반면, 클라우제비츠의 '이론'은 행위 지침이 아니다. 그는 전쟁에서 보편적으로 통용될 수 있는 행위 지침이란 아예 성립 불가능하다고 보았다. 그에게 있어서 이론은 다만 정확한 지식으로 이끌어주는 분석적 탐구의 틀 내지 결과물이며, 따라서 이론은 행동을 위한 지침을 제공해주는 것이 아니라 미래의 지도자들을 교육시키고 자습自習하게 하는 안내자일 뿐이다.

전쟁에 있어서 보편적 행위 지침이 왜 성립 불가능한가라는 이유에 대해서, 클라우제비츠는 전쟁이 인간의 자유의지가 작용하는 정신적·심리적 영역이기에 너무나도 다양하고 변화무쌍하기 때문이라고 보았다. 그래서 그는 전쟁현상의 본질이 '인간'과 '인간의 행동'이라고 강조했던 것이다. 바로 이 전쟁 본질로서의 인간의 정신적·심리적 영역을 설명하기 위한 이론적 틀이 3위1체론이고, 그중에서도 제2극의 불확실성·우연성의 요소와 이를 극복하기 위한 '정신력의 상징'이 천재론이다. '전쟁의 신神'인 나폴레옹에게서 조미니가 보편적 행위 지침의 틀을 도출해내려고 했던 반면에, 클라우제비츠는 오히려 천재 또는 범인凡人을 막론하고 인간 정신의 무한정성과 비결정성을 보았으며, 그것으로써 전쟁의 본질을 이론화했던 것이다.[130] 그는 원칙에의 집착과 천재 사이의 모순에 대해서 이렇게 쓰고 있다.

일방적 관점에만 매달린 빈약한 지혜로는 결코 도달할 수 없는 모든 사물의 영역은 과학적 원리를 벗어난 것이다. 그것은 천재의 영역에 속하는 것이며, 모든 원칙을 초월하는 것이다. 이러한 원칙 나부랭이를 좇아 기어 다

---

130 인적 요소(human factor)에 초점을 맞추었다는 점에서 그는 다시 한 번 칸트류의 관념론 철학자임을 드러냈다.

닐 군인들은 가여울진저. 그 원칙들이란 게 천재에게는 하찮은 것으로서 무시하거나 비웃음의 대상일 뿐이다. 아니, 천재가 행하는 것이 곧 최상의 원칙이다. 이론은 다만 그것이 어떻게, 왜, 그런가를 보여주는 것 이상의 역할은 못 한다.[131]

그는 또 원칙·규칙 따위를 경멸하여 이르기를 천재는 모든 원칙 위에 군림하며, 원칙이란 명청이들을 위해 만들어졌을 뿐만 아니라 그 자체가 명청한 것이라고 했다.[132] 그러나 피터 파렛은 클라우제비츠 자신 역시 천재의 행위가 왜, 어째서 최상의 원칙인가를 설명할 수 있는 이론을 구성하지는 못했다고 비판했다.[133]

그렇다면 과연 천재는 타고나는 것인가, 아니면 길러지는 것인가 nature versus nurture? 클라우제비츠는 양쪽이 다 맞다고 보았다. 천재는 천성적으로 태어나는 것이기도 하고, 후천적으로 길러지는 것이기도 하다는 것이다. 언뜻 보아 서로 모순되어 보이는 이 논리 때문에 클라우제비츠는 그 자신이 도그마dogma에서 벗어나지 못한 것으로 비판받기도 한다. 그러나 과연 그럴까?

에디슨Thomas Alva Edison은 천재를 일컬어 "1%의 영감과 99%의 땀"이라고 했다. 이 말은 통상적으로 천재는 노력에 의해 성취되는 것으로 회자되어왔다. 그러나 역설적으로 보자면, 이 말은 "아무리 99%의 노력을 해도 1%의 영감, 즉 천재성이 없다면 결코 천재는 될 수 없다"는 해석도 가능하다. 보석의 원석이 아닌 막돌을 아무리 갈고 닦아도 결코 보석이 될 수 없는 이치와 같다. 이처럼 범재凡才가 천재의 경지에 도달할 수 없

---

131 Clausewitz, *On War*, p. 136.

132 앞의 책, p. 184.

133 Peter Paret, "The Genesis of On War," p. 12.

는 것이 사실일진대, 천재의 어떤 자질은 분명 주어지는 것, 즉 가지고 태어나는 것으로 보아야 한다. 앞에서 분석한 천재적 속성의 두 가지 범주(지성과 기질) 가운데 기질적·성품적 분야temperament, personality에 속하는 용기나 대담성 등은 보다 선천적인 것으로 여겨진다. 클라우제비츠는 "천부적 재능은 고찰과 연구를 통해 교육·훈련된 재능과 분명히 구별된다"라고 했다.[134]

한편, 천재는 후천적으로 길러진다는 사실 또한 분명히 맞다. 특히 천재적 속성의 두 가지 범주 중에서 지성적 분야intellectual domain는 교육이나 훈련, 그리고 경험에 의해서 갈고 닦아지는 것이다. 클라우제비츠는 천재를 길러내는 후천적 기제機制 가운데 경험을 특히 중요시했다. 위대한 지휘관(군사적 천재)이 되려면 전쟁의 다양한 마찰 요소들을 효과적으로 극복하는 방법을 습득해야 하는데, 이것은 단순한 교육이나 훈련만으로는 충분치 않고 전쟁 경험이 가장 핵심적인 도구가 된다는 것이다. "(전쟁에서의) 마찰을 완화시켜주는 윤활유는 과연 없는가? 오직 한 가지가 있다. 그런데 그것은 지휘관과 그의 군대가 언제나 원하는 대로 구할 수 있는 것은 아니다. 그것은 바로 전쟁 경험이다."[135]

그런데 여기서 우리가 주목해야 될 사실은 후천적으로 길러질 수 있는 자질들인 지적 영역의 요소들뿐만 아니라, 선천적으로 타고나는 기질적·성품적 영역의 요소들 역시 갈고 닦는 후천적 노력 없이는 천재성을 발휘할 수 없다는 점이다. 마치 아무리 훌륭한 보석의 원석이라도 연마의 과정을 거치지 않으면 보석으로 변하지 못하고 그냥 한낱 돌의 상태로 남아 있는 이치와 같다.

20세기 첼로의 대가 로스트로포비치Mstislav Rostropovich는 그가 발굴

---

134 Clausewitz, *On War*, p. 147.
135 앞의 책, p. 122.

한 천재 소녀 첼리스트 장한나에게 충고를 하면서, "프로코피예프Sergey Prokofiev, 1891~1953, 러시아 작곡가가 내게 말하기를, 어떤 사람들(천재를 의미) 은 분명히 음악적 천성을 타고 태어나지만, 그렇다고 해도 너는 매일 이를 닦듯이 그 소질을 갈고 닦아야만 한다"라고 했다는 일화를 들려주었다.[136] 천재의 소질을 타고 태어났더라도 후천적 연마 없이는 결코 진정한 천재가 될 수 없다는 가르침이다.

천재는 과연 소질을 타고 태어나야 하지만, 후천적 노력으로 길러지는 것이다. 따라서 군사적 천재란 타고날 뿐만 아니라 길러진다nature & nurture고 주장한 클라우제비츠의 논리는 도그마가 아니다. 그것은 오히려 그가 전개한 또 하나의 변증법적 논리의 예일 뿐이자, 항구적 진리 가운데 하나이다.

클라우제비츠는 그의 군사천재론을 통해 군사 리더십의 정수, 나아가서 일반적 리더십의 한 봉우리를 보여주었다고 볼 수도 있다.

VI. 현대적 함의

이제 클라우제비츠의 3위1체론과 군사적 천재론의 현대적 함의에 관해 논의하고자 한다. 피터 파렛에 의하면, 『전쟁론』은 처방이 아니라 분석을 더 중시한 저작이다. 즉, 클라우제비츠에게는 효과적인 전략적 틀이나 전술적 조치들을 고안해내는 것보다, 전쟁의 항구적 요소들을 구별해내고 그것들이 어떻게 작용하는가를 이해하는 것이 더 중요했다. 바로 이러한 이유 때문에 『전쟁론』은 오늘날에도 전쟁과 평화의 문제

---

136 장한나의 데뷔 음반, EMI Classics 96-367(1996)의 소개책자, p. 5.

를 이해하는 데 있어서 여전히 타당성을 인정받고 있다는 것이다.[137]

여기서는 클라우제비츠가 전쟁의 항구적 본질을 설명하기 위해 고안한 분석적 틀인 3위1체론과 군사천재론에서 두 가지의 함의를 도출하고자 한다. 하나는 군사이론의 유용성에 대한 논의이고, 다른 하나는 교육과 훈련의 중요성에 대한 논의이다. 전자는 주로 3위1체론과 연계되어 있고, 후자는 주로 군사천재론과 관련되어 있다.

1. 군사이론의 유용성

클라우제비츠는 전쟁의 본질을 이론화하기 위해 필생의 역작인 『전쟁론』을 집필했지만, 그가 결코 추상적이고 사변적思辨的인 목적으로 이 과업에 매진했던 것은 아니었다. 전쟁은 '현실의 문제'임을 누구보다도 절실하게 인식하고 있던 그가 자신의 이론을 체계화하면서 실질적인 목표, 즉 장래의 전쟁에서 효과적으로 적(또는 적의 의지)을 분쇄하기 위한 의도 없이 이 일에 매달렸을 리는 없다. 마이클 하워드의 말처럼, 클라우제비츠는 언제나 이론과 행동의 연계를 염두에 두고 있었다.

클라우제비츠의 전쟁이론은 처방식의 행동 준칙이나 규범화의 가능성에 대한 배척에서 출발한다. 즉, 전쟁에는 과학적이고 불변의 원리가 있다는 뷜로브나 조미니류의 주장에 타당성이 없다고 보았다. 클라우제비츠가 보기에 그들의 생각은 전쟁의 본질을 무시한 것이었다. 전쟁이란 인간의 정신적·심리적 작용이 쌍방 간에 변증법적으로 난무하는 불확실성과 우연성의 영역이므로, 그들의 주장처럼 어떤 '고정된 값fixed values'으로 설명될 수는 없다. 그렇다고 해서 클라우제비츠가 전쟁이론

---

137 Peter Paret, "Clausewitz," p. 187.

의 성립 가능성을 전적으로 배제한 것은 아니다.[138] 즉, 모든 전쟁이 다 독특하고, 따라서 그 전쟁들에서 승리한 대가들의 성공 비결을 추적함으로써 보편타당한 원리를 찾아내는 일이 애당초 불가능하다는 주장에 대해서도 그는 온전히 동감하지는 않았다.

그는 건전하고 포괄적인 전쟁이론은 전쟁사 연구로부터 도출된다고 보았다. 왜냐하면 "전쟁술에 있어서는 경험이 수많은 추상적 진리보다도 더 중요하기 때문이다."[139] 전쟁사 연구의 중요성에 대해서는 뒤에 교육의 중요성을 논할 때 보다 자세히 분석하겠거니와, 클라우제비츠에 의하면 과거의 전쟁 연구를 통해서 도출한 포괄적 전쟁이론은 위대한 지휘관들이 성취한 바를 이해할 수 있도록 해줄 뿐만 아니라, 그들의 업적이 어떻게 창조적이고 독창적이었는지를 음미하게 해줌으로써 후대의 귀감이 되게 한다는 것이다. 이때 전쟁사는 전쟁의 체험을 간접적으로 보완해주는 도구이다. 마이클 하워드의 표현을 빌리자면, 이론의 형성과 적용은 사실상 하나의 연속된 상호작용으로서, "역사적 지식은 이론을 형성하고, 이론은 다시 역사적 판단에 빛을 비춘다."[140]

클라우제비츠가 생각하는 포괄적 이론을 그 자신의 설명대로 옮겨보면 다음과 같다.

이론이 반드시 실제적 교리, 즉 행동을 위한 교범일 필요는 없다. 비록 거기에 사소한 변화나 다양한 배합이 있을지라도, 어떤 활동이 기본적으로 동일한 주제를 동일한 목적과 동일한 수단을 가지고 반복적으로 다루는 것이라면, 그 주제는 합리적 연구의 대상이 될 수 있다. 이러한 연구는 모

---

138 그는 전술적 차원에서는 전쟁 수행과 관련된 이론화의 가능성을 인정했다. Clausewitz, *On War*, pp. 140-141.

139 앞의 책, p. 164.

140 Michael Howard, *Clausewitz*, p. 31; Peter Paret, "The Genesis of *On War*," pp. 12-13.

든 이론의 가장 본질적 부분을 차지하며, 이론이라는 이름에 전적으로 걸맞다.[141]

이러한 이론이 있음으로 해서 사람들은 어떤 특정 주제를 탐구할 때 매번 처음부터 다시 시작하듯이 실마리를 찾아내고 이리저리 헤매고 하는 일 없이, 이미 정리된 상태로 손쉽게 접근할 수가 있다는 것이다.[142] 포괄적 이론이란 결국 계량화할 수 없는 것들도 품을 수 있을 만큼 충분한 융통성이 있어야만 하고, 장차 더 발전할 수 있는 잠재력도 지녀야 한다. 그리고 일시적인 현상에 기초를 두기보다 불변의 본질적 측면에 기초를 두어야 한다. 본질적 절대치는 이론의 구성 원칙인 반면에, 현상은 다만 본질적 절대치가 그때그때의 상황에 따라 표출되는 것일 뿐이기 때문이다. 예컨대 프리드리히 대왕의 전쟁이나 나폴레옹 전쟁은 각각의 일시적 현상이며, 전쟁의 정치적 본질과 정신적·심리적 요소는 본질적 절대치이다. 이론은 바로 이 본질에 기초를 두고 현상과 현상들 사이의 연결고리를 밝히는 것이다.[143]

그렇다면 군사이론의 효용과 기능은 과연 무엇일까? 크게 보아 인식적 기능, 실용적 기능, 교육적 기능 등 세 가지로 구분해서 설명할 수 있다.

첫째로, 이론의 인식적cognitive 효용이란 어떤 주제와 사물에 대한 이해력과 분별력 증대에 기여하는 것이다. 클라우제비츠는 이렇게 말했다.

어떤 이론이 전쟁의 구성 요소들을 분석하고, 얼핏 보기에 뒤얽혀 있는 것처럼 보이는 것을 정확하게 구별하고, 적용된 수단의 특성을 모두 설명하

---

141 Clausewitz, *On War*, p. 141.

142 앞의 책, p. 141.

143 클라우제비츠의 '포괄적 이론'에 관한 보다 자세한 논의는 Peter Paret, "Clausewitz," pp. 193-194 참조.

고, 그 수단이 어떤 효과를 가져올 것인가를 제시하고, 전쟁이 의도한 목적의 본질을 명쾌하게 규정하고, 그리고 심도 깊은 비판적 고찰로 전쟁의 모든 국면을 조정한다면, 그 이론은 주요 과업을 완수했다고 할 수 있을 것이다. 그렇게 되면 이론은 책에서 전쟁을 배우고자 하는 사람들에게 길잡이가 되어줄 것이다. 이론은 항상 그의 길을 비추어주고, 발걸음을 가볍게 해주고, 판단력을 길러주고, 함정에 빠지지 않도록 도와줄 것이다.[144]

피터 파렛은 이론의 인식적 기능에 대해서 해석하기를 "어떤 사물이 다른 사물과 어떻게 관련되는가, 그리고 중요한 것과 그렇지 않은 것을 어떻게 구별하는가"를 밝히기 위해서 과거와 현재의 사실을 지적으로 구축하는 것이라고 했다. 즉, 전쟁현상의 필수적 요소들에 접근하는 것, 그리고 그러한 요소들을 포괄적인 구조 속에 결합시킬 논리적이고도 동태적動態的인 '연결고리'를 발견해내는 것이 곧 인식적 기능이라는 것이다.[145]

클라우제비츠는 바로 이 인식적 측면의 설명 틀로서 다양한 변증법적 개념을 즐겨 도입했다. 헤겔류의 정-반-합 변증법이 아니라 대위법적인 정-반의 변증법이 그의 무기였다. 목적과 수단, 이론과 실제, 의도와 실천, 전략과 전술, 적과 친구, 공격과 방어, 정치와 전쟁, 지성과 용기 등 때로는 온전히 때로는 부분적으로 대비되는 개념들을 정의하고, 비교하고, 연결시킴으로써 그 개념들을 보다 더 잘 '이해understanding'하고 이해시키고자 했다. 이는 마치 빛은 어둠이 있음으로 해서 드러나고, 악은 선과 극명하게 대비되듯이 서로 반대편의 견지에서 바라볼 때 완전히 이해할 수 있는 원리와 같다. 이론의 인식적 기능이란 결국 어떤

---

144 Clausewitz, *On War*, p. 141.
145 Peter Paret, "Clausewitz," p. 193.

주제나 사상事象에 대한 이해의 폭과 깊이를 심화시키는 것에 다름 아니다. '전쟁에 대한 이해' 그 자체가 『전쟁론』의 근본 의도가 아니겠는가.

둘째는 이론의 실용적utilitarian 효용이다. 여기서 우리는 이론이란 과연 실용적 기능을 가질 수 있는가 하는 의문에 봉착하게 된다. 원래 클라우제비츠는 당시의 이론가들이 당연시하고 있던, 이론과 실천 사이의 직접적인 연결성에 대해서 회의적이었다. 이론은 물론 항상 현실을 의식하고, 현실을 가장 명확하게 설명할 수 있기를 지향해야 한다. 만일 논리라는 미명美名 하에 어떤 이론이 현실과 동떨어진 무엇인가를 제시하려 한다면 그것은 공허한 짓이다. 그러나 어떤 이론도 현실을 완전히 설명하거나 반영할 수는 없다. 가장 실질적이고 현실적인 이론이라 할지라도 현실 그 자체를 100% 그릴 수는 없다는 말이다. 그렇다면 클라우제비츠의 주장처럼 전쟁에서 적용할 수 있는 처방적인 준칙 원리를 수립하려는 어떠한 노력도 무의미한 시도일 뿐이며, 결국 어떤 군사이론도 곧바로 실용적일 수는 없다.

이론은 결코 우리를 어떤 주제에 대한 완전한 이해로 이끌어주지는 못하며, 행동을 위한 준칙, 법칙, 교리 등을 만들어내는 것이 이론의 주임무도 아니다. 그러나 이론은 우리의 판단력을 증대시켜주고, 다듬어줄 수 있다. 클라우제비츠는 이 문제를 비평가의 작업에 빗대어 다음과 같이 표현했다.

쓸모 있는 이론은 비평의 필수적 기반이다. …… 만일 비평이 이론의 기계적 적용 수준으로 전락한다면, 비평의 기능은 완전히 빗나가게 될 것이다. …… 비평가는 결코 이론의 결과물을 법칙이나 기준으로 사용해서는 안 되며, 단지 군인들이 그렇게 하듯이 '판단의 조력자'로서만 써야 한다.[146]

---

146 Clausewitz, *On War*, pp. 157-158. 홑따옴표는 강조용으로 첨가한 것임.

군사이론이 할 수 있는 일은 군인들로 하여금 어떤 특정 영역의 행위를 할 때 평가 기준이나 준거들을 제공해주는 것이다. 즉, 어떻게 행동할까를 제시해주는 것이 아니라 판단을 개발시켜주는 것이다. 클라우제비츠는 이 점에 대해 명확한 주장을 폈다.

> 이론은 미래의 지휘관의 정신Geist을 교육하거나, 좀 더 정확히 말하자면 그가 스스로 독학獨學하는 것을 안내할 수 있을 뿐, 전쟁터까지 따라가서는 안 된다. 이는 마치 현명한 선생은 젊은이의 지적 성장을 안내하고 자극할 뿐이지, 그 젊은이를 평생토록 직접 손을 잡고 이끌지는 않는다는 것과 같다.[147]

마이클 하워드의 논평에 따르면, 클라우제비츠는 어떤 지휘관이 최고사령관급으로 올라가면 갈수록 이론이 단지 제한적인 도움밖에 주지 못한다는 사실을 인정했다고 한다. 고위 수준에서는 불확실성이 극도로 커지고, 개연성의 범위가 더 넓어지며, 참작해야 될 요소들이 그야말로 다양해진다. 위대한 지휘관의 직관이 요구되는 경우가 바로 이때인데, 그는 스스로의 혜안으로 상황을 분석하고 그 자신만의 해결책을 찾아내야 한다. 전례前例도 믿을 만한 안내자가 될 것 같지 않고, 그 자신이 직접 스스로의 선례先例를 만들어야 한다. 이처럼 어떤 지휘관이 이론의 한계와 가능성을 제대로 이해할 때, 그는 이론으로부터 분명한 도움을 받을 수 있다. 즉, 이론이 그의 판단력에 도움을 준다는 것이다. 이론은 물론 그에게 무엇을 하라고 일러주지는 않겠지만, 적어도 그가 자기 생각을 정리하는 데 도움을 줄 것이다.[148]

---

147 Clausewitz, *On War*, P. 141.

148 Michael Howard, *Clausewitz*, pp. 31-32.

지휘관은 객관적·과학적이라는 이유를 내세워 어떤 정형화定型化된 원칙이나 준칙을 곧바로 적용하려 해서는 안 된다. 예컨대 교리는 행위 준칙이 결코 아니다. 만일 교리가 엄격한 행위 준칙이라면 그것은 1급 비밀보다도 더 높은 등급의 비밀사항으로 분류되고 관리되어야 할 것이다. 왜냐하면 적이 그 교리책을 한 권만 확보하면 아군의 모든 지휘관들의 행동을 미리 예측할 수 있기 때문이다. 교리는 다만 지휘관들의 정신Geist과 기법技法을 교육시키기 위해 마련된 하나의 사례집일 뿐이다. 지휘관이 전쟁 상황에서 따라야 할 기준은 다른 사람이 설정해놓은 소위 준칙이 아니라 자기 자신의 판단이며, 이론이나 교리는 그 판단력 증진에 도움을 주는 존재일 뿐이다.

클라우제비츠는 "이론은 과학이라는 객관적 형태로부터 술術, skill이라는 주관적 형태로 진전되면 될수록 더 효과적임이 입증된다"고 주장한 바 있다.[149] 이 말의 의미는 개념으로서의 이론이 지휘관에 의해 그의 정신 속에 내면화되어 그의 지휘술에 녹아드는 상태가 될 때 이론이 온전히 그의 것이 된다는 뜻일 게다. 참으로 중요한 것은 단순히 '어떤 사실 자체를 아는 것wissen: knowing that'이 아니라 '문제의 해결 방법을 아는 것können: knowing how'이다.[150] 이론의 내용을 아는 것이 관건이 아니라, 그 이론을 통해 어떤 문제의 해결 방법을 알아내는 것이 핵심이라는 의미이다. 이것이 바로 실용적 지식이다.

군사이론의 실용적 기능이란 바로 그런 것이다. 다시 한 번 강조하자면 이론은 결코 행위 준칙이 아니며, 행동의 법칙이나 준칙을 만들어내는 것이 이론의 주된 임무도 아니다. 지식과 실천은 엄연히 구분된다.

---

149 Clausewitz, *On War*, p. 141.

150 Michael Howard, *Clausewitz*, p. 32.

이론은 다만 판단력을 기르는 데 도움을 줄 뿐이다.[151] 그러나 어떠한 실용적 가치도 타당한 이론으로부터만 나올 수 있다.

셋째로, 이론은 교육적pedagogic 기능을 지닌다. 이론의 교육적 효용은 이론의 인식적·실용적 효용과 긴밀히 연계되어 있다. 피터 파렛에 의하면, 클라우제비츠는 참으로 조숙하게도 이미 15세 때인 노이루핀Neuruppin 요새 근무 시절에 지식이 인간을 완성된 존재로 만들 수 있다는 생각에 사로잡혀 있었다고 한다.[152] 그때 이래로 클라우제비츠는 평생 동안 교육에 관심이 지대했고, 교육의 중요성을 그 누구보다도 잘 알고 있었다.

그는 당대에 이미 유명했던 페스탈로치Johann H. Pestalozzi, 1746~1827의 교육적 견해에 깊이 동조했다. 즉, 교육이란 지식을 나누어주는 일이 아니라, 인간성을 개발하여 그것을 완전히 발휘할 수 있도록 지식을 활용하는 일이라는 것이다. 클라우제비츠가 이론의 역할을 일컬어, 이론은 마치 현명한 스승이 학생의 지적 성장을 인도할 뿐 그의 손을 평생 동안 끌고 다니는 것이 아니라고 표현했던 견해는 이러한 페스탈로치의 교육관과 직결되어 있다. 결국 클라우제비츠에게 있어서 이론의 교육적 기능이란 행동하는 인간의 판단력과 본능적 재능을 정교하게 다듬는 일이지, 기계적으로 외우기 위해 어떤 법칙이나 원칙을 나열하는 것이 아니다.

클라우제비츠가 전쟁에 관한 이론을 정립하려고 했던 본래 의도는 그 이론을 통해 미래의 지휘관들을 교육하고자 했던 것이다. 그가 교육의 궁극적인 목적이 기술적 전문지식의 전달이 아니라 개별적 판단력을 발전시키는 것이라고 했을 때, 거기에 이미 군사이론의 교육적 기능

---

[151] 클라우제비츠를 신랄하게 비판한 리델 하트도 이 점에 있어서는 클라우제비츠와 같은 견해를 피력하고 있다. Liddell Hart, *Strategy*, p. 26.

[152] Paret, "The Genesis of *On War*," p. 8.

클라우제비츠는 교육이란 지식을 나누어주는 일이 아니라, 인간성을 개발하여 그것을 완전히 발휘할
수 있도록 지식을 활용하는 일이라는 **페스탈로치(그림)**의 교육적 견해에 깊이 동조했다. 클라우제비츠
가 이론의 역할을 일컬어, 이론은 마치 현명한 스승이 학생의 지적 성장을 인도할 뿐 그의 손을 평생 동
안 끌고 다니는 것이 아니라고 표현했던 견해는 이러한 페스탈로치의 교육관과 직결되어 있다. 클라우
제비츠가 전쟁에 관한 이론을 정립하려고 했던 본래 의도는 그 이론을 통해 미래의 지휘관들을 교육하
고자 했던 것이다. 그가 교육의 궁극적인 목적이 기술적 전문지식의 전달이 아니라 개별적 판단력을 발
전시키는 것이라고 했을 때, 거기에 이미 군사이론의 교육적 기능이 전제되어 있다고 보아야 한다.

이 전제되어 있다고 보아야 한다. 만일 어떤 군사이론이 논리적으로, 그리고 역사적으로 타당성을 지니고 또한 현재의 실상을 적절히 반영할 수 있다면, 그 이론은 학생들(미래의 지휘관들)로 하여금 군사문제에 관한 스스로의 생각을 조직하고 계발시키는 데 도움을 줄 수 있다는 점에서 교육적 효용을 갖는 것이다.

2. 교육·훈련의 중요성

클라우제비츠의 군사천재론에서 우리가 찾아내야 하는 것은, 천재는 타고나며 또한 천재는 길러진다nature & nurture고 한 그의 도그마적 논리가 아니다. 또는 전쟁의 안개 속에서 이를 타개할 궁극의 해결자는 오직 천재뿐이라고 했던 그의 천재에 대한 찬양 내지 경외심의 표출도 아니다. 오히려 그가 비교적 세세하게 거론했던 군사적 천재의 다양한 지적·기질적 자질들에서 우리는 나폴레옹이 던져놓았던 새롭고도 '진정한 전쟁real war'이라는 문제에 직면하여 클라우제비츠가 고민하던 대응방안의 모색을 떠올려야만 한다.

군사천재론에서 그가 진정으로 찾고자 했던 것은 최고도의 독창성과 창조성, 그리고 비범한 결단력을 지닌 존재로 묘사된 천재의 개념이 보통 사람들의 행위적 기초가 되는 능력과 정신력에도 그대로 적용될 수 있는가 하는 가능성 여부였다. 클라우제비츠는 천재의 개념이 보통 사람들의 능력을 해석하는 데 있어서 프리즘과 같은 역할을 한다고 말함으로써, 타고난 천재가 아닌 보통 사람들의 후천적 계발 가능성과 중요성을 강조했다. 타고난 자질을 갖춘 사람도 후천적 계발을 통할 때 비로소 천재성이 빛을 발하며, 그러한 자질을 타고나지 못한 보통 사람들도 적절한 교육과 훈련, 그리고 경험을 쌓는다면 천재에 버금가는 존재 또는 전문가의 수준에 도달할 수 있다는 것이다.

군사천재론에 내재된 이러한 함의는 바로 '교육·훈련과 경험의 중요성'이다. 교육·훈련·경험의 중요성에 대해서는 앞에서 이미 언급한 바 있으나, 여기서는 우리가 클라우제비츠의 가르침에 따라 몇 가지 심층적으로 고찰해볼 필요가 있는 주제들을 제시하고자 한다. 그것들은 군사교육에 있어서 형식주의와 교조주의를 경계해야 한다는 것과, 군사사의 중요성에 대한 재조명, 훈련과 연습의 실질화, 리더십의 강조, 그리고 인사체계와 관련된 제언 등이다.

우선 첫째로, 군사교육에 대한 제언부터 시작하겠다. 이미 군사천재론의 지적 범주를 거론하면서 위대한 지휘관들은 광범하고도 포괄적인 지식체계를 필수적으로 구비해야 함을 언급했다. 군사교육은 크게 보아 장차의 발전 및 육성적 측면을 고려하여 잠재력 배양과 분별력 제고를 위한 기반 구축, 그리고 이의 연장선상에서 보다 고도의 전문지식과 학문적 탐구를 추구하는 분야와, 직무 관련성 측면에서 추진되는 분야 등 두 가지 범주로 대별될 수 있다. 전자는 사관학교를 포함한 학부 undergraduate 교육과 석사·박사 과정 교육에 해당되는 주로 학문적 이론 중심의 교육이고, 후자는 각급 군사학교에서의 실무 중심의 교육이다.

전자의 교육과 관련해서는 무엇보다도 훌륭한 자질과 전문성을 보유한 교수진의 지속적 확보가 중요하며, 군인 교수들uniformed scholars과 민간인 교수들의 적절한 배합이 필요하다. 특히 능력이 뛰어난 민간인 교수들을 군 교육기관에 유치하기 위한 제도적 보완책이 요구된다. 한편, 최근 군인 교수들에 대한 정년, 진급, 근무 여건 등이 오히려 과거보다도 후퇴하여 재능 있는 자원들이 교수의 직업을 기피하는 경향이 심화되고 있는데, 이는 결국 10~30년 후의 군사교육의 부실을 가져오는 근본 원인이 될 것이므로 책임 있는 군 수뇌부의 정책적 발상의 전환이 긴요하다.

후자의 직무교육과 관련해서는 특히 형식주의와 교조주의를 경계해야 한다. 프랑스의 군인이자 역사학자였던 장 콜랭Jean Colin은 일찍이 클라우제비츠가 뷜로브를 비판하면서 행동이론은 준칙에 매달려서는 안 된다고 한 주장을 일컬어 "군사교육에서 형식주의를 추방한 탁월한 업적"이라고 칭송한 바 있다.[153] 군사행동의 지침이 되는 공식이나 준칙들의 함정을 도처에서 비판한 것이 『전쟁론』의 특징 중의 하나인데, 클라우제비츠는 전쟁 수행이 몇 개의 함축적인 원칙들에 의해 합리적으로 지도될 수 있다는 생각을 극도로 배격했다. 어쩌면 이 점이 바로 조미니와 달리 클라우제비츠가 군인들에 의해 자주 실망의 대상이 되는 원인일 것이라고 버나드 브로디는 평가했다. 왜냐하면 그들은 빡빡한 일과 속에서 특정한 행동 준칙만을 받아들이는, 이른바 광의의 '주입식 교육'에 특별히 숙달되어왔기 때문이라는 것이다.[154] 그러나 클라우제비츠는 준칙에 너무 함몰되기보다 전쟁의 복잡한 본질 문제를 더 깊이 생각해보기를 요구하고 있다. 준칙이나 원칙, 심지어 교리조차도 일반 이론과 마찬가지로 미래 지휘관들의 정신을 교육시키는 데 도움을 줄 뿐, 사고思考를 제약해서는 절대 안 된다.

이 점과 연관해서 독일군이 고안해낸 것이 소위 '임무형 전술Auftrag-staktik'이다. 이는 최고 지휘부로부터는 전반적 의도를 담은 명령만 내리고, 고도의 자율적 주도권과 세부 지침은 현지의 예하 지휘관에게 위임하는 제도를 일컫는데, 전장에서의 우발적 요소들에 대해 현지 지휘관들이 융통성을 발휘할 여지를 부여하기 위한 것이다. 몰트케 시대에 전장과 부대의 규모가 방대해진 반면에 지휘통신 수단은 기껏해야 전령이나 무전통신밖에 없던 상황에서 이 전술은 배태되었다. 정보통신혁명의 시대인 오늘날 이 전술의 타당성에 대한 논의는 새로운 재평가를

153 Jean Colin, *The Transformation of War*(London, 1912), pp. 298-299. Paret, "Clause-witz," p. 212에서 재인용.

154 Bermard Brodie, "The Continuing Relevance of *On War*," p. 57.

거쳐야겠지만, 여하튼 클라우제비츠의 가르침에 의한 이 전술은 도입 이래 한 세기 가까이 그 적절성이 인증되어왔다.

둘째는, 전쟁사의 중요성에 대한 재조명이 필요하다는 것이다. 클라우제비츠가 해박한 전쟁사가戰爭史家이고, 그의 전쟁이론이 풍부하고도 예리한 전쟁사 분석에 의해 뒷받침되고 있음은 『전쟁론』 전체를 통해 잘 드러나고 있다. 『전쟁론』은 그야말로 역사적 사례의 언급으로 가득 차 있다고 해도 과언이 아닐 정도이다. 그가 "의심할 나위 없이 전쟁술의 기초 지식은 경험에 바탕을 두고 있다"라고 언급하고, 또 "역사적 사례는 모든 것을 명확하게 해주고, 경험과학에서 최상의 증거를 제공해준다"라고 말했을 때,[155] 그의 마음속에는 전쟁술 연구에 있어서 경험의 일차적 중요성뿐만 아니라 전쟁사의 연구가 직접적 전쟁 체험의 결핍을 메워주는 최선의 도구라는 신념이 자리 잡고 있었다. 이 신념은 모든 고도의 군사문제 연구에 있어서 군사사軍事史가 그 중심에 자리 잡아야 한다는 확신으로 연결되었다. 피터 파렛의 논평에 의하면, 클라우제비츠의 전쟁이론은 전쟁사에 의해 인도되었고, 오늘날 대부분의 군사이론가들도 전쟁의 충실한 이해를 위한 군사사의 가치를 강조하고 있다.[156]

오늘날 선진 각국의 군사교육 체계에 있어서 군사사가 그 핵심에 자리 잡고 있다는 점은 사실상 상식에 속하는 문제이다. 또한 모든 고등의 군사이론 역시 군사사에 기초하고 있다는 사실 또한 상식의 문제이다. 상식은 새삼스럽게 검증이나 논란을 필요로 하지 않는다. 그럼에도 불구하고 우리나라의 군사교육에 있어서 군사사 과목을 확충한다거나 군사사 교수의 수를 보강하는 과제는 늘 험난한 논란과 좌절의 연속으

---

155 Clausewitz, *On War*, pp. 170, 164.
156 Peter Paret, "The Genesis of *On War*," pp. 23, 12-13.

CHAPTER 9 클라우제비츠 『전쟁론』의 '3위1체론'과 '군사천재론', 그리고 그 현대적 함의 · 395

로 점철되어왔다. 선진 각국에서는 심지어 민간대학에서조차 광범하게 개설되어 있는 군사사 과목들이 우리나라에서는 군사교육 기관에서마저 밥상 위의 간장 종지처럼 있어도 좋고 없어도 그만인 존재로 치부되고 있는 이유는 과연 무엇일까? 그것은 우리나라 군사교육의 후진성의 노출 그 이상도 그 이하도 아니다.

그런데 여기서 참으로 중요한 교훈은 클라우제비츠가 역사(전쟁사)를 이해하고, 가르치고, 활용하고자 할 때 우리가 어떤 자세를 가지고 임해야 하는가를 암시하고 있다는 사실이다.[157] 그는 전쟁사의 연구가 비판적 판단력을 기르는 연습이 되어야 한다고 주장했다. 그렇게 하려면 우선 역사적 사례를 선택하는 일부터 신중을 기해야만 한다. 그는 전쟁사를 군인들이 직접적으로 또는 유추를 통해서 배울 수 있는 사례의 모음집 정도로 여기지 않았다. 그가 염두에 두었던 것은 아무런 성찰 없는 연대기年代記나, 군사 문헌 속에서 역사로 통칭되는 전략적·전술적 법칙 따위와 같은 소위 실용적 범례가 아니었다. 클라우제비츠는 상당히 많은 역사 기록물들이 부정확하고 불완전해서 별다른 가치를 지니지 못하며, 역사가들에 대해서도 그들 모두를 당연히 믿을 만하다고 여겨서는 안 된다고 경고했다.[158]

이처럼 신중하게 선정된 역사적 자료들은 세 가지 과정을 거쳐야 한다. 첫째는 소문과 가설과 허구를 골라내 버리고, 어떤 사건이 실제로 일어났던가를 당시의 신뢰할 만한 기록으로 재정립하는 일이다. 이것은 결코 쉽지 않은 작업이지만, 최우선적으로 하지 않으면 안 된다.

두 번째는 원인과 결과를 연계시키는 복잡한 과정이다. 즉, 무슨 일이

---

157 이하의 논의는 주로 마이클 하워드, 피터 파렛, 버나드 브로디 등의 논평을 참고로 하여 필자가 재구성한 것이다.

158 클라우제비츠는 자신의 당대로부터 200년 이내에 유럽에서 벌어졌던 전쟁만을 연구 재료로 삼았으며, 특히 프리드리히 대왕과 나폴레옹의 전쟁을 많이 인용했다.

일어났는가를 상세히 설명하고, 이어서 그 일이 일어난 이유를 설명해야 한다. 그렇게 해야만 비판적 판단의 적용, 즉 어떤 지휘관이 채택한 방법과 수단을 평가하고 나아가 그의 성공과 실패를 분석할 수 있다.

세 번째는 이론을 미리 설정하는 일이다. 여기서 이론이란 어떤 주어진 여건 하에서 지휘관이 취하리라고 여겨지는 가장 적절한 활동을 개념화한 것으로서, 이것이 없으면 두 번째 과정에서 언급한 판단을 내릴 수가 없다. 따라서 이론의 설정과 판단의 적용은 사실상 하나의 연속된 상호작용이다. 즉, 역사적 지식이 이론을 형성하고, 이론은 다시 역사적 판단을 되비춰준다는 것이다.

다만 여기서 분명히 해야 할 사실은, 군사이론과 마찬가지로 역사도 어떤 직접적인 교훈이나 법칙을 우리에게 제시해주는 것은 아니라는 점이다. 전쟁사도 단지 우리의 이해를 넓혀주고 비판적 판단력을 증대시켜줄 뿐이지, 즉석요리처럼 곧바로 적용할 수 있는 교훈이나 행위 준칙을 담고 있지는 않다.

군사천재론과 관련해서 논의할 세 번째 주제는 훈련과 연습의 실질화이다. 효율적인 훈련과 연습은 군사 전문성(천재성) 개발에 있어서 매우 중요한 역할을 한다. 클라우제비츠는 온갖 마찰이 상호작용하는 전쟁 상황 속에서 이들 마찰의 영향을 완화시킬 수 있는 유일한 방법이 오직 '전쟁 체험'뿐이라고 보았지만, 전쟁 체험의 결핍을 보완할 수 있는 대안으로서 전쟁사의 연구와 훈련 및 연습을 강조했다. 그중에서도 『전쟁론』 제1편의 결론 부분은 주로 훈련과 연습의 중요성을 강조하고 있다.

"평시의 기동연습은 실제 상황에 대한 빈약한 대체물일 뿐이다. 그러나 …… 마찰 요인들을 포함시킨 연습은 장교들의 판단력, 상식, 결단력 등을 훈련시킬 것이고, 그것은 경험 없는 사람들이 생각하는 것보다 훨씬 더 가치 있다."[159]

클라우제비츠는 특히 훈련과 연습이 사병부터 장군에 이르기까지 '습관화habituation'의 단계에 이를 만치 이루어져야 함을 강조했다. 훈련과 연습으로 다져진 습관은 몸과 마음을 강건하게 하고, 마치 어둠에 익숙해진 눈동자가 어둠 속에서도 주변 상황을 식별하듯이 전쟁 상황 속에서도 분별력과 침착성을 유지시켜준다는 것이다.[160] 습관화를 위한 가장 좋은 훈련 방법은 당연히 부단한 반복 연습이다. 이는 마치 프로 축구선수가 골대 앞에서 불의의 찰나에 가위차기 기술로 멋진 골을 넣는 행위와도 같다. 그 전광석화 같은 순간에 그 선수는 몸에 밴 '습관화된' 동작을 거의 무의식적으로 펼쳤을 따름이며, 그것은 부단한 반복 연습의 발현일 뿐이다.

오늘날 발전된 전자 정보화 기술은 이러한 훈련과 연습을 거의 실전 수준에 가까울 만큼 향상시켜왔다. 고위급 단계에서의 정치-군사게임 politico-military game과 워 게임war game, 그리고 각종 시뮬레이션 기법, 또한 과학화훈련장KCTC에서의 훈련 등 최근의 눈부신 훈련 및 연습 기법의 발전은 활용 여하에 따라서는 실전 이상으로 '체험의 결핍'을 메워줄 수 있다.

네 번째로는 리더십의 강조이다. 군사천재론에서 거론된 논의들은 결국 리더십 문제로 귀착된다. 전쟁에서의 군사적 성공은 대체로 지휘관의 능력에 달려 있다. 상황을 정확하게 파악하고, 적절하고 효과적인 결정을 내리고, 부대원들을 독려하고 이끌어 군사 목표를 달성할 수 있는가의 여부는 지휘관의 리더십에 의해 좌우된다. 이것은 각 부분의 경중輕重의 차이는 있을지언정 소부대부터 대부대에 이르기까지 마찬가지이다. 『전쟁론』에서 논의된 군사적 천재의 여러 지적·기질적 자질들은

---

159 Clausewitz, *On War*, p. 122.

160 앞의 책, p. 122.

오늘날의 리더십 연구에 있어서 리더가 갖추어야 할 기본적인 자질들과 연관하여 매우 광범하고도 심도 있는 연구를 가능하게 해줄 것이다.

끝으로, 군사천재론과 관련하여 인사체계人事體系 문제를 논의해보자. 인사의 핵심은 적재適才를 적소適所에 배치하는 일이다. 이는 어떤 조직이든지 상위로 올라가면 갈수록 그 중요성이 더 두드러지는 사안이다. 전쟁은 인간의 어떠한 활동 분야보다도 특이하고 그 파급 효과가 크며, 따라서 군인의 과업도 매우 독특한 활동 영역과 고유의 전문성을 필요로 한다. 그런데 클라우제비츠가 군사적 천재를 논의한 바와 같이, 천재(또는 전문가)의 자질 가운데는 후천적 계발을 통해서도 근본적으로 성취될 수 없는 분야가 있다. 즉, 용기나 결단력, 대담성, 강인함과 활기, 굳셈과 인내, 또는 천부적 영감 등 기질적 자질들은 대체로 타고나는 성품으로서 후천적 교육이나 훈련만으로 습득되기는 어렵다. 이러한 기질적 성품을 지닌 잠재적 리더들을 발굴해내고, 그들이 조직의 사다리 구조 속에서 건강하게 성장할 수 있도록 관리하는 업무가 인사의 매우 중요한 분야이다.

이를 위해 군 조직에는 진급과 차기 보직에 작용하는 중요한 평가 요소로서 지휘관의 평정이 있다. 객관적으로 계량화된 평가나 성적 외에 상급지휘관의 안목으로 볼 때 '발탁'해서 키워야 할 인재를 빠뜨리지 않기 위해 마련된 방안이 바로 이 제도의 본래 취지이다. 정실인사情實人事, favoritism의 폐해를 우려하여 이 제도의 적용을 꺼린다면, 이는 본말本末이 전도된 위험한 발상이다. 그리되면 바람직한 기질적 성품과는 동떨어진 소심하고 약삭빠르며 행정에만 능한 사무형事務型 지휘관들만 양산할 우려가 크다.

고대 로마군에는 상급지휘관의 발탁에 의한 인재 진출의 기회가 열려 있었다. 이 제도가 있었기에 마리우스Gaius Marius, BC 157~BC 86는 귀족이 아니었음에도 로마군의 군단장을 거쳐 마침내는 7차례나 집정관(전시에 최고사령관 겸직)이 될 수 있었고, 로마군을 천하무적의 군대로 변모시킨 군사개혁의 업적을 남겼다. 또한 평민 출신의 아그리파Marcus V. Agrippa, BC 63~BC 12 역시 일찍이 카이사르에 의해 발탁되어 훗날 옥타비아누스Octavianus, BC 63~AD 14(초대 황제 아우구스투스Augustus)의 군사령관으로서 로마 제정帝政의 길을 여는 데 결정적 역할을 했다.

현대사에서는 패튼George S. Patton 장군의 예를 들 수 있다. 자기 자신도 발탁 제도가 없었더라면 일찍이 소령에서 군 경력이 끝날 수도 있었던 아이젠하워 총사령관은, 노르망디 상륙작전 후 내륙으로의 돌파 선봉에 주위의 반대를 무릅쓰고 패튼을 중용했는데, 패튼의 상상을 초월하는 대담한 진격 작전으로 프랑스는 최단 시간 내에 해방되었고, 종전도 그만큼 앞당길 수 있었다.

그렇다면 정실 인사의 폐해를 줄이고 이 제도의 본래 취지를 되살리기 위해 어떻게 해야 되겠는가? 무엇보다도 중요한 것은 지휘 평정과 인사 권한을 가진 지휘관들이 이 제도의 본래 취지에 합당한 대로 시행하는 것이다. 지휘관들에게 평정을 통해 잠재적 리더를 발탁할 수 있는 본래의 권한을 보장해주어야 한다. 또한 지휘관들은 사심 없이 공명정대하게 적재를 발탁하는 것이 군과 나아가 국가에 충성스럽게 봉사하는 것이라는 엄숙한 소명의식으로 이 과업에 임해야 한다. 소위 '인사권'이야말로 지휘관에게 부여된 '권리'가 아니라, 신성한 '의무'라는 사실을 골수에 사무치도록 깨달아야 한다.

VII. 소결론

우리는 어떤 고전을 읽을 때, 그 책으로부터 고리타분한 경구들을 찾아내려는 의도보다는 소위 '고전의 향기'를 느끼고자 한다. 이 경우 고전의 향기란 그 책이 지니고 있는 어떤 특정 주제에 대한 교훈이나 개념의 유용성, 그리고 삶의 지혜 등을 의미한다. 이러한 이유로 사람들은 세대를 뛰어넘어 고전을 읽는 것이다. 그러나 이 고전의 향취가 누구에게나 다 똑같은 정도로 느껴지지는 않을 것이다. 저자가 그 고전 속에 일반화시켜놓은 특정한 주제라 할지라도 독자에 따라 수확하는 향취는 다른 법이다.

그럼에도 불구하고 우리는 고전에서 곧바로 실용적인 어떤 지식이나 처방을 찾고자 하지는 않는다. 실용적인 원칙이나 규칙은 시대의 변화만큼이나 빠르게 변화하기 때문에, 이미 고전 속에는 이 시대에 곧바로 적용할 수 있는 실용적인 처방은 남아 있지 않는 것이 상례이다. 결국 우리는 한 위대한 저자가 고도의 추론abstraction을 통해 고전에 일반화generalization시켜놓은 사상과 주장으로부터 우리의 사고력을 계발시키고자 하는 자극과 영감을 얻고자 하는 것이다.

『전쟁론』은 처방이 아니라 분석을 더 중시한 저작이다. 즉, 클라우제비츠에게는 효과적인 전략적 틀이나 전술적 조치들을 고안해내는 것보다, 전쟁의 항구적 요소들을 구별해내고 그것들이 어떻게 작용하는가를 이해하는 것이 더 중요했다. 바로 이러한 이유 때문에 『전쟁론』은 오늘날에도 전쟁과 평화의 문제를 이해하는 데 있어서 여전히 타당성을 인정받고 있다.

『전쟁론』에서 클라우제비츠는 정치와 전쟁 간의 관계에 관해 탁월한 통찰력을 보여줌으로써 이 책이 정치학이나 국제관계학을 연구하는 사람들의 필수적인 책이 되게 만들었다. 그러나 원래 클라우제비츠는 이 책을 군인들을 염두에 두고 썼다. 그럼에도 불구하고 그는 후세의 군인들에게 군사적 성취(승리)를 위한 어떤 행동 준칙이나 교리를 제공하려는 의도를 갖고 있지는 않았다. 오히려 그러한 교조주의적 태도와 믿음을 경계하고 배격해 마지않았다.

클라우제비츠가 진정으로 의도했던 것은 전쟁의 본질에 대한 진지한 탐구, 즉 전쟁이 인간 정신과 의지의 지극히 특이하고도 극한적인 대결의 표출 현상이라는 점을 이론으로써 설명하려 했다는 사실이다. 전쟁 본질에 대한 깊은 이해라는 토대 위에서만 건강한 군사전략과 리더십이라는 탑을 쌓아올릴 수 있다는 그의 믿음이 있었기 때문이다. 이것을 그는 전쟁의 3위1체론으로 집대성했고, 군사천재론을 통해서 뒷받침했다. 3위1체론은 그의 전쟁이론의 정수精髓라 할 수 있다.

그는 또한 그의 논리를 군사이론의 인식론적·실용적·교육적 기능들과 연계해서 전개했다. 그리고 그것은 '비판적 판단력'이라는 결실로 표현되었다. '비판적 판단력'이란 객관화된 이론에서 각자가 주관적으로 도출해내야 하는 특수화된 개별적 수확이다. 따라서 불멸의 고전인 『전쟁론』에서 어떤 열매를 수확할 것인지는 전적으로 독자 개개인의 몫이다.

| 참고문헌 |

김광수 역/해설. 『손자병법』. 서울: 책세상, 1999.

김정주. 『칸트의 인식론』. 서울: 철학과 현실사, 2001.

김형국. 『장욱진: 모더니스트 民畵匠』. 서울: 열화당, 1997.

도로시 데닝. 『정보전과 안보』. 서울: 국방대 안보문제연구소, 2000.

류재갑·김인열. "클라우제빗츠의 전쟁사상 연구: 그의 철학적 2중성과 교조적 입장." 서울: 국방대학원, 1993.

마티이스 반 복셀 지음. 이경석 옮김. 『어리석음에 대한 백과사전』. 서울: Human & Books, 2005.

시오노 나나미 지음. 김석희 옮김. 『로마인 이야기 10: 모든 길은 로마로 통한다』. 서울: 한길사, 2002.

윌 듀런트 지음. 안인희 옮김. 『역사 속의 영웅들』. 서울: 황금가지, 2002.

육사 전사학과 편. 『세계전쟁사』. 서울: 황금알, 2004.

이종학. 『클라우제비츠와 전쟁론』. 서울: 주류성, 2004.

이풍석 편저. 『클라우제비츠의 생애와 사상』. 서울: 박영사, 1986.

이희승 편. 『국어대사전』. 서울: 민중서관, 1980.

자크 아탈리 지음. 이효숙 옮김. 『호모 노마드 유목하는 인간』. 서울: 동아일보, 2005.

정토웅 역. 『클라우제비츠의 전쟁원칙과 리더십론』. 서울: 육군사관학교, 1999.

카를 폰 클라우제비츠. 류제승 역. 『전쟁론』. 서울: 책세상, 1998.

클라우제비츠 협회. 국방대학원 역. 『전쟁 없는 자유란?(Freiheit Ohne Krieg?)』. 서울: 국대원, 1984.

한용섭·허남성. "미국의 신 국가안보전략서 평가 및 대응방향." 수시현안 보고서. 국방대 안보문제연구소, 2002. 9.

허남성. "Regulars or the Militia." 국대원. 『교수논총』 제2집. 서울: 국방대학원, 1993.

_____. "전쟁철학, 정치학 포괄하는 불멸의 고전." 나를 감동시킨 한권의 책. 《월간중앙》, 2003년 4월호.

_____. "핵 확산의 동기론적 배경 연구: 이스라엘의 사례를 중심으로". 2000.

허남성 외. "미 신군사전략(Win-Win 혹은 Win-hold-Win) 채택시 아국의 대비책." 현안정책연구보고서. 국대원 안보문제연구소, 1993.

M. 일리인·E. 세랄 지음. 민영 옮김. 『인간은 어떻게 거인이 되었나 1』. 서울: 일빛, 1999.

_____. 『인간은 어떻게 거인이 되었나 2』. 서울: 일빛, 1999.

T. N. 듀퓌이 원저. 박재하 편저. 『무기체계와 전쟁』. 서울: 병학사, 1990.

American State Paper, Military Affairs, Vol. I. March 3, 1789~March 3, 1819. Washington, 1832.

Aron, Raymond. Clausewitz: Philosopher of War. Christine Booker & Norman Stone. tr. New York: A Touchstone Book, 1986.

Aspin, Les. Report on the Bottom-Up Review. Washington, D. C.: October 1993.

Bassford, Christopher. Clausewitz in English: The Reception of Clausewitz in Britain and America, 1815-1945. New York: Oxford University Press, 1994.

Binnendijk, Hans. ed. Transforming America's Military. Washington, D. C.: NDU Press, 2002.

Boatner III, Mark Mayo. Encyclopedia of the American Revolution. New York: Mckay, 1974.

Bowie, christopher. et al. The New Calculus. RAND, 1993.

Brodie, Bernard. "A Guide to the Reading of On War." Michael Howard & Peter Paret. ed. & tr. On War. Princeton, N. J.: Princeton University Press, 1984.

_____. "The Continuing Relevance of On War." Michael Howard & Peter Paret. ed. & tr. On War. Princeton, N. J.: Princeton University Press, 1984.

_____. Strategy in the Missile Age. Princeton, N. J.: Princeton University Press, 1971.

Brodie, Bernard. & Fawn M. Brodie. From Crossbow to H-Bomb. Bloomington, Ind.: Indiana Univ. Press, 1973.

Buchan, A. War in Modern Society. New York, N. Y.: Harper & Row, 1968.

Chipman, Donald. "Clausewitz and the Concept of Command Leadership." *Military Review*. August, 1987.

Clark, Wesley. *Waging Modern War: Bosnia, Kosovo, and the Future of Combat*. New York: Public Affairs, 2001.

Clausewitz, Carl von. *On War*. ed. & tr. by Michael Howard & Peter Paret. Princeton, N.J.: Princeton Univ. Press, 1976 / 1984.

_____. *War, Politics and Power*, tr. & ed. by E. M. Collins. South Bend, Ind.: Regnery/ Gateway, Inc., 1962.

Cohen, Eliot A. "A Revolution in Warfare: Impact of Military Technology in the Re-sharping of the Armed Forces." *Foreign Affairs*. March/April 1996.

Collins, Edward M. *War, Politics, and Power*. South Bend, Ind.: Regnery/Gateway, Inc., 1962.

Commager, Henry Steele. ed. *Documents of American History*. Vol. I. Englewood Cliffs, N.J.: Prentice-Hall, Inc., 1973.

Cordesman, Anthony H. "the QDR and Force Transformation: Notes for a Cautionary Analysis." *CSIS*, 29 Oct. 2001.

Craig, Gordon A. *The Politics of the Prussian Army, 1640-1945*. Oxford: Clarendon Press, 1955.

Cunliffe, Marcus. *Soldiers and Civilians: The Martial Spirit in America, 1776-1865*. New York: Free Press, 1973.

Debray, Regis. *Revolution in the Revolution*. tr. by B. Ortiz. New York: MR Press, 1967.

Denning, Dorothy E. *Imformation Warfare and Security*. Addison-Wesley Longman, Inc., 1998.

Department of Defense. *Nuclear Posture Review*. http://globalsecurity.org/wmd/library/policy/dod/npr.htm

_____. *Quadrennial Defense Review Report*. 30. Sep. 2001.

Douhet, Giulio. *The Command of the Air*. New York: Armo Press, 1972.

Encyclopaedia Britannica, Macropaedia Vol. 29. 1987.

Epstein, William. "Why States Go-And Don't Go-Nuclear." *The Annals of the Academy of Political and Social Science*, Vol. 430. March, 1977.

Esposito, Vincent J. *A Concise History of World War*. New York: Frederick A. Praeger, 1965.

Freedman, L. *The Evolution of Nuclear Strategy*. London, 1989.

Gallie, W. B. *Philosophers of Peace and War: Kant, Clausewitz, Marx, Engels and Tolstoy*. Lonon: Cambridge University Press, 1978.

Ganoe, Wiliam A. *History of the United States Army*. New York: Lundberg, 1942.

Gat, Azar. *The Origins of Military Thought: From the Enlightenment to Clausewitz.* Oxford: Oxford University Press, 1989.

Greene, Jack P. ed. *Colonies to Nation 1763-1789: A Documentary History of the American Revolution.* New York: Norton, 1975.

Griess, Thomas E. "A Perspective on Military History." ed. by John E. Jessup, Jr. & Robert W. Coakley. *A Guide to the Study and Use of Military History.* Center of Military History, U. S. Army, USGPO, 1979.

Guilmartin, J. *Gunpowder and Galleys.* Cambridge, 1974.

Hamilton, Alexander, James Madison, John Jay. *The Federalist Papers.* New York: The New American Library of World Literature, Inc., 1961.

Handel, Michael I.(ed.) *Clauswitz and Modern Strategy.* London: Frank Cass Publishers, 1989.

_____. *Masters of War: Classical Strategic Thought.* 3rd, Revised & Expanded Edition. Frank Cass Publishers, 2001.

Hitler, Adolf. *Mein Kampf.* tr. by R. Manheim. Boston: Houghton Mifflin Co., 1971.

Hobbes, Thomas. *Leviathan.*

Howard, Michael. "The Influence of Clausewitz." Michael Howard & Peter Paret. ed. & tr. *On War.* Princeton, N.J.: Princeton University Press, 1984.

_____. "The Use and Abuse of Military History." *Journal of the Royal United Service Institution,* Vol. 107, 1962.

_____. *Clausewitz.* Oxford: Oxford University Press, 1985.

Huh, Nam-Sung. "Multilateral and Comprehensive Approach for North Korean Nuclear Settlement: A South Korean Views." 2003.

Hundley, Richard O. *Past Revolutions, Future Transformations.* Rand, 1999.

Jacobs, James H. *The Beginning of the U. S. Army, 1783-1812.* Princeton, N.J.: Greenwood, 1947.

Jaffe, Lorna S. *The Development of the Base Force, 1989-1992.* Washington, D. C.: Joint history Office. JCS. 1993.

Joint Staff. *Joint Vision 2020.* Washington, D. C.: GPO, June 2000.

Joy, C. Turner. *How Communists Negotiate.* New York: The Macmillan Co., 1955.

Kampani, Gaurav. "Second Tier Proliferation: The Case of Pakistan and North Korea." *The Nonproliferation Review.* Fall-Winter, 2002.

Karsten, Peter.(ed.) *The Military in America: From the Colonial Era to the Present.* New York: Free Press, 1980.

Keegan, John. *A History of Warfare.* New York: Alfred A. Knopf, 1993.

Killion, Thomas H. "Insight: Clausewitz and Military Genius." *Military Review* (July-

August, 1995).

Kohn, Richard H. *Eagle and Sword: The Federalist and the Creation of the Military Establishment in America 1787-1802*. New York: Free Press, 1975.

Krepinevich, Andrew F. "Cavalry to Computer: The Pattern of Military Revolutions." *The National Interest 37*. Fall 1994.

Lambeth, Benjamin S. *Learning from the Persian Gulf War*. RAND, 1993.

Larson, Eric V. *Preparing the U.S. Army for Homeland Security*. RAND, 2001.

Larson, Eric V. et al. *Defense Planning in a Decade of Change: Lessons from the Base Force, Bottom-Up Review and Quadrennial Defense Review*. RAND, 2001.

Liddell Hart, Basil H. *Strategy*. New York: Praeger Publishers, 1975.

_____. *The Ghost of Napoleon*. New Haven: Yale University Press, 1934.

Locke, John. *Second Treatise*.

Machiavelli, Niccoló. *The Art of War*. ed. & tr. by Peter Bondanella and Mark Musa. *The Portable Machiavelli*. New York: Penguin Books, 1979.

_____. *The Discourses*. in *The Portable Machiavelli*.

_____. *The Prince*. New York: Mentor Books, 1952.

Mahan, A. T. *The Influence of Sea Power upon History, 1660-1783*. Boston: Little, Brown, and Co., 1918.

Miller, John C. *Triumph of Freedom, 1775-1783*. Boston: Greenwood, 1948.

Millis, Walter. *Arms and Men: A Study of American Military History*. New York: Putnam, 1956.

Morgan, Edmund S. *The Birth of the Republic, 1763-1789*. Chicago: Univ. of Chicago Press, 1977.

O'Hanlon, Michael. *Technological Change and the Future of Warfare*. Brookings Institute, 2000.

Paret, Peter. "Clausewitz." Peter Paret, Gordon A. Craig, Felix Gilbert. eds. *Makers of Modern Strategy*. Princeton, N.J.: Princeton University Press, 1986.

_____. "The Genesis of On War." Michael Howard & Peter Paret. ed. & tr. *On War*. Princeton, N.J.: Princeton University Press, 1984.

_____. *Clausewitz and the State: The Man, His Theories, and His Times*. Princeton, N. J.: Princeton University Press, 1985.

Parkinson, Roger. *Clausewitz: A Biography*. New York: Stein and Day, 1979.

Peckham, Howard H. *The Colonial Wars 1689-1762*. Chicago: Univ. of Chicago Press. 1970.

_____. *The War for Independence*. Chicago: Univ. of Chicago Press, 1958.

Picq, Ardant du. *Battle Studies*. ed. & tr. by J. N. Greely & R. C. Cotton. Harrisburg, Penn.: The Telegraph Press, 1946.

Pinson, Koppel S. *Modern Germany: Its History and Civilization*. New York : MacMillan, 1954.

Preston, Richard A. & Sydney F. Wise. *Men in Arms*. New York: Frederick A. Praeger, 1970.

"Pyongyang's Reality Check." *The Wall Street Journal*, 2013. 2. 7.

Ropp, Theodore. *War in the Modern World*. New York: Macmillan, 1962.

Rothfels, Hans. "Clausewitz." Edward M. Earle, Gordon A. Craig, Felix Gilbert. eds. *Makers of Modern Strategy*. Princeton, N. J.: Princeton University Press, 1971.

Sprout, M. P. "Mahan: Evangelist of Sea Power." ed. by E. M. Earlein. *Makers of Modern Strategy*. Princeton, N. J.: Princeton University Press, 1971.

Stanford Encyclopedia of Philosophy. http://plato. standford. deu/entries/war/.

Stephan, Cimbala J. *Clausewitz and Chaos: Friction in War and Military Policy*. London: Praeger, 2001.

Teichman, Jenny. *Pacifism and the Just War*. Oxford: Basil Blackwell, 1986.

Toynbee, Arnold J. *A Study of History*. Abridgement of Vols. I -VI by D. C. Somervell. London: Oxford Univ. Press, 1946.

Vagts, Alfred. *A History of Militarism*. New York: Free Press, 1967.

Watts, Barry D. *Clausewitzian Friction and Future War*. Revised Edition. McNair Paper 68. Washington, D. C.: National Defense University, 2004.

Webster's Third New International Dictionary, Vol. I. Chicago: Encyclopedia Britannica, Inc., 1986.

Weigley, Russel F. *The American Way of War: A History of United States Military Strategy and Policy*. Bloomington, Ind: Indiana Univ. Press, 1977.

White House. "Address to a Joint Session of Congress and the American People." http://www.whitehouse.gov/news/releases/2001/09/print/20010920-8.html

_____. "President Delivers State of the Union Address." http://www.whitehouse.gov/news/releases/2002/01/print/20020129-11.html

_____. *The National Security Strategy of the United States of America*. http://www.whitehouse.gov/nsc/nssall.html

White, Chales E. "The Enlightened Soldier: Scharnhorst and the Militärische Gesellschaft in Berlin, 1801-1805." Ph. D. Dissertation. Duke University, 1986.

| 찾아보기 |

한국국방안보포럼(KODEF)은 21세기 국방정론을 발전시키고 국가안보에 대한 미래 전략적 대안을 제시하기 위해 뜻있는 군·정치·언론·법조·경제·문화 마니아 집단이 만든 사단법인입니다. 온·오프라인을 통해 국방정책을 논의하고, 국방정책에 관한 조사·연구·자문·지원 활동을 하고 있으며, 국방 관련 단체 및 기관과 공조하여 국방 교육 자료를 개발하고 안보의식을 고양하는 사업을 하고 있습니다. http://www.kodef.net

전쟁과 문명
WAR & CIVILIZATION

초판 1쇄 인쇄 2015년 8월 24일
초판 1쇄 발행 2014년 8월 31일

지은이 허남성
펴낸이 김세영

펴낸곳 도서출판 플래닛미디어
주소 121-894 서울시 마포구 월드컵로8길 40-9 3층
전화 02-3143-3366
팩스 02-3143-3360
블로그 http://blog.naver.com/planetmedia7
이메일 webmaster@planetmedia.co.kr
출판등록 2005년 9월 12일 제313-2005-000197호

ISBN 978-89-97094-83-7 03390